液壓與氣動
HYDRO PNEUMATICS

胡僑華　著

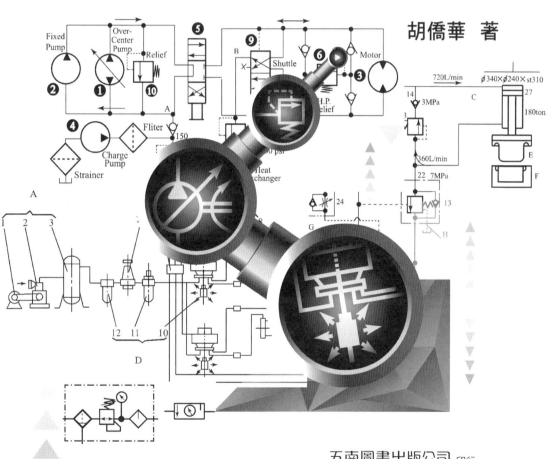

五南圖書出版公司 印行

序　言

　　17世紀帕斯卡（Pascal）提出的液體靜壓力原理，給液壓與氣動技術提供了發端的啟迪，作為機械工程的一門分支，它逐漸地與其他學門集成共作，如今流體壓力傳動技術的水平，已成為一個國家在國防及工業進程上的重要指標。

　　1795年英國Joseph Braman（1749～1814）在倫敦創建了應用於工業上的水壓機，當時還是第一次產業革命（1760～1830）開始的時機。而於1905年才將介質由水改為油類，使液壓傳動獲致更進一步改進。

　　第一次世界大戰（1914～1918）後，油壓應用更廣泛且發展快速，1925年F. Vickers開發了壓力平衡式葉片泵，為近代液壓元件及液壓傳動工業奠定了基礎。20世紀初G. Constantimsco在能量波傳遞所進行的理論及實際研究；1910年對液力傳動〔Hydrodynamic transmission，如液力聯軸器、液力變矩器（Hydrodynamic-momentconverter），此雖為液壓傳動的一個分支，但二者原理和結構並不相同〕方面的貢獻，使得液力傳動設備跨入工業化實用的里程。

　　在第二次世界大戰期間（1941～1945），美國機床中超過30%利用液壓傳動技術，使美國的艦艇及武器建造週期加快。這期間也出現了響應迅速、精度高的液壓控制機構所裝備的軍事武器，這都是戰勝契機之一環。戰後液壓技術快速轉入民用工業，不斷應用於各種自動機械及自動生產線。日本在此方面的研發雖晚於歐美20多年，但於1955年開始迅速推進，次年就成立了「液壓工業會」，歷經近三十年終於迎頭趕上，目前，日本在液壓技術許多範疇已居全球領先地位。

　　現在無論是冶金機械、提升設備、軋輥裝置、板材軋延置中（自動對中心線，不偏移）、汽車製造、防洪閘門及堤壩設置、河床升降、橋梁操縱機構、渦輪機調速、核電配備、船舶甲板起重機械、船頭門、艙壁閥、船尾推進、船舶減搖裝置、測量浮標、升降旋轉台、特殊用途巨型天線控制、火砲或導彈操縱裝置、飛行模擬、戰鬥攻防仿真、航太裝備、飛機起落架收放和方向舵控制等，莫不因液壓之利用而大為精進。

　　氣壓傳動的應用歷史悠久，從18世紀產業革命開始，逐漸應用於各類行業。1829年出現了多級空壓機，為氣動發展創造了條件；1871年風鑽開始用於採礦；1868年美國人發明氣壓制動，並在1872年應用於火車剎車裝置；20世紀50年代，氣動技術成功用於導彈尾翼的高壓氣動伺服機構；10年後由於射流（Fluidics）的發現和氣動邏輯元件的開發，氣動技術獲致

超越的躍進。氣動設備在一般工業中的省力化和大量採用，也成為各國家企業降低成本、改善環境和自動化的手段。

　　射流也稱Jet，指流體從管口、孔口、狹縫射出，或靠機械推動，並同周圍流體摻混的一般流體流動。經常遇到的大雷諾數射流一般是無固壁約束的自由湍流。這種湍性射流通過邊界上活躍的湍流混合將周圍流體捲吸進來而不斷擴大，併流向下游。射流在水泵、蒸汽泵、通風機、化工設備和噴氣機等許多技術領域得到廣泛利用。

　　氣壓傳動元件的發展已有超前於液壓元件的情勢，例如：機械、電子、半導體、玻璃、鋼鐵、運輸車輛及製造、橡膠、紡織、化工、食品、醫藥、包裝、印刷、金屬非金屬薄片、菸草等，尤其防火及易爆炸區、環境特異區，氣壓傳動已成為其組成的基本架構；尖端科技如核工、軍工及航太中，氣動技術也占居重要地位。

　　現代，液壓與氣動技術或其合成分別在實現高壓、高速、大功率、高效率、低振動及噪音、長壽命、高度集成化、小型化與輕量化、模組化、一體化和執行可柔性化（Flexibility）等各方面獲得了相當可觀的進展；又因與微電子（Micro-electronics）技術密切配合，具有處理指令和程序控制的單元或元件，及內置可編程序控制器的閥島。在極可能小的空間裡傳遞盡可能大的功率，並加以精準的控制，因而使其在軍事、民生及自動智能化發展上發揮巨大作用。

　　在此重申，由於世界科技不斷地迅速猛進，以及工業對流體傳動的高度仰賴，它已集成了電、液、機、氣、光、聲（如人機對話）等各種比例或伺服系統，並與電子科技配合在一起廣泛應用，例如：機器人、遠程施工、礦脈探勘、海洋開發、宇宙航行、地震測量和（陸、海、空）無人駕駛。即將邁入嶄新高度而和人工智慧相結合，已成為必然趨勢，可執行看護長照，生產自動研發、計畫、設計、修改、製造、檢驗、市場、管理乃至策略。對發達國家生育率降低、人口老化的人力及腦力取代，將發生無比的互補再生功能。

　　但專家也發出警告，從歷史來看，產業革命以來，工業發展的帝國主義國家依仗其船堅砲利，對其殖民地或弱國的掠奪及巧取，極易重演。故液壓氣動與人工智慧的結合，也可能造成企業家和工業發達國家強加利用，從而剝奪人們的工作權利，增加失業率以及擴大貧富不均等社會與國際間問題。因此在科技進步與倫理人權兩方面，如何取得共諧合作、協調雙贏，應及早規範才是真道理。

　　此外，液壓氣動對電力的需求將更殷切，例如火力發電，包括煤、油及天然氣的能源，都是二氧化碳、溫室效應和氣候變異的推手；以及耗廢電子器材的丟棄汙染，在在都需要由製造者負責妥善且有效地回收管理。許多先進國家已宣布為了保護環境，若干年後不再製造

發動機汽車,而改為電力汽車,因此電液氣的合成共作,也為未來走向。

　　全球機械產業發展趨勢,由精密製造升級為智慧機械,相關技術發展融合了大數據、人工智慧、物聯網、雲端運算等,創造新的應用領域,臺灣已擁有完整機械產業聚落,及高良率、價格、服務等市場優勢,需有平台展示,才能發光發亮,「2018高雄自動化工業展」,3月30日至4月2日在「高雄展覽館」盛大舉行,規劃工具機、產業機械、五金零組件、自控檢測、人工智慧／智慧機構(機器人)、食品包裝設備專區、發明技轉及新技術專區、工會等九大項,以帶動自動化技術及工業發展,邁向國際化,進而拓展全球市場,主辦單位為《經濟日報》。

　　本書的宗旨是對高職、大專同學及液壓氣動工作者的學習而編寫,是流體壓力傳動原理及應用的敲門登堂題材用書,然而尚未及於深入且進其奧室的層次。學習者於讀畢後若有研究、設計及發明的意志,書中也羅列某些提示、發展趨勢及新知參考資料,希望可以提供學習者更上一層樓的途徑,以達成本書的期望任務。惟若讀者發現書中有任何謬誤或新的論證時,亦敬請寄Email指正,以利有機會修改。謹此深致謝意!

編者敬識

2017年12月

stephen.hu@hotmail.com.tw

目　錄

序　言

第一章　流體傳動的廣泛應用

1-1　流體傳動概說　　　　　　　　　　　　　　　　　　　　1

1-2　船艦上的流體傳動設備　　　　　　　　　　　　　　　　2

1-3　潛艇上的流體傳動設備　　　　　　　　　　　　　　　　3

1-4　飛機上的流體傳動設備　　　　　　　　　　　　　　　　9

1-5　氣動與液壓的現代化和智能化　　　　　　　　　　　　16

第二章　液壓與氣動的工作原理

2-1　液壓傳動的工作原理及結構組成　　　　　　　　　　　21

2-2　氣壓傳動的工作原理及結構組成　　　　　　　　　　　23

2-3　液壓與氣壓傳動系統的圖形符號　　　　　　　　　　　24

2-4　液壓傳動與液力傳動的區別　　　　　　　　　　　　　25

2-5　液壓與氣動系統的特點　　　　　　　　　　　　　　　29

第三章　流體傳動基礎理論

3-1　液體的主要物理性質　　　　　　　　　　　　　　　　31

3-2　液壓系統油液的選用　　　　　　　　　　　　　　　　35

3-3　基本液體靜力學　　　　　　　　　　　　　　　　　　37

3-4　基本液體動力學　　　　　　　　　　　　　　　　　　40

3-5　管路中油液的壓損　　　　　　　　　　　　　　　　　45

3-6　氣穴現象　　　　　　　　　　　　　　　　　　　　　48

3-7　液壓衝擊　　　　　　　　　　　　　　　　　　　　　50

第四章　液壓動力元件

4-1　液壓泵自習　53

4-2　液壓泵的理論與構造　68

4-3　液壓泵與電馬達參數的選用　79

第五章　液壓執行元件與輔助元件

5-1　液壓缸自習　83

5-2　液壓缸的構造與原理　93

5-3　液壓馬達的構造與原理　98

5-4　液壓馬達自習（方向控制）　104

5-5　液壓輔助元件　118

第六章　液壓控制元件

6-1　方向控制閥　129

6-2　壓力控制閥　138

6-3　流量控制閥　150

6-4　疊加閥　161

6-5　插裝閥　168

第七章　基本液壓迴路

7-1　液壓馬達自習（速度控制−簡稱速控）　179

7-2　液壓基本迴路　196

第八章　綜合液壓傳動系統

8-1　封閉液壓迴路自習　225

8-2　綜合液壓傳動系統　243

第九章　壓縮空氣通論

9-1　氣動概述　281

9-2　壓縮空氣　283

9-3　壓縮空氣系統　290

9-4　壓縮空氣的輸送　301

9-5　氣動系統的優缺點　304

第十章　氣動控制元件

10-1　方向控制閥　307

10-2　流量控制閥　319

10-3　壓力控制閥　321

第十一章　氣動執行元件

11-1　氣缸　327

11-2　氣動馬達自習　345

第十二章　氣動系統迴路

12-1　氣動系統迴路導說　363

12-2　綜合氣動系統控制迴路　380

第十三章　電氣控制系統迴路

13-1　電氣控制的基本知識　　　　　　　　　　　399

13-2　基本電氣迴路　　　　　　　　　　　　　404

13-3　液壓迴路的電控設計　　　　　　　　　　407

13-4　氣動迴路的電控設計　　　　　　　　　　411

第十四章　真空吸附

14-1　概說　　　　　　　　　　　　　　　　　435

14-2　真空發生器　　　　　　　　　　　　　　436

14-3　真空吸盤　　　　　　　　　　　　　　　438

14-4　真空控制元件　　　　　　　　　　　　　439

14-5　真空吸附迴路　　　　　　　　　　　　　440

第十五章　附錄

15-1　常用液壓氣動圖形符號　　　　　　　　　443

15-2　常用電氣圖形符號　　　　　　　　　　　450

新知參考1　潛艇不依賴空氣推進　　　　　　　　4

新知參考2　軍事與液壓氣動的關係　　　　　　19

新知參考3　遠程調壓功能　　　　　　　　　　142

新知參考4　電液數字控制閥　　　　　　　　　176

新知參考5　方向控制插裝閥　　　　　　　　　177

新知參考6　複雜液壓系統–全迴轉挖土機　　　196

新知參考7　液壓無級變速器　　　　　　　　　212

新知參考8　電液控制系統無級變速器　　　　　212

新知參考9　壓力補償器　　　　　　　　　　　230

新知參考10　液壓傳動技術的發展與趨勢　　　271

新知參考11　戰機的液壓系統發展　277

新知參考12　電液比例控制　279

新知參考13　寶馬汽車X5的消音系統　305

新知參考14　常用氣動輔件的功用　306

新知參考15　電液伺服技術　326

新知參考16　氣爪的工作原理簡述　341

新知參考17　氣動馬達的發展狀況　356

新知參考18　氣動技術的發展趨勢　357

新知參考19　位置傳感器　360

新知參考20　帶有自動換刀具裝置的FMS　397

新知參考21　電腦繪製液壓、氣動迴路與電氣電路圖　410

新知參考22　PLC控制的氣動系統設計舉例　430

新知參考23　真空吸盤的直徑計算，真空吸盤提升力計算　442

參考文獻　453

參考資料1　氣穴噪音源　51

參考資料2　層流和湍流　51

參考資料3　臺灣的液壓泵製造　81

參考資料4　2018臺北國際流體傳動與智能控制展　128

參考資料5　臺灣的疊加閥及插裝閥的製造　178

參考資料6　臺灣區流體傳動工業同業公會　224

參考資料7　智慧機械傳動　280

參考資料8　機器人與人工智慧　361

參考資料9　液壓氣動設計模擬系統　434

第 1 章

流體傳動的廣泛應用

1-1 流體傳動概說

對精細的控制及能量的傳輸，流體傳動（Fluid driving）早已成為設計工程師最偏愛的工具之一，其優點包括了在任何速度下維持穩定的力矩（Torque, Moment），無論是線性或旋轉動作時可以接受瞬間反向力，以及實用上容易達成控制、安全、可靠、小巧、靈活與經濟上的方便和精細密度。

其另一效用為，流體傳動已快速地成為近代機械、車輛、船艦、航太等卓越應用功能，事實上流體動力的傳送不易因上述器械的幾何形狀改變而受影響，傳統思維上動力是由軸桿、鏈條、鋼絲拉繩、皮帶、齒輪、聯軸器、萬向接頭，或上述的組合所傳動的，但如一架飛機的動力源靠這些系統而傳動能源至起落架、升降舵或方向舵、副翼及穩定器時，或在反向的狀況，某一動力源必須用來操作反向時的動作，使飛機由一側轉變方向至另一側，則上述傳統傳動的方式將造成多大的困難？

由於流體動力可以容易地以管路（Pipe）、管筒（Tube）、軟管（Hose）及其周邊裝具予以傳送，經由受拘束的通道，任何環境皆極實用，故近代或現代的機械、航太飛行器、軍火系統、船艦潛艇、裝甲坦克，汽車工業（如液壓制動系統ABS，包括前後軸盤式制動器、鼓式制動器、控制缸、制動助力器和壓力傳感比例閥等。另外如液壓動力轉向系統、電控主動液壓懸架系統、電控主動空氣懸架系統、自動變速器液

壓控制系統等）、石油機械、環保設備、水力水電、工程機械（如土壤鏟移機械、裝載機、混凝土攪拌車、起重機、打樁機、壓路機、堆土機、瀝青鋪設機等）、採礦機械、農業機械、攻隧道機、地下潛盾機械、冶金機械、鋼鐵工業（如煉焦爐大型加料機、推焦機、導焦機），在機床工具機中有八成以上是採液壓傳動及控制（如磨床、銑床、刨床、壓床、數位控制加工和多組合加工，精密壓擠機、絞直機等）及其他大量應用如機械臂、自動操作，由原動機而至動力需用之處，均仰賴流體動力系統作為連通及控制的途徑。以電子技術做系統的訊息處理和訊息傳遞的手段，以輸出流體的壓力施行功率，現在更朝電腦輔助設計如三維、仿真化、優化及高壓、大功率、快速、高效率、低噪音、自動化、精密化、檢修隔離及快速簡易化、模塊化、高度集成化、數值化、機電液氣一體化的方向發展。

在流體傳動的另一個應用，是以液壓（Hydraulic）或氣動（Pneumatic）馬達所造成的旋轉力量，其優點超越了直接機械連桿及電力驅動的複式集合，例如空氣馬達可操作於20,000 rpm（轉／分）或更高，且可以快速反轉，對於電力衝擊、複合壓緊及效率等，提供了安全保障，並對易燃環境也保證了安全。液壓馬達可提供與氣動馬達相同的優點，並且還有其他的效益，包括在幾乎不限制的可變速度下，能維持穩定的力矩。

在眾多而廣泛的應用中，我們即以船艦、潛艇和飛機在本章中先做概述，讓讀者們有一個初步了解，然後再逐步踏入階層，循序漸進。以船舶而言，其甲板機械的操縱和控制就廣泛使用液壓系統，例如主要設備有舵機、錨機、絞車、艙口蓋掀關機、起貨機，此外還有可變螺旋槳的船艦，其螺距（Screwpitch）的變化也採用液壓系統，海軍艦艇的減搖鰭（Fin stabilizer）也採用液壓操縱。

1-2 船艦上的流體傳動設備

1. 船上使用的錨機（Anchor windlass）一般都組合有絞纜機（Winch），除了起拋錨的功能外，還有絞纜的功能，液壓錨機可無段調速，其體積小、過載力強、運轉平穩而方便，大中型船舶應用廣泛，其主要元件包括主油泵、溢流閥、單向閥、壓力表、控制閥、液壓馬達、冷卻器、過濾器、高位油箱、觀察器、儲油槽、輔助手動閥、操控閥、調速閥等組成，各元件在後面章節將陸續解說。

2. **舵機**（Steering gear）是使船能按計畫航線航行的設備，中大型船舶大都採用液壓動力舵機，取其轉動扭矩大、結構緊湊、控制靈活、功能可靠諸優點，舵機可以滿足航角在30秒之內，從任何一舷的35°轉到另一舷的35°的要求，通常有兩個完全獨立的舵機系統，一般情況下只操縱其中之一，另一備用。為達成自動的航海技術，近代船艦均將航向航跡自動操舵儀與舵機液壓傳動系統合成共作，當自動操舵儀工作時，輸出信號給智能採集電路，經過主控電腦對船速、海浪、海流等環境的分析，經由負反饋的控制方式，不斷將陀螺羅經（Gyrocompass）送來的船艦實際航向與設定的航向值比較，將其差值放大後，作為控制信號來操控舵機的轉舵，使船艦能夠自動地保持或改變到計畫的航線上。因為船艦航向的轉變由舵角控制，舵角又由自動操舵系統控制，而反饋到自動操舵儀陀螺羅經航向又取決於船艦的艏向變化，所以航向自動操舵儀工作時，存在包括舵機（舵角）、船艦本身（航向角）在內的兩個反饋迴路：舵角反饋和航向反饋，對於航跡自動操舵儀，還需要構成船艦位置的第三迴路反饋，上述三項計算均藉助於電腦輔助。

3. **液壓艙口蓋系統**有油缸驅動式和油馬達索鏈式兩個種類，每一艙由四塊艙口蓋組成，分前後兩個啟、閉的油缸外置式液壓系統，由兩台並聯獨立的定向定量油泵、三位五通換向閥和單活塞油缸組成，以達啟閉動作。另油馬達索鏈式艙口蓋液壓傳動系統，則由兩部獨立的壓力補償單向變量泵作為系統的驅動元件，其中一部為備用。此泵隨外負載的變化而自動調整流量，即負載升高時系統壓力也隨之升高，這壓力也同時反饋到泵的變量頭的傾斜盤上，使其傾角變小，進而減少流量，其動作是將艙口蓋頂高，使滾輪落入艙口蓋滑動軌道，利用三位四通手動換向閥，對油壓馬達進行正、反操作，而達成開啟、關閉艙口蓋動作的安全。

1-3 潛艇上的流體傳動設備

針對常規潛艦（相對於核能潛艇）的任務，由於高度自動化和低耗能，以及各元件管路應保持靜音的需求，在強度占主導地位的場合使用流體傳動裝置，以功率密度和可靠性而言，液壓傳動較其他傳動具有優勢，但針對不同的傳動任務採用特定的解決方案，決定如何驅動不同的傳動位置，應進行最適當的技術與設計，以滿足傳動任務的要求，特別是在潛艇潛航期間，因有限的可供使用能量，尤其需要高效比的傳動

方式。

現代潛艇均使用大量液壓傳動裝置，無論旋轉、升降、推動、牽引，液壓傳動裝置均將動力轉換為機械運動，液壓元件分布於艇上各部位，如艇首魚雷發射管外蓋經由液壓傳動予以開啟；潛望鏡的升降及旋轉依靠液壓傳動輔助其靈活運用；有些設備經由液壓傳動操控；艇尾方向舵則透過液壓驅動航行方向的改變。潛艇由於空間狹小，更需要高強度、大扭矩，特別是線性運動時，需液壓缸推力大而裝置小，電腦自動化性能高，且絕對要防止洩漏，以免汙染艇艙，故潛艇液壓設備的投入是相當精密而昂貴的。

機械工程（如低噪音線性傳動裝置）、電氣工程（如高功率、小尺寸交流伺服系統）、流體力學（如較新開發的伺服閥、泵）、CAD（電腦輔助設計）、CAT（電腦輔助測試）、CAD/CAM（電腦輔助製造）建模、仿真、優化等先進技術的發展與進步開拓了設計潛力；特性與參數的選擇，狀態監控與故障診斷，對潛艇機械傳動和近代液壓與氣動系統，承擔了任務上的各類需求。

電能是潛艇的主要能源，柴油機及不依賴空氣推進（AIP, Air Independent Propulsion）提供電力系統供電，並給予蓄電池充電，核動力潛艇則不受長時間潛航的限制。為了實現機械運動，壓縮空氣和液壓油是潛艇上主要的二次能源的形式，但在轉換過程中有大量的能量消耗，例如通過液壓泵將電能轉換為勢能，並以壓力油的形式儲存。

⚡ 新知參考 1

不依賴空氣推進或稱絕氣推進，最成功的有斯特林輪機系統，係由瑞典Kockums造船公司建造，是以液態氧搭配柴油機作為動力原理，並加裝75千瓦的發電機作為推進動力，且為電池充電，可以讓1,500噸的潛艇自持力達到9節14天。日本蒼龍級潛艇即向瑞典購入設計。部分中國潛艇也採用AIP技術，使用熱氣機（Stirling engine），是一種由外部供熱，使氣體在不同溫度下做週期性壓縮和膨脹的閉式循環往復式發動機。西門子公司設計出功率可以達到30至50千瓦的燃料電池（Fuel cell），德國海軍已推進到輸出功率120千瓦，中國潛艇亦使用其自製的AIP，雖無法與核動力潛艇相比，但已大量提高常規潛艇的潛航能力，詳細資料請參見維基百科「絕氣推進」。美國潛艇約80艘全使用核動力，中國也約有80餘艘潛艇，其中約1/5屬核動力，其餘使用其自製常規加AIP斯特林或燃料電池。

　　液壓技術在潛艇上已使用幾十年，因此液壓元件發展的程度相當高階，但液壓系統只是能量轉換的一個環節，亦即液壓能僅是電能和所需求運轉之間的中間步驟，由於新的電力傳動裝置，如大功率密度交流伺服馬達早已研製出來，以及變頻大功率馬達的應用，故現有的液壓傳動方式，需接受新興電力對手的挑戰，任何時候液壓傳動裝置都有可能以電力傳動裝置（或部分）取代，因為消除了中間能源轉換的環節，電力傳動總體效率比提高，並且降低機械傳動的能量消耗。

　　常規潛艇的液壓系統由一個或兩個液壓站組成，包括了電動泵、泵控制單元、油槽及蓄能器、控制單元以及複雜的管路系統，液壓站向全艇各液壓傳動裝備提供液壓油，這些系統具有一個或兩個系統的壓力，在6～12 MPa（1 MPa = 10.197 kg/cm^2 = 145.0377 psi）之間變化。實際的系統壓力取決於當前液壓泵的功率和液壓蓄能器的充油比例，由於冗餘（Redundancy）的原因，液壓系統通常分為兩個獨立迴路，其優勢如下：傳統裝置功率密度高；可依賴性高；聲學特徵可控制；冗餘系統設計簡單。

　　艦艇液壓傳動還可供解決完善的通用方法如下：將液壓系統細分成分散的子系統；直接用現代的電氣傳動，消除經由液壓的中間環節；使用取代油的液體，例如水或海水；使用先進的執行機構，如組合電液驅動。今舉例供參如下述。

1-3-1 操舵裝置

　　通常舵軸承安裝在船尾自由浸水部位，舵的旋轉運動經由舵柄和連桿轉變為直線運動，傳動裝置安裝在耐壓殼體內，一個十字聯軸節通過法蘭和它連接，以恆定的油壓給舵的驅動液缸供油，通過遙控閥調節進入液缸的流量，使舵達到要求的角度。首部水平舵（安裝在兩翼或首部上層結構部位）也是經由相同的原理驅動。操舵包括傳動裝置的設計，取決於高航速情況下最大航角的要求，但高航速大舵角的狀況很少發生，因此操舵系統的設計大都偏離設計點運行，導致總體效率低。可供解決的措施如下：

1-3-1-1 分散液壓系統

　　其目標是按要求的油量和壓力單獨供油給舵機傳動系統，這會降低所需的平均油

壓，不會減少能量消耗，潛艇操舵傳動裝置了二級可調壓系統，的確顯示較好的效果，但代價是增加了系統集成和自動控制的複雜性及空間的需求。

1-3-1-2 電動舵裝置

德國蒂森·諾舍爾（Thyssen Novor）公司研製及測試其伺服操舵樣機，交流伺服馬達的旋轉動作經由減速齒輪和液輪心軸（Liquid wheel mandrel）裝置傳遞給線性驅動裝置，可取代常規的液壓缸傳動裝置，在低航速下減少了甚多能量，效能可達80%，噪音在邊界條件範圍內，由於伺服馬達功率密度高，安裝緊湊，允許在艇尾耐壓艙壁區進行所要求的底層結構集成。

1-3-2 升降裝置

潛艇中配有幾套升降裝置供航行中使用，以配合不同階段的任務，在下潛狀態時所有裝置必須收回，升降裝置是舵機之外液壓的大使用戶，在短時間內需大量的液壓油，升降裝置所需盡可能多的液壓油流量，應存在液壓蓄能器內，如果在使用中蓄能器油量耗盡，則升降裝置運動將慢下來，升降裝置的總重約1～3噸，行程約4公尺，可採設計方案如下：

1-3-2-1 系統壓力變化

升降傳動的原理是成熟的，因其緊湊、功率大、可靠，因此需詳盡研究以確定什麼範圍內更高的系統壓力（> 10 MPa）是有利的，而且力學（如減少液缸直徑後，活塞桿足夠的彎曲穩定性），和聲學的邊界條件（Boundary condition）應該考慮。

1-3-2-2 電動機械提升設備

伺服電機或鋼索牽引裝置在此並不適用，特別是艇中使用空間的增加、潛艇外部自由浸水結構所處的惡劣環境、大行程的要求、聲學的限制等，約束了其使用。

1-3-2-3 電磁性傳動裝置

電磁線性傳動可能取代液壓傳動，工業上這種裝置顯示的優越性，如加速度、高強度、高效率，值得在潛艇中嘗試應用，以撙節電能。

1-3-3 遙控裝置

因各種分系統和子系統、輔助系統的自動化，在近代潛艇上幾乎有200～300個遙控裝置分布於全艇，且因功能不同，而需要不同的壓力及力矩。單個裝置的耗能雖相對較小，但液壓控制單元的集成和管路配置是昂貴的，建議的解決選擇方案如下：

1-3-3-1 電動裝置／電液聯合傳動裝置

如今小型裝置大都為高速高精度伺服驅動，其比例因大功率元件的使用會進一步增加，在水面上的艦艇已裝設了這些電液聯合傳動裝置，電液傳動裝置包括1個常規的液壓執行機構，該機構和1個緊湊的液壓油單元組合在一起，優點是捨去了供油管路，缺點是與純液壓傳動裝置相比，增加了重量和使用空間。先進的改良已使電液合成系統成為主流。

1-3-3-2 提高液壓系統的壓力

遙控裝置的壓力可能達20 MPa，宜將其與6～12 MPa的主液壓系統隔開，則高壓的20 MPa系統驅動可減小裝置尺寸和耗油量，因此需增加一個緊湊的輔助液壓站。

1-3-3-3 經由閉式循環管路供應液壓油

相當多的遙控裝置以一個主控制模塊控制，由主液壓站供油，其優點是遙控裝置可以經由主控制機構進行手動控制，預防緊急狀況。另一方面，每個裝置需經由兩條液壓管路連接到主控制模塊。經由使用閉式循環（Closed loop，將在後面說明）管路供油給遙控裝置，可減少液壓系統集成的費用，每個裝置配備一個控制單元和循環管

路連結,這樣就可以取消主控制模塊,且減少液壓管路長度,但也損失了中心手動控制的權限。

1-3-4 替代液體

許多國家在研究此一方向,以水或海水替代油,提供了顯著的優勢,特別是在耐壓體以外,此優勢更加明顯;包括無洩漏危險;不需回油管路;可靠性高;溫度依賴性低,但其缺點是技術未足夠成熟;水液壓相關問題(如汙染、卡塞、潤滑、密封、鏽蝕、磨損、絕緣、結冰),將來新材料如陶瓷、奈米纖維、特殊塑料的發展,將使潛艇水液壓系統成為可行選擇,國外已有壓力14 MPa(=142.76 kg/cm^2)及流量15～140公升/每分鐘(L/min)的水液系列元件試驗成效。

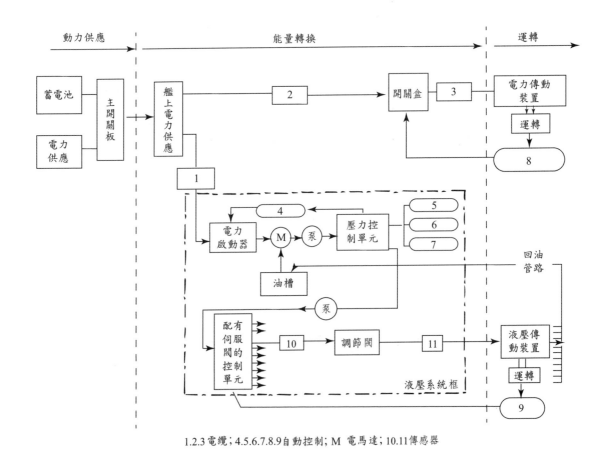

1.2.3電纜;4.5.6.7.8.9自動控制; M 電馬達;10.11傳感器

圖1-1 潛艇最初動力供應與運轉間的步驟

1-3-5 液壓低噪音

進行機—電—液控制系統分析；液壓系統總體聲學分析；動態性能分析，和液壓系統匹配優化設計，以有效措施降低系統噪音。實務上採用低噪音液壓泵組、控制閥組、消波器、動壓阻尼器、軟管、抗氣穴（後面說明）閥組、緩衝蓄能器及管路隔振、壓力消波等技術。

1-3-6 潛艇液壓傳動申論

今後液壓系統仍是潛艇驅動機械元件傳動原理的主要組成部分，某些複雜、集中的液壓系統可能逐漸淘汰，而利用針對單個傳動裝置或其組合，採取特定的解決方案，就長遠來看，先進的傳動原理，如伺服驅動的操縱方式，將取代某些液壓裝置。液壓系統的成熟和發展必須付出極大的努力才能獲得，新技術將促進成本的降低、耗能的減少、增加易操縱性、易維保性及續潛航時間、聲學的寂靜和高度可依賴性等。電子元件的超大規模集成化和液壓元件的微形化，為高度可靠的泵源創造了條件，未來潛艇液壓系統的故障率將大為下降，液壓系統動力源各迴路分塊優化集成後，可進一步將整個液壓站優化集成至一個平台上，其優點是建造方便、占用空間小、便於潛艇上安裝、施工週期縮短、安裝拆卸維護容易、有利於控制清潔和調試使用，及便於整體減振降噪。先進國家已做到潛艇液壓站整體模塊建造，在陸上構建調試後，艇上安裝一次到位。

1-4 飛機上的流體傳動設備

A 320系列是歐洲空巴（Airbus）在設計中「以新致勝」，採用了比當時同類型機較先進的設計和生產技術，新型的結構材料以及新進的數位化機載電子設備，是第一款使用電傳操縱飛行控制系統的大型客機。

1-4-1 A 320液壓系統概述

設有三個相互獨立的液壓系統，沒有液壓油的交換，各稱爲綠系、黃系和藍系，每一系都有各自的液壓油箱（引氣增壓），三系的正常工作壓力均爲3,000 psi（衝壓空氣渦輪作動時爲2,500 psi即17.2 MPa）。

1-4-1-1 A 320主液壓系統

三各色系向飛機各使用系統提供液壓動力，均爲主液壓系統，綠系由左發動機驅動泵（EDP, Engine Drive Pump）供壓，黃系由右發動機驅動泵（EDP）供壓，中間藍系由電動泵供壓，當發動機工作時此三個主系均自動供壓，兩個EDP經由附件機匣直接連接在對應的發動機上，當任一發動機運轉時，藍系的電動泵都會自動啟動，各系的正常工作壓力均爲3,000 psi。

左綠系主要供壓給起落架（Landing gear，包括前輪轉向操縱）、正常刹車、左（1號）發動機反推、部分飛機操縱系統、動力轉換組件等，系統的大多數部件都安裝於主起落架艙內，與另外兩個系統完全隔離。

黃系主要提供液壓給貨艙門、備用刹車、右（2號）發動機反推、部分飛行操縱系統及動力轉換組件等，黃系大部分組件安裝在機腹整流罩右側的黃液壓艙上，在主輪艙前方，黃系隨右（2號）發動機啟動自動工作，必要時可在駕駛艙對系統執行操作。

中間藍系主要給部分飛機操縱系統及恆速馬達等供應液壓動力，藍系艙位在機腹整流系罩左側的主起落架艙前方，系統大多數部件安裝於此艙，僅油槽和低壓過濾器裝設在主起落架艙尾部的機腹整流罩左側。

1-4-1-2 輔助液壓系統

當主泵不能供壓時，由輔助液壓系統對飛機供壓，輔壓系統和相關的部件，有藍輔系（RAT, Ram Air Turbine）、動力轉換組件（PTU, Power Transfer Unit）、對黃系供壓的電動泵以及一個僅對貨艙門供壓的手動泵。PTU動力轉換系統有一個雙向動力轉換組件，在綠系和黃系之間傳輸動力，當綠、黃兩系的壓力差超過設定值時，壓力

大的系經由PTU將壓力傳給壓力小的另一系，綠、黃兩系分別使用電磁閥打開或關閉PTU，另有機械隔離接頭用於防止PTU在維修時因意外動作引發之危險。

藍系的輔系（RAT）安裝於機腹整流罩左側艙內，它在雙發失效條件下為飛控系統提供動力，並經由恆速馬達／發電機（CSM/G, Constant Speed Motor/Generator）產生的電力作為應急電源。當兩個發動機都出現故障，或者一個發動機出現故障，而另一個發動機的發電機發生故障，或者飛機電源失效時，RAT能自動展開，但只有在飛機飛行速度大於100 knots（1節＝1.852公里／小時）時，自動功能才有效。飛行和維修人員亦可在駕駛艙內以人工展開RAT，一旦展開，只有在地面時才能進行收回。

黃系的電動泵安裝於黃液壓系統艙內，當發動機或發動機泵發生故障時，該電動泵給黃系所有部件供應液壓，並可經由PTU向綠系統供壓。裝設於黃系地面維修面板上的手動泵，也可經選擇活門提供液壓動力以操縱前後貨艙門。

1-4-2 A 320液壓系統性能介紹

其基本性能指標主要如下：

1. 系統壓力：3,000 psi（＝210.92 kg/cm^2＝20.684 MPa）。
2. 液壓流體：AS1241 合成阻燃液壓油。
3. 液壓流體工作溫度：$-54 \sim +107℃$，給定功率要求下為$-55 \sim +60℃$；沒有定義功能和功率要求下為$-60 \sim +110℃$。
4. 環境溫度：處於工作狀態的裝置為$-55 \sim +90℃$；不工作的裝置為$-65 \sim +110℃$；（發動機輻射區內的裝置高出20℃）。
5. 汙染度控制水平：NAS1638-8級；濾芯過濾精度為高壓15μm，低壓3μm。
6. 系統總容積：約為240 L（公升）。
7. 能源系統：共安裝了約110種253個元件。
8. 裝置測試最大飛行高度：13,716公尺。
9. 設計工作壽命：20年。
10. 液壓系統功率分配如表1-1。

表1-1　A 320飛機液壓系統功率分配

系　統	左綠系	右黃系	中藍系	最大功率時調節壓力
液壓泵數量	2	3	2	
主泵				
發動機驅動泵（EDP）	48 kW, 150 L/min	48 kW, 150 L/min		
電動泵（EMP）（Electrical Motor Pump）		7.4 kW, 6.1 GPM (23 L/min) at 2,840 psi, 8.5 GPM (32 L/min) at 2,175 psi		19.5 MPa 15 MPa
輔助泵				
電動泵（EMP）	同上			同上
能量轉換裝置（PTU）	26 kW, 90 L/min	15 kW, 50 L/min		18 MPa
衝壓渦輪驅動泵（RAT）			22 kW, 80 L/min	17 MPa

1-4-3 指示和告警

　　三個液壓系統均設有各類傳感器，用於監控油箱的油量、系統的壓力、泵的輸出壓力、液壓油的溫度及油箱內的壓力等。這些數據用於系統告警指示、操作、維護。告警包括音頻報警、燈光報警及由ECAM（Electronic Centralized Aircraft Monitor）顯示警告訊息。

1-4-4 A 320液壓系統重量

　　該液壓能源系統含有110種液壓元件，總計253個，不包括液壓油和固定裝置情況下，液壓能源系統總重量約為410 kg，其中液壓元件約為193 kg。

1-4-5 系統可靠性和維修性

　　其設定的可靠性指標為飛機在投入運行兩年內使用可靠性達99%，這意味其故障

率應限制在1% 範圍內。爲此，設計人員將1%的故障率在各個系統內進行分解，從而確定液壓系統的故障率範圍。依其計算整個液壓裝置失效的概率爲1／（1E－9飛行小時），超過飛機的壽命，飛機工作時間大致爲20年，約60,000工作小時。其液壓系統經由以下系統配置細節，達到較高的維護性水平：

1. **機外供壓接頭**：三個系統的壓力管路和回油管路都裝設有自封接頭。

2. 經由黃／藍系的電動泵以及PTU配置，可以實現不需啟動發動機及地面液壓源的狀況下，亦可進行系統的維修和調試。

3. 快卸接頭和單向閥保證了泵的快速更換而不發生實質性的液壓流體洩漏。

4. 爲了方便系統檢測和調整，在易於接近的處所設置控制面板，且將主要維護設施集中於「維護板」上。

5. 藉助於機外供油的油箱加油接頭。

6. 隨機配備系統加油手動泵以及具有油箱狀態監視的選擇閥，使得系統的維護容易實現。

7. 每個蓄壓器都設有氮氣充氣閥和壓力表以利壓力監視。

8. 油濾都裝有油汙染指示器，汙染油濾的更換可在不用工具和無液壓流體損耗的情況下進行。

9. 每個系統都安裝一個液壓油採樣閥。

10.藉助於開關閥和一個機外測量裝置，可檢查每個執行機構（特別是伺服操縱系統）的內部是否有洩漏情況。

11.系統在正常工作狀態下具有自動排氣功能，同時油箱增壓系統的管路中設有液體分離器，使得系統具有較高的汙染度自我控制能力。

12.每個系統都安裝了一個手動操縱的油槽卸壓閥。

13.各種連接和元件的物理結構，保證了其在安裝和更換時不會混淆。

14.經由一個安裝於維護板上的裝置實施RAT功能的測試和收回。

15.爲減少更換元件的工作量，在必要的位置，元件總是安裝在分體座上。

16.在使用標準工具安裝元件的情況下，不必移開相鄰元件即可進行更換。

17.對貨艙門液壓驅動（黃系統）由手動操作對應的開關閥啟動黃系統中的電動泵，如果這個泵發生故障（如電力供應中斷），可藉助於手動泵打開或關閉艙門。

1-4-6 空巴A 380的液壓與作動系統

1-4-6-1 高壓液壓與電動靜液作動器

　　世界上最大的商用飛機A 380自重560噸、載重150噸（波音B 747的1.5倍），採用的是由Eaton宇航設計研發的高壓液壓動力及流體傳輸系統，所有的關鍵液壓元件，如主飛行控制元件、液壓缸、液壓馬達、蓄能器、油槽、流體傳輸管、軟管、接頭卡箍、縱貫機翼和機身管路等尺寸和重量均因而減少，整個系統比常規的液壓系統減輕重量1噸，這對於航空工業來說，意義非凡。A 380的液壓泵較B 747的運行成本減少15～20%。35 MPa（= 357 kg/cm^2 = 5,076 psi = A 320液壓的1.69倍）高壓液壓系統和電動靜液作動器（EHA, Electrical Hydrostatic Actuator）已在A 380上採用，此代表大型客機正朝「多電」和「全電」方向發展。其實，高壓液壓系統早已驗證於軍用戰機如F-35及F-22上，伺服電馬達及變頻電馬達大力提升電在飛機的位階。

1-4-6-2 雙系統的特點

　　B 777和A 320的工作壓力一般都是3,000 psi，採左、中、右三套液壓系，如果A 380也依此規格，其重量及體積將很龐大，但它採用了一種雙體系控系，這是一種混合的飛行控制作動電源分配系統，即將用於備份系統的分布式電作動器與主動控制的常規電傳液壓伺服控制（包括電液伺服閥）結合起來，形成4套獨立的主飛行控系。其中2套系統採用傳統液壓傳動系，另2套以電為動力，設有用於操縱面的分布式電液作動器系統，此結構亦可稱為2H/2E（2具液壓傳動配合2具電力作動），即這4套中任何1套都可以用來對飛機進行控制。A 380 綠系（G）、黃系（Y）兩液壓系，加上E1、E2兩套電系組成第三套系統，用以取代原第三套液壓系統。兩套液壓系驅動常規的伺服控制作動器，兩套電動的迴路驅動非常規作動器（EHA, Electro-Hydraulic Actuators，或稱電液作動器、電靜壓驅動器），這兩套實際上是作為備用；或非正常流量要求下按照要求工作，該飛行控制系以電為動力，稱為功率電傳系統，空巴有意識地將功率電傳引入了未來大型客機，但作為主控系統的備用系統，常規液壓伺服控制作動系統仍占主導地位，因此「故障－安全」餘度甚有益於降低風險。

1-4-6-3 A 380液壓泵

液壓能源系統包括8部Vickers PV3-300-31型發動機驅動泵（EDP），產生功率824千瓦，是主飛行控制系統、起落架、前輪轉彎系統和其他系統提供液壓動力，還有4部交流電動泵和相關的電子控制及保護系統。這些液壓泵是壓力補償式變排量型，轉速3,775 rpm，輸送液壓油量190 L/min，泵排量每轉47毫升（1公升 = 1,000 毫升），該泵有兩個特點：使用脫開式離合器及噪音非常低，當飛機在地面時，如果一個泵發生故障，將故障泵與系統隔離，可使A 380使用其他7個泵繼續執行任務（為安全起見，正常飛行需7個泵，剩下1個泵為餘度），如泵在飛行中發生故障，可將其脫開，不影響系統其他部位，只有在地面，經由人工方式泵才能重新結合。一般飛機的液壓壓力脈動為10%，比較新的可提高到5%，空巴要求A 380液壓泵的脈動變化僅±1%，Eaton公司研製出一種具有內置衰減器和11個活塞旋轉組成的泵，藉以達此目的，衰減器的大小與泵的尺寸和所需要的衰減量成正比。PV3-300-31型泵提高了飛機液壓傳輸管路的可靠性，並使管路疲勞降到最低，其在設計高壓液壓泵時，考慮了應力、撓度、壓力係數、壓力平衡和壓力脈動等因數，對材料進行了選擇，當壓力超過21 MPa時，使用鋁作為容器材料是非常危險的，35 MPa的系統只能使用鈦或高合金鋼，為了降低應力至最小，可以減小液壓管路的尺寸。

1-4-6-4 A 380作動系統

A 380兩側的水平安定面上各有兩個獨立的升降舵（Elevator），各升降舵都有一個液壓作動器和一個電靜液作動器（EHA），同樣的，還有兩個獨立的方向舵（Rudder），每個方向舵使用兩個電備份液壓作動器（EBHA），這樣EHA經由局部電動機和一個關聯的液壓泵來增加備用電力。EBHA在正常模式下是以液壓為動力，在備份模式下則以電力為動力。機尾的水平安定面經由一個以液壓馬達加一個備用電動馬達，提供動力的滾珠螺旋作動器驅動。各升降舵面都有雙餘度動力源，因為四個獨立的動力源被交叉分配給該控制面，各方向舵都具有四餘度動力源。A 380每個機翼有三個副翼（Aileron），各副翼經由兩個作動器來偏轉，內側和中間的副翼採用一個液壓作動器和一個EHA作動器，而外側副翼採用兩個液壓作動器。擾流板（Spoiler，每個機翼有8個）是以液壓為動力的，然而，各機翼上有2個或3個阻流片

作動器是以電力作動的。

1-4-7 飛機液壓傳動的申論

經由上述對A 320液壓系統設計的理念及架構、性能的分析，可以看出其液壓系統配置合理、系統架構簡潔、具有一定的先進性，即使在民用機載液壓系統快速發展的今天，對研發與A 320（空重138 t）系列相似的民用機型來說，A 320的液壓系統仍具有重要的參考價值。而A 380（空重276.8 t）的設計與配置已採用高壓液壓系統和電動靜液作動器（Electric hydrostatic actuator）的混合分配系統，較全液壓系統減少了重量，增加了燃油與載荷效益，並且保障了安全與環保實用。波音B 787夢想式飛機亦採用高壓液壓系統，並採用了大容量啟動發電系統；分布式固態配電技術，使配電網更加智能化；還採用了電動環控（Electric environment control）、電熱除冰和許多電作動技術，更向電液、多電、全電的方向發展。

1-5 氣動與液壓的現代化和智能化

如航空母艦的艦載起飛彈射器，是為了讓噴射戰機在更短的時間內升空，而大功率的液壓彈射器，在20世紀中葉就使用於上代「企業號」航母，沒多久包含液壓動力的蒸汽彈射器也使用於航母，進而為更具威力的電磁彈射。液壓驅動的精密度非常高，航天飛機的機械臂可將一套新的太陽能電池板（重16噸、長14公尺）精確的轉移至太空站上。氣動技術成功用於導彈尾翼控制的高壓伺服氣動設備，1960年代射流的發現和氣動邏輯元件的研製，使氣動技術獲得大發展。軍事設備的不斷發展，也帶動了液壓氣動相關企業的利益和效益的追求與提升。

1-5-1 流體傳動的節能環保技術

能量的損失直接、間接造成汙染的發生，因系統中各元件的間隙、摩擦、洩漏、溢流、節流、減壓、輸入和輸出功率不匹配，隨著節能和環保的要求愈來愈高，有效的善用能源和降低噪音，已經成為氣動和液壓系統的重要目標，如前面所述有

關潛艇和飛機，不僅在元件上有很大的改良空間，例如精密化、小型化、微型化、集成化、系列化，並且在設計和研製的方面，應有更大的思維改變與更新，像多電化、機電一體化、電液合成化，有許多從前的純液壓傳動系統，現在已可由電機構傳動，或電液分配傳動，無論在現代潛艇、波音或空巴飛機及現代戰鬥機將與時俱進。

1-5-2 液壓現場總線技術

隨著電子技術的快速發展，液壓設備需求更多，從自動化和高效率、高精度方向出現了現場總線技術（Fieldbus），它是在智能化儀表和自動化系統的全數字式、雙向傳輸、多分支結構的通信網絡。此控制系統簡化了工作站和現場設備兩層結構，它可以看作是一個由數字通訊設備和監控設備組成的分布系統；從電腦角度看，它是一種工業網絡平台；從通信角度看，它是一種新型的全數字、串行、雙向、多路設備的通信方式；從工程角度看，它則是一種工廠結構化布線，經由總線數量控管技術，以減少多種訊號傳輸及複雜昂貴的布線工程。

液壓系統在液壓總線的供油路和回油路間安裝數個開關液壓源，其與各自的控制閥、執行器相連接，開關液壓源包括液感元件、高速開關閥、單向閥、液容元件。根據開關液壓機液壓源功能不同，它可組合成升壓型或降壓型開關液壓機液壓源，最終輸出與各執行器需求相適應的壓力和流量。

任何新產品的開發使用，首應考慮其成本，總線技術亦不例外，其實其初衷之一就是降低系統工程的成本、滿足有關人員的人身安全、電磁兼容、抗衝擊及抗振動的重要標準、友好的人機對話介面、可方便進行液壓系統的參數修改和故障監控，故總線技術產品使用的第一前提，應以降低總線系統的成本爲目的，相對於傳統的液壓比例控制系統更具價格優勢。

1-5-3 氣動智能化技術

氣動技術的智能化是具有集成微處理器，且具有處理指令和程序控制的單元或元件。內置可編程序控制器的閥島，是新一代的電／氣一體化的控制元器件，由多個電控氣閥構成，而集成了信號的輸入／輸出以及信號的控制。最典型的智能氣動元件是內置可編程控制器的閥島，以閥島和現場總線技術結合實現的氣／電一體化是氣動技

術的一個發展方向。

智能化氣缸是智能化的集大成者，其氣缸內置電磁閥和速控閥，氣缸提供Field-bus和ASI接口（Asynchronous Serial Interface，異步串聯接口），可以實現總線遠程集中控制。具有IP66防護等級，易於沖洗，而且符合ISO（國際標準化組織）／VDMA（德國機械與設備製造業協會）標準，可以和普通標準氣缸互換，利用氣缸就可以替代傳統的整個氣動迴路。智能化氣動三聯件（後面會說明）則使空氣處理系統的自我診斷實現，大多數的氣動系統故障因空氣處理系統而起，智能化三聯件有效解決了這個問題，其可以對氣動系統進行持續的監控，並隨時經由Fieldbus和ASI連接顯示相關數據，告知何時需要更換濾芯或潤滑油；壓力狀況是否正常；並記錄使用時間，因而使故障率達到最低；減少維修成本；提高生產運行時間。

1-5-4 自動化控制軟體技術

以微機軟體為基礎的控制方案在許多類型的液壓控制中，是較好的一種。利用液壓技術控制迴路（控制閥、變量閥）和執行機構（液壓缸、液壓馬達）不同的變型與組合配置，可以提供多種不同特性的控制方案。有些液壓控制的運動與電氣驅動的運動類似，這樣的液壓運動控制也可以當作座標軸的電氣運動控制來對待和處理。操作監控與機床運動的相互集成必須更簡易、更方便及更高效。

氣動系統的最大優點之一是單獨元件的組合能力，無論是各種不同大小的控制器，還是不同功率的控制元件，在一定應用條件下，都具有隨意組合性。模塊化發展是非常重要的，完整的模塊和獨立的功能單元，只需簡單的組裝就可以投入使用，不僅可大為節約裝配時間，也無需準備各類專門培訓的技術人員。集成化元件的研製，使氣動技術的集成化程度大為提高，由於氣動技術的發展，元件也從單一功能型，向多重功能系統、通用化模塊、集成化的方向推進。

當各類工業已轉向流體動力，甚至電／液、電／機／液／氣／光等各種集成的新時代前進時，與近代流體動力系統應用與安裝、操作及維護的人員之間仍有相當隔閡。而推介給學生有關流體驅動新知，以及協助流體動力作業人員，更新及提升其所負責的機械與系統有關知識的參考書，實用而有效的在仿間較不多見。這本書的印行旨在解說液壓與氣動的原理、元件、控制、迴路、電氣、集成、應用、設計及相關各方面的性能、功能與新發展，由淺漸深，希望能成為一本好用且適用的教材及自

修、參考用書。

　　氣動與液壓傳動課程應為高等職業及大專教育有關機電類、軍事國防類、機床母機類、汽車車輛類、工程機械類、自動控制類、航空航太類等學業必修的基礎課程，現代一體化核心技術應包含了機、電、液、氣、光的分類及集成的學習，經由此學習，受教者可以熟悉液壓與氣動技術的基本理論、知識及分析，以及新的科技與發展趨勢，以作為將來進一步從事專業操作、維護、設計、集成乃至創造、發明的先導課業。

　　標題如標示「自習」者，為較傳統的流體傳動內容，學習者可以先做自修，再請教老師或學長。如以「楷體」顯示者，包括一部分為要點提示，另大部分為「新知參考」，則是較先進的資料，已有某些程度超出本書的層次及範圍，謹提供學習者認知當今及未來的發展方向及參考。

⚡ 新知參考 2

　　軍事與液壓氣動的關係：二次世界大戰以後，波灣戰爭、越南戰爭以及美蘇、中美的爭霸，促使軍事工業發展神速。隱形戰艦戰機、新型世代機艦、核能航母及潛艇、超音速導彈、薩德系統（Terminal High Altitude Area Defense, THAAD，終端高空防禦飛彈）等，無處不見高科技，包括液壓氣動的利用，在未來的競爭中，衛星、飛船、航天飛機、無人駕駛、空間站、人工智慧等將更上層樓。液壓氣動與軍事上的關係，舉例而言，航母上的戰機升降平台，如果戰機單純停靠在航母甲板上，極不安全，容易遭受敵方偷襲及攻擊，可能甲板上的戰機將成砲灰，喪失了泰半的戰鬥力。但因航母上安裝了流體傳動的升降平台，降落在甲板上的戰機，如果沒有新的任務，可以機動迅速地經由升降平台運送到甲板下的機庫中，不僅維護了安全，可在庫內平穩地維修，同時也為甲板節約了很大的部分空間，有利於其他飛機的安全起降與停靠。美國航母達11艘，每艘可裝載各式飛機達85～90架，海軍各式飛機共計2,700～3,000架，其理由在此。

　　再例如導彈戰車，往往整體重量在30幾頓以上，因為運用了液壓氣動的裝備，幾十頓重的導彈可以經由發射車的自動控制系統，以大型液壓桿將彈體舉起，並精準地移動到發射角度，十分高效。此外，軍事上的火砲控制設備、坦克車的操縱、

船舶減搖裝置、飛行器仿真、飛機起落架伸收和方向舵控制等，無不與液壓氣動密切相關。 無論民航機或戰鬥機的全飛行模擬艙（Full Flight Simulator），都利用了許多液壓與電腦的結合和集成，對飛行訓練的安全及航飛的養成培育，尤其像戰機的俯衝、急爬、快轉、偏轉、滾翻、倒飛、反追擊、彈跳、迫降、中擊以及暴風雨、機電故障、空中加油、導航失靈等，更是模擬仿真的操練。

　　作者在30幾年前曾參加中鋼公司三、四階擴建進港航道可行性模擬試驗，當時是委請國立海洋大學執行，首先乘坐小船沿航道拍攝背景景觀，而後將歷年記錄的風力、浪級、水深、潮汐、流湧、船速等資訊輸入海大的模擬駕駛艙電腦，並邀請基隆及高雄港的資深領港人指揮操控類似10幾萬頓級的散裝貨輪進出停靠，模擬駕駛台的油壓系統可將其如同實況一般地演示出航道與風浪，現在回憶起來所謂的VR，追溯三、四十年前的模擬駕駛艙，應算是虛擬實境的發端。試驗結果領港人及專家提出了多項未來應遵照的航行規則，以策安全。

第 **2** 章

液壓與氣動的工作原理

　　液體幾乎是不能壓縮的，氣體則有較大的可壓縮性。液力傳動是主要利用液體動能的液體傳動；液壓傳動是主要利用液體壓力能的液體傳動。液壓與氣壓傳動在基本工作原理上，元件的工作機理以及迴路的構成等多方面是相似的。

　　氣壓傳動是以壓縮氣體為工作介質，靠氣體的壓力傳遞動力或信息的流體傳動。傳遞動力的系統是將壓縮氣體經由管路和控制閥輸送給氣動執行元件，將壓縮氣體的壓力能轉換為機械能作功；傳遞信息的系統是利用氣動邏輯元件或射流元件，以實現邏輯運算功能，故也可稱氣動控制系統。

2-1 液壓傳動的工作原理及結構組成

　　圖2-1以液壓千斤頂為例，解說液壓傳動的工作原理及其組成，當手柄1帶動活塞上移時，泵缸2的容積擴大形成真空，排油單向閥4關閉，油槽5中的液體在大氣壓力的作用下，經油管、吸油單向閥3進入泵缸2內，當手柄1帶動活塞下移時，吸油單向閥3關閉，泵缸2中的液體推開排油單向閥4，經油管進入液壓缸7，迫使活塞克服重物8的重力上升作功。如需液壓缸7的活塞停止時，使手柄1停止運動，液壓缸7中的液壓力使排油單向閥4關閉，液壓缸7的活塞就自鎖不動。工作時截止閥6關閉，當需

要液壓缸7的活塞下移時，打開此閥，液體在重力的作用下經此閥排往油槽5。

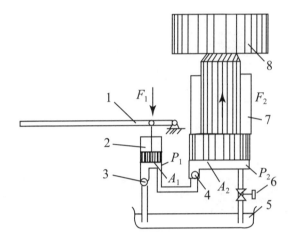

1-手柄；2-泵缸；3-吸油單向閥；4-排油單向閥；5-油槽；6-截止閥；7-液壓缸；8-重物

圖2-1　液壓干斤頂的工作原理

液壓傳動系統由下列幾個部分組成：

2-1-1 液壓傳動元件

將機械能轉換成液體壓力能的元件，如液壓泵，是系統的動力源。

2-1-2 液壓執行元件

將液體壓力能轉換為機械能而作功（輸出力、力矩、速度以驅動負載）的元件，如液壓缸（直線運動）、液壓馬達（迴轉運動）等。

2-1-3 液壓控制元件

經由對液體的方向、壓力、流量等的控制，而完成對執行元件的運動方向、作用力、流動速度等控制的元件，如溢流閥、節流閥、換向閥、減壓閥等，藉以保證執行元件能按設計要求運行。

2-1-4 液壓輔助元件

其他元件如管路、管接頭、油箱、濾油器、壓力及溫度表等，對系統可靠、穩定、耐久的工作具有功能。

2-2 氣壓傳動的工作原理及結構組成

如圖2-2，工料11送入剪料機到達了預定的位置時，行程閥8的閥芯被推向右移，將換向閥9的控制腔A接通大氣，於是在彈簧力作用下，換向閥9下移。由空氣壓縮機1產生並經淨化儲存在儲氣槽4的壓縮空氣，經分水濾氣器5、減壓閥6、油霧器7、換向閥9進入活塞下腔，活塞上腔氣體經換向閥9排入大氣，氣缸活塞桿帶動剪刀將工料11剪斷，並隨之鬆開行程閥8的閥芯使之復位，將排氣通道隔斷，並將進氣通道接通。於是換向閥9的控制腔內的氣壓升高，閥芯被推向上移，主氣路被切斷，壓縮空氣進入氣缸10的上腔，氣缸活塞向下運動並使氣缸下腔排氣，活塞向下運動帶動剪

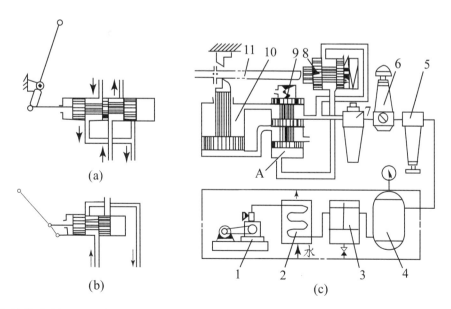

以氣動剪料機為例，1-空氣壓縮機；2-冷卻器；3-油水分離器；4-儲氣槽；5-分水濾氣器；6-減壓閥；7-油霧器；8-行程閥；9-換向閥；10-氣缸；11-工料

圖2-2　氣壓傳動的工作原理

刀復位，準備第二次下料。氣動系統也是能量轉換與傳遞系統，雖與液壓系統的工作原理基本一樣，但因工作介質的性質不同，故裝置構成也有不少差異。氣壓傳動系統的組成元件如下：

2-2-1 氣源元件

將機械能轉換成氣體壓力能的裝置，一般採用空氣壓縮機提供壓縮空氣。

2-2-2 氣動執行元件

將壓縮氣體的壓力能轉換為機械能的裝置，用來驅動工作部件，如氣缸和氣動馬達。

2-2-3 氣動控制元件

用來調節氣流的方向、壓力和流量，其相應的元件分為方向控制閥、壓力控制閥和流量控制閥等。

2-2-4 氣動輔助元件

包括淨化空氣用的分水濾氣器、改善空氣潤滑性能的油霧器、消除噪音的消音器、管子連接件和氣動傳感器等。

2-3 液壓與氣壓傳動系統的圖形符號

圖2-1所示的液壓系統圖是一種類似結構或稱半結構式的工作原理圖，圖2-2的氣壓系統圖亦是一種半結構式的氣壓工作原理圖，這些圖接近事實，直觀性強，容易理解，但其繪製圖比較麻煩，在實際工作上，除少數特殊情況外，一般都採用國際GB/

T 786.1－1993所規範的液壓與氣動圖形與符號（參第十五章附錄）來製圖，如下列圖2-3、圖2-4所示：

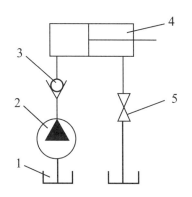

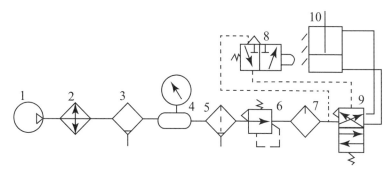

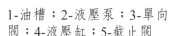

1-油槽；2-液壓泵；3-單向閥；4-液壓缸；5-截止閥

1-空氣壓縮機；2-冷卻器；3-油水分離器；4-儲氣槽；5-分水濾氣器；6-減壓閥；7-油霧器；8-行程閥；9-換向閥；10-氣缸

圖2-3　液壓千斤頂液壓傳動系統圖形符號

圖2-4　氣動剪料機氣壓傳動系統圖形符號

2-4 液壓傳動與液力傳動的區別

2-4-1 液壓傳動

　　液壓傳動是用液體作為工作介質來傳遞能量和進行控制的傳動方式。主要以液壓泵將原動機的機械能轉換為液體的壓力能，經由液體壓力能的變化來傳遞能量，經過各種控制閥和管路的傳遞，藉助於液壓執行元件（液壓馬達或液壓缸）將液體壓力能轉換為機械能，從而作功的系統，其中的液體為工作介質，一般為礦物油，其作用猶如機械傳動系統中的皮帶、鏈條和齒輪等傳動元件。

2-4-2 液力傳動

　　以液體為工作介質，利用液體動能來傳遞能量的謂之液力傳動。葉輪將動力機

（如內燃機、電動機、渦輪機）輸入的轉速、力矩加以轉換，經由輸出軸帶動機器的工作部分。液體與裝在輸入軸、輸出軸、殼體上的各葉輪相互作用，產生動量矩的變化，從而達到傳遞能量的目的。液力傳動與靠液體壓力能來傳遞能量的液壓傳動，在原理、結構和性能上都有很大差別。液力傳動的輸入軸與輸出軸之間只靠液體為工作介質聯繫，構件間不直接接觸。液力傳動的優點是：能吸收衝擊和振動，過載保護良好，即使在輸出軸卡住狀況下，動力機仍能運轉而不受損傷，攜帶載荷啟動容易，能實現自動變速和無級調速，因此它能提高整個傳動系統的動力性能。液力傳動是液體傳動的一個分支，它是由幾個葉輪組成的一種非剛性連接的傳動裝置。這種裝置把機械能轉換為液體的動能，再將液體的動能轉換為機械能，有著能量傳遞的作用。值得注意的是，液力傳動與液壓傳動是不同的，後者是靠密閉系統內的受壓液體來傳遞能量；而前者則是通過液體循環流動過程的動能來傳遞能量。

2-4-3 液力傳動的特點

2-4-3-1 自動適應性

液力變矩器（Hydraulic torque converter）的輸出力矩能夠隨著外負荷的增大或減小而自動調整大小，轉速能夠自動地相應降低或升高，在較大範圍內能實現無級調速，此乃其自動適應性，這能實現車輛的變速器減少檔位數、簡化操作、防止內燃機失火、改善車輛的通用性能。液力耦合器（Hydraulic coupler）具有自動變速的特點，但不能自動變矩。

2-4-3-2 防振及隔熱性能

因為各葉輪間的工作介質是液體，它們之間的連接是非剛性的，所以可以吸收來自發動機和外界負載的衝擊和振動，使機械啟動平穩，加速均勻，延長元件壽命。

2-4-3-3 透穿性能

指泵輪轉速不變的情況下，當負載變化時引起輸入軸（即泵輪或發動機軸）力矩

變化的程度。由於液力元件類型的不同而有不同的穿透性，可根據工作機械的不同要求與發動機合理匹配，藉以提高機械的動力和經濟性能。可帶載啟動，具穩定良好的低速運行能力。機械操縱簡化，易實現自動控制。

2-4-3-4 其他

具有過載保護、自動協調、分配負載的功能。但也有缺點如：效率較低、高效範圍較窄、需要增設冷卻補償系統、構造複雜、成本較高。

2-4-4 液力傳動的基本原理

可以用圖2-5說明，發動機1（內燃機、電動機等）帶動離心泵2的泵輪旋轉，使工作液體的速度和壓力增加，這一過程實現了機械能向液體動能轉化，然後具有動能的工作液體再衝擊渦輪機的渦輪3，液體釋放動能給渦輪，推動渦輪輸出軸4轉動，將機械能輸出，實現了能量的傳遞。

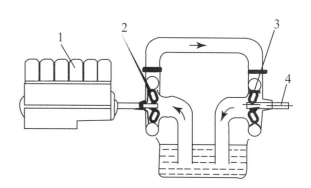

1-發動機；2-離心泵泵輪；3-渦輪機渦輪；4-輸出軸

圖2-5　液力傳動的工作原理

2-4-5 液力傳動裝置

常見的有液力耦合器、液力變矩器和液力機械元件。液力機械裝置是液力傳動裝置與機械傳動裝置組合而成的，它既有液力傳動裝置的動能傳遞能量，又具有機械傳動效率高的特點。

液力傳動裝置由三個主要部件組成：泵輪、渦輪、導輪，敘述如下：

泵輪：能量輸入部件，它能接受原動機傳來的機械能，並將其轉換為液體的動能。

渦輪：能量輸出部分，它將液體的動能轉換為機械能輸出。

導輪：液體導流部分，它對流動的液體導向，使其根據一定的要求；按照一定的

方向衝擊泵輪的葉片。

2-4-5-1 液力耦合器

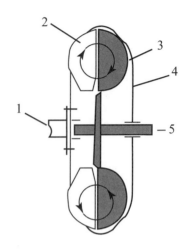

如圖2-6，由泵輪和渦輪組成，泵輪與主動軸
相連，渦輪與從動軸相連，如果不計機械損失，則
液力耦合器的輸入力矩與輸出力矩相等，而輸入
與輸出軸轉速不相等，因工作介質是液體，故泵輪
和渦輪之間屬非剛性連接。按液力傳動原理因離心
泵與渦輪機的效率低，再加上管路的損失，總效率
將低於0.7，為了提高效率，將泵輪與渦輪儘量靠
近，取消中間連接管路和導向裝置，形成液力耦合
器。液力耦合器無導輪。

1-發動機動力輸入軸；2-泵輪；
3-渦輪；4-耦合器外殼；5-動力
輸出軸

圖2-6　液力耦合器

2-4-5-2 液力變矩器

如圖2-7主要由泵輪、渦輪、導輪等構成，泵輪、渦輪分別與主動軸、從動軸連
接，導輪則與殼體固定在一起不能轉動。當液力變矩器工作時，因導輪對液體的作

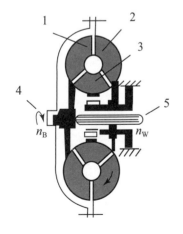

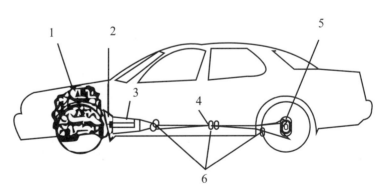

1-渦輪；2-泵輪；3-導
輪；4-動力輸入軸；5-動
力輸出軸

圖2-7　液力變矩器

1-發動機；2-液力變矩器；3-變速器；4-傳動軸；5-驅動橋；6-
萬向聯軸器

圖2-8　汽車液力傳動的組成

用，而使液力變矩器輸入力矩與輸出力矩不相等。當傳動比小時，輸出力矩大；輸出轉速低，反之，輸出力矩小而轉速高。這樣可以隨著負載的變化自動增大或縮小力矩和轉速，故液力變矩器是一個無級力矩變換器。

2-5 液壓與氣動系統的特點

優點如下：

1. 因屬於流體非剛性傳動，執行機構的布置相當自由靈活，如機械手臂傳動。
2. 液壓系統短時間可輸出的力量和功率強大，如航空母艦的液壓彈射器。
3. 運動控制精度非常高，如航天飛機機械臂可將一套新的太陽能電池板（重約16t、長約14m），精確地轉移到空間站上。
4. 容易實現無級調速，調速範圍大。
5. 系統操作簡單，尤其和電氣控制聯合時，容易達成複雜的自動工作循環。
6. 可變與可塑性強，補充、修改、添加迴路容易，電腦可編程控，以達理想操控功能與工作循環。
7. 容易實現過載保護，便於頻繁啟動與換向。
8. 元件易於實現系列化、標準化、通用化。

但亦有缺點如下：

1. 油液可能洩漏，汙染環境，損耗能源。
2. 在高溫低溫下，液壓傳動可能會有困難，必須設法解決。
3. 氣壓系統一般工作壓力低，應用於小功率場合。
4. 氣體可壓縮性大，氣壓傳動的速度穩定性差。
5. 元件製造材質與精度要求高，使用、維保有一定困難。

液力傳動可看成是一台離心泵和一台渦輪機的組合體，如圖2-5，發動機帶動離心泵旋轉，工作液由離心泵泵出，進入渦輪機，驅動渦輪機旋轉，輸出軸輸出機械能驅動工作機構。離心泵是將發動機的機械能轉換成液體動能的裝置；渦輪機則是將液體動能再轉換為機械能的裝置，因此，透過離心泵與渦輪的組合，實現了能量的傳遞。離心泵與渦輪機的效率低，再加上管路的損失，總效率低於70%，為了提

高效率，將離心泵的泵輪與渦
輪機的渦輪儘量靠近，取消中
間的連接管路和導向裝置，
於是形成了液力耦合器，如圖
2-6。液力耦合器的基本結構
包括：能量輸入部分（泵輪）
和能量輸出部分（渦輪），如
裝置僅有此兩部分則為液力耦
合器，如還有一固定的導流部
件（可裝在泵輪的出口或入
口），則此液力傳動裝置即液力變矩器如圖2-7。

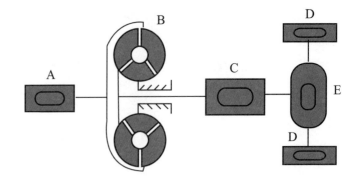

A-發動機；B-變矩器；C-變速器；D-車輪；E-後橋

圖2-9　汽車液力傳動應用示意

如圖2-8轎車上廣泛採用由泵輪、渦輪和導輪組成的液力變矩器。泵輪、渦輪均
為盆狀的，泵輪與變矩器外殼連為一體，泵輪是主動元件，與發動機曲軸相連，渦
輪懸浮在變矩器內，透過花鍵與輸出軸相連，是從動元件。導輪懸浮在泵輪和渦輪
之間，固定在變速器外殼上，給渦輪一個反作用力矩。示意於圖2-9。液力耦合器只
起傳動扭矩作用，不能改變扭矩大小，但液力變矩器能根據需要無級地改變傳動比
與扭矩比，具有變矩作用。

第 3 章

流體傳動基礎理論

　　流體包括了液體和氣體，這一章主要介紹有關液體的基礎理論，講解液體的性能和力學基礎知識，爲後面的課程做導引。系統中的液體工作介質可以產生下列作用：傳遞、潤滑、密封、冷卻、去汙、防蝕等。其一般要求爲：1.可壓縮性小，以確定系統的快速反應；2.適中的黏度與黏溫特性，以保證系統的動力和運動參數，減少洩漏的可能；3.良好的性能，如潤滑性、穩定性、相容性、防鏽性等，在系統中擔任傳遞運動、能量和信號的作用，以達到預期的使用要求。

3-1 液體的主要物理性質

3-1-1 密度

　　單位體積液體具有的質量稱爲密度（Density），通常以ρ（kg/m^3）作爲代表，亦即：$\rho = m/V$，其中m是流體的質量（kg），V是流體的體積（m^3）。礦物油型的液壓油較爲穩定，其密度隨溫度的上升而有所減少，隨壓力的提高而有所增加，但變動值不大而可以忽略不計，常用液壓油一般較水爲輕，密度爲900 kg/m^3（0.9 g/cm^3）。目前90%以上的液壓設備採用石油基液壓油，此外，水基、淡水或海水在某些場所及

船艦液壓系統中工作。

3-1-2 黏性

　　流體在外力的作用下而流動，或有流動
的趨勢時，其分子間的內聚力阻止分子相對
運動而產生一種內摩擦力，這種現象稱爲流
體的黏性（Viscosity）。流體只有在流動或
有流動趨勢時，才會呈現出黏性，靜止不動
的液體是不會發生黏性的。黏性使流動的液
體內部各位置的流動速度不一致，如圖3-1，
在兩個平行的板間充滿了流體，下平板不

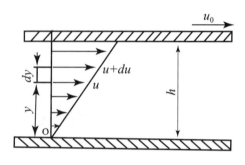

圖3-1　液體的黏性圖示

動，上平板則以速度u_0向右平移動，由於流體的黏性，使緊靠下平板和上平板的流
體層速度分別爲零和u_0，而中間各流層的速度則從上到下按遞減規律，呈梯形線性分
布。實驗測定說明了流體流動時，相鄰流層間的內摩擦力F與流層接觸面積A、流層
間相對運動的速度梯度du/dy，成正比如下：

$$F = \mu A \frac{du}{dy}$$

式中μ是比例常數，稱爲動力黏度。單位面積上的內摩擦力τ的表達方式爲：

$$\tau = \frac{F}{A} = \mu \frac{du}{dy}$$

這就是牛頓流體內摩擦定律。

　　流體黏性的大小用黏度做表示，通常有三種黏度方式，列之如下：

3-1-2-1 動力黏度μ

　　流體在單位速度梯度之下流動時，流動層間單位面積上產生的內摩擦力，其單位
爲$N \cdot m/m^2$或$Pa \cdot s$（帕・秒）。

3-1-2-2 運動黏度ν

運動黏度ν是動力黏度與流體密度的比值，表示如ν = μ/ρ，其單位為m^2/s。液壓油的牌號就是採用在40℃時的運動黏度（以mm^2/s計算）之中心值來標為號碼，例如L-HI32表示該液壓油在40℃時的運動黏度中心值為32 mm^2/s，這是一種普通牌號液壓油。

3-1-2-3 相對黏度

相對黏度也稱為條件黏度，因為測量儀器和條件不一樣，各國的相對黏度涵義並不相同，如英國使用雷氏黏度（R），中、德、俄使用恩氏黏度（°E），美國使用賽氏黏度（SSU）。

液壓油黏度對溫度的變化相當敏感，請參圖3-2黏度隨溫度之升高而下降。

這種油液黏度隨著溫度升降而變化的性質稱為黏溫性質。由圖可以看出溫度對液壓油的黏度影響較大，應加以重視。液體的黏溫特性常以黏度指數VI作為度量。VI值愈大，表示油液黏度隨溫度的變化率愈小，也就是黏溫特性愈好。

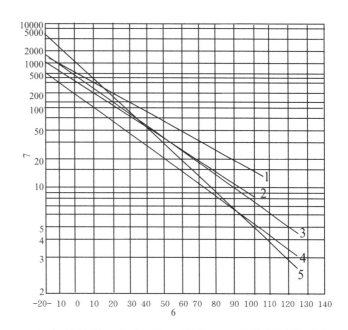

1-水包油型；2-水–乙二醇型；3-高黏度指數石油型；4-普通石油型；5-磷酸酯型；6-溫度（℃）；7-運動黏度（x $10^{-6} m^2 \cdot s^{-1}$）

圖3-2　不同介質黏度和溫度的關係

溫度、壓力、氣泡對黏度的影響：油液的黏度對溫度變化十分敏感，其黏度因溫度升高而下降。在低壓下，黏度變化不明顯，可忽略不計，但當壓力達50 MPa時，壓力對黏度的影響顯著。液壓油中如混入氣泡時，局部分子間距增大，油液黏度則急遽下降，體積模量急遽降低。通常要求工作介質的黏度指數VI值要在90以上，如液

壓系統的工作溫度範圍較大時，應選用黏度指數較高的牌號，幾種典型的液壓油黏度指數列在表3-1中。

表3-1 典型液壓油的黏度指數

液壓油種類	黏度指數VI	液壓油種類	黏度指數VI
常用液壓油L-HL	90	高含水液壓油L-HFAE	≈130
抗磨液壓油L-HM	≧95	油包水乳化液L-HFB	130～170
低溫液壓油L-HV	130	水–乙二醇液L-HFC	140～170
高黏度指數液壓油L-HR	≧160	磷酸酯液L-HFDR	–31～170

爲達到液壓設備的不同要求，常在基油中加入添加劑，以改善其性能，常用的添加劑爲：1.改善化學性能：如抗氧化劑、防腐劑等；2.改善物理性能：如增黏劑、抗磨劑等。

3-1-3 可壓縮性

流體因受壓力而產生體積變化的性質，爲其可壓縮性，一般液壓系統壓力不高時，其可壓縮性很小，可視爲不可壓縮的，但壓力變化很大的高壓系統，應考慮其影響。可壓縮性以k表示，其關係式如下：

$$k = -\frac{1}{\Delta p}\frac{\Delta V}{V_0}$$

k：壓縮率。

Δp：液體的壓力增加量。

ΔV：液體的體積減少量。

V_0：初始狀態的液體體積。

因爲壓力增大時液體的體積縮小（二者變化方向相反），爲使k爲正值，需在上式右側加「–」號，其物理意義是液體在增加單位壓力下，體積的相對減小量。液壓油壓縮率k的倒數稱爲液壓油體積模量，以K表示：

$$K = \frac{1}{k}$$

其物理意義是液體抵抗外負載能力的大小。液壓油的可壓縮性是鋼的100～150倍（鋼的體積模量為2.1×10^5 MPa）。氣體的可壓縮性較液體大很多，故當液壓油中含有氣泡時，K值將大幅度減小，亦即可壓縮性顯著增加，因而嚴重影響液壓系統的工作性能。一般液壓油的可壓縮性對系統影響不大，但在高溫、高壓工況下，溫度升高時K值減小，壓力增加時K值增大，而且是非線性變化。

3-2 液壓系統油液的選用

3-2-1 液壓油的選用

液壓油編號幾乎已是國際通用，如L-HM-32即顯示類別—品種—牌號，液壓傳動與液壓控制系統所用的油種很多，主要可分為礦油型、合成型與乳化型三大類，敬請詳參表3-2：

表3-2　液壓油主要品種及其特性和用途

類型	名稱	ISO代號	特性和用途
礦油型	通用型液壓油	L-HL	精製礦油加添加劑，提高抗氧化和防鏽性能，適用於室內一般設備的中低壓系統
	抗磨型液壓油	L-HM	以L-HL油加入添加劑，改善抗磨性能，適用於工程機械、車輛液壓系統
	低溫液壓油	L-HV	以L-HM油加入添加劑，改善黏溫特性，可用於環境溫度在−40～−20℃的高壓系統
	高黏度指數液壓油	L-HR	以L-HL油加入添加劑，改善黏度特性，VI值達175以上，適用於對黏度特性有特殊要求的低壓系統，如數控機床液壓系統
	液壓導軌油	L-HG	以L-HM油加入添加劑，改善黏-滑性能，適用於機床中液壓導軌潤滑系統
	全損耗系統用油	L-HH	淺度精製礦油，抗氧化性、抗泡沫性差，主要用於機械潤滑，可作為液壓代用油，用於要求不高的低壓系統
	汽輪機油	L-TSA	深度精製礦油加入添加劑，改善抗氧化性、抗泡沫性能，為汽輪機專用油，可作為液壓代用油，用於一般液壓系統

類型	名稱	ISO代號	特性和用途
乳化型	水包油乳化液	L-HFA	難燃，黏溫特性好，有一定的防鏽能力，潤滑性差，易洩漏，適用於有抗燃要求，油液用量大且洩漏嚴重的系統
	油包水乳化液	L-HFB	既具有礦油型液壓油的抗磨、防鏽性能，又具有抗燃性，適用於有抗燃要求的中壓系統
合成型	水-乙二醇液	L-HFC	難燃，黏溫特性和抗蝕性好，能在$-30\sim60℃$溫度下使用，適用於有抗燃要求的中低壓系統
	磷酸酯液	L-HFDR	難燃，潤滑抗磨性能和抗氧化性能良好，能在$-54\sim135℃$溫度範圍內使用，缺點是有毒。適用於有抗燃要求的高壓精密系統

　　油液牌號的選用應綜合考慮設備性能和工作環境諸因數，一般機械可採用通用液壓油；處於高溫環境的設備，就要選用抗燃性油液；如在高壓、高速的工程機械，可選用抗磨型油液；當要求低溫時流動性好，則需採添加降凝劑的低溫液壓油。液壓油黏度的選擇應充分考慮環境溫度、運動溫度、工作壓力等要求，在高溫條件下工作使用高黏度油；溫度低時選擇低黏度油；壓力愈高，選用的黏度愈高；執行元件的速度愈快時，採用的油液黏度應愈低。有關黏度請參閱表3-3：

表3-3　液壓泵用油的黏度範圍

名稱	運動黏度$v/10^{-6}\,m^2 \cdot s^{-1}$		工作壓力p/MPa
	允許	最佳	
葉片泵	$16\sim220$	$25\sim54$	> 7
齒輪泵	$4\sim220$	$25\sim54$	> 12.5
軸向柱塞泵	$4\sim76$	$16\sim47$	> 14
螺桿泵	$19\sim49$	—	> 10.5

3-2-2 液壓油的使用

　　液壓系統發生故障的主要原因，經常是油液汙染引起的，故應有相對措施予以控制。液壓油使用前必須嚴格清洗元件與系統，保持良好的密封和潤滑，確定使用油液的牌號及環境變化，防止及減少磨損和洩漏，定期檢查、補充及更換油液。操作和維

護人員應有良好的培育及遵照操作規章，注油時注意油液的純度和系統的清潔度，定期檢查油位、氣味、顏色、黏性、異音、過濾狀況、溫度、壓力等表計。防止高溫、避免氣化和變質、汙穢、潮溼、危險狀況接近系統設備。且需清楚記錄、完整交班、定時預保，如發現隱患或特異狀況而無力解決時，需報告上級。

3-3 基本液體靜力學

3-3-1 液體靜壓力

　　液體靜力學研究的是靜止液體力學的規律以及這些規律的應用，這裡所說的靜止液體是指液體內部質點間沒有相對運動。如圖3-3靜止液體中任何點的壓力為：

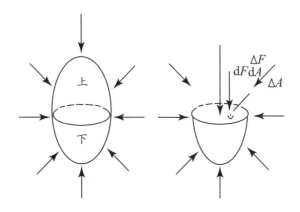

圖3-3　液體靜壓力計算圖

$$p = \lim_{\Delta A \to 0} \frac{\Delta F}{\Delta A} = \frac{dF}{dA}$$

p：液體靜壓力。

ΔA、dA：某點微小面積。

ΔF、dF：作用在ΔA上的內法向力。

　　液體靜壓力p是意謂當液體處於靜止狀態時，液體單位面積上所受的法向作用力如下：

$$p = \frac{F}{A}$$

壓力的國際單位是N/m²或Pa（帕斯卡，簡稱帕），常用的壓力單位有：MPa（百萬帕，即10^6帕，大陸稱兆帕），kPa（千帕，即10^3帕）。過去的巴（bar）為10^5Pa，已不再使用了。1 N為1牛頓，是力的單位，要使質量1公斤的物體加速度為1 m/s²（每秒每秒米）時所需要的力。液體靜壓力有如下特點：1.液體靜壓力的方向是承壓面的內法線方向，即靜止液體不受拉力、剪切力，只受壓力；2.靜止液體內任一點在各個方向上所受到的靜壓力都相等。

3-3-2 基本液體靜力學方程式

如圖3-4所示，密度為ρ的液體在容器內呈靜止狀態，液面上的壓力為p_0，現計算距液面深度為h處某點的壓力p，假設在液體內取出一個通過該點，底面積為ΔA及高為h的一個垂直微小液柱來研討，這個小液柱在重力、大氣壓力p_0、液體的壓力p和液體的側壓力等作用下，處於平衡狀態，根據F = pA其垂直方向受力平衡而有下列方程式：

$p\Delta A = p_0\Delta A + \rho gh\Delta A$，經減化而得液體靜壓力基本方程：

ρgh：單位面積小液柱的重力。

$p = p_0 + \rho gh$　　　　　　　　p_0：大氣壓力。

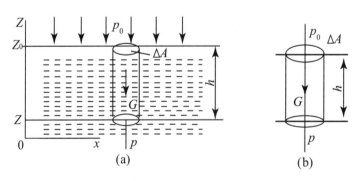

圖3-4　在重力場下靜止液體受力分析圖

由該方程式得知：1.靜止液體內任一點的壓力由兩部分組成：其一為液面上之壓

力p_0，另一部分為液柱重力所產生的壓力ρgh；2.靜壓力隨液體深度呈線性規律而遞增；3.距液面深度相同處各點的壓力均相等。由壓力相等的點組成的面稱為等壓面，在重力作用下，靜止液體中的等壓面是個水平面。靜壓力基本方程的物理意義為：靜止液體內任何一點都具有壓力能和位能，且其總和維持不變，亦即能量守恆原理。壓力能和位能可以互相轉換。壓力的表示有絕對壓力

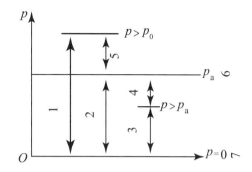

1-絕對壓力；2-大氣壓力；3-絕對壓力；4-真空度；5-相對壓力或表壓力；6-（大氣壓力）；7-（絕對真空）

圖3-5　壓力之間關係圖

和相對壓力兩種；前者是指以絕對真空作為零基準所表示的壓力；後者是指以大氣壓力作為零基準所表示的壓力。高於大氣壓力的那部分壓力稱為表壓力（如儀表指示的壓力）；低於大氣壓力的那部分壓力稱為真空度。其關係示如圖3-5，即：絕對壓力 = 相對壓力 + 大氣壓力；及真空度 = 大氣壓力 − 絕對壓力，當相對壓力小於大氣壓力時，就會產生真空；比大氣壓力小的那部分數值稱為真空度。

3-3-3 液體靜壓傳遞

由上述基本方程式可知，靜止液體中任一點的壓力都包含了液面壓力p_0，這說明了在密閉容器中的靜止液體，因外力作用而產生之壓力可以等值不變的傳遞到液體內部的所有各點，此即帕斯卡液體靜壓傳遞原理。在液壓傳動系統中，因外力產生的壓力p_0要比由液體自重產生的壓力ρgh大很多，且管路之間的配置高度差又很小，為使問題簡化常忽略由液體自重產生之壓力ρgh，通常認為靜止液體內部壓力各處皆相等。

3-3-4 液體作用於固體壁面之力

液體與固體壁面相接觸時，固體壁面將承受總的液體壓力，如果不計液體的自重對壓力的作用時，可以認為作用於固體壁面的壓力是平均分布的，固體壁面上液壓作用力在某一方向上的分力等於液體壓力與壁面在該方向上的垂直面內投影面積的乘積。

1. 當固體壁面是一個平面時，如圖3-6(a)液體壓力作用在活塞（其直徑為D）上的作用力F為：

$$F = pA = p\frac{\pi D^2}{4}$$

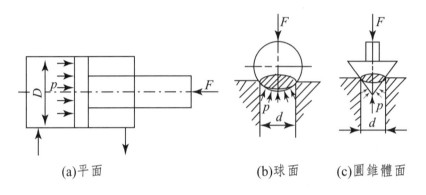

(a)平面　　　　　　　　(b)球面　　(c)圓錐體面

圖3-6　液壓力作用於固體壁面上的力

2. 當固體壁面是一個曲面（球面或圓錐體面時）如圖3-6(a)、(b)，若要求液壓力p沿垂直方向作用在球面和圓錐體面上的力，其力F就等於壓力作用在該部分曲面上垂直方向的投影面積A與壓力p的乘積，其作用點通過投影圓的圓心，方向朝上：

$$F = pA = p\frac{\pi}{4}d^2$$

d是承壓部分曲面投影圓的直徑。

3-4 基本液體動力學

3-4-1 基本概念

　　液壓系統工作時，油液總是不斷在流動，故需研究其流動時流速及壓力的變化規律。理想液體是一種假想的既無黏性、又不可壓縮的液體，惟實際上液體既有黏性又可壓縮。液體流動時，若其中任一點的壓力、流速和密度都不隨時間而變化，則稱之為恆定流動，若只要壓力、流速和密度中有任一個參數因時間而變化時，就稱之為非恆定流動。下面是一些有關術語的解釋：

1. 通流截面

液體在管路中流動時其垂直於流動方向的截面。

2. 流量

單位時間內流過某一通流截面的液體體積稱為流量，以q表示：

$$q = \frac{V}{t}$$

流量的單位是m³/s或L/min，1立方公尺 = 1公秉 = 1,000公升。

3. 平均流速

由於黏性的作用，使流體流動時在同一截面上各點的流速u不同，其分布規律較為複雜。如圖3-7所示，假設通流截面上各點的流速均勻分布，液體以此平均流速υ流過通流截面：

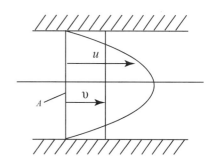

$$\upsilon = \frac{q}{A} \; , \; q = A\upsilon = \frac{V}{t} = \frac{As}{t}$$

q：流量。　　　V：液體體積。

A：通流截面。　s：位移。

t：時間。　　　υ：平均流速。

圖3-7　實際流速u和平均流速υ

4. 液體的流態

液體的流動狀態稱為流態，常分為層流和湍（ㄊㄨㄢ）流，層流是指液體流動時，液體質點有縱向運動而無橫向運動的層狀有規則流動；湍流是指液體流動時，液體質點有縱向運動而且也有橫向運動（或產生小漩渦）的紊（音問）亂流動，故也稱紊流。液體的流態是透過臨界雷諾數（Re）來做判定。

3-4-2 連續性方程

連續性方程是質量守恆定律在流體力學中的一種表達方式。設液體在圖3-8所示的管路中做恆定的流動，若任取1、2兩個通流截面的面積分別為A_1和A_2，在此兩個截面處的液體密度和平均流速分別為ρ_1、υ_1和ρ_2、υ_2，則根據質量守恆定律，在單位

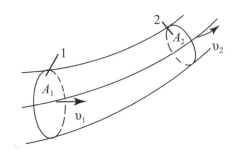

圖3-8 液流連續性原理

時間內流過兩個截面的液體質量相等，如下：

$$\rho_1 v_1 A_1 = \rho_2 v_2 A_2$$

如果忽略液體的可壓縮性時，則$\rho_1 = \rho_2$，化減可得：$v_1 A_1 = v_2 A_2$，因為通流截面是任意選取的，所以：$q = vA = $ 常數，這就是理想液體的連續性方程。這個方程式表明不管通流截面的平均流速沿著流程如何變化，流過不同截面的流量不變。流動經過管路不同截面的平均流速與其截面積大小成反比，即管徑大的截面流速慢，管徑小的截面流速快。

3-4-3 伯努利方程

3-4-3-1 理想液體的伯努利方程

這是能量守恆定律在流體力學中的一種表達形式。假定理想液體在圖3-9所示的管路中做恆定的流動。質量為m、體積為V的液體，流經該管任意兩個截面積分別為A_1、A_2的斷面1-1、2-2。假設兩斷面處的平均流速分別為v_1、v_2、壓力分別為p_1、p_2、中心高度各為h_1、h_2，若在很短的時間內，液體通過兩斷面的距離各為$\Delta \ell_1$、$\Delta \ell_2$，則液體在兩斷面處時所具有的能量分別為：

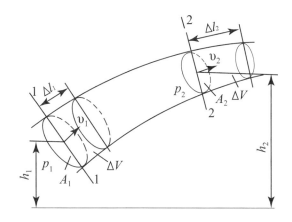

動能： $1/2\ m\upsilon_1^2$。

$1/2\ m\upsilon_2^2$。

位能： mgh_1；mgh_2。

壓力能： $p_1A_1\Delta\ell_1 = p_1\Delta V = p_1m/\rho$。

$p_2A_2\Delta\ell_2 = p_2\Delta V = p_2m/\rho$。

圖3-9 理想液體伯努利方程推理圖

流動液體具有的能量也遵守能量守恆定律，因此有下列程式：

$$1/2\ m\upsilon_1^2 + mgh_1 + p_1m/\rho = 1/2\ m\upsilon_2^2 + mgh_2 + p_2m/\rho，整理為：$$
$$p_1 + \rho gh_1 + 1/2\rho\upsilon_1^2 = p_2 + \rho gh_2 + 1/2\rho\upsilon_2^2 = 常數$$

此式稱為理想液體的伯努利（Bernoullis）方程，也稱為理想液體的能量方程。其物理意義是：在密閉的管路中做恆定流動的理想液體具有動能、位能及壓力能等三種能量，在沿管路流動的過程中，三種能量之間可以互相轉化，但在管路任一斷面處三種能量的總和是一個常量。

3-4-3-2 實際液體的伯努利方程

實際液體在管路內流動時，由於液體具有黏性，會產生內摩擦力，因而消耗了能量；而且管路中管子的尺寸和局部的形狀會有驟然變化，使液體產生擾動，也會引起能量的消耗，以致實際液體流動時存在能量損失的事實。此外，實際液體在管路中流動時，流過管路斷面上的流速分布是不均勻的，若使用平均流速作為動能的運算，必然會產生誤差，為了修正這些差異，需要引進動能修正係數a_1、a_2。其實際上的伯努利方程如下：

$$p_1 + \rho gh_1 + 1/2\rho a_1\upsilon_1^2 = p_2 + \rho gh_2 + 1/2\rho a_2\upsilon_2^2 + \Delta p_w$$

上式中Δp_w為單位質量液體在管路中流動時發生的壓力損失；湍流時取a_1或a_2為1，層

流時則取a_1或a_2爲2。伯努利方程揭示了液體在管路中流動的能量變化規則,因此它是流體力學中一個特別重要的基本方程,該程式不但是對液壓系統進行分析的理論基礎,而且還可以利用於多種液壓問題的研討與計算。

3-4-3-3 伯努利方程的利用,飛機升空的原理

飛機的發明對人類的影響巨大,請參閱圖3-10,經由四種力量交互的作用,使飛機飛上天空,這包括了發動機的推力,空氣的阻力,飛機的重力以及空氣的升起力,飛機以推力克服了阻力;並以升力征服了重力。另請參閱圖3-11,飛機機翼的截面爲拱形,當空氣流過機翼的上面時,依照伯努利方程,機翼上面壓力降低,上方形成眞空區,機翼下面的大氣壓力對飛機產生升力,升力到達一程度時,就可離地起飛。

當推力大於阻力,升力大於重力時,飛機就能起飛爬升,當爬升到巡航高度時,就收小油門以平飛,此時推力與阻力相等,重力也平衡於升力,此即所謂定速飛行。圖3-12則是一個伯努利原理驗證的小實驗,當氣流從紙面上方吹過時,紙面會在下方大氣壓力的作用下飄起。

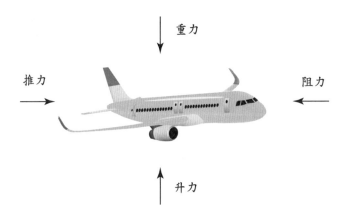

圖3-10　飛機經由四種力量的交互作用飛上天空

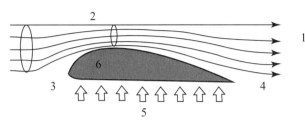

1-氣流流束；2-真空區形成；3-前緣；4-後緣；5-大氣壓力；6-機翼

圖3-11　飛機機翼上面真空區的形成

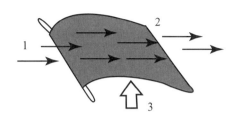

1-氣流；2-紙面飄起；3-大氣壓力

圖3-12　氣流從紙面上方流過時紙片飄起來

3-5 管路中油液的壓損

3-5-1 流動液體的壓力損失

　　液體在管道中流動時的壓力損失可分為兩類，其一是沿程壓力損失，其二是局部壓力損失。

1. 沿程壓損

　　液體在等徑直管中流動時，因其內、外摩擦而發生的壓損，稱為沿程壓損，以 Δp_λ 表示。它主要決定於液體的流速、黏性、管路的長度及油管的內徑等，可以下式表達：

$$\Delta p_\lambda = \lambda \frac{\ell}{d} \frac{\rho \upsilon^2}{2}$$

υ：液體平均流速。

ρ：液體密度。

ℓ：管路長度。

d：管路內徑。

λ：沿程阻力係數。

2. 局部壓損

　　液體流經管路突然變化的彎頭、管接頭、管配件及控制閥時，會使流向、流量劇烈變化，形成漩渦、脫流，質點相互摩擦而使能量損失。這種局部障礙處發生的壓損，稱為局部壓損，以Δp_ξ表示，其計算公式為：

$$\Delta p_\xi = \xi \frac{\rho \upsilon^2}{2}$$

ρ：液體密度。

υ：液體平均流速。

ξ：局部阻力係數，由實驗求得，可查相關手冊。

　　液體流過各種閥類的局部壓損可從下列常用的經驗程式計算：

$$\Delta p_v = \Delta p_n \left(\frac{q_v}{q_n} \right)^2$$

Δp_v：液體流過障礙如閥類的局部壓損。

Δp_n：閥在額定流量下的壓損（查閱手冊型錄）。

q_v：通過閥的實際流量。

q_n：閥的額定流量。

3. 系統的總壓損

　　管路系統中的總壓損p_w，等於所有沿程壓損和所有局部壓損的總和如下：

$$p_w = \Delta p = \Sigma \Delta p_\lambda + \Sigma \Delta p_\xi + \Sigma \Delta p_v$$

　　液壓傳動中的壓損，絕大部分轉變為熱能而使得油液溫度升高，洩漏增加，造成液壓傳動效率降低，乃至波及系統的工作性能。所以要儘量減少各類壓損，布置管路時縮短其長度，避免管路彎曲與截面的突然變化，管內壁力求清潔光滑，選用合理管徑，採用較低流速，購用合格管配件，以提高系統效率。

3-5-2 流體經小孔與縫隙時的流量

　　液壓傳動中常利用液體流經閥的小孔或間隙，作為流量和壓力的控制，達到調速和調壓的目的。液壓元件的洩漏也屬於縫隙流動，因此對小孔和縫隙流量計算的討論，了解其影響因數，對於正確分析液壓元件和系統工作性能，是有意義的。

3-5-2-1 流經小孔時

小孔可分為三類，當小孔的長徑比$\ell/d \leq 0.5$時，稱為薄壁小孔；當$\ell/d > 4$時，稱為細長孔；而當$0.5 < \ell/d \leq 4$時，則稱為短孔。液體流經小孔的間隙流量q_v的通用公式為：

$$q_v = KA\Delta p^n$$

K：由孔的形狀、尺寸和液體性質決定的係數，對於細長孔：$K = \dfrac{d^2}{32\mu\ell}$；對於薄壁孔

和短孔：$K = C_q\left(\dfrac{2}{\rho}\right)^{1/2}$；A：小孔通流截面面積；$\Delta p$：小孔兩端壓力差；$n$：由小孔長

徑比決定的指數；對於細長孔：$n = 1$，對於薄壁孔：$n = 0.5$，對於短孔：$n = 0.5 \sim 1$。

3-5-2-2 流經縫隙時

液壓元件內有相對運動的配合，間隙將造成液壓油的內洩漏和外洩漏。縫隙的流動有壓力差流動和和剪切流動的類別。常見縫隙有平板間隙和環狀間隙。

1. 流經平行平板間隙時

由圖3-13(a)、(b)所示為液體在兩個固定平行平板間隙內的流動狀態，如果液體在平行平板間隙中既有壓差流動，又有剪切流動時，則間隙流量為：

$$q_v = \frac{bh^3}{12\mu\ell}\Delta p \pm \frac{u_0}{2}bh \, ,$$

Δp：間隙兩端的壓力差。

u_0：平行平板間的相對運動速度。

b、h、ℓ：間隙的寬度、高度和長度。

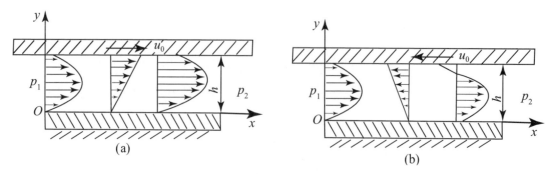

圖3-13　流經平行平板間隙的流量

　　間隙兩端有壓力差$\Delta p = p_1 - p_2$，則間隙中的流量是壓差流動和剪切流動的疊加，「±」號的決定方式如下：當壓差流動和剪切流動同向的時候取「+」，反向時取「−」，由上一程式可以看出間隙流量與間隙高度h的三次方成正比，所以元件間隙的大小對洩漏的影響嚴重。

2.環狀間隙的流量

　　在液壓元件中，例如液壓缸與活塞的間隙、閥芯與閥孔之間的間隙都是環狀間隙。環狀間隙的流量為：

$$q_v = \frac{\pi d h^3}{12 \mu \ell} \Delta p (1 + 1.5 \varepsilon^2) \pm \frac{\mu_0}{2} \pi d h$$

h：內、外圓同心時的間隙。

ε：相對偏心率，$\varepsilon = e/h$，e為偏心距。

3-6 氣穴現象

3-6-1 氣穴影響

　　在液壓系統中，當油速突增，供油不足時，壓力會迅速下降，油液蒸發成為氣泡；當壓力低於空氣分離壓時，溶於油液中的空氣游離出來也形成氣泡，使油液中夾雜氣泡，這種狀況稱為氣穴現象（Cavitation）。在液壓系統中發生氣穴現象，且

油液進入低壓區時，便會產生氣泡，破壞油液的連續性。油液進入高壓區時，氣泡又急劇破滅，造成流量及壓力脈動，引起局部流體衝擊，使系統產生強烈的噪音和振動；同時，氣泡破滅時還伴隨局部高溫、高壓、氧化等現象，使金屬表面產生原電池腐蝕、氧化腐蝕，出現網孔、剝皮現象。這種因氣穴造成金屬表面腐蝕的現象稱為氣蝕（Cavitation corrosion）。其嚴重影響元件與系統的性能，縮短元件與系統的壽命。

當油流遇到節流口或管路狹窄之處，其流速可能大為增加，按伯努利方程導致該處壓力降低，若低到其工作溫度的空氣分離壓以下，就會發生氣穴現象。如果液壓泵轉速過高，吸油管直徑太小或濾器有堵塞，也有可能使泵的吸油口處壓力下降，若降至其工作溫度的空氣分離壓以下，將因而引起氣穴及其劇烈波動或機件氣蝕損害。

3-6-2 氣穴產生原因

1. 流速突增，壓力過低，真空度過大。
2. 油液中含有空氣，空氣游離，形成氣泡。
3. 油液蒸發形成氣泡。
4. 系統供油不足。

3-6-3 氣穴減少措施

1. 減少油流在小孔和間隙處的壓力降，一般應為 $p_1/p_2 < 3.5$。
2. 提高密封能力，防止空氣進入，降低油液中的含氣量。
3. 降低吸油高度，減小真空度。
4. 管徑適當，限制管內流速。正確設計液壓泵的結構參數，適當加大吸油管內徑。
5. 保證泵供油，及時清洗過濾器，防止堵塞。
6. 管路及管配件應避免急彎，以及局部狹窄。
7. 提高元件的抗氧化力及防腐蝕力。
8. 高壓泵上設置輔助泵，向主泵的吸油口供應低壓油。

3-7 液壓衝擊

在液壓系統中，如果發生液體衝擊狀況時，將損壞系統管路和液壓元件，引起振動及噪音，甚而還可能在某些液壓的控制元件引發錯誤動作，造成嚴重危害。

3-7-1 衝擊現象

在液壓系統中，若突然關閉或開啟液流通路時，在通路內液體壓力發生急遽交替升降的波動過程，稱為液壓衝擊（Hydraulic shock）。如圖3-14，容器底部連接一管路，在其輸出端裝設一個閥門B，液面保持恆定，若將閥門B突然關閉，則靠近閥門部分的液體立刻停止運動，液體的動能瞬間轉變為壓力能，產生衝擊壓力，接著後面的液體依次停止運動，也依次將動能轉變為壓力能，在管路內造成壓力衝擊波，並以音速C由B向左轉傳播。

系統中出現衝擊時，液體瞬時峰值較正常工作壓力高好幾倍，會損壞密封裝置、管道或元件，並引起設備振動，產生巨大噪音，其衝擊可能造成如壓力繼電器、順序閥等錯誤動作，影響工作，造成事故。

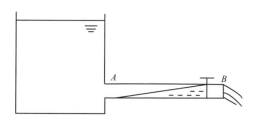

圖3-14　流體衝擊演示

3-7-2 液壓衝擊原因

1. 閥門突然關閉，流速減小，壓力突增，引起液壓衝擊。
2. 系統中某些元件反應不靈敏，造成壓力突增，引起液壓衝擊。
3. 液壓系統中突然堵塞，造成液壓衝擊。

3-7-3 液壓衝擊減少措施

1. 延長閥門關閉時間和運動部件的制動時間，實踐證明，運動部件的制動時間

大於0.2 s時，液壓衝擊可大爲減輕。

2.控制好管路中的液體流動速度和運動部件的速度。在機床液壓系統中，管道液體的流速一般限制在4.5 m/s以下，運動部件則不宜超過10 m/min。

3.合理設計加大系統的管徑，儘量縮短管路長度，系統中設置蓄能器和安全閥。

4.液壓系統必須設置蓄能器與安全閥。

5.在液壓元件中設置緩衝裝置（如液壓缸中的緩衝裝置），或採用軟管以增加管道彈性。

參考資料1　氣穴噪音源

　　氣穴是液壓系統中常見的噪音源，經常發生於閥口附近，不僅引起振動和噪音，也影響了閥的壽命和性能。Ueno等人對壓力控制閥進行噪音試驗和流動仿眞，證明了上述事實。另Horinouchi等人對節流口流場進行數值化模擬和噪音試驗，提出了氣穴預報的計算方法，並優化了節流口結構。在中國有人利用湍流模型和多相流技術相結合，對平衡閥口二維對稱氣穴場進行數值模擬。用實驗可視化手段對仿眞結果做了驗證，得到吻合的結果，這對氣穴控制的理論和應用研究有一定的價值。

　　流動可視化實驗是將閥體模型沿中心線切開，並用有機玻璃覆蓋，以便通過窗口觀察閥內氣穴現象，閥芯的模型也是沿中心線切開，實驗中從某一方向通入光、照亮流動的區域並由另一方向拍攝氣穴現象。

　　實驗中經由穩定閥芯，使閥芯提升量一定首先增加平衡閥出口壓力，直到氣穴不再發生；然後在平衡閥進口壓力一定的情況下，逐漸降低出口壓力，直到觀察到清晰的氣穴現象，同時進行噪音級的測量，並記錄平衡閥進口壓力、出口壓力。另一種方法是保持平衡閥下游壓力恆定，增加上游壓力，並測量伴有氣穴現象的平衡閥噪音級。可見關於氣穴的研究及導弱，對潛艇的噪音控制具有助力。

參考資料2　層流和湍流

　　液體的流動狀態分爲層流（Laminar flow）和湍流（Turbulent flow或稱亂流），19世紀末雷諾（Reynolds）經由實驗觀察水在圓管內的流動狀況，發現液體有兩種流

動狀況：層流和湍流，如下列兩圖所示。實驗結果表明，在層流時，液體質點互不干擾，某流動呈線性或層狀，且平行管道軸線，而在湍流時，液體質點的運動雜亂無章，除了平行於管道的運動外，還有著劇烈的橫向運動。

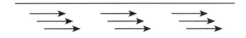 

　　層流和湍流是兩種不同性質的流態。層流時，流體流速較低，質點受黏性制約，不能隨意運動，黏性力起主導作用；湍流時，液體流速較高，黏性的制約能力減弱，慣性力起主導作用。液體在管道中是層流還是湍流，可通過雷諾數R_e來判斷，即

$$R_e = \frac{vd}{\nu} = \frac{\rho vd}{\mu} = \frac{慣性力}{黏滯力}$$

　　式中v是液體的平均流速；ν是液體的運動黏度；d是管道內徑；ρ是流體密度；μ是流體黏滯係數。

　　流動液體由層流轉變為湍流時的雷諾數，和由湍流轉變為層流的雷諾數是不相同的。後者的數值小，所以一般都用後者作為判斷液流狀態的依據，稱為臨界雷諾數，以Rec表示。當液流的實際雷諾數R_e小於Rec時，液流為層流，反之則為湍流。常見的液流管道的臨界雷諾數Rec可由實驗測定如下：

管道的形狀	Rec數	管道的形狀	Rec數
光滑的金屬圓管	2320	有環槽的同心環狀縫隙	700
橡膠軟管	1600～2000	有環槽的偏心環狀縫隙	400
光滑的同心環狀縫隙	1100	圓柱形滑閥閥口	200
光滑的偏心環狀縫隙	1000	錐閥閥口	20～100

第 **4** 章

液壓動力元件

4-1 液壓泵自習

4-1-1 液壓泵以釋壓閥保護

　　1. 液壓泵如有足夠的馬力時，除非泵滑移（Slippage，指內部洩漏）嚴重，否則難以限制液壓力會升到多高，因而液壓泵、閥、液壓缸或配件等，將可能迸裂而危及工作人員與周圍設備。當系統的容量或四通閥內閥芯傳動的負荷過高時，危險高壓可能在衝程末期迸開缸底。首要防止的措施是液壓系統應安裝釋壓閥，而且不能安裝在相反的方向（進、出口反向），以及其調整螺絲已實質上從最高位置被鬆開。一般調整螺絲順時針轉動可增加其壓力設定，圖4-1顯示旋鈕壓緊彈簧以抵制住壓力通道，但如果超壓高過彈簧力時，則衝開使油液經通道流回油液儲槽。

　　2. 如果弄亂了釋壓閥的調整，會造成維護人

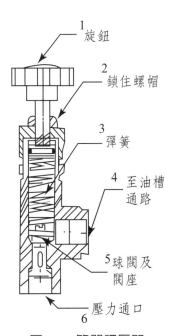

圖4-1　簡單釋壓閥

員極大困擾，可能導致設備不能動作，或遭受損壞，最好的方法是將釋壓閥的調整旋鈕鎖住固定位置或閥體插一橫閂以防亂調。非授權人員不得亂動，或將管路移開後釋壓閥才能改變設定。如果釋壓閥已經正確調定，則極少需要重調。當釋壓閥被弄亂時，液壓機械會看起來不如應有的功能，它可能慢下來，或達不到應有的力量，或完全喪失功能；但不能發出任何壓力的狀況則極為少有。

3. 如果系統失去功能，稍微靈光一點就能找出問題的某些肇因，例如：

(1) 如果系統壓力全部或實際喪失，以先導操作（Pilot - operated type）的釋壓閥就可能是閥已告故障；而若是直接作動（Direct–acting）的閥型，則除非是實際上閥已損壞如彈簧斷裂，否則閥失敗的可能性並不大。這很容易以檢查來做判斷，檢查壓力是否完全損失不可以猜測，而應利用壓力表檢測。

(2) 如果壓力只有一部分損失，則釋壓閥可能有一些缺陷，若由授權的人員扭緊調整螺絲，即可以完全地或部分地恢復機械的操作，這通常有其他的故障症狀而非釋壓閥的問題。其疑點包括：液壓缸迫緊（Packings）裂開或吹動、嚴重磨耗、損壞，抑或是泵的過熱故障，過濾器不潔或空氣吸入而引起泵的氣穴現象。幸好釋壓閥通常是「失敗安全」（Fail safe）的裝置，任何因此閥故障而導致的是系統壓力下降而非上升，唯一的例外是釋壓閥已告損壞，才會引起系統壓力的上升。

4-1-2 釋壓閥的安裝

正確的安裝應在泵壓力線上，釋壓閥與液壓泵之間不可安裝其他的閥類，否則可能意外關閉，如其間安裝自由流止回閥則可以允許。但這並不意味著釋壓閥應緊鄰於液壓泵，惟必須裝在壓力管路上。液壓（或氣壓）迴路的實際壓力，通常並不是由釋壓閥的設置來決定，而是以負載的反作用力大小而建立起來的，換言之，是以作功所需的壓力

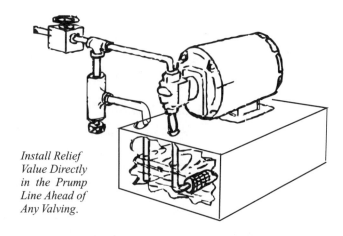

Install Relief Value Directly in the Prump Line Ahead of Any Valving.

圖4-2　釋壓閥直接安裝於泵壓力線上，並於任何其他閥之前

多少而定。釋壓閥是一個限制及保護裝置，使液壓泵的壓力不超出安全值。有一重點，不可在釋壓閥的彈簧下面安裝墊片或間隔片，以企圖調高設定壓力，這可能使閥在必須開啟時，卻限制了排放流量的開口，以致釋壓閥無法防止超壓的發生。注意，釋壓閥可能拴得過緊，造成提升閥強壓閥座，致使管路釋壓保護功能消失。

4-1-3 液壓泵進口的措施

1. 液壓泵進口濾網，一個正排泵（Positive displacement pump，如齒輪式、活塞式、斜盤柱塞式等）必須經常保護，防止意外混入固體顆粒，以致在工作元件間磨成尖銳形而損及泵。通常在泵的進口油通過100mesh（網口）的鋼絲濾網，額定值為150微米（每微米為百萬分之1公尺），如必要另可加裝一個微米級的濾器。100 mesh的濾器可考慮為較粗的濾器，足以防止元件重大損害，但並不足以防止系統運作長時間使用範圍的損害，特別是操作於塵灰或其他汙染的環境。然而，在間隔的時間才用的（即間竭性使用）液壓系統，或周遭清潔的工作環境時，安裝百萬分的濾網因價格昂貴可另做調整。無論是否採用百萬分濾器，建議在任何情況下泵進口濾器應使用於任何液壓系統。且通常使用於低中流量GPM的範圍（1GPM＝1 美式加侖／分鐘＝3.78533 公升／分鐘，1立方公尺＝1,000公升）。浸於油槽內的濾器比線上式的較為普遍，主要原因是成本低，GPM流量大。單一濾器可接受100 GPM的流量，如欲獲得更大流量時，可並聯數個濾器。每GPM流量通常需要10平方英寸（64.52平方公分）的過濾面積，此為100℉（37.8℃）黏度150 SSU時需要的150 mesh的濾器，如果黏度更高時或mesh更細時，則需要更多的濾器面積。為選擇足夠大的濾器，應參考製造廠商的文獻手冊以找出額定過濾面積，尺寸略大一些應較佳於尺寸不足，因如未妥善清理而發生液壓泵氣穴現象時，較有安全裕容度。

2. 對油液比重更高時，如經過相同的濾器，會產生較大的壓力降。例如對水、水基油（如防火油）或合成油液時，一般的應用方式為使用較粗的篩網（mesh），每英寸60根絲，即200個百萬分之1公尺的定額，以防壓降增大。

4-1-4 液壓泵氣穴

1. 氣穴（Cavitation）是造成泵失敗的原因：一泵的氣穴現象表示該泵每一旋轉

無法汲取應有的滿載油量，其原因可能為：

(1) 因為限制油流的結果，而使泵進口狀況造成高度真空。

(2) 每一旋轉汲取了部分的空氣。

(3) 其他如泵軸密封不良、管配件洩漏、油槽液位不足等。

無論是何種原因，其結果都是有害的，有些泵即使發生了局部的氣穴，仍能繼續運轉相當時間，其他的則短時間就遭損壞。

2.氣穴經常是逐漸地歷經了很長一段時間而形成：但在症狀發生宣告之前卻沒有任何顯示。或泵變得較嘈雜，當無載時可能運轉得很安靜，然而一旦系統壓力建立起來，就變得格外噪雜；也可能運轉得很熱，尤其是靠近軸與前軸承附近；泵無法建立足夠的壓力以進行正常工作時；油壓缸可能運轉得較慢，運轉不規則，或可能完全停擺。

3.氣穴的結果：它使得泵軸承過熱，且有時會燒壞。當正常工作時，經過泵的油流會帶走發生於軸承及元件的熱量，而當油流減少或斷流時，熱就累積起來了，它剝奪了工作元件的正常緩衝，並且造成了加速的機械磨耗，在嚴重狀況時，它可能搶走了元件應有的潤滑性。氣穴泵發出的噪音，證明了工作部件彼此間的衝擊增加，並將導致進一步泵內或其他線上元件的損壞。

4.防止氣穴應做的檢查表：圖4-3指出了氣穴最可能發生的原因，假若一系統未獲得常規的保養檢測，遲早將發生氣穴問題；並可能是逐漸的進行，較其他的單獨理由，可能有更多的設備失敗來自氣穴。當負載壓力建立起來時，泵的噪音就增大的話，且當該泵壓力水平或速度較往常相同而噪音卻變大時，氣穴的發生就可懷疑了，如有懷疑，應檢查下列狀況：

(1) 入口濾器可能因汙穢而加大其負荷，幾乎所有的液壓系統都會使用一個濾器，如在吸入管路未見到的話，則可能裝設於油槽中。檢查該氣穴的可能原因時，某些工作人員會臨時移開濾

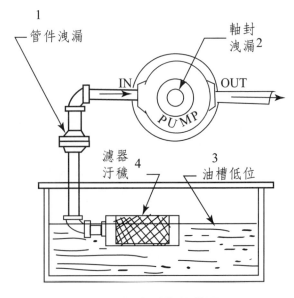

圖4-3　氣穴發生的位置

器，或取出線上濾器內的部件，建議不要在沒有濾器的時候運轉，即使是幾分鐘的時間。

鋼絲網元件從系統中移開後，最好以空氣槍清潔，由其內部吹空氣，某些狀況必須使用溶劑解決。

(2) 空氣可能經由泵吸入管路的裂縫而進入系統，或者有較少的狀況，經由泵軸密封的周圍裂縫進入。

(3) 油槽的油位可能偏低，以致濾器的一部分露出液面；當液壓缸運轉時，機械的循環使液面波動；在所有的油壓缸都伸出時（缸內都充滿了油），尤其是活塞桿直徑較大時。檢查油槽的液位；此時單作動（Single–acting）或柱塞式（Ram–type）油壓缸較之雙作動（Double –acting）油壓缸，可降落更多的油槽液位；在所有的時間油位至少應比濾器高出2英寸（5 cm）。

(4) 冬季或寒冷時或與其他油液調合時，油液可能變得濃稠。

(5) 若為發動機驅動，泵可能會升高速度；若為皮帶驅動，滑輪比率（Sheave ratio）可能被改變，以致泵運轉更快。

(6) 油若有過量的泡沫或氣泡漂浮，這可能來自高速的回返油或由於過小容量的油槽造成過度的亂流，故油槽必須足夠大，才有時間允許回油落下含汙量，或在其重新被泵吸取之前，吹走它自己的氣泡。泡沫也可能因使用不當的油液而發生，因有的油液不含泡沫抑制劑。

5. 氣穴的測試：簡單的測試已述之如前，然而即使吸入濾器予以清潔，真空氣穴仍可能發生，此乃由於作業狀況的改變。一個1/4" NPT（標準錐管螺紋）通口鑽進吸入線，並裝設真空表計，以測量泵進口的真空度，一個防洩漏的插塞或針閥必須安裝，以使真空表計可被移開而不至於損失泵的汲取（某些泵），一段短真空軟管可用來連接表計使其與機械振動隔離。下表顯示各類泵在最惡劣狀況下，可忍受的最大安全真空度，來自吸口濾器不潔或油液過冷，這些信息已在許多廠牌的規範中表示出來：

表4-1　最大安全真空度

	齒輪泵	葉片泵	活塞泵
psi	3～5	2～3	2
Hg"	6～10	4～6	4

　　一般選擇上述泵進口眞空度的1/3值，並且操作於濾器乾淨的正常溫度130°F（55℃），除非僅操作於短時間，否則不可允許眞空超過上述水平。應維持泵於合理的速度下運轉，當1,800 rpm或更高額定數的泵運轉時，通常會有一個額外量的眞空發生於泵本身的通口，而此值並不示於眞空表計上。當濃稠液體使用時，如防火水基液壓油，比重可達1.075，則氣穴的危險性就更大了。如果泵有法蘭連結時，則可在法蘭進口前鑽一個眞空表通口，以顯示眞空度數。

　　6. 氣穴的特別例子：

　　(1) 泵的吸入口線上不要設T型回油線（圖4-4），這會使泵進口發生幾乎不可預測的眞空，而且突然的回循環熱油可能造成工作管路過熱，會破壞油質和其他部件，尤其是泵的部件。因爲沒有充裕的時間讓油排出泡沫，它傾向增加油液的乳化性。回油應離泵吸口較遠的位置流回油槽，以使其較爲冷卻，沉澱其汙穢，以及吹出融入的空氣。

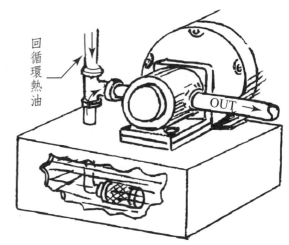

圖4-4　泵進入管勿設T回油接頭

　　(2) 在可移動的液壓設備需要一個較大的油槽，較之設於發動機間的油槽爲大，通常將此油槽裝設於車後部位，經由一條長的吸入管路接至車前的液壓泵，此泵可能由發動機曲柄驅動。這是一個很險要的應用，應注意選用的吸入長管路，應足夠大以維持油流速度少於每秒2英尺（0.6公尺／秒），此表示較油槽靠近泵的設備要增加一個至兩個管徑，即使如此還要挪下泵的進口，如使用軟管則必須適應眞空，如軟管建立壓

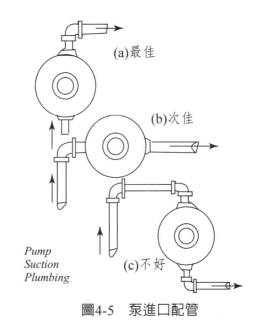

圖4-5　泵進口配管

力，則可能在足夠的眞空狀態而限制了油流時，將造成氣穴現象而使軟管遭破壞。更爲複雜的是，若在發動機高速度時，來自泵的液流可能增加氣穴點。

(3) 在泵的進口線使用最短長度及最少彎曲，理想的泵進口如圖4-5(a)，具有最小的限制，但也有一困難，即需移開濾器來清洗。大部分液壓泵最實用的連接位置如圖4-5(b)，其吸口及出口在同一水平面上，圖上如4-5(c)的連接應予避免，因爲汲取於高點，易在高點造成空氣陷阱，空氣在死角逐漸累積，並會突然崩鬆且進入泵，如同一個大氣泡，此衝動會造成泵或其他系統部件的損壞。

7. 浸沒的吸口

較爲可行的是油槽安裝的位置較泵進口高程爲高，當油液被眞空作用升高到泵的水平面時，因限制負的吸入頭可造成更好的進口狀況。然而同樣的規則應使用於吸入管路直徑的尺寸，應保持流速低於每秒4英尺（1.2 m/sec）。氣穴仍然可能發生於提高的油槽，如果好的規則未被執行的話。一個栓塞或閘閥的隔斷通常裝設於進口管路，在泵應移開做維護時，可以切斷油的重力流。平常需有鎖住的管理，以防止該閥被意外關閉，避免氣穴的發生而致損壞泵。

4-1-5 液壓泵的問題

4-1-5-1 軸封吹開

若發現時應做目視檢查，以看出是否由外力所吹出，則可能指示出軸封物理的損壞，或僅是由於軸封安裝不良，因受振動而移開，若是被外力吹開，此指示出：

1. 泵軸可能旋轉於錯誤的方向。

2. 進出口通道可能相反，意即進口的吸汲被連接到出口的通路。

一個嚴重磨損的泵，其內部洩漏孔不能帶走不正常的滑移積油，因而吹開了軸封，必須更換泵。

4-1-5-2 泵無法建立壓力

如果問題是針對泵，則檢查這些可能出問題的部位：

1. 軸上的剪力梢或鍵。

2. 如爲皮帶驅動，檢查皮帶的張力，以確定沒有打滑，假若油仍滴於皮帶，即使拉緊皮帶仍可能打滑。

3. 檢查泵內部有否破損，或剪力梢或鍵鎖住驅動齒輪於軸。

4. 當油過冷時，欲建立泵壓力，但系統暖機後壓力又跌下去，這表示泵已遭嚴重的磨損；或者用油型號不當，以致油太稀薄；或者來自過度的熱，這時要檢查油槽溫度，如必要時應加置冷卻器。適當的操作溫度為130°F（55℃），如超過150°F（65℃），則油的使用期限已受油質的影響。

4-1-5-3 泵運轉過熱

液壓油泵運轉於較油槽溫度為高是正常的，而且此較高的溫度特別要注意前軸承的周圍。泵出的油液作用如同冷卻劑，帶走軸承摩擦及泵動作發生的熱量。維護人員應留意正常操作時泵大致的熱水平，如果泵溫度有顯著上升時，則指示滑移增加且可能來自快速的磨耗，這提供一個機會去更換泵，或預期的泵部件的大修或更換。

4-1-5-4 泵汲取失敗或操作時喪失汲取

許多泵在新安裝時，無法從處於低高程的油槽汲取（Priming）油液，直到其被人工汲取，一旦汲取後油將停留在吸入管，除非系統中有空氣漏入。在第一次啟動泵時應確定正確的旋轉方向，然後注意壓力表的指示，即使有極小的顫動，亦表示泵在移動油流，汲取失敗導因於泵進口或出口線路的空氣陷阱。不可讓泵長時間地在無汲取的狀況下乾運轉。若無法建立足夠的真空去提供油液至其進口，此時以泵外的曲柄裝置去協助泵汲取，如果仍然不能自行汲取，試用下列五種方式之一：

1. 使泵汲取的第一個嘗試如下：利用外部的曲柄裝置，以手轉動泵軸，直到有小流量流出曲柄裝置，即指示空氣已被釋出。軸的轉動應非常慢，可以手搖的小泵，或以大泵反覆驅動。若以一電動馬達反覆驅動，則在再次驅動泵之前，應讓泵完全停止。倘若軸旋轉太快，泵無法被汲取，因為油流沒有足夠的時間去反應短期間內建立起的真空。

2. 將油灌入泵殼可以協助汲取操作，雖如此但無法全部裝滿，一部分的灌入油可以在金屬與金屬之間形成一層油膜，因此改善了密封而增加了入口的吸力。對某些活塞泵，製造廠商堅持啟動之前將油灌入泵殼，若不如此做可能不受保固。利用灌入孔或泵殼洩放孔（若有的話），若沒有，則一個具有短管及漏斗的90度彎頭可在入

口使用，當灌油時應慢慢地旋轉軸。另一個程序是裝設一短軟管至進口處，並且將其末端浸入一高程高於泵的油罐中，慢慢地旋轉軸，同時注意油罐的油位，許多種泵當軸反向旋轉時經由出口處油可以被加入，但活塞泵的止回閥僅進口處可以利用。

3.對油槽注壓可協助泵獲得啟動，如正常構成的油槽可以氣密，僅使用一非常低空氣壓力值時，需相當小心，每1 psi將升高吸入口液壓約2.5英尺（0.7 m），所以無論任何情況不可以使用高於2psi，否則可能破壞一個大油槽。若油槽並非氣密，任何空氣洩漏必須修理，以防止在液壓缸作動時，灰塵被抽入油中，當然在油槽注壓時呼吸閥應予關閉。爲了安全，防止油槽意外過壓力，聰明的方法是在使用軟管協助泵之汲取前，應在油槽開口之一裝設一個2 psi的釋壓閥。

4.在泵關機時，爲了防止油漏回下來，如必要可在吸油管路上安裝一個止回閥（或稱單向閥），若出口暴露於大氣下，則泵停止時大多數泵的管線會發生此現象，該止回閥必須有一低開裂壓力（Low-cracking pressure，小於1 psi），且需一個緊防漏密封（Leak-tight seal），可以是低壓使用的額定10 psi或更小，具有絞鏈插板（Hinged flapper）的搖擺型（Swing type）止回閥通常最能滿足此功能。

5.以一個小真空泵，或通常很方便的以嘴來吸取，吸力必須應用於泵出口，且此可以常被利用，以一短的空氣軟管連接於儀表通路，將儀表移開而軟管接上，儀表之截止閥予以打開，應用吸力作用，當吸力進行時，以手緩慢的旋轉軸，在油從軟管出來時，將儀表截止閥關起來，而後將儀表裝回去並恢復操作。

4-1-5-5 液壓泵使用其他液體

正排式泵包括齒輪式、葉片式、內齒輪式（擺線式）、活塞式等，均設計爲液壓使用。泵液也可用來潤滑軸承，及維持潤滑油膜於金屬對金屬之間的摩擦接觸。這種泵不能用於液體如水、煤油、燃油、噴氣機油、汽油或任何液體，因不能提供足夠的潤滑。其中某些油液可以使用，但需降低其額定值，製造廠商必須告知每一種使用方式。每種防火油液都比石油類油較難泵送，有一些流行的泵雖可使用，正常（但非經常）了解其運轉應在較低的壓力，且泵的使用壽命短於使用石油類油之泵。

4-1-5-6 泵無油狀況運轉

上述正排式泵不可用於液體之傳送，或沉水式泵（Sump pump），即泵進口不可

無液體吸取，否則將造成很快的磨損、過熱及極短壽限，對這樣的應用較適合於葉輪式泵（Impeller pump）或離心式泵。

4-1-5-7 液壓泵超速

液壓泵最高速的運轉最好按照製造廠商的建議，在過高速時泵的氣穴，就像所要求的體積一樣，無法使真空單獨進入泵。在必須高速操作的場合，利用高架的油槽可能有幫助，或者必要時以第二個較低壓的泵加注壓力至泵進口。某些大泵限速於900～1,800 rpm，除非加注壓力（Supercharge），否則無法提升速度。很多泵當速度增加時，軸承的負荷也增加了，此乃規律，泵的壽命與操作速度成反比，例如：運轉速度於3,600 rpm的泵較運轉於1,800 rpm的泵，可期望的壽命僅為一半。在長壽的泵需要的場合，應當維持非常保守的速度，高速時有機械失敗的額外風險，係由旋轉部件的不平衡物質造成的離心力而來。

4-1-5-8 液壓泵最小速度

正排式泵大都需連續以低速運轉，即使其效率顯著低下，這是因為在低速時其滑移（Slippage）與總排量成為一個很重大的正比例。但葉片式泵因完全依賴離心力去維持葉片使與凸輪環接觸，故在600 rpm以下通常不能可靠地操作，葉片泵（Vane type pump）完全利用葉片後的彈簧或油液壓力，在低速且不佳的效率下操作，最大的馬力／磅比例來自接近最大額定速度處，因此我們建議600 rpm為所有正排式泵的實際最低速度。

4-1-5-9 液壓泵超壓操作

正排式泵若經常操作於廠商的額定壓力以上，這是使用者的危險，除了因超壓力引起的機械損害以外，泵的壓力效果嚴重的縮短使用壽命。軸承如未小心操作，例如良好的過濾，常成為失敗的重點。生命預期隨壓力的立方成反比，換言之，若操作壓力為2倍時，生命預期將落下3次方，意即僅餘1/8，這說明了維持廠商額定壓力的重要性，或稍低的壓力對長壽更有利。

4-1-5-10 更換新泵應注意

當齒輪泵磨耗或損壞欲購新更換時，準確的新泵有時不易買到，因此需買其他廠商的泵，如原來泵的GPM流量已不知時，利用圖4-6做估計，然後購買新泵儘量靠近此額定值。吻合原來泵的額定值極為重要，若新泵流量較小，系統將操作較以前為慢，若油流較大，則驅動馬達或發動機無法提供足夠的馬力去全壓驅動。利用此圖表量測原泵齒輪的厚度及節圓直徑（是測量分開兩齒軸的間距，而不是計量齒輪的外直徑），若節圓直徑差為2倍，則GPM將增加約3倍，注意下列換算數值：

$$1 英寸 = 2.54公分（cm）= 25.4 \ mm$$
$$1 \ GPM = 美式加侖 / 分鐘$$
$$= 3.78533公升 / 分鐘$$
$$= 3785.33 \ cm^3 / 分鐘$$
$$1 \ psi = 1磅 / 英寸^2 = 0.0703 \ kgf/cm^2$$
$$1HP = 745.7 \ W（瓦）= 0.7457 \ kW（千瓦）$$

Figures in the body of this chart are GPM displacements(approximate) of a gear pump running at 1200 rpm and 0 psi.

1 Gear Thickness	2 Pitch Diameter of Gear			
	1-1/2[11]	2[11] PD	3[11] PD	3-5/8[11]
5/8[11]	3.9		GPM FLOW	
3/4	4.6	8.01	AT 1200 rpm	
7/8	5.4	9.39		
1	6.2	10.7	19.0	
1-1/4	7.8	13.4	23.8	50
1-1/2	9.4	16.0	28.5	60
1-3/4	11.0	18.7	33.3	70
2	12.6	23.4	38.0	80
2-1/4		24.0	42.8	90
2-1/2		26.7	47.5	100
2-3/4		29.4	52.3	110
3		32.0	57.0	120
3-1/4			61.8	130
3-1/2			66.5	140
3-3/4				150
4				160

1-齒輪厚度；2-齒輪節圓直徑

圖4-6　齒輪泵在1.200 rpm 及0 psi 時的GPM流量

4-1-6　液壓泵的驅動馬力

4-1-6-1　泵軸所需的驅動馬力（HP）有賴於液壓系統的兩個因數

　　油流GPM及表壓力psig。泵速僅為附帶的，因增加泵速即增加了GPM，故為間接效應。主要的規則是，輸入HP之需求直接增加了泵的GPM數額，一泵如增加2倍的GPM數額，則HP額定值在相同壓力下亦需增2倍。當油液壓力水平增加時，輸入之HP需求也直接增加，若系統壓力增加了4倍，則亦需4倍之HP去達成。因為一泵GPM輸出增加直接正比於其速度，而後輸入之HP也直接隨速度之增加而增加，例如泵速由1,200提升至1,800 rpm即增加了50%，在相同的壓力操作下，HP之需求也要增加50%。泵在不同的系統壓力及不同的GPM額定值操作時，大致驅動之HP列於圖4-7：

HORSEPOWER NEEDED FOR DRIVING A PUMP

Figures in the body of the chart are HP's needed at the psi and GPM shown.
(Pump efficiency accumed to be 85%)

GPM	200 psi	250 psi	300 psi	400 psi	500 psi	750 psi	1000 psi	1250 psi	1500 psi	2000 psi
1	.14	.18	.21	.28	.35	.52	.70	.88	1.05	1.40
2	.28	.35	.42	.56	.70	1.04	1.40	1.76	2.10	2.80
3	.42	.53	.63	.84	1.05	1.56	2.10	2.64	3.15	4.20
4	.56	.70	.84	1.12	1.40	2.08	2.80	3.52	4.20	5.60
5	.70	.88	1.05	1.40	1.75	2.60	3.50	4.40	5.25	7.00
6	.84	1.05	1.26	1.68	2.10	3.12	4.20	5.28	6.30	8.40
7	.98	1.23	1.47	1.96	2.45	3.64	4.90	6.16	7.35	9.80
8	1.12	1.40	1.68	2.24	2.80	4.16	5.60	7.04	8.40	11.2
9	1.24	1.55	1.86	2.48	3.10	4.65	6.18	7.73	9.28	12.4
10	1.40	1.75	2.10	2.80	3.50	5.20	7.00	8.80	10.5	14.0
12	1.68	2.10	2.52	3.36	4.20	6.24	8.40	10.5	12.6	16.8
15	2.10	2.63	3.15	4.20	5.25	7.80	10.5	13.2	15.7	21.0
20	2.80	3.50	4.20	5.60	7.00	10.4	14.0	17.6	21.0	28.0
25	3.50	4.38	5.25	7.00	8.75	13.1	17.5	21.9	26.2	35.0
30	4.20	5.25	6.30	8.40	10.5	15.6	21.0	26.4	31.5	42.0

圖4-7　驅動不同壓力的泵時所需的馬力（HP），泵的效率設為85%

　　按圖示，當一個12 GPM的泵操作於1,250 psi時所需的馬力為10.5 HP，如箭頭所

示，若壓力提高至1,500 psi時，輸入馬力應提高至12.6 HP。液壓HP的公式：

$$HP = GPM \times psi \div (1,714 \times 0.85)$$

可用於圖4-7的計算，其因數0.85設為泵的效率85%，這是一個公平的、包括大多數齒輪、葉片、擺線（Gerotor pump，內齒輪式泵）及活塞等式正排泵的效率平均值，雖然活塞式泵效率有時高些，若廠商有提供HP值，則較上表略微精確。心算法：在1,500 psi時，允許1 HP 推動 1 GPM的泵，上述圖表與公式限於美制，計算時將數額全換為美制後查表或計算，結果再換算為公制或其他需求單位。

4-1-6-2 數值不在上圖表中

由表列的關鍵值，輸入同流量的任何其他操作狀況，HP的需求值可以容易地估計出來，例如：找出12 GPM在 2,250 psi 的HP多少？因為HP正比於壓力，我們可以兩個或較多的行列數額合計：

解1：在1,250 psi 時為10.5 HP、在1,000 psi 時為8.40 HP，故10.5 + 8.4 = 18.9 HP。

解2：在750 psi 時為6.24 HP，其三倍2,250 psi時為6.24×3 = 18.72 HP。

解3：在500 psi、750 psi、1,000 psi時各為 4.20 HP、6.24 HP、8.40 HP，合計2,250 psi時為 4.2 + 6.24 + 8.4 = 18.84 HP，三個解答幾乎相同。

4-1-6-3 三相電馬達驅動

鼠籠式三相感應馬達可能是使用電馬達驅動液壓泵最常用的方式，在其從運動狀況真正停止之前，它能承受負荷約三倍的正常扭矩；當停止時，它能發展出約150%的滿載扭矩啟動。由馬達帶動的實際馬力負荷可以一個夾緊式的安培表計量，它能套在任何一條線上，不必破壞絕緣包被或切斷電線，其讀數可以與馬達名板上的額定滿載值相比較，其負荷的百分比亦可估算出來。

電馬達速度可以選擇由並限定為下列同步速度之一（在60 Hz）：3,600 rpm（2極馬達）、1,800 rpm（4極）、1,200 rpm（6極）或900 rpm（8極），按照泵所需要

的容量，當馬達負載時，其速度從這些同步值滑落回約3～5%。若不使用高規格的設備或特殊的馬達，則在上述數值間不可能做速度調節。

這些電馬達的使用因數約為中等馬力範圍的10%，這表示它們能連續地被操作於名板額定值以上10%之內，其額外的升溫對馬達並無傷害，因此一個30 HP的馬達如必要可被連續地操作於33 HP。

對間歇性的使用，若其平均馬力不超過名板額定值10%以上時，馬達過負荷可高於10%。今以圖4-8說明如下：在圖中陰影部分面積代表典型操作機械每一循環中行程的HP消耗，包括：

1. 在一工作塊已受負荷之後，機械開始運轉，液壓缸於2.5秒時間內快速地進展一行程，約為馬達名板馬力的25%，如圖4-8的B部分。

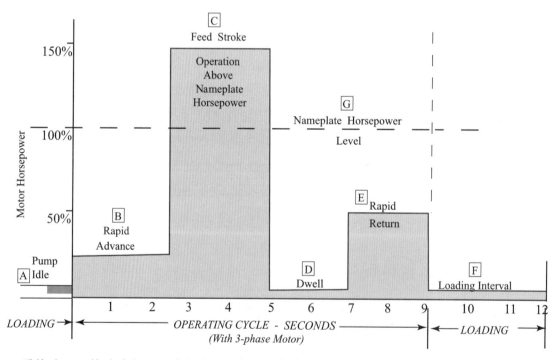

A-泵惰速；B-快速進行；C-進給行程，超出名板額定馬力；D-靜止期；E-快速返回；F-解除及再行負荷；x軸：A-負荷；B＋C＋D＋E以三相馬達操作循環0～9秒；F-負荷9至12秒；y軸：電馬達馬力 0～150%；G-電馬達名板額定馬力100%基準線

圖4-8　間歇性行程的平均馬力與額定馬力

2. 液壓缸由快速向前進入高壓進給行程，時間2.5秒，該時間內馬達操作於名板

額定的50%以上，圖上C部分。

　　3. 這是一個靜止期，泵解除負荷，HP消耗跌落至額定之10%，圖上D部分。

　　4. 返回行程需2秒，HP水平約為50%之馬達額定值，圖上E部分。

　　5. 解除負荷及重新負荷行程F約3秒，泵被解除負荷馬達操作於10%額定值。

　　檢查此圖表即可明白地顯示出，整個循環歷時12秒（包含負荷時間），其平均馬力小於名板額定值，因此，循環的進給過程電馬達雖有超過負荷，但並不產生傷及馬達的熱量。

　　什麼是最大間歇馬力負荷？它能夠或必須放在一個三相鼠籠式感應馬達中？ 大多數的好馬達並不會停止，直到負荷達2.5～3倍正常運轉扭矩，大致約2倍名板HP定額，即使是間歇性也不可如此過載，因為線電流的增加遠比馬力增率為大，超出了滿載點，結果是電馬達內產生的熱變成超出馬力增加的正比關係。

　　規則：我們建議間歇性馬力負荷的三相電馬達不要超過名板定額的40～50%，這可以安培表檢測，馬達平均在150%負荷之下，相對於名板滿載電流安培數的三倍。應確定斷路器有足夠的電容量去處理此超負荷。

4-1-6-4 單相電馬達驅動

　　以單相電流驅動的少數馬力液壓系統，利用電容器啟動感應馬達應是最常用的，啟動電容器通常設置於馬達殼的頂上。不要以任何形式的單相馬達操作如上述超越名板的額定值，即使是間歇性操作也不可，這種馬達沒有三相馬達的扭力儲存可資利用，並在約125%的滿載值時，便會因過度線電流而停下。

4-1-6-5 發動機驅動

　　其需要的馬力輸入如同電馬達，但在液壓系統必須設計成沒有瞬間尖峰馬力之需求，因為這會超過發動機的額定馬力，並使發動機停止，發動機不像三相電馬達，它不預留扭矩去供給瞬間的過負荷。發動機容量通常相當保守，容許動力安全裕容度給老舊發動機的動力損失，同時也留下動力裕容度給發動機，由於海拔高度或其他相關因數，發動機製造廠家或經銷商應告知多少馬力裕容度留給突發事件。

1. 解除負荷

　　液壓泵如以發動機驅動，當發動機被啟動或暖機時，應確定泵已分離或解除負荷，這可利用一離合器或使用液壓系統其泵具有解除負荷的閥達成，如無更好的方式，則一閘閥可用來跨越分流泵，並在啟動發動機時可手動打開。

2. 調速器

　　用發動機驅動時需要調速器，以維持合理的恆速，如負荷發生突然的劇烈變動，顯示於循環圖上，在此寬廣的負荷變動下，調速器有其必要。

4-2 液壓泵的理論與構造

4-2-1 液壓泵的工作原理

　　液壓泵是液壓系統的動力元件，將電馬達的機械能轉變為液壓能，提供能量給系統的相關元件。圖4-9為單柱塞泵簡圖，泵體3內有柱塞2，並與偏心輪1及彈簧4保持接觸，兩個單向閥5、6控制流向，油液儲存於油槽7與大氣相通，2、3、5、6構成密閉容積V，圖示為容積V最小。當偏心輪1在圖示位置旋轉時，P點在範圍0～180°之間，柱塞2向右移動，容積V增大，其中液體降壓，至低於大氣壓之後，產生真空度，使單向閥5關閉，油槽中的低壓油液因大氣壓力作用頂開單向閥6，流入

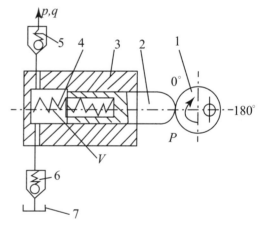

1-偏心輪；2-柱塞；3-泵體；4-彈簧；5、6-單向閥；7-油槽

圖4-9　單柱塞液壓泵工作原理

容積V中，泵吸入低壓油液，在偏心輪1繼續旋轉時，P點在180～360°範圍內，柱塞2向左移動，容積V減小，其內液體壓力升高，至高於大氣壓後，產生高壓液體，使單向閥6關閉，頂開單向閥5，流入高壓管路中，排出高壓液體，產生液壓能。當偏心輪1循環往復地旋轉時，液壓泵就連續不斷地吸入低壓液體，排出高壓液體。液壓泵

要能吸油及壓油，應具備下列四條件：可變的密閉容積；吸油腔與壓油腔隔開；有與密閉容積變化相協調的配油裝置及油槽與大氣相通。

4-2-2 液壓泵的性能與參數

1. 工作壓力p

工作壓力是指它輸出的壓力，其大小由負荷決定，如果負荷一直擴大，泵的工作壓力也隨著一直升高，直到液壓系統損壞。故液壓系統需設安全閥（釋壓閥），以限制泵的最高壓力，作為過載保護的機制。

2. 額定壓力p_n

指在長時間的使用中，液壓泵可允許達到的最高工作壓力，當系統壓力超過此值時即為過負荷。

3. 最大壓力p_{max}

指在短時間內過載時，液壓泵可允許達到的極限工作壓力。最大壓力由系統中的安全閥限定。

4. 排量V

指泵軸轉一圈時，由其密封容積的幾何尺寸計算而得的排出液體之體積。

5. 流量q

(1) 理論流量q_t

指液壓泵在單位時間內，由其密封容積的幾何尺寸計算而得的排出液體之體積。理論流量等於排量與轉速的乘積，而與工作壓力無關，如下式：

$$q_t = V_n$$

(2) 洩漏流量Δq

指泵在一定的轉速和壓力下，由高壓向低壓流動的不作功液體的流量。

(3) 實際流量q

指工作時泵出口實際輸出的流量，如下式：

$$q = q_t - \Delta q$$

6. 液壓泵功率P_B

(1) 泵軸的理論轉矩T_t

液壓泵的理論機械功率應無損耗地全部轉換為液壓泵的理論液壓功率，如下式：

$$T_t = \frac{pV}{2\pi}$$

T_t：泵軸上的理論轉矩。

p：泵的工作壓力。

V：泵的排量。

(2) 泵的輸入功率P_{Bi}

亦即驅動泵軸的機械功率，如下式：

$$P_{Bi} = 2\pi n T_t$$

P_{Bi}：泵的輸入功率。

n：泵軸的轉速。

T_t：泵軸上的理論轉矩。

(3) 泵的輸出功率P_{Bo}

亦即泵輸出的液壓功率，如下公式：

$$P_{Bo} = pq$$

p：泵的工作壓力。

q：泵的實際流量。

7. 液壓泵的效率η_B

(1) 泵的機械效率η_{Bm}

泵內有液體摩擦、機械摩擦等各種摩擦損失，泵的實際輸入轉矩T總是大於其理論轉矩T_t，其機械效率如下：

$$\eta_{Bm} = \frac{T_t}{T}$$

(2) 泵的容積效率η_{BV}

泵存在各種洩漏，如高壓區流向低壓區的內洩漏；泵體內流向泵體外的外洩漏，泵的實際輸出流量q總是小於其理論流量q_t，其容積效率如下：

$$\eta_{BV} = \frac{q}{q_t}$$

(3) 泵的總效率η_B

泵在能量轉換時有所損失，如機械摩擦、洩漏流量等能量損失，泵的輸出功率P_{Bo}應是小於泵的輸入功率P_{Bi}，泵的總效率等於輸出與輸入二者功率之比，而泵的總效率也等於容積和機械二者效率之乘積，如下式：

$$\eta_B = \frac{P_{Bo}}{P_{Bi}} = \eta_{BV}\eta_{Bm}$$

例如：某液壓泵的機械效率為η_{Bm}：0.95，容積效率η_{BV}：0.94，額定流量q_n：30 L/min，額定壓力p_n：17 MPa，請問液壓泵的輸入功率P_{Bi}和輸出功率P_{Bo}多少？

按：$\eta_B = \eta_{BV}\eta_{Bm} = 0.94 \times 0.95 = 0.893$

按：$P_{Bo} = p_n q_n = 17 \times 10^6 \times 30 \times 10^{-3} \div 60 kW = 8.5 kW$

按：$P_{Bi} = P_{Bo} / \eta_B = 8.5/0.893 = 9.519\ kW$

4-2-3 液壓泵的原理與結構

4-2-3-1 外嚙合齒輪泵

1. 結構與原理

如圖4-10，主要組合包括兩個互相嚙（音聶）合的齒輪，泵體和兩個端蓋，形成密封的工作容積。以嚙合線為界，分隔成a和b兩個密封的空腔，左右兩腔各接吸油口和壓油口。當泵的主動軸帶動主動齒輪2，按圖示方向旋轉時，在a腔中嚙合的兩輪齒逐漸脫離，工作容積逐漸擴大，形成局部真空。油槽中的油液在大氣壓力作用下，經吸油口進入a腔

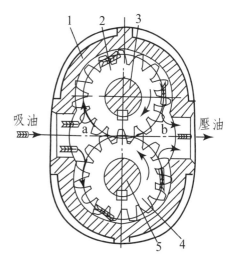

1-泵體；2、4-嚙合齒輪；3、5-齒輪軸

圖4-10　外嚙合齒輪泵

（吸油腔），流入各齒槽中，齒槽中的油液隨齒輪轉動，沿箭頭方向帶至b腔，b腔中的齒輪此時則逐漸嚙合，使工作容積逐漸縮小，油液逐漸形成高壓液，b腔的高壓液因被擠壓經壓油口排出（b腔為壓油腔），如此齒輪連續轉動，油槽中的油也不斷經吸油口吸入而再經壓油口排出。

2. 特點和應用

　　廣泛應用於各種液壓機械，優點為機構簡單、緊湊、體積小、重量輕、造價低、易吸油、對油液汙染較不敏感、可靠、便維修及壽命長。但也有缺點如下：效率低、振動大、易磨損、流量和壓力脈動大、噪音較大（內嚙合齒輪泵則較小）、排量不可變、易困油、徑向力不平衡及洩漏等，為減困油，一般在齒輪泵端蓋上開卸荷槽。故多適用於性能要求不高的低壓、流量小及液體黏稠之處，例如輸送機。

3. 實際排出流量q

$$q = 6.66 \, Bnzm^2 \eta_{BV}$$

式中，η_{BV}：齒輪泵容積效率。

　　　　m：齒輪模數（mm）。

　　　　z：齒數。

　　　　B：齒寬（mm）。

　　　　n：齒輪泵轉速（rps）。

4-2-3-2 內嚙合齒輪泵

1. 結構與原理

　　內嚙合與外嚙合齒輪泵的工作原理相似。在漸開線齒形的內嚙合齒輪泵中，小齒輪1和內齒輪3之間裝有一片月牙形隔板4，將吸油腔和壓油腔隔開。小齒輪1是主動輪，內齒輪3是從動輪，兩齒輪的中心軸線間有一偏心距2，工作時各自繞自身的軸中心線旋轉，如圖4-11。5、6為吸、壓油腔。

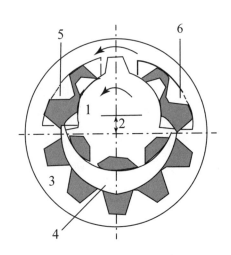

圖4-11　內嚙合齒輪泵

2. 特點與應用

　　優點包括：兩齒輪轉向相同、摩擦損耗小、壽命長、吸油能力強、噪音小、效率高、可正反轉及性能較高等。但加工精度高、結構複雜、成本高，常用於低壓、小流量的高性能要求系統。

4-2-3-3 螺桿泵

1. 結構與原理

　　實際上是外嚙合的螺旋線齒輪泵，泵內的螺桿可以是兩根或多根，圖4-12為三螺桿的泵結構與原理，主體由三根互相嚙合的雙線螺桿、殼體、端蓋組成，各螺桿的外圓與與殼體對應的弧面均保持良好的配合。中間為主動凸螺桿1，兩邊為從動凹螺桿2a、2b，在橫截面內齒廓由幾對共軛擺線組成，螺桿的嚙合線將主動及從動螺桿的螺旋槽分割成多個相互間隔的密封工作腔。藉助螺桿旋轉時，這些工作腔一個接一個的在左端形成，並不斷地從左向右移動，至右端消失，連續不斷地將進口處密封在螺旋空間的液體軸向移動至出口處。主動桿每轉動一周，每個密封工作腔移動一個螺旋導程。密封工

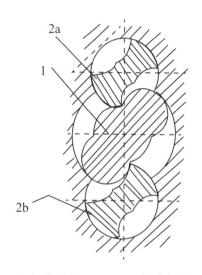

1-主動螺桿；2a、2b-從動螺桿

圖4-12　三螺桿泵

作腔在左端形成時，容積逐漸擴大並吸油；在右端消失時，容積逐漸縮小而將油擠出；成為高壓油液。螺桿直徑愈大；螺旋槽愈深；導程愈長，則泵的排量就愈大；螺桿愈長吸油口和壓油口的密封層次愈多；密封就愈好；泵的額定壓力就愈高。

　　屬容積泵，是高精度的機械產品，其結構合理簡單、允許高轉速、壓力脈動小、噪音低、工作平衡可靠、自吸性好、容積效率高等，比齒輪泵、柱塞泵和離心泵的性能較優越，適用於輸送高黏度及油類液體，廣泛應用於石油及石油製品的輸送。

2. 特點及應用

　　具下列優點：

　　(1) 工作平穩，無困油現象，理論上流量沒有脈動。

(2) 容積效率高可達95%，額定壓力高可達20 MPa。

(3) 結構不太複雜，轉動慣量小，可採用很高的轉速。

(4) 密封面積大，對油液的汙染不敏感。

　　缺點是螺桿製作及精度的要求高，必須有專門的設備，加工成本高。多用於流量、壓力脈動小、工作需平穩、性能要求較高的中低液壓系統。

4-2-3-4 單作用葉片泵

1. 結構與原理

　　參閱圖4-13，主要由六部分組成，轉子3和定子4偏心安放，偏心距為e，定子4具有圓柱形的內表面，轉子3上有均布槽，矩形葉片5安放在轉子槽內，可以在槽內滑動。當轉子旋轉時，葉片靠自己的離心力緊貼定子4內表面起密封的功能。於是在轉子3、定子4、葉片5和配流盤1的互相作用下，形成數個密封的工作容積。當轉子3依圖示方向旋轉時，右邊的葉片逐漸伸出，相鄰兩葉片間的工作容積逐漸擴大，造成局部真空，從配流

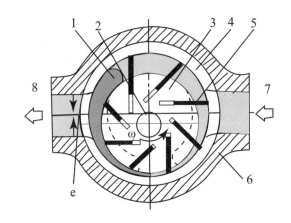

1-配流盤；2-傳動軸；3-轉子；4-定子；5-葉片；6-泵體；7、8-吸壓、油

圖4-13　單作用葉片泵

盤1上的吸油口吸取；而左邊的葉片被定子4的內表面逐漸壓擠進槽內，相鄰兩葉片間的工作容積逐漸縮小，將油液自配流盤1上的壓油口擠壓出；在吸油及壓油兩口間有一段封油區，將吸油和壓油兩腔分隔開，形成過渡區。

　　轉子轉一圈，兩葉片間的工作容積就完成一次吸油及壓油，故以單作用葉片泵命名，若將偏心距e做成可調節式，就成為常應用的變量泵。有下式：

$$q = 2\pi Debn\eta_{BV}$$

q：實際流量。

D：定子內徑。

e：定子4與轉子3間的偏心距。

b：定子之寬度。

n：轉子軸之轉速。

η_{BV}：泵的容積效率。

4-2-3-5 雙作用葉片泵

1. 結構與原理

請參閱圖4-14由五大部件組成，轉子1和定子2同心安放，定子2內表面似一橢圓，由兩段半徑為R的大圓弧、兩段半徑為r的小圓弧和四段等加速（或減速）的過渡曲線組成。轉子1上開有均布的葉片溝槽，矩形葉片3安裝在轉子槽內，並可在槽內滑動。當轉子1沿圖示箭頭方向旋轉時，葉片3在離心力和根部壓區力作用下緊貼定子2內表面，形成可靠的密封。於是在轉子1、定子2、葉片3和配流盤5之間形成數個密封的工作容積。當兩葉片由短半徑r處向長半徑R處轉動時，兩葉片之間的工作容積逐漸擴大，產生局部真空，油槽中的油液在液面壓力的作用下流進泵口6，形成吸油過程；當兩葉片由長半徑R處向短半徑r處轉動時，兩葉片間的工作容積逐漸減小，油液壓力升高，產生高壓油液並從壓油口7排出，形成壓油過程。轉子連續旋轉，泵就連續吸油及排油，供應連續的油壓能流給系統。

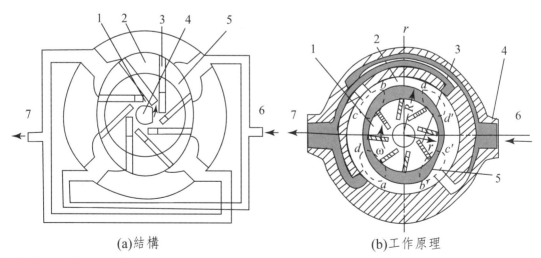

(a)結構　　　　　　　　　　　(b)工作原理

1-轉子；2-定子；3-葉片；4-泵體；5-配流盤；6、7-吸、壓油；r-短半徑；R-長半徑

圖4-14　雙作用葉片泵示意圖

轉子每轉一圈，兩葉片間的工作容積完成兩次吸油和排油行程，而且此類泵有兩個對稱的吸油腔和壓油腔，作用在轉子軸上的徑向液壓力互成平衡，故稱爲雙作用葉片泵或對稱式葉片泵。爲了使徑向力完全平衡，工作腔數或葉片數應當是偶數，故多用於定量泵。

2. 實際流量Q

$$Q = 2b\left[\pi(R^2 - r^2) - \frac{R-r}{\cos\theta}\delta z\right]n\eta_{BV}$$

b：定子的寬度。　　　R：定子長半徑。　　　r：定子短半徑。

δ：兩葉片間的夾角。　z：葉片數。　　　　θ：葉片傾角。

n：轉子軸的轉速。　　η_{BV}：泵的容積效率。

3. 特點及應用

葉片泵逐步往中高壓發展，與齒輪泵相比，其優點包括：體積小、結構緊湊、運轉平穩、流量和壓力較大、流量穩定及噪音小；缺點則爲：自吸性差、對油液汙染較敏感、結構複雜、成本、維修及價格高。在機床性能好的中高液壓系統應用廣泛。

4-2-3-6 徑向柱塞泵

1. 結構及原理

柱塞3沿徑向均勻分布於轉子1，配油銅套4和轉子1緊密配合，並套裝在配流軸5上，配流軸5是固定不動的。電馬達帶動轉子1連同柱塞3一起旋轉，柱塞3靠離心力壓緊於定子2的內壁面上。由於定子和轉子有一偏心距e，所以當轉子按圖示方向旋轉時，柱塞3在上半周

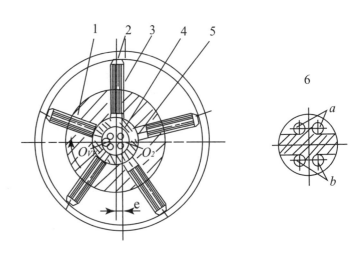

1-轉子；2-定子；3-柱塞；4-配油銅套；5-配流軸；6-配流軸放大圖

圖4-15　徑向柱塞泵示意圖

內向外伸出，其底部的密封容積逐漸擴大，產生局部真空，於是通過固定在配流軸5上的口a吸油；當柱塞處於下半周時，柱塞底部的密封容積逐漸減小，通過配流軸口b將油液擠出。轉子旋轉一周，每個柱塞3各吸、壓油一次。若改變轉子1和定子2間的偏心距e，則泵輸出流量隨之改變，故為徑向柱塞變量泵；若離心距e由正值轉換為負值，則進油口和排油口將互換，故為雙向徑向柱塞變量泵。

4-2-3-7 斜盤式軸向柱塞泵

1. 結構及原理

軸向柱塞泵的柱塞5平行於缸體7的軸心線，且均勻的分布於缸體7的圓周上，參圖4-16斜盤1法線和缸體7軸線間的交角為γ，內套筒4在彈簧6的作用下，通過壓板3而使柱塞5頭部的滑履2和斜盤1靠牢，同時外套筒8則使缸體7和配流盤10緊密接觸，使其具密封作用。當缸體轉動時，因為斜盤1和壓板3的作用，迫使柱塞5在缸體7內做往復直線運動，並通過配油盤10的配油口進行吸油和壓油。

當缸孔自最低位置向前上方轉動（相對配流盤做逆時針方向轉動），柱塞轉角在0～π範圍內時，柱塞5向左運動，柱塞端部和缸體形成的密封容積增大，通過配流盤10吸油口進行吸油；柱塞5轉角在π～2π範圍內時，柱塞被斜體逐步壓入缸體，柱塞5端部容積減小，泵通過配流盤10排油口排油。若改變斜盤傾角γ的大小，則泵的輸出流量改變。

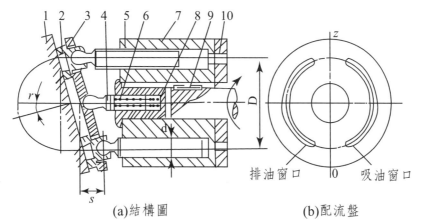

(a)結構圖　　　　　　　　(b)配流盤

1-斜盤；2-滑履；3-壓板；4-內套筒；5-柱塞；6-彈簧；7-缸體；8-外套筒；9-傳動軸；10-配流盤

圖4-16　斜盤式軸向柱塞泵示意圖

2. 特點及應用

　　柱塞和柱塞孔都是圓形部件，精度配合高、密封性能好，在高壓下工作仍有較高的容積效率；改變柱塞工作行程可達到改變泵的流量，流量調節和流向改變容易達成，柱塞受壓，可充分利用柱塞的材料強度減少受壓；而不像葉片泵之葉片因受高壓而彎曲。優點是結構緊密、易於接受高壓、流量調節方便及高效率；缺點是結構複雜、加工要求高、價格高、對油液的汙染敏感。多使用於壓力、流量需要大幅而方便調整的系統，如工程機械、高功率機床之類。

4-2-4 液壓泵圖形符號：如圖4-17

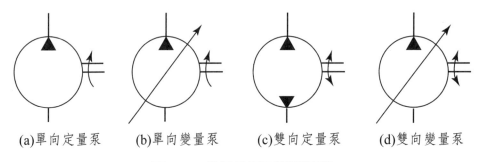

(a)單向定量泵　　(b)單向變量泵　　(c)雙向定量泵　　(d)雙向變量泵

圖4-17　常見液壓泵圖形符號

4-2-5 常用液壓泵性能

　　請參見表4-2常用液壓泵性能。

表4-2　常用液壓泵性能

性能／類型	外嚙合齒輪泵	雙作用葉片泵	軸向柱塞泵	螺桿泵
額定壓力MPa	2.5～17.5	6.3～12.8	7.0～40.0	2.5～10.0
排量mL/r	2.5～210	2.5～237	2.5～1,616	0.16～1,463
轉速rpm	1,450～4,000	600～2,800	960～7,500	100～1,800
能否變量	否	能	能	否
容積效率	0.70～0.95	0.80～0.95	0.90～0.97	0.70～0.95
總效率	0.65～0.90	0.65～0.85	0.80～0.90	0.70～0.85

性能／類型	外嚙合齒輪泵	雙作用葉片泵	軸向柱塞泵	螺桿泵
特點	結構簡單、價格低、自吸強、耐衝擊、易維護、油液汙染不敏感、壓力流量脈動大、噪音大、效率低	受力平衡、流量均勻、運轉平穩、噪音小、結構緊湊、較複雜、葉片受壓易折斷、定子內曲面易磨耗	結構複雜、價格高、徑向尺寸小、轉動慣量小、轉速高、壓力高、流量大、易變量、耐衝擊、油液汙染敏感	結構簡單、重量低、流量壓力脈動少、噪音小、轉速高、壽命長、工作可靠、但加工不易
應用	運用於低壓系統、中高壓則多用於工程機械、航空、船舶等	運用於中壓系統，如機床設備、射出成型機、運輸裝載機、工程機械等	運用於高壓系統，如冶金、礦山、鍛壓、起重、運輸、工程機械等	精密加工機床，如鏡面磨床、注塑機床等

4-3 液壓泵與電馬達參數的選用

4-3-1 液壓泵的選用

　　液壓泵是向液壓系統提供一定流量和壓力油液的動力元件，合理選擇液壓泵對液壓系統的節省能耗、提高效率、降低噪音、改善工作性能和保證系統可信賴度，均屬切要。選擇液壓泵時，首先要根據液壓系統的要求如壓力、流量等選擇泵的類型，然後對其性能、成本等進行綜合考量，最後確定泵的類型、型號和規格。謹介紹液壓泵的選擇原則與計算要領如下：

4-3-1-1 泵類型選擇

　　一般低壓系統選用齒輪泵，中壓系統選用葉片泵，高壓系統則多選用柱塞泵，如工作壓力不高但精度要求高時，可選用螺桿泵，在表4-2中列出了常用液壓泵的性能參數，供選用參考。

4-3-1-2 泵壓力選擇

　　液壓泵的工作壓力p應滿足液壓系統執行元件所需要的最大工作壓力p_{max}如下：

$$p \geqq Kp_{max}$$

其中K應考慮管路壓力損失所取的係數，通常取K = 1.1～1.5。

4-3-1-3 泵流量選擇

液壓泵的流量q_B應滿足液壓系統中同時工作的執行元件所需求的最大流量之和Σq_{max}如下：

$$q_B \geqq K\Sigma q_{max}$$

其中K應考慮系統洩漏所取的係數，通常取K = 1.1～1.3。

4-3-2 電馬達參數的選擇

主要參數有功率P、轉速n等。

4-3-2-1 功率P_D

電馬達輸出功率如下式：

$$P_D = \frac{P_B q_{Bmax}}{\eta_B}$$

其中$P_B \ q_{Bmax}$為液壓泵同一時間壓力與流量的最大值；

η_B 液壓泵的總效率。

4-3-2-2 轉速n

轉速應與液壓泵相匹配，請參見表4-2。

在液壓泵產品中，常附有配套電馬達功率數據，該數據是指在額定壓力和流量下所需的功率，但實際應用時卻可能達不到，故可按計算式選取合適的電馬達。

舉例：液壓泵的最大工作壓力為28 MPa，輸出最大流量為120 L/min，機械

效率爲0.95，容積效率爲0.93，則電馬達的功率應選多少？

解：按 $\eta_B = \eta_{Bv}\eta_{Bm} = 0.93 \times 0.95 = 0.884$

按 $P_D = \dfrac{P_B q_{Bmax}}{\eta_B} = \dfrac{28 \times 10^6 \times 120 \times 10^{-3}}{0.884 \times 60} = 63.35 \text{kW}$

參考資料3　臺灣的液壓泵製造

臺灣在精密機械加工方面有一定的水準，對液壓泵及液壓設備的製造與供應上，有多個著名的廠家，謹舉例如下：

1. 大生油壓機械廠（TA SHENG HYDRAULICS INDUSTRIAL CO）：位於臺中市烏日區，電話04-2335-9117，是38年的老店，可製造供應固定容量葉片泵、雙聯式固定容量葉片泵、高低壓組合泵、高壓容量（雙聯）葉片泵、高壓固定容量葉片泵、一般固定容量葉片泵、齒輪式泵、可變容葉片泵、雙聯可變容輪葉泵、高壓可變容柱塞泵、（雙聯）高壓可變容柱塞泵及電馬達組合多款系列。

一般固定容量泵系列，多使用於開放式油路，而可變容量葉片泵，則以封閉式油路爲準。泵吸入濾油網使用100～150網目，徑視泵實際吐出量而定，裝配時，須高於油槽底部5～10公分。可變容量泵之外部洩油口必須直接連接於油面下方，且背壓不可超過0.3kg/cm²。爲減低吸入壓力，泵吸入口請勿高過油面1公尺。啟動時，先注意電馬達與泵應在同一迴轉方向，馬達轉動後，待內部空氣完全排出，再慢慢分段加壓直到所需壓力。

2. 全懋精機股份有限公司（Camal Pnecision Co., Ltd.）：具有20多年經驗，位於臺中市西屯區，電話04-2461-5707，製造供應高低壓液壓泵、可變量葉片泵（附冷卻循環泵）、定量葉片泵、高壓力內嚙合齒輪泵、低噪音外嚙合齒輪泵、柱塞泵。另製造電磁閥（電液換向閥、凸輪換向閥、手動換向閥、控制閥、流量控制閥）、積層閥或稱疊加閥（積層溢流閥、積層減壓閥、積層流量控制閥、積層型附逆流量控制閥）、壓力控制閥（遙控溢流閥、直動溢流閥、引導溢流閥、電磁溢流閥、背壓閥），伺服液壓節能系統，採用壓力傳感器、設計液壓站等。

3. 油昇油壓股份有限公司（YEOSNE HYDRAULICS.CO., LTD）：累積近30年的經驗，位於臺中市霧峰區，電話04-2333-2339。產品包括油泵、柱塞泵（高壓、可變量軸向、節能比例控制式、V型變量式等柱塞泵）；齒輪泵（可正反轉、多聯組合、特殊無油軸承設計高壓式及客製化齒輪泵）；葉片泵〔低壓定量、高壓定量、中壓變量、變量輪葉式、雙聯變量葉片式、單聯（或雙聯）定量子母式葉片泵〕；液壓閥（單向閥、手動換向閥、滿油閥、單向節流閥、積層閥、比例流量控制閥）；電磁閥（雙頭三位換向閥、單頭兩位換向閥、本體雙回油溝設計耐高壓式等電磁閥）；變頻器驅動節能變量泵液壓站、油壓動力單元、CNC電腦車床（變頻器）液壓泵站、鋁輪圈加工液壓泵站、自動折彎成型機液壓泵站、航太加工變頻器液壓泵站、射出成型機變頻器液壓泵站等；油（液）壓機械〔拉床、壓床、沖床、沖孔機、銑槽（扁）機〕。

第 5 章

液壓執行元件與輔助元件

5-1 液壓缸自習

　　液壓執行元件是將液壓能轉換為機械能而作功的裝置，使其實現液壓缸直線運動（往復動作），或液壓馬達旋轉動作（圓周運動），則依負荷之要求而定。

5-1-1 液壓缸動作不平穩或顫簸

5-1-1-1 大摩擦面積

　　高度表面摩擦、大面積或動作慢的負荷不適用於氣動缸，氣壓缸一般適用於快速移動的工作，若改用球軸承滾子（Ball bearing rollers），將有助於運行之平穩，但其改善猶不如使用液壓缸有效，然而液壓缸也不是解救所有動作顫簸（Chatter）或顫動（Jerky）或不規則（Erratic）的唯一良策。

5-1-1-2 液壓缸進給

　　液壓油的壓縮通常可以忽略，但在某些應用如以液壓推動一個切斷工具，尤其是

一單點工具，或推動一滑動於高面積摩擦的機械時，如同氣動缸相似的動作不穩定狀況也會發生。壓縮尤其會帶給伺服應用的困擾，因伺服需要良好的頻率反應及最少的相轉換。故伺服系統必須由專家設計，需將油液的壓縮性或其他重要因數考慮進去。

　　例如一72英寸（1.83公尺）長形液壓缸，在活塞後面，當負荷由零增加至1,000 psi時，以指標推算每1,000 psi液壓產生0.5%之壓縮，則72英寸缸將縮短1/3英寸，這時顫簸也會發生，缸的直徑對軸向壓縮不起作用，同一長度時，小徑缸與大徑缸具相同的壓縮，當整個系統的動作均考慮時，則缸直徑可能有其義意。

5-1-1-3 改善液壓缸工作不穩定

　　對於精密之應用如追蹤銑床、輪廓銑床、刨床等往復動作，常可利用液壓馬達取代長形液壓缸做長衝程的往復運轉。如圖5-1，也可利用如齒條及小齒輪作取代。液壓泵與液壓缸間應保持最短管路，有時必須要求移動管件靠近機械以縮短管線。若非要長管線時，則需

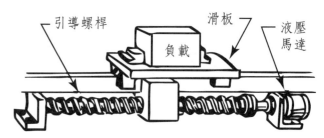

圖5-1　液壓馬達配合引導螺桿以取代液壓缸的長距離工作

要保持對於缸徑的最小管徑，活塞面積與管內徑比率愈大時，對長缸的壓縮影響愈少。運行顫簸時最好選用超越直徑的液壓缸，這樣可減少操作壓力而降低無負荷與滿負荷間的壓縮作用，同時也減少了閥和管路的壓縮效果。應儘量縮短液壓缸的衝程距離，以防運轉不穩。缸應具有排氣螺栓孔，及開裂配置，以排除全系統空氣。

5-1-1-4 流速控制以防機械顫簸

　　液壓缸在動作中如有負荷變動的所有應用，都可裝置壓力補償式流量控制，如圖5-2所示，可以三種流量控制方式來節制液壓缸的速度：

　　1.旁通或排放方式節制部分油流以降低運行速度，較串聯控制產生較少的熱量，但如速度調節差，則顫簸可能更惡化。

　　2.串聯進口節流控制可獲得較佳的速度調整，但也會在油中產生較多熱量。此

方法對於向上動作的液壓缸，或沒有任何負向負荷去牽動活塞而推動進入油流的應用，有時較為有效。

　　3.串聯出口節流控制可能是較好的方式，雖較旁通方式產生較多熱量，但它能阻回出口油流，提供較多的控制以遏止超額定、超負向過負荷。建議如液壓缸發生顛簸時，每種方式都要嘗試，以找出最好的解決方式。

5-1-1-5 機械束縛

　　機械帶有滑動槽或引導桿之移動件時，可能因機械之束縛而造成液壓缸動作的不穩定或顛簸，例如圖5-3的四柱壓床，不規則發生時，需先檢查對中心及滑槽之潤滑。中心若有偏失，仍是故障的最大肇因。圖中引導B長度太短，應予以加長如A，且引導及跟隨件需仔細加工達成精密度。

5-1-2 液壓缸爆裂

5-1-2-1 壓力集成化

　　肇因主要是嚴重過壓力的結果，源自於釋壓閥遭人亂動，但也可能來自不明原因，分析如下：

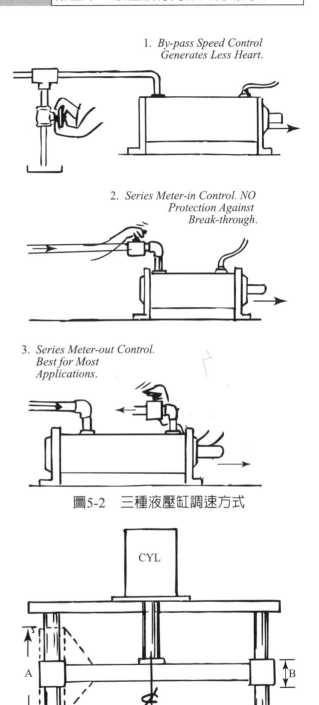

1. *By-pass Speed Control Generates Less Heart.*

2. *Series Meter-in Control. NO Protection Against Break-through.*

3. *Series Meter-out Control. Best for Most Applications.*

圖5-2　三種液壓缸調速方式

圖5-3　壓床對中心及加長引導

在活塞桿側的液壓可能加成逾越系統釋壓閥的設定值，以致液壓缸爆裂、桿迫緊吹出或管路爆裂。活塞桿側與盲側的活塞面積比若過大時，可能造成壓力的集成，缸內活塞桿與活塞二側的面積比愈大時愈嚴重，標準的液壓缸活塞桿面積與活塞面積比為1/2，如活塞桿側出口油路遭阻塞，出口先導單向閥或減速閥遭阻礙時，活塞桿側的壓力可能較油壓泵或釋壓閥增加2倍，因而引起壓力集成的意外。

5-1-2-2 高熱

因高熱使油液膨脹也可能導致缸體爆裂，此多數發生於戶外烈日下或移動式液壓設備，裝滿了液壓油且以快速接頭解開者，該狀況應加設過壓吹開裝置。

5-1-2-3 衝擊

機械破損經常發生於活塞連續衝擊液壓缸端部，外部阻止器或緩衝器必須加裝以防衝擊。

5-1-2-4 活塞洩漏

液壓缸爆裂發生於機械停止一會兒之後，破裂位置在缸體、相關閥或管路最脆弱的位置，此為另一種壓力集成（Intensification）的現象，常發生於活塞迫緊過度磨損，以致油液自盲側洩漏至活塞桿側，新的液壓缸具環式活塞迫緊時也會發生。此現象可解釋如下：當液壓缸活塞桿舉起一重物於半空中時，若油液自活塞盲側洩漏至活塞桿側時，重物靜壓力不是靠活塞全面積之壓力支持，而是僅靠活塞桿面積之壓力支持，若後者之面積為前者的1/4，則壓力集成高達4倍，換言之，若活塞上的壓力為2,000 psi時，則活塞桿的壓力將達8,000 psi。

5-1-2-5 其他原因

1. 安裝或連結時未按規範仔細施作。
2. 未正常保護缸體使免遭受外物之物理侵害，若缸體遭外來重物撞擊而凹陷時；應以細銼刀及砂紙從缸內朝軸向仔細研磨修平。

3. 液壓缸未妥善潤滑或遭過度壓力。

4. 水凝結於液壓系統中。

5. 缸體與活塞桿位於落塵量大之處，應加裝伸縮之外套保護之，以防活塞桿進出缸體時遭汙染。

5-1-3 液壓缸漂移

漂移（Drift）是指液壓缸的某種傾向，在某些應用中，缸體會緩慢爬行（Creep）至期望位置之外，而液壓油仍被4通方向閥的封閉通口鎖在缸體內，大多不期望的漂移來自下列原因：

5-1-3-1 活塞洩漏

通常汽車型活塞環是最耐久的活塞密封，但它們仍有一些洩漏（滑移），故其應用必須避免液壓系統實質上應阻止絕漏之處。每當有反作用力來自負荷時，垂直或水平裝置的液壓缸都可能發生漂移，但通常我們認為垂直液壓缸的向下漂移來自負荷的重量。如果液壓缸的安裝使得負荷的反作用力會將液壓缸推向關閉時，壓力的集成就如前述發生，其嚴重將會爆裂系統。在此壓力集成狀況，如果壓力高到足以使閥不正常洩漏時，漂移就會發生。如果液壓缸的安裝使得負荷的反作用力會將液壓缸拉向打開時，油液將從活塞桿側漏向盲側，並在盲側端產生局部真空，由於真空在最好狀況下限制於最高14.7 psi，故很少有足夠的真空發生足以阻止漂移。V環或多道V環示如圖5-4，在活塞絕漏重要的場合，被認為是慣常壓力下最好的液壓迫緊。

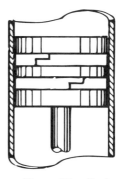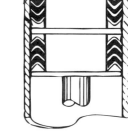

Piston Ring Seals　　*Multi-V Seals*

圖5-4　活塞環密封及多重V環密封

5-1-3-2 開放中央閥（Open center valve）

圖5-5為中位全開放4通方向控制閥，顯示當閥軸芯（Spool）在中央位置時所有通口對其他通口及大氣壓力均開放。以開放中央閥所控制的液壓缸所發生的漂移型式，與前述的漂移型式有所不同，開放中央式閥僅使用在油壓缸停止時負荷的反作用力很小或無的系統，雖然如此，閥的兩缸通口被認為是連接於零壓力，且並無機械反作用力來自負荷，但這些系統有時爬行非常嚴重。圖5-6顯示在油槽管路僅有一小量的背壓時，則有相當可觀的不平衡量發生。在此例中活塞盲側有8平方英寸的面積對應液體工作壓力，而活塞桿側則僅有6平方英寸的面積，假若4通閥流回油槽的油流受到任何限制時（圖中之3），在系統中就有背壓出現，如設此背壓為50 psi，由於回返油槽的油流受限制，此50 psi作用於8平方英寸活塞面積產生向右400磅的推力（圖中之1），而在6平方英寸的活塞桿側則產生300磅的向左推力（圖中之2），二

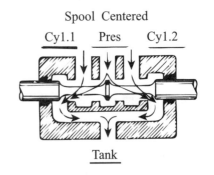

圖5-5　中位開放閥可能造成漂移

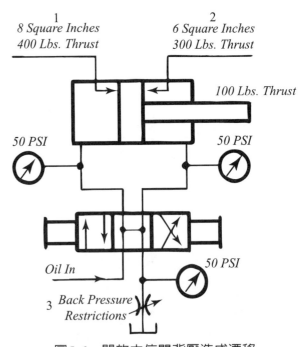

圖5-6　開放中位閥背壓造成漂移

者合成100磅向右淨推力，此力將造成很快的漂移（Drift），假若沒有機械力量相對抗，或僅有少許向右的機械反作用來自負荷，因而對液壓線路若有一些熟悉者當認知此即再生狀況，亦即活塞的雙側具有相等的psi，為了使上述漂移極小化或去除化，下列許多建議之一可能有效：

1. 假若從控制閥回返油槽的管路利用T配件連接任一其他的回返流，無論該回返

流是連續的或間歇流，分開了閥回返線路，分別的流回油槽，即使是一個經由其他洩放線的瞬間排放，可能引起瞬間的壓力洶湧，而可使缸體發生一個小跳躍。

2. 將閥的回返油槽管路直徑加大，可以降低線路中的背壓。

3. 從回返油槽管路上移開不必要的閥及其他限制裝置。

4. 如必要重新安排返回油槽路線，以縮短長度及移除不必要的T及L管配件。

5. 原4通閥可能必須移開，而改換為較大流量的閥，以減少背壓。

6. 可能需要加大負荷的摩擦力至一水平，以使剩下的背壓不產生足夠的推力以移動負荷。

7. 安裝一個致平衡閥（Counterbalance valve）連接液壓缸活塞桿端，並在此閥上設置一壓力以達至少能夠阻止漂移。

5-1-3-3 中央液壓系統

這是一種液壓系統其操作甚同於相同方式的氣壓系統，一液壓泵將其具壓力之油液儲存於一接受器（蓄壓器）內，當接受器達到其預定的壓力水平時，發出一壓力訊號使液壓泵解除負荷，並使其成為怠惰狀況，直到儲存的壓力油液被用到低壓，以致系統的壓力水平下降至預設低點時，泵重返運轉並建立蓄壓器的油壓直到預定的高切斷壓力為止。

中央系統多使用下列二者之一，其一為2位置方向控制閥（2-Position directional control valve），或當中央中性被要求時；則其二為封閉中央軸芯式閥（Closed center spool type valve），如圖5-7，在中央位置時所有通口均封閉。如使用3位置方向閥時，可允許液壓缸運轉至衝程之一中間點並停止下來。在中央系統當使用3位置中位封閉控制閥時，液壓缸爬行經常發

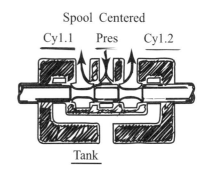

圖5-7 封閉中央閥閥芯滑移

生，因所有的閥芯式閥，在其閥芯與閥芯孔道（Bore）之間有一小量的滑移，從壓力通口至兩個液壓缸通口，如圖5-7的箭頭所示。這造成了與前述開放中央4通閥同類型的漂移，但在這裡由於滑移油液的壓力甚高，故不平衡的力量亦較先前大甚多，請參閱下列建議：

1. 可能的話避免使用3位置閥，改用2位置閥，並讓液壓缸在其衝程的各端點停止正面衝撞。

2. 若線路允許，使用一3位置浮動中心（液壓缸通口對油槽開放，對壓力通口則封閉），這較佳於一個封閉中央閥。

3. 若有必要使用一個封閉中央閥，請使用雙末端活塞桿液壓缸，因此缸內活塞兩側的面積相等；或者，使用一個單側活塞桿液壓缸，具有最小的活塞桿徑，以解決爬行，但活塞桿應有足夠機械強度。

4. 有時一個致平衡提升閥（Poppet type counterbalance valve）安裝於液壓缸活塞桿側的通口，可能可以解決漂移爬行問題。

5. 當中央系統使用長久之後，因閥間隙擴大，導致漂移（Drift）有時會發展出來。

5-1-4 液壓系統加快速度

與氣動系統不同，液壓系統速度與系統負荷阻力間之平衡、管路損失、釋壓閥設定等無關，其基本上是使用正排式泵系統的泵排量功能，或者說是泵的GPM流量及活塞面積決定了液壓缸衝程速度。

對一個太慢的系統首要做一個簡單的測試，以獲知由泵所產生的所有壓力油都實際地進入液壓缸，一個普通具秒針的手錶即可測試，但先要知道液壓缸的內徑以及液壓泵的GPM額定值。在實際的運轉速度下，啟動液壓缸並且以手錶計量時間，然後計量衝程的長度，計算實際的每分鐘吋數的速度，例如，如果液壓缸在20秒內運行了12英寸；即36英寸／每分鐘。下一步計算液壓缸應運行多快，並與觀察的速度比較，如有嚴重差異，則指示出系統中某一處有洩漏，小的偏差並不重要，用指標計算，液壓缸的速度（英寸／分）等於油流（立方英寸／分）除以活塞面積（平方英寸），例如一8英寸直徑活塞及泵流量12 GPM；其活塞面積是50.27平方英寸，而流量是2,772立方英寸／分（12 GPM × 231 = 2,772 立方英寸／分），故速度為2,772/50.27 = 55.1英寸／分，實際計量的速度可能較低，請參考下列因數：

5-1-4-1 活塞迫緊

在液壓缸中可能已嚴重磨耗，讓一些流量旁通而無直接貢獻給速度，在高油壓下尤其顯著。

5-1-4-2 泵的滑移

油流經過泵內間隙向後滑移時，造成輸出的損失，並且產生了熱量，特別在軸及前軸承發生。大部分泵正常運轉時，外殼溫度大於油槽溫度，這是因為不可避免的有一些滑移，但泵若有缺陷時，可能使外殼溫度格外地升高，對於稀薄的液壓油，泵的滑移顯得較惡化。

5-1-4-3 油過熱

油液因高溫而呈稀薄，嚴重的速度損失可能發生於泵、閥、液壓缸滑移增加的狀況下，滑移會變得很惡化。在低GPM額定的泵全部油量都進入滑移，沒有油液留在液壓缸中。當油槽觸摸感覺相當不適時，液壓系統即不得再操作，熱交換器或其他熱消散方式應予介入。

5-1-4-4 釋壓閥

液壓缸慢下來可能導因於系統釋壓閥設定壓力偏低的結果，當負荷壓力建立起來時，一部分的油液可能開始旁通釋壓閥，其解救方法惟有將釋壓閥設定略為升高，但並不主張由非核定或非授權人員施行，因升高壓力可能引起人員安全的顧慮，或損及液壓系統的部件，故應有管理規則。

5-1-4-5 蓄壓器預充壓

對使用蓄壓器的系統，一液壓缸局部或全部衝程慢下來時，可能指示出預充壓力不當，或未施作蓄壓器的預充壓。使用蓄壓器的新系統在衝程中變慢時，可能表示蓄壓器的容量不足以配合工作。

5-1-4-6 更換現有泵

　　更換一個排量較大的泵以配合工作，第一重點是物理上的可交換性，此外，還要檢查系統其餘的所有元件，如泵吸口濾器、微細濾網、方向閥、釋壓閥、管路直徑等，能否符合增加之油流，否則這些元件也需更換；特別要確定電馬達（或發動機）的馬力足以驅動較大的泵。以一安培計測量現有系統的線電流，並且比較電馬達名板的數據，計測馬力水平可否達成。記住：較大的泵所需的馬力要有相同的增加比例，例如在相同壓力下，泵之輸出油液量增大50%時，則需要增加50%的馬力去驅動新泵。注意下列各項建議：

　　1. **更換之新電馬達**具較高之速度及馬力時，因增加速度後泵的流量GPM也將等比例而增加，若速度由1,200 rpm增加至1,800 rpm，亦即增加50%的流量，如同樣的psi要維持不變，則需增加50%的馬力，若現在1,200 rpm的電馬達為25 HP，則新的1,800 rpm 的電馬達需超過37.5 HP。

　　增加電馬達速度有時會有幾個問題，因增加的流量GPM將會對閥及其他元件增加同樣的過負荷流量的問題，此外，泵必須按廠家額定的增加速度操作，而不致發生嚴重的氣穴，對於在較高速下增加排量的泵進入開口可能過小，另有機械平衡及軸承負荷等問題應予考慮。

　　2. **泵噪音**隨速度而增加，故在較高速度下，應準備好在高速下吸收噪音的裝備。

　　3. **更換液壓缸**：液壓缸若其活塞面積不足時，在相同GPM流量下會運轉得更快，但必須從泵獲得更高的psi，故應確定泵可產生較高的psi，並對應於活塞面積減小的相同比例。有一重點需記住，當嘗試去增加一液壓系統的速度時，任何改變若在相同的psi下產生了更大的GPM時，或者在相同的GPM而要求更大的psi時，則對泵的驅動馬力必須要求相同比例的增加。

5-1-4-7 增加另一個泵

　　為增加液壓的速度，最好的辦法就是另外增加一新泵，且由其自己的新馬達帶動，該新電馬達及泵可設在一基板上，並依靠現有的動力設備安裝。由於明顯的理由，該泵勢必以現有的油槽吸取及返回油液，新泵應有自己的濾器，且其輸出必須以T接到另一泵的排放管線，並應由同一釋壓閥服務兩個泵，如果容量足夠的話，最好

使用原來的釋壓閥。所有下游連接的元件必須評審其能力可以操作增加的油流。尤其是使用紙質微濾器的場合，此點特別重要，因過量的油流可能破壞元件，並將細碎元件帶至下游。新泵的出口管路可安裝一個止回閥（單向閥），若高速不需要時，可以不使用。在安裝任何單向閥時，應確定使任一泵不予隔斷而接通至釋壓閥。

5-2 液壓缸的構造與原理

5-2-1 單活塞桿液壓缸

5-2-1-1 典型構造

請參圖5-8，單活塞桿液壓缸主要由缸筒1、活塞2、活塞桿3和缸蓋4等主要部件組成，活塞2以卡環5、套環6、彈簧擋圈7和活塞桿3連接。為了防止活塞2運行到衝程終端時撞擊到缸蓋4，活塞桿3左端設置緩衝柱塞8，有時還設有排氣裝置。為防止洩漏則裝設密封環9，如活塞2與缸筒1之間及活塞桿3和活塞內孔之間均設有密封環圈9，旨在於防止洩漏。導向套10用來保證活塞桿3不偏離中心線，其外徑和內孔配合位置也有密封環圈。由圖可知缸筒1（以無縫鋼管製成）和缸底11焊接在一起，另一端缸蓋4及缸筒1則以螺牙連接，以便拆裝檢修。兩端進出油口A和B皆可通壓力油或回返油，以達成雙向運行。

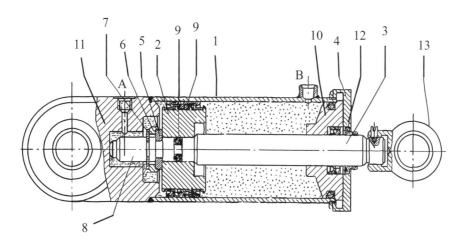

12-防塵圈；13-耳環；其他編號已說明於文中

圖5-8　單活塞桿液壓缸典型圖

5-2-1-2 油路連接方式

　　請參圖5-9連接方式，這型液壓缸只有一端具有活塞桿，稱為活塞桿側或有桿腔，而另一側則稱為盲側或無桿腔。活塞雙向運動可以獲得不同的速度和輸出力。

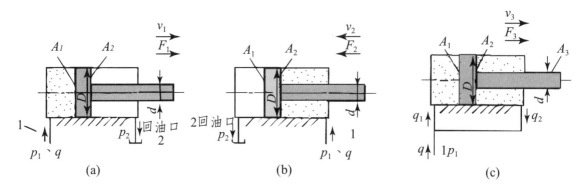

1-進油口；2-回油口

圖5-9　單活塞桿液壓缸油路連接方式

　　1. 無桿腔進油時，如圖5-9(a)所示，活塞桿的速度v_1和推力F_1分別為：

$$v_1 = \frac{q}{A_1} = \frac{4q}{\pi D^2}$$

$$F_1 = p_1 A_1 - p_2 A_2 = \frac{\pi}{4}[D^2 p_1 - (D^2 - d^2)\, p_2]$$

q：輸入流量；A_1、A_2：活塞有效工作面積；D、d：活塞、活塞桿直徑。
p_1、p_2：液壓缸進、出口壓力。

　　2. 有桿腔進油時，如圖5-9(b)，活塞桿的速度v_2和推力F_2分別為：

$$v_2 = \frac{q}{A_2} = \frac{4q}{\pi(D^2 - d^2)}$$

$$F_2 = p_1 A_2 - p_2 A_1 = \frac{\pi}{4}[(D^2 - d^2)p_i - D^2 p_2]$$

　　3. 液壓缸差動連接時，如圖5-9(c)所示，活塞桿的速度v_3和推力F_3分別為：

$$v_3 = \frac{4q}{\pi d^2}$$

$$F_3 = p_1(A_1 - A_2) = \frac{\pi}{4}d^2 p_1$$

在實際作業中，單活塞桿液壓缸常需實現「快速接近（v_3）→慢速進給（v_1）→快速退回（v_2）」工作循環的組合機床液壓傳動系統中，並且要求「快速接近」及「快速退回」的速度相等，即$v_3 = v_2$，這可以經由選擇D與d的尺寸而達成，二者之關係如下：$D^2 = 2d^2$，$D = \sqrt{2}\ d$，故為保證「快速接近」與「快速退回」的速度相等，可使活塞桿的面積等於液壓缸無桿腔有效面積的1/2，如對二者的速度不做要求時，可按實際需要的速度比來決定D與d。

5-2-1-3 緩衝裝置

液壓缸的緩衝裝置是為了防止活塞在衝程終止時，出於慣性作用力而與缸蓋撞擊，使設備受損及影響其使用壽命，特別是當液壓缸驅動負荷重或運行速度大時，則液壓缸的緩衝裝置就尤其需要了。常用的緩衝裝置示如圖5-10，由活塞頂端的凸台和缸底上的凹槽構成。當活塞運行至近缸底時，凸台逐漸進入凹槽，使凹槽裡的油液經凸台及凹槽間的縫隙擠出來，增大了回油的阻力，降低了活塞運行速度，因而減小或避免了活塞與缸蓋的對撞，達成緩衝行程。

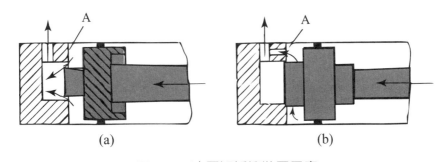

圖5-10 液壓缸緩衝裝置示意

5-2-1-4 排氣裝置

液壓系統中往往會混入空氣，使得系統工作不穩定，產生爬行和前衝等問題，嚴重時不能正常工作。為考慮空氣的排除，常將排氣口設置於兩端蓋最高處，讓活塞空行程往復動作以排除缸中空氣。或在液壓缸最高處設置專門的排氣塞或排氣閥，如圖5-11，排氣時鬆開排氣塞螺絲，讓活塞空行程運行幾次，至氣體排完後拴緊螺絲。

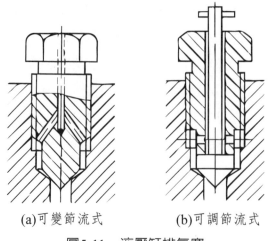

(a)可變節流式　　　　(b)可調節流式

圖5-11　液壓缸排氣塞

5-2-2 雙活塞桿液壓缸

　　如圖5-12，活塞兩側都有活塞桿伸出，缸體內徑爲D，兩活塞桿直徑相等爲d，液壓缸供應壓力爲p，流量爲q，活塞（或缸體）兩個方向的運行速度v和推力F亦個別相等如下：

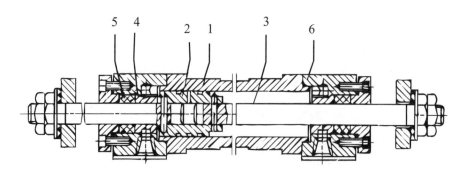

1-缸筒；2-活塞；3-活塞桿；4-導向套；5-密封圈；6-端蓋

圖5-12　雙活塞桿液壓缸結構

$$v = \frac{q}{A} = \frac{4q}{\pi(D^2 - d^2)}$$

$$F = \frac{\pi}{4}(D^2 - d^2)(p_1 - p_2)$$

5-2-3 柱塞式液壓缸

　　如圖5-13(a)，柱塞式液壓缸只有一個油口，進油和回油都經由這個油口。此式液壓缸在壓力油推動下，只能實現單向運行，故屬於單作用缸，其回程藉助於運行件的自重或外力的作用；如垂直安裝或彈簧力等。為得到雙向運動，柱塞缸常成對使用如圖5-13(b)，為減輕重量，防止柱塞水平放置時因自重而下垂，常將柱塞做成空心的，缸內壁不需精加工，只需柱塞桿精加工，其結構簡單、製造方便、成本低，因此在長衝程多使用柱塞缸，運行時由缸蓋上的

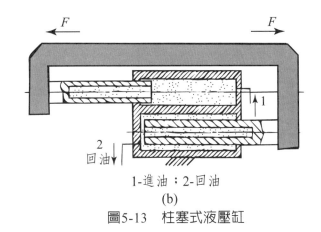

1-缸筒；2-柱塞；3-導向套；4-密封圈；5-壓蓋

(a)

1-進油；2-回油

(b)

圖5-13　柱塞式液壓缸

導向套引向，適合如龍門刨床、導軌磨床、大型拉床等大行程液壓設備。

5-2-4 伸縮式液壓缸

　　此式液壓缸具有二級或多級活塞，如圖5-14主要由小活塞1、套筒2、O型密封環3、缸體4、大活塞5及缸蓋6等組成，前一級缸的活塞就是後一級缸的缸體。這種伸縮式液壓缸的各級活塞依次伸出，可獲取很大的行程。活塞伸出的程序就是從大到小，相應的推力也是由大向小，而伸出的速度則是從慢變快。空載回縮的順序一般是從小活塞到大活塞，收縮後液壓缸總長度較短，占用空間較小，結構緊湊。伸縮缸常用於工程機械和行走機械，如起重機伸縮

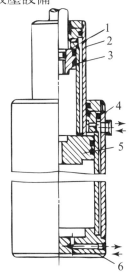

圖5-14　伸縮式液壓缸

臂液壓缸、自卸汽車舉升液壓缸等應用。

5-2-5 增壓器

增壓器將輸入的低壓油轉變爲高壓油,供給液壓系統中的高壓分路應用,圖5-15顯示其工作原理。它由兩個直徑各爲D與d的液壓缸以剛性連接構成,大缸徑D爲輸入缸,小缸徑d爲輸出缸,設輸入缸的壓力爲p_1,輸出缸的壓力爲p_2,根據活塞受力平衡關係,得式:

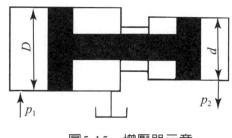

圖5-15 增壓器示意

$$p_2 = \frac{D^2}{d^2} p_1 = \left(\frac{D}{d}\right)^2 p_1$$

式中比值$(D/d)^2$稱爲增壓比。

5-3 液壓馬達的構造與原理

5-3-1 液壓馬達特點

與液壓泵相比液壓馬達有下列特點,馬達的進口、出口相同,可以正轉和反轉,進口、出口必須裝設方向控制閥。液壓馬達和液壓泵結構上基本是相同的,前面所提的液壓泵原理上皆可當做液壓馬達使用,除了個別型號的液壓泵可作爲液壓馬達使用外,其他一些泵由於結構上的原因,則不能直接當作液壓馬達使用。

5-3-2 齒輪液壓馬達

如圖5-16,輸入的高壓油液作用在齒輪面上,使齒輪2逆時針轉動,齒輪5順時針轉動(圖中箭頭表示作用力的大小及方向,凡齒面兩側受力平衡的輪齒均不用箭頭表示),使齒輪軸輸出轉矩和轉速,低壓油液由齒槽帶至排油腔排出。從齒輪馬達的工作原理來看,若將液壓油輸入齒輪泵中使齒輪轉動,齒輪帶動齒輪軸旋轉,輸出轉矩

和轉速，齒輪泵就變成了齒輪馬達。齒輪馬達和齒輪泵一樣，由於洩漏嚴重導致容積效率低、工作壓力低，齒輪馬達屬於高速低轉矩液壓馬達，由於其嚙合點隨時變化，輸出轉速與轉矩有較大脈動，故僅用於低精度及低負載系統。

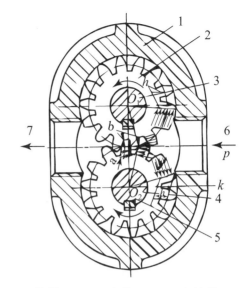

1-殼體；2、5-齒輪；3、4-齒輪軸；
6、7-進、排油口

圖5-16　齒輪馬達示意

　　1.因進出油道對稱，孔徑相等，故能實現正反轉。

　　2.採用外洩漏油孔，因為馬達出油口壓力高於大氣壓力，如採用內部洩油會將軸端油封衝壞，特別在反轉時，原來的回油腔變為壓油腔，情況更為嚴重。

　　3.不採用端面間隙補償裝置，以免增大摩擦力矩。

　　4.多數齒輪馬達採用滾動軸承支撐，以減少摩擦力而便於馬達啟動。

　　5.馬達的卸荷槽對稱分布。

5-3-3 葉片液壓馬達

　　如圖5-17為雙作用葉片式液壓馬達示意，當壓力進入壓油腔(1)、(2)後，在葉片1、3上一面作用有液壓油，另一面為低壓回油。由於葉片3伸出的面積大於葉片1伸出的面積，所以液體作用於葉片3上的力量大於作用於葉片1上的力量，使葉片帶動轉子逆時針旋轉。因為液壓馬達一般都要求能正、反轉，葉片式液壓馬達的葉片應徑向放置，進油口與出油口應設置單向閥。為了確保葉片式液壓馬達在壓力油通入後能正常啟動，必須使葉片頂部和定子內表面緊密接觸，以

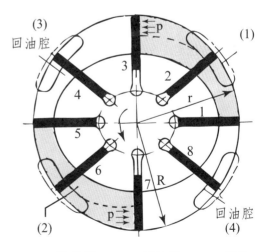

(1)(2)壓油腔；(3)(4)回油腔；1～8葉片

圖5-17　雙作用葉片液壓馬達

保證良好的密封,在葉片根部應設置預緊彈簧。該式馬達體積小,轉動慣量小,動作靈敏,適用於換向頻率較高的應用,但其洩漏量較大,低速工作時不穩定,因之一般用於轉速高、轉矩小和動作要求靈敏的場合。

5-3-4 軸向柱塞液壓馬達

示意於圖5-18,斜盤1和配流盤2固定不動,缸體3及其上的柱塞4可繞缸體的水平軸線旋轉,當壓力油經配流盤2通入缸孔注入柱塞4底部時,柱塞4受油壓作用而向外頂出,緊緊壓在斜盤面1上,這時斜盤對柱塞的反作用

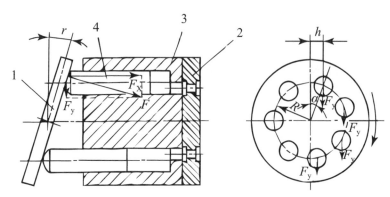

1-斜盤;2-配流盤;3-缸體;4-柱塞

圖5-18　軸向柱塞式液壓馬達

力為F,由於斜盤有一個傾斜角γ,所以F可分解為兩個分力,軸向分力F_x沿柱塞軸線向右,與柱塞底部液壓力平衡,徑向分力F_y與柱塞軸線垂直向下,使得壓油區的柱塞都對轉子中心產生一個轉矩,驅動液壓馬達旋轉作功。瞬時驅動轉矩的大小隨柱塞所在位置的變化而變化。壓油區的所有柱塞產生的轉矩和,構成了液壓馬達的總轉矩,要點是液壓馬達的轉矩是隨外負荷而變化的。當液壓馬達的進、回油口互換時,液壓馬達將反向轉動,而當改變傾斜角γ時,液壓馬達的排量即隨之改變,因此可以調節輸出的轉速或轉矩。

5-3-5 擺動液壓馬達

擺動式液壓馬達輸出轉矩,並實現往復擺動,主要由(參圖5-19)葉片1、擺動軸2、定子塊3、缸體4、進油口5、回油口6等組成。當兩油口相繼通以壓力油時,葉片即帶動擺動軸做往復擺動。它將油液的壓力能轉變為擺動運動的機械能,如按圖示方向輸入壓力油時,葉片和擺動軸順時針轉動;反之葉片和擺動軸逆時針轉動。單

葉片擺動式液壓馬達的擺動範圍一般不超過280°，雙葉片擺動式液壓馬達的擺動範圍一般不超過150°。定子塊3固定在缸體4上，而葉片1和擺動軸2連接在一起同時擺動。此類液壓馬達常應用於機床的送料裝置、間歇性進給機構、迴轉夾具、工業機器人手臂和手腕的迴轉機構等液壓系統。

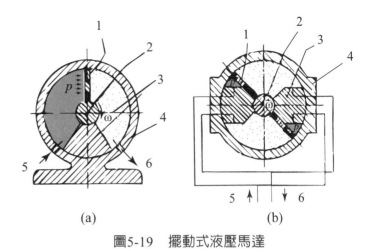

圖5-19　擺動式液壓馬達

5-3-6 液壓馬達的圖形符號

如圖5-20所示：

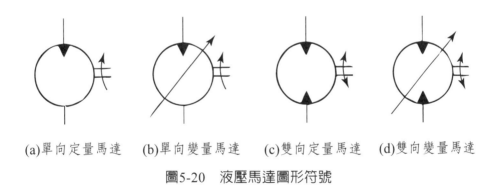

(a)單向定量馬達　　(b)單向變量馬達　　(c)雙向定量馬達　　(d)雙向變量馬達

圖5-20　液壓馬達圖形符號

5-3-7 液壓馬達的參數計算

5-3-7-1 壓力

1. 工作壓力p

　　是指其輸入口的壓力，在液壓系統中應設置安全閥（釋壓閥）來限制。

2. 額定工作壓力p_n

是指液壓馬達在長時間的運轉中，允許到達的最大工作壓力。

3. 最大壓力（最大工作壓力）p_{max}

是指液壓馬達在短時間內過載時，所允許的極限工作壓力，由液壓系統中的安全閥限定。安全閥的調定值不允許超過液壓馬達的最大壓力。

5-3-7-2　排量 V

指液壓馬達軸旋轉一圈時，由其密封容積的幾何尺寸計算而得的輸入液體之體積。排量應符合國家標準的規定。

5-3-7-3　流量 q

1. 理論流量q_t

指馬達在單位時間內未達到指定轉速，由其密封容積的幾何尺寸計算而得的輸入液體之體積。理論流量等於排量與轉速的乘積，而與工作壓力無關，即：$q_t = Vn$。

2. 洩漏流量Δq

指液壓馬達在公稱轉速和公稱壓力之下，由高壓向低壓方向流動的不作功的液體之流量。

3. 實際流量 q

指液壓馬達工作時實際輸入之流量。實際流量等於理論流量加上因洩漏損失的流量，與工作壓力無關，即：$q = q_t + \Delta q$。

4. 額定流量q_n

指液壓馬達在額定轉速和額定壓力下，其入口的輸入流量。

5-3-7-4　功率（P_M）

其理論的液壓功率應無損耗地全部轉換為液壓馬達的理論機械功率，故得：

$$pq_t = 2\pi n T_t$$

其中，p：液壓馬達進口的壓力。

q_t：液壓馬達進口的理論流量。

n：液壓馬達的實際輸出轉速。

T_t：液壓馬達的理論輸出轉矩。

1. 輸入功率P_{Mi}

液壓馬達的輸入功率等於其進口的壓力與進口的流量的乘積，得式如下：

$$P_{Mi} = pq$$

pq：液壓馬達進口的壓力及流量。

2. 輸出功率P_{Mo}

液壓馬達對外作功的機械功率，稱為液壓馬達的輸出功率，其計算式為：

$$P_{Mo} = 2\pi n T$$

其中，n：液壓馬達的輸出轉速。

T：液壓馬達的輸出轉矩。

5-3-8 液壓馬達的選用

選擇液壓馬達時，應先根據液壓系統的工作特點選擇液壓馬達的類型，再根據要求輸出的轉矩和轉速選擇合適的型號與規格，表5-1列出了常用液壓馬達的性能參數，提供選用參考：

表5-1　常用液壓馬達的性能參數

性能／類型	齒輪液壓馬達	葉片液壓馬達	軸向柱塞液壓馬達
壓力範圍MPa	10～14	6～20	10～32
轉矩N・m	17～330	10～70	17～5,655
轉速範圍rpm	150～3,000	120～3,000	300～3,000
機械效率	0.8～0.85	0.85～0.95	0.90～0.95

性能／類型	齒輪液壓馬達	葉片液壓馬達	軸向柱塞液壓馬達
噪音	大	小	較小
制動性能	差	較差	好
流量脈動%	11～27	1～3	2～14
最高自吸能力kPa	50	33.5	33.5
對油液汙染敏感性	不敏感	較敏感	較敏感

5-4 液壓馬達自習（方向控制）

5-4-1 馬力與力矩和速度的關係

可以利用下列程式很快地計算出來：

$$馬力（HP）= \frac{力矩（英尺\text{-}磅）\times 轉速（rpm）}{5,252}$$

其他不同單位的換算列如下供參：

1 公斤-公尺 = 7.2331 英尺-磅 = 86.791 英寸-磅。

1 公斤 = 2.2046 磅。1公尺 = 3.2808 英尺。

1 呎-磅 = 0.0115 公斤-公尺 = 12 英寸-磅。

1 磅 = 453.59 公克 = 0.45359 公斤。

讀者也可以利用表5-2查出馬力、英尺-磅與rpm的關係，但在使用上必須以最大轉速與最大轉矩作為計算數據，以免結果不足。

5-4-2 將電馬達更換為液壓馬達

有時會考慮將電馬達改裝為液壓馬達，以獲得更多的方便或效益，或反之；希望將液壓馬達更換為電馬達，但要注意下列重點：一個3相鼠籠式電馬達，在相同的馬力（功率單位）時，其啟動轉矩是液壓馬達的2倍；在意外的過負荷狀況，電馬達能短暫支持2～3倍的滿載轉矩，但液壓馬達則嚴格限制其滿載轉矩。因此不要以馬力

額定值作為互換的基礎，而應以速度與轉矩為基礎。施作前必須仔細地考慮整個循環是否有不正常的尖峰轉矩，在循環的任何部分，例如高負荷啟動；管路末端的螺牙操作引起的不正常高轉矩等。如欲將電馬達更換為液壓馬達時，最重要的是，找出電馬達可能發生的尖峰轉矩，即使是極短暫的時間。最好是使用一個環繞式安培表，在馬達循環的每一部分計量，以找出電馬達最大電流需要處，而後依據該馬達的轉矩／電流圖表，轉換其電流讀數為轉矩，此圖表應由電馬達製造廠商提供，選擇的液壓馬達應能滿足該轉矩，或以表5-2查出之電馬達滿負荷轉矩乘以1.5倍，作為液壓馬達的選擇。

表5-2　馬力、轉速與轉矩的關係

HP	100 rpm	500 rpm	750 rpm	1000 rpm	1200 rpm	1500 rpm	1800 rpm	2400 rpm	3000 rpm	3600 rpm
1/4	13.1	2.63	1.76	1.31	1.10	.876	.730	.548	.438	.365
1/3	17.5	3.50	2.34	1.75	1.46	1.17	.972	.730	.584	.486
1/2	26.3	5.25	3.50	2.63	2.20	1.75	1.46	1.10	.875	.730
3/4	39.4	7.87	5.24	3.94	3.28	2.62	2.18	1.64	1.31	1.09
1	52.5	10.5	7.00	5.25	4.38	3.50	2.92	2.19	1.75	1.47
1-1/2	78.8	15.7	10.5	7.88	6.56	5.26	4.38	3.28	2.63	2.19
2	105	21.0	14.0	10.5	8.76	7.00	5.84	4.38	3.50	2.92
3	158	31.5	21.0	15.8	13.1	10.5	8.76	6.57	5.25	4.38
5	263	52.5	35.0	26.3	22.0	17.5	14.6	11.0	8.75	7.30
7-1/2	394	78.8	53.2	39.4	32.8	26.6	21.8	16.4	13.1	10.9
10	525	105	70.0	52.5	43.8	35.0	29.2	21.9	17.5	14.6
15	788	158	105	78.8	65.6	52.6	43.8	32.8	26.5	21.9
20	1050	210	140	105	87.6	70.0	58.4	43.8	35.0	29.2
25	1313	263	175	131	110	87.7	73.0	54.8	43.8	36.5
30	1576	315	210	158	131	105	87.4	65.7	52.6	43.7
40	2100	420	280	210	175	140	116	87.5	70.0	58.2
50	2626	523	350	263	220	175	146	110	87.5	72.8
60	3131	630	420	315	262	210	175	131	105	87.4

5-4-3 液壓馬達的方向控制

　　液壓馬達的方向控制與液壓缸的方向控制有所不同，例如對單桿的液壓缸由於活塞的兩側面積不同，因而有壓力集成或容積加乘（Multiplication）的問題。但對液壓馬達則無此問題，因為油之進、出口互換時，油流的排量是相同的。但液壓馬達卻有停止的問題，當攜帶高動量負荷並快速運轉時，必須逐步減速，才不致因壓力尖峰而損及設備或其他元件。大部分的液壓馬達如將供油關閉並出口堵塞，其作用如同液壓泵。雖然液壓馬達可以簡單的閥系控制其速度，但使用人應牢記，在速度減小時，速度的調整就變得逐步困難，而且必須避免去涵蓋太寬廣的速度變動範圍，因為當速度控制或壓力降低的閥系動作時，油中就有熱量發生的問題。另外液壓馬達旋轉的方向應特別注意，供應商應加註記號於馬達上，大部分的液壓馬達設計為可正逆旋轉，但可以或不可以有外部洩放連接，或一洩放盒連接，如有此連接則代表必須接至油槽，而不可堵塞。有些雙向（可反轉）液壓馬達具有從封袋（Seal pocket）至兩主通口的內設單向閥，此種液壓馬達經常有二主通口之一連接至油槽，當兩主通口同時在高壓下時，任一線路都不可使用。

5-4-3-1 單轉向液壓馬達之控制

1. 基本控制

　　基本控制僅意指液壓馬達的啟動與停止，如圖5-21只有一個啟動—停止二通閥，它只應用於低動力或低速的液壓馬達，因為有兩個限制，之一是在馬達停止時對液壓泵並無解除負荷裝置；之二是在瀕臨停止時，馬達的動量可能在馬達進口產生氣穴，使在停止時乾運轉，或在下一

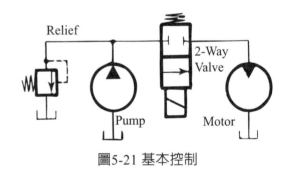

圖5-21 基本控制

循環時乾啟動，如同不穩定運轉一樣，將造成加速磨耗，僅有一些偶爾操作的小馬達無此限制。

2. 氣穴防止

如圖5-22，在前面的線路圖上增加一個單向閥3作為克服，當馬達停止時，油流可循環回至馬達進口，因而防止了氣穴。該單向閥應有低開裂壓力如3 psi或更低，一般的液壓單向閥開裂（開啟）壓力在5～20 psi，則甚至在進口極為真空的狀態下仍無法開裂。液壓馬

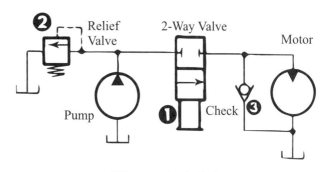

圖5-22　氣穴防止

達可瀕臨一自然的停止，並且在停止時因有止回閥3油鎖（Oil-locked）對抗反向漂移（Drift），但仍能漂移前進的方向，對「自由運轉」（Free-wheeling）以形容液壓馬達的狀況，並不是油鎖對抗自由運動，圖5-21的線路是僅指前進方向的自由運動。

3. 旁通控制

如圖5-23，這是對單向旋轉馬達啟動─停止控制的改良方式，利用一個旁通的或分流控制的方式，當二通閥1關閉如圖5-23所示，則油被引向馬達；當二通閥1通行時，則油一部分旁通至油槽，而無或很少

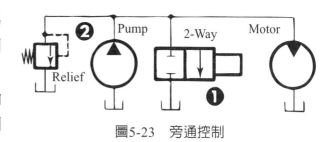

圖5-23　旁通控制

背壓，這樣停止了馬達；並使泵解除負荷。二通閥1必須屬於充足的容量，以減小壓力經由該閥而跌落，假若有任何殘餘的背壓存留於馬達進口，則可能造成爬行或漂移（Creep or drift），除非負荷的摩擦力足以防止該現象，若閥1是個節流閥（Throttling type），則也可以用作速度控制。

4. 改良旁通方式

如圖5-24，以一個四通控制閥1取代上一個位置的簡單二通道旁通閥，可以提供更好的控制，因它在泵停止時，完全隔離了馬達與泵，而且仍然

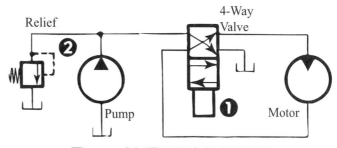

圖5-24　以4通閥改良的旁通控制

使泵解除負荷。如此防止了馬達任何來自泵線路背壓而造成的爬行傾向,馬達在停止時可雙向自由運動,等同於一個浮動狀況的液壓缸。

5.緩衝式停止

參圖5-25,任何期望數量的可調節減速,由裝置一個減速釋壓閥2而獲得,此閥在馬達運轉時對性能並無效果,但當閥1在中央位置時,可控制停止的率

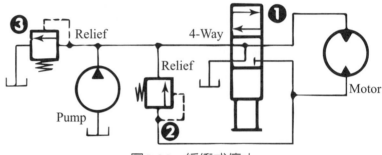

圖5-25　緩衝式停止

度,注意:三位置閥只有二個位置在使用,即中央位置及其一側的位置。因為該馬達是單向式,閥的另外一側位置必須用機械法堵塞,以防作業員意外地移動至無功能或不期望的線路狀況。要點是下列圖5-25、5-26、5-27、5-28都是可反轉馬達,但在操作上常只應用於單向,由於緩衝、制動及減速所發生的背壓,將吹動單向液壓馬達的軸密封,故其馬達都不設計為軸封需接受背壓。

6.自由運轉或制動

如圖5-26,中央開放四通道控制閥2的三個位置提供一選擇:(1)當閥軸在中央位置時,馬達自由運轉及泵解除負荷;(2)在工作位置時,閥軸平行於箭頭方向移動,馬達全速運轉;(3)緩衝停機發生於十字交叉箭頭在工作位置時,當停止時馬達的封塞對抗前進的漂移。如

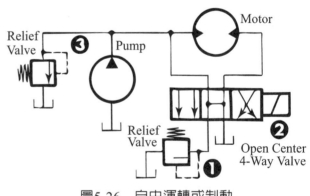

圖5-26　自由運轉或制動

果控制閥2是一個具良好節流特性的手動閥時,作業員可以在馬達瀕臨停止時,以手動控制制動量。制動閥1是一個釋壓閥,必須調整至等於或高於釋壓閥3的設定點。

7.可調整緩衝與鎖閉對抗爬行

如圖5-27,以四通二位閥2作為啟動/停止馬達控制。其中一通口堵塞,或更好

以一個三通道閥來使用。其緩衝或減速度的程度，在閥1的全範圍內，均是可調整的，並且不像圖5-26的範圍受限狀況，它可以低設定以提供少許量的緩衝力，然而並不限制在運轉狀況的馬達轉矩。當方向閥2如圖示位置，馬達全速運轉，在閥2移動時，它解除了泵的負荷，並封閉了來自馬達的自由排出，迫使其越過減速閥1。在停止時，馬達鎖封以抵抗減速閥1造成的前進爬行，可加一單向閥3以防止反向爬行，然而這些閥無法防止因馬達內部滑移（Slippage）所引起的爬行（Creep）。

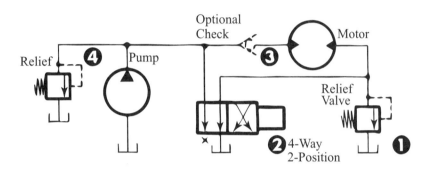

圖5-27　可調整緩衝與鎖閉對抗爬行

8．致平衡

如圖5-28，使用一個致平衡閥2（Counterbalance valve）在馬達出口提供背壓，必要時可防止來自馬達過量運轉供油力量的負荷，此外，當馬達拉回負荷時，該閥可廣開以移動所有的背壓。此不尋常的作用是因為使用閥2，一個標準的具有外部先導安排的旁通閥，該閥之先導信

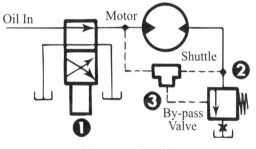

圖5-28　致平衡

號是經由一個梭閥3而獲得，來自馬達的進口或出口，視何者較高而定。當正常運轉於馬達拉動負荷時，來自於馬達入口先導閥2的先導信號廣開，且移走了來自馬達出口的所有背壓。在過量運轉期間馬達的進口壓力跌至零，旁通閥2於是被來自馬達出口的背壓先導打開，在此狀況下其遏止住的力量受其自我調整鈕的設定而決定。在非常輕的負荷期間，假若線路有一種傾向，在先導壓力的來源之間發生不規則追逐（Hunt）振動時，制止的方式是，使用一針閥或低壓的釋壓閥加裝於旁通閥2與油槽之間，如圖中的x記號之處。

　　減速線路應注意：以緩衝或減速閥做設計液壓馬達線路時，應考慮兩重點：1.液壓馬達工作時如需對應減速閥，則無論任何特殊線路，其作用就如同液壓泵會發生一油流，當此油流受減速閥約束時，壓力即在輸出通口建立起來，因而可能損及馬達內部。如對減速應用的馬達做選擇時，必須能夠同時在雙通口均能支持高壓，此表示如為齒輪、葉片或擺線（內齒輪）式馬達時，可選擇下列二法之一：具高壓力軸封；或具外部洩油，大部分活塞式泵具有盒式洩油，並可承受背壓。一單向液壓泵若當作液壓馬達使用時，在減速或緩衝的作用下，可能遭受軸封被吹起之損害。當減速時，動量之機械能被轉換為熱，大部分很快地被帶入油槽，但若減速頻繁或持久時，則整個液壓系統可能變得過熱，因此一熱換器或其他油冷卻的方式必須採用。

5-4-3-2 可反轉馬達的方向控制

　　可反轉馬達為主要的應用，即使旋轉僅為單向時，它可以支持減速的背壓，軸封不致被吹起。通常以具有中央或中性位置的四通道閥做控制，因為在全壓下施行保養時很少停滯。二位（無中央位）四通閥則少應用。很多線路設計為液壓缸可等同於使用為液壓馬達，但經常有來自馬達滑移造成的減速或漂移的額外問題。可反轉應用如為齒輪、葉片或擺線式，應常使用馬達具有外部洩油或耐高壓軸封，而大部分活塞式馬達可以反轉且具外部盒式洩油。

1. 開放中央閥

　　如圖5-29，以三位四通道閥作方向控制，提供前進、反轉及停止。開放中央中性閥可使馬達在瀕臨逐漸停止負荷時，調度負荷中的動量能，並於液壓系統中置一最小的應變。然而開放中央閥無法在停止時鎖住馬達以對抗漂移或爬行。對任何反轉控制存

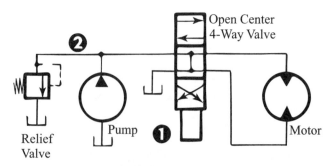

圖5-29　開放中央四通三位控制閥

有一威脅性的危險，作業員可能意外地或不注意地從全前進移動到全反轉，參上圖假若作業員突然地移動至全反轉，釋壓閥2將動作如同緩衝，瞬間地旁通至油槽。在馬

達減速時所導致使泵產生與之合併的油流,如同緩衝的效果,其將有充足的流量帶動約二倍的泵流。緩衝可能防止馬達的破裂,在某些例子嚴重的減速會損及負荷,某些設備內建制有安全結構,該結構需要求閥柄先置於中性位置,使結構能被釋放以允許轉至反向。

2. 安全緩衝

　　如圖5-30,緩衝釋壓閥1和2應包含於每個使用方向閥的液壓馬達線路,並使用方向閥於中性位時輸出通口堵塞,如封閉中央式閥,特別是馬達操作於高速或為高動量負荷的狀況。在減速時緩衝閥提供由馬達泵出油流的釋壓通路,在下列的某些線路圖緩衝閥沒有示出,當另一個想法在圖示時,為簡化圖面而通常予以忽略,設計者在需要時應予加入。為了不干擾最大轉矩,若轉矩被限制於單方向時,緩衝閥1及2必須設定於較主釋壓閥4相等或稍高一些,二閥之一必須調整較另一閥為低,若閥1保護稍低的馬達通口是出口時,閥2則保護另一個方向。

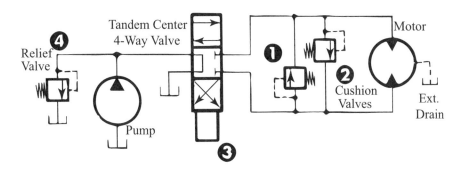

圖5-30　安全緩衝封閉式馬達釋壓通路

3. 最佳減速

　　如圖5-31,這是最多方面的可調整減速線路,並可作為持續性的應用,例如一部汽車具有液壓驅動的剎車在下坡時的運轉狀況。控制閥1是一個三位置串聯中央四通道閥,它在中央位置時解除泵的負荷。減速釋壓閥2及

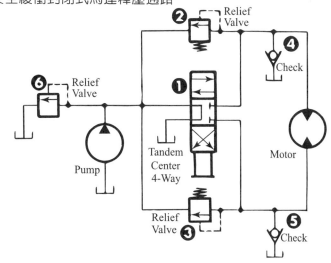

圖5-31　最通用的減速線路

3可個別的調整,以達正反方向的期望減速率度,然而馬達運轉這些閥並無轉矩的限制效果,當閥1在中央位置時才具有功能,它們是常規的釋壓閥,不能使油流導入反向。單向閥4及5可防止減速期間馬達入口的氣穴,其應具有低的開啟壓力,不高於3 psi。在此線路,可將釋壓閥2及3調整至低設定,使減速率設置於很漸進的方式,但如果馬達在運轉中作業員突然移動至滿速反轉,減速將會極快,釋壓閥6將使來自泵及馬達的排放流結合作用如同一泵,因此,閥6的流量能力必須為一般選擇泵的兩倍需求量。

5-4-3-3 以一泵操作幾個液壓馬達

1. 平行馬達

如圖5-32,由一個泵帶動幾個馬達平行操作,這樣做可以達到複合的輸出轉矩,例如去驅動一部汽車的幾個輪子,或去驅動一輸送機的多重鏈輪,或任何類

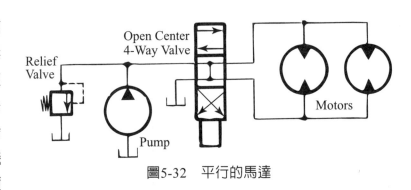

圖5-32　平行的馬達

似應用。當一部汽車驅動多於一輪時,液壓系統作動如同一個差動,依照各馬達的需要而分配流量。為了緊急牽引例如一輪胎陷於泥坑中,簡單的二通閥可用來臨時的堵塞留在原地自轉輪胎的馬達油流,以獲得來自輪胎或其他乾地輪胎的牽引力。為了操作兩個獨立的馬達,不能以任何方式機械連結,同樣的問題也會發生於多重液壓缸不能連結在一起。兩個馬達不能平均分配油量,除非其負荷是全相等的,但很少有這種狀況。在一汽車驅動的應用,兩個輪胎馬達經由其對道路的共用牽引而機械連結。結合兩平行馬達的最好方法,就是將它們裝配在一中橋軸(Jackshaft)的相對末端,以枕塊(Pillow blocks)支撐,然後經由鏈條或皮帶驅動結合中轎軸至負荷。記住,兩個馬達並行運轉於相同的液壓及每個均能發展其滿轉矩時,系統的輸出轉矩為個別轉矩的和,由於它們要分配油流,個別馬達將僅操作為同樣油供應的單馬達的一半速度。

2. 油壓馬達串聯

參圖5-33，有時將兩個或多個液壓馬達串聯，可獲取重要的效益，因為操作於相同之流量，故馬達轉速接近相等，即使馬達型號完全相同，也可能稍有排量之不同而使速度小有差異，另有一些原因則是由於負荷之不同或馬達內部間隙之差異，而造成內部滑移有些不同，以致速度小有不同。馬達分配其最大的泵壓力，二者間之比例在於個別的負荷程度，若負荷相等，則分取壓力各自大約一半，且各自能產生的轉矩也正比於各自進、出口的供應壓力差異，因此，所有馬達產生的總轉矩不會超過相同排量單獨馬達操作於滿泵壓力下所產生的轉矩，這種限制被速度效益所抵銷，各自馬達按其決定好的泵流而運轉於其最高速度，操作於相同的轉矩時，兩個馬達的牽引優於單個馬達，馬達串聯的良好應用包括：

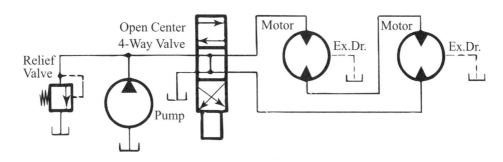

圖5-33　兩液壓馬達串聯

(1) 當所有的馬達都必須操作於相雷同的速度，但並無方法機械化的連結在一起。

(2) 當所有馬達對於一個泵可以配合得良好，例如當馬達要求在稍低的壓力下有一相對高的油量，它們可以對低油量高壓力泵予以配合。

(3) 為了轉矩／速度的轉換，當方向閥可被使用於連結幾個馬達為串聯或並聯時，以達速度的變動。僅有這些馬達可被用於串聯連結，即它們可在同一時間被充壓於兩個通口，或它們具有高壓軸封，或有一外部洩放的連接。溫習一下，串聯馬達傾向於在相等速度下運轉，其聯合轉矩受限於在滿壓力下由單馬達所發生的轉矩，在所有馬達串聯時全滿速度得以實現。

3. 不停滯串聯線路

如圖5-33，兩個液壓馬達以串聯連結，若其中任一馬達停滯，則給二者之供油將被切斷，在一些應用中，上述甚為需求，但也有一些應用不希望如此。如圖5-34，一

釋壓閥平行置於各液壓馬達，以確定不
會從總泵壓力獲取較指定的分配更多，
如果任一馬達停滯或其負荷增加至釋壓
閥設定值時，則泵油將經由旁通釋壓閥
而繼續流經另一馬達。通常二釋壓閥設
定值之和等於主釋壓閥的設定值，或者
主釋壓閥予以取消，使兩馬達釋壓閥之

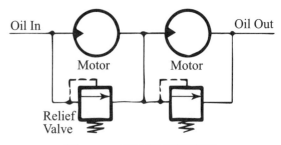

圖5-34　不停滯串聯線路

聯合設定等於泵壓力之需求值。在可反轉馬達之應用，另一對並聯釋壓閥可以被置於
圍繞著兩馬達以面對另一方式，去限制壓力並防止在另一方向停滯。

5-4-3-4 以液壓馬達驅動車輛換向

　　1. 部分的車輛初步換向可利用液壓馬達驅動至少兩個車輪，車輪液壓馬達可以
並聯排列如線路圖5-37；也可串聯排列如線路圖5-38。以一個換向閥去改變二車輪
的油量比例，此法的換向僅對某類車輛有效，其能符合幾何上的要求解釋如圖5-35
（大D：L比例）及圖5-36（小D：L比例）。除非兩驅動車輪間距D較前後輪間距L大
很多，車輛在嘗試換向時將容易停滯；D：L之比例至少2：1為理論最小值，而實際
上5：1的最小值是被推薦的。該比值很重要，因此才足以獲得槓桿作用來制動（剎
車）惰輪的側身，以改變行車的方向。D：L之比例愈高，則換向才愈有效果及反
應。不用說，此換向方法僅用於行車方向少量的修正時，而對於急轉彎不應該也無能
力被使用。

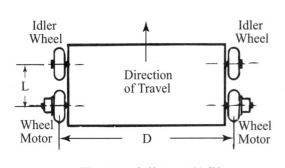

圖5-35　大的D：L比例

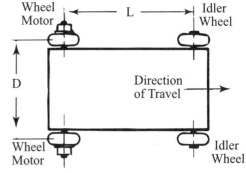

圖5-36　小的D：L比例

如圖5-36，D對L的輪距比太小，無輪如何，以計量車輪馬達油量差比例的方式，沒有換向控制可被獲得，槓桿作用不足以制動惰輪之側身。當D：L比例小時，安裝惰輪於旋轉位置，可能獲得某一程度的換向控制。

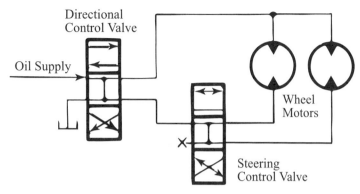

圖5-37　以平行馬達換向

2. 如圖5-37，車輪馬達是並聯時，三位四通閥可用來換向，平常此閥保持在中央，但可以略向左或右移動，以改變進入兩馬達的油量比例。

3. 如圖5-38，車輪馬達是串聯安裝時，換向閥是一個三位封閉中央四通閥，平常此閥維持在中央位置，但可以略向左或右移動，使油流旁通圍繞二馬達之一而減速。二馬達之串聯連結並不保證它們可以精密的同速旋轉，即使如此，它們可以良好地配合排量，如其中之

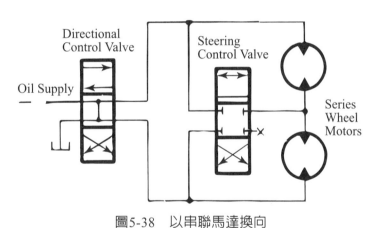

圖5-38　以串聯馬達換向

一負荷較另一為高時，它將具有較大的內部滑移而運轉較慢，因此，由換向閥仍不時地必須做出少量修正。活塞式馬達幾乎是最高壓的，它傾向於運轉較下游的馬達稍慢，雖然如此，馬達的排量及負荷是相同的，這是因為滑移並不在進口及出口之間，而是由進口至殼壓（接近大氣壓），因此之故，較高進口壓力的馬達傾向於具有較大的滑移，當方向閥反轉時，相反的，馬達就有較高的進口壓力及較大的滑動。

4. 一車輛急轉彎可以一液壓馬達驅動至少兩個車輪，每個馬達應有其自己的油液供應及自己的方向控制閥，它們可以由分別的泵或由油液分流閥供應，如圖所示。使用此式操縱車輪驅動之車輛應有一大的D：L比例，如圖5-35，最實際的換向是以履帶驅動的車輛，因為其對地面具有甚大的牽引面積，故其D：L比可以很小。

圖5-39之動作如下：泵油經流量分配閥1平均分至兩換向馬達6及7，如爲正常前進行程，三位四通閥4及5二者被作動於同一方向；如爲反轉，二者均被作動於相反方向；對略微改變行程方向，2及3中一閥或另一閥可被稍微節流；而對急轉彎，6及7中一馬達可被操作向前，而另一馬達則反轉。

5-4-3-5 液壓馬達程序化

操作兩個或多個液壓馬達，彼此有程序化的關係，很多有趣的線路得以工作，如一個馬達操作直到其負荷壓力升到一期望之水平時，然後第二個馬達開始操作，此程序化動作的對應者可以是液壓缸，也可以是液壓馬達，個別彼此之間程序化。液壓馬達的程序化能以相

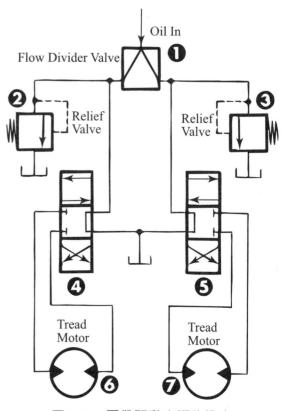

圖5-39　履帶驅動車輛的換向

同的旁通或程序閥完成，在線路圖上程序閥的圖形符號與釋壓閥相似，但其彈簧室是向外洩放至油槽，以取代排至閥出口；程序閥也常由內建單向閥構成，而使用於反轉方向的自由油流。

1. 夾緊工作

如圖5-40，其程序爲當三位四通控制閥4移動時，夾緊液壓壓缸6首先伸出，在液壓缸對抗夾緊工作而停滯時，壓力建立於活塞盲側，並且打開了程序閥1，因而啟動了液壓馬達5。旋轉工作完成時，作業員反轉控制閥4，液壓缸縮回。此特殊線路

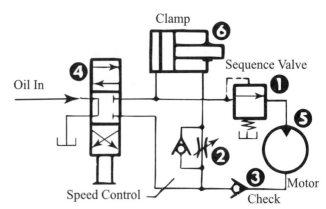

圖5-40　液壓馬達及液壓缸夾緊線路

中工作馬達5並不反轉，它僅做其工作於單向。液壓缸的縮回速度隨同流量控制閥2減慢，閥2連結了一個入口計量裝置，以防程序提早動作。要記住，如果一個流量控制要裝設於本線路以降低液壓缸的前進速度，它應連結計量於油進入液壓缸處，而一個在盲側的出口節流控制可能干擾程序閥的正常動作。

2. 旋轉夾緊

　　與上一線路不同的是以馬達施作夾緊，而液壓缸做工作，程序化則執行於雙方向。如圖5-41，程序閥1及2提供下列動作命令：夾緊馬達4啟動及旋轉並抵抗工作而停滯，液壓缸5前進而完成其工作，然後當方向閥3反轉時，液壓缸5縮回並停滯，之後，夾緊馬達4旋轉以解放夾緊之工作。旋轉夾緊可以是液壓馬達，或是氣動馬達，或是旋轉作動器。典型的應用是旋轉夾緊一卡盤（Chuck），或一特別設計的螺牙式夾具。在旋轉夾緊抵抗工作停滯後，壓力上升並且通過程序閥1，造成液壓缸5向前進。思考程序閥操作的理論，顯示出由於程序閥1、2是外部洩放的，故滿液壓力作用於液壓缸，上述線路隨著液壓馬達與液壓缸不同的組合，而有許多可能的變化。

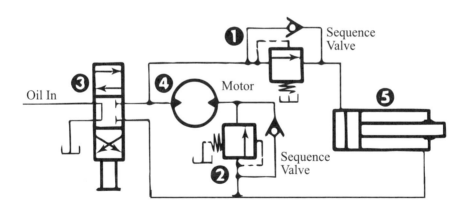

圖5-41　液壓馬達夾緊及液壓缸工作

3. 兩馬達程序化

　　此線路圖5-42，係兩馬達既作夾緊工序亦執行機械加工的場合，馬達1是夾緊及可反轉夾緊和解除夾緊，馬達2則施工，其執行功能例如磨或銑加工，但並不反轉，當工作完成時就只停止。啟動循環，方向閥4移動使平行箭頭在工作位置，馬達1（夾緊）迅速啟動並運轉直到它停滯，之後油液經過程序閥3以運轉工作馬達2，

當加工完成時，作業員反轉方向閥
4，連接油壓至馬達1，使其旋轉以解
除夾緊。馬達2在解除夾緊期間不工
作，並隨單向閥5而隔離。假若工作
馬達2如同夾緊馬達1必須反轉時，則
圖5-40及圖5-42可以適合。

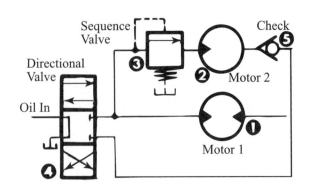

圖5-42　兩馬達程序化

4. 前進及平行反轉程序化

　　如圖5-43，馬達1首先運轉，在它
停滯後油流穿過程序閥3並啟動馬達
2，如同另一程序線路，使用外部稱
呼的程序閥，優先被提出作用於停滯
的馬達1，維持程序閥的設定壓力，
此時間馬達2則在運轉中。如果兩馬
達都停滯，程序閥3以滿線路壓力作
用於平行的二馬達，它們可能或不可
能以同速運轉，依據其排量及個別的
負荷而決定。電動或氣動的計時器可

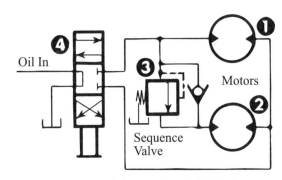

圖5-43　前進及平行反轉程序化

用來延遲工作馬達的動作，直到夾緊馬達有足夠時間去確定工作件的夾緊。

5-5 液壓輔助元件

　　輔助元件在液壓系統中是不可或缺的組成部分，它們在液壓系統中數量繁多、分
布廣泛，且影響也大，如有故障或處理不當，將影響整個液壓系統的工作性能，甚至
使系統無法正常工作，下面介紹常用的液壓輔助元件。

5-5-1 油槽

　　油槽主用於儲存液壓油，還可散發油熱量、排除油液中的空氣、沉澱油液中的雜

質。通常有開放式與封閉式兩種，如圖5-44為開放式構造簡圖，右側為其圖形符號。通常由鋼板焊成，為便於清洗，上蓋板5一般是可拆卸的。下、上隔板7及9將回油及吸油區分開，使其增加油液循環流程，以利熱分散及雜質沉澱。下隔板的高度應為槽內最低液面高的3/4，其底部應開出若干孔道，以便油槽之清洗。吸油管1口切成45°斜面，面向油槽側壁，以增加吸油口面積、加大油液在槽中的流程。管口距油槽底部應大於管徑之二倍，以防吸入槽底之汙物；但也不宜過大，以免吸入液面之泡沫，或生成漩渦而吸入空氣。

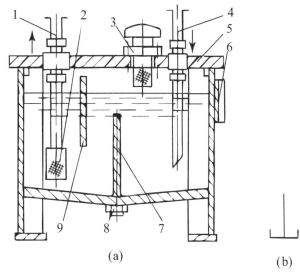

1-吸油管；2-濾器；3-空氣濾清器；4-回油管；5-上蓋板；6-油溫油位指示器；7-下隔板；8-放油閥；9-上隔板；右側圖形符號

圖5-44 開式油槽結構簡圖

回油管4應進入液面下，以免回油衝擊液面產生氣泡；但也不宜太低，其管口也需切為45°斜面，面向油槽側壁，以加大流程、提高散熱率、充分沉澱汙物。濾器2通常為粗過濾器，以減少吸油阻力。油槽輸油口應裝設空氣濾清器3，以防空氣中的汙物進入油槽。油位指示器6設於油槽側壁板上，以便觀察槽內存油量。油槽內外塗漆應具導熱及防蝕耐油性能。吸油管和回油管之間距需儘量遠些，並以多塊隔板隔開，形成吸油和回油分區。槽底設為錐形傾斜，以利放油及清洗。油槽的有效容積在低壓系統取液壓泵每分鐘排油量的2～4倍；中壓系統取5～7倍；高壓系統取6～12倍，若油槽容積過小，易使油溫升高。

5-5-2 濾油器

有下列數種：

5-5-2-1 網式濾油器

如圖5-45，由上蓋1、骨架2、濾網3、下蓋4為主組成，過濾精度與金屬絲網層

數與網孔大小有關，它是金屬絲（常用黃銅絲）編織的方形網或特種網，標準產品的過濾網精度有80、100、180 μm等三種，壓力損失小於0.01MPa，最大流量為630 L/min。它屬於粗濾油器，以防油壓的損失，通常安裝於液壓泵的吸油路上，用以保護液壓泵，其結構簡單、通流能力大、清洗方便，但過濾精度低。

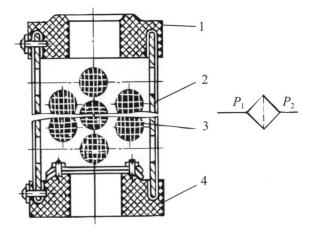

圖5-45　網式濾油器及圖形符號

5-5-2-2 線隙式濾油器

如圖5-46，由帶有孔眼的筒形芯架1、繞在芯架外部的金屬線圈2（銅絲或鋁絲作成）、殼體3、蓋端4組成，依賴金屬線間微小間隙擋住油液中的雜質通過，其工作油液從進油口5進入濾油器，經線隙過濾器後進入芯架內部，再由出油口6流出，其精度有30 μm、50 μm、80 μm、100 μm等級，額定流量的壓力損失為0.02～0.15 MPa。其構造簡單、通流能力大、過濾精度高，但濾芯材強度較差、不易清洗，一般用於中、低壓管，安裝於回油路或液壓泵的吸油口處。

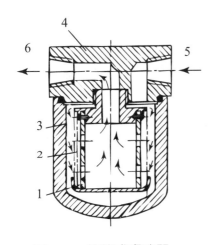

圖5-46　線隙式濾油器

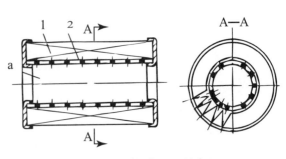

1-紙芯；2-芯架

圖5-47　紙芯式濾油器

5-5-2-3 紙芯式濾油器

如圖5-47，結構與線隙式接近相同，外有殼體，但濾芯是以平紋或波紋的酚醛樹脂或木漿微孔濾紙製成的紙芯，為了增大過濾面積，紙芯常製成摺疊形，其內部有帶孔的鍍錫鐵皮做成的芯架用以增加強度，及防遭液壓擠裂，壓力損失為0.01～0.04 MPa，過濾精度高，有5 μm、10 μm、20 μm等規格，但通油能力小、易堵塞、無法清理、更換頻率高，用於需精過濾的場合。

5-5-2-4 燒結式濾油器

如圖5-48，組成包括：頂蓋1、外殼2、濾芯3、進口4、出口5。此式的濾芯由金屬（如青銅）粉末燒結而成，利用金屬顆粒間的微孔來過濾雜質，改變金屬粉末顆粒大小，就可製成不同精度的濾芯，其精度達10～100 μm的範圍，壓力損失為0.03～0.2 MPa。其濾芯可燒結成杯型、管型、板型、碟型等不同型式，結構簡單、強度大、性能穩定、抗腐性強、精度高，適於精過濾，缺點是金屬顆粒易脫落、堵塞後不易清洗。

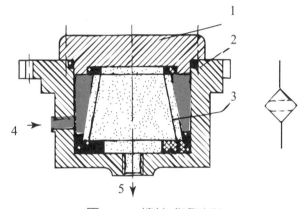

圖5-48　燒結式濾油器

5-5-2-5 磁性濾油器

利用磁化原理過濾油液中的鐵屑、鑄鐵粉末等鐵磁性物質，其結構中心為一圓筒式永久磁鐵3，外部則為一非磁性外罩2，罩外繞著4支鐵環1，每支鐵環間保持一定的間隙，

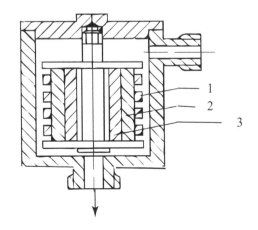

1-鐵環；2-罩子；3-永久磁鐵

圖5-49　磁性濾油器

當油液中的磁化雜質經過間隙時，被吸附於鐵環1上，而達成濾清作用。為了方便清洗，鐵環分為兩半，在間隙堵塞時，可將兩支半鐵環取下清洗，然後裝回反覆使用，磁性濾芯可與其他過濾材料如濾紙、銅網組合濾芯，以便同時進行兩種方式的過濾，如挖掘機的液壓系統中即有此複合式濾油器。

5-5-2-6 濾油器安裝位置

安裝位置有許多情況，舉例如下：

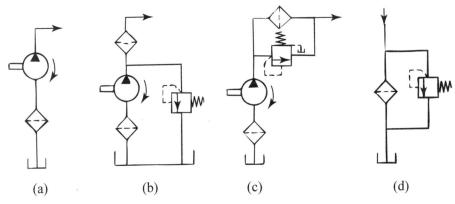

(a)　　　(b)　　　(c)　　　(d)

圖5-50　濾油器的幾種安裝位置

1. 液壓泵的吸油管路上一般安裝網式或線隙式粗濾網，濾取較大顆粒的雜質以保護泵，要求濾器有很大的通流能力，大於液壓泵流量的兩倍，及較小的壓力損失，如圖5-50(a)所示，否則若吸不上油，嚴重時會發生液壓衝擊或氣穴現象。

2. 於壓力管路上，其安裝常將濾油器裝設於對雜質敏感的調速閥、伺服閥等元件之前，如圖5-50(b)所示。因濾油器在高壓下工作，要求濾芯有足夠強度，為防濾油器堵塞，常並聯一旁通閥（溢流閥）或堵塞指示器，如圖5-50(c)所示。

3. 裝設於回油路線的濾油器，使油液返回油槽之前得以過濾，可控制整個油壓系統的清潔度，因低壓迴路，可採用強度較剛度小者，如圖5-50(d)所示。此外還有獨立系統外的過濾。

5-5-2-7 堵塞發信裝置

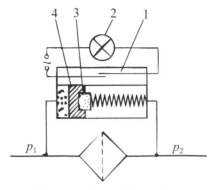

多數精濾油器上都設有堵塞發信裝置，如圖5-51，當濾器堵塞嚴重時，油流經濾器產生的壓力差 ($p_1 - p_2$) 達到設定值時，活塞4和永久磁鐵3即向右移動，將乾簧管1的觸頭吸合，就接通電路，指示燈2亮起，發出信號，提醒作業人員更換濾芯，或執行自動停機保護。

圖5-51　堵塞發信示意圖

5-5-3 空氣濾清器

外形及圖形符號示如圖5-52，因油槽液面與大氣相通，為避免遭大氣汙染，常在油槽蓋板上裝設空氣濾清器，既可過濾空氣中的雜質，又可當作注油孔使用，常見型式如板式、管式、袋式、箱式、盒式等。

圖5-52　空氣濾清器結構與符號

5-5-4 熱交換器

為提高液壓系統的穩定性，應使其工作於適當的溫度下，一般保持於30～50℃的範圍內，最高與最低也不逾越最低15℃及最高65℃，為保證其穩定地工作，液壓系統應裝設加熱器或冷卻器等熱交換器，此與工業用無差異，圖形符號示如圖5-53（上加熱器、下冷卻器）。

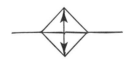

圖5-53 熱換器圖形符號

5-5-5 密封環

為保持液壓管線、元件、系統之密封，種類舉例如下：

5-5-5-1 O形環

　　一般用耐油橡膠製成，剖截面呈圓形，如圖5-54(a)所示，具良好密封性能，內外側和端面都能起密封作用，結構緊湊、製造容易、拆裝方便、成本低、高低壓均適用，廣泛應用於液壓系統。單圈即可對兩個方向起密封作用、動摩擦阻力小、油種、壓力和溫度的適應性好，適用於工作壓力10 MPa以下的元件，如壓力過高時，可設置多道密封環，並應在密封槽內設置封擋圈，以防O形環從密封槽的間隙中擠出。

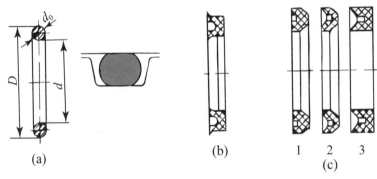

圖5-54　密封環舉例

5-5-5-2 Y形環

　　一般用聚氨酯橡膠和丁烯橡膠製成，如圖5-54(b)所示，截面呈Y形，安裝時Y形口對著壓力高的一邊。油壓低時，靠預壓縮密封；油壓高時，受油壓作用兩唇張開，貼緊密封面，能主動補償磨損量，油壓愈高，Y形口與密封件貼得愈緊。雙向受力時要成對使用。該式密封圈摩擦力較小、運動平穩，適用於高速、高壓的動密封。

5-5-5-3 V形環

　　如上圖5-54(c)所示，由多層塗膠織物壓製而成，以三種不同截面形狀的壓環3、密封環2和支撐環1組成。壓力小於10 MPa（102 kg/cm²）時，使用一套三件已足夠保

證密封；壓力更高時，可以增加中間密封環的個數。安裝時，應使用密封環環唇口面對壓力油作用方向。V形密封環的接觸面較長、密封性能好、可耐高壓達50 MPa、壽命長，但摩擦力較高。

5-5-6 蓄能器（蓄壓器）

蓄能器是液壓系統中儲存和釋放液壓能的裝置，而且也是液壓系統中吸收壓力脈動、減少液壓衝擊、節省能源、減少投資的有利裝備。

5-5-6-1 類型與原理

主要有重錘式、彈簧式和充氣式三種，常用的是充氣式。利用壓縮氣體儲存能量，按其結構之不同，可分為直接接觸式和隔離式，隔離式又分為活塞式、氣囊式和隔膜式三種。圖5-55為氣囊式蓄能器，主由氣門1、殼體2、氣囊3、提升閥4組成。殼體2中裝有一個個耐油橡膠氣囊3，氣囊口中裝有氣門1，氣門僅在氣囊充氣時才打開，否則關閉。殼體下端孔口處裝有一個受彈簧力作用的提升閥4，在工作狀態時，當液壓油壓力大於高壓氣體壓力時，壓力油液頂開提升閥4，從下端孔口進入蓄能器，氣囊3收縮，儲存液壓能；當液壓油壓力小於高壓氣體壓力時，高壓氣體擠壓氣囊3，使氣囊膨脹，擠壓液壓油從下端孔口流出，釋放液壓能；

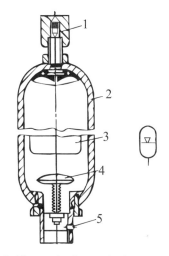

1-氣門；2-殼體；3-氣囊；4-提升閥；5-螺塞（右為圖形符號）

圖5-55　氣囊式蓄能器

當液壓油排空時，提升閥4可以防止氣囊3被擠出而撕裂損壞。這種蓄能器的氣體和液體完全隔開，重量輕、慣性小、反應靈敏、容易維護，是當前應用最廣泛的蓄能器，但缺點是氣囊製造難、使用壽命短。

5-5-6-2 功能

1. 用於輔助油源

在液壓系統的工作循環中，不同階段所需要的流量需求變化很大，常採用一個蓄能器和一個小流量泵組成油源。當系統不需要較大的流量時，蓄能器儲存多餘的高壓油液；當系統需要較大流量時，蓄能器釋放所儲存的液壓油，蓄能器釋放的液壓油和液壓泵提供的壓力油共同向系統供油，使流量足夠。所以系統可以選用較小的液壓泵和功率較小的電馬達，以節約能耗和降低溫升。當系統突然停電或原動機發生故障時，蓄能器可作為應急能源，為液壓缸提供液壓油。

2. 用於系統保壓、補油

在有些液壓系統中，液壓缸到達某一位置時，需要長時間保持一定的液壓力，這時液壓泵需要卸荷（停止供油），可利用蓄能器釋放壓力油來補償系統的洩漏、維持系統壓力、節約能耗、降低溫升。

3. 吸收壓力衝擊、脈動

當閥門突然啟、閉時，可能在系統中產生液壓衝擊，可在產生液壓衝擊的附近安裝蓄能器，以吸收壓力衝擊及脈動。如在液壓泵的輸出口並接一個蓄能器，可使泵的流量脈動及因其而引起的壓力脈動減弱。

5-5-6-3 安裝及使用

1. 在安裝蓄能器時，應將充氣閥朝上、油口朝下垂直安裝，並便於檢修。

2. 裝在管路上的蓄壓器應以支撐架固定。

3. 蓄能器是壓力容器，應遵照壓力容器的法規與管理執行，搬運和裝拆時，應先排除內部氣體。

4. 蓄能器與管路系統之間應安裝截止閥，以便系統長期停止工作時，將蓄能器與主油路切斷。

5. 蓄能器與液壓泵之間應設單向閥（止回閥），以防液壓泵停轉或卸荷時，蓄能器內的壓力油倒流。

6. 用於吸收液壓衝擊和脈動壓力的蓄能器，應儘量安裝於振源附近。

5-5-7 油管

5-5-7-1 鋼管

　　鋼管能承受高壓，不易使液壓油氧化，價格較低廉；但彎曲和裝配較困難，多用於裝配部位限制少、裝配位置定型以及大功率的液壓傳動裝置。當壓力小於2.5MPa時，可用焊接鋼管；當壓力大於2.5 MPa時，常用10號或15號冷拔無縫鋼管，對需要防鏽、防腐蝕的應用，可選用不鏽鋼管，超高壓系統可選用合金鋼管。

5-5-7-2 銅管

　　純銅管易彎曲成形，可承受壓力在6.5～10 MPa，常用於小型設備及內部裝配受限制的場合。缺點是成本較高、易使液壓油氧化、抗振能力較弱。黃銅管的硬度高，可承受較高的壓力達25 MPa，但彎曲成形較純銅管困難。

5-5-7-3 橡膠軟管

　　常用於連接兩個相對運動部件，分高壓和低壓兩種。高壓軟管由鋼絲編織物和耐油橡膠製成，如鋼絲編織物的層次愈多，可承受的壓力愈高，最高承受壓力可達42 MPa。低壓軟管由帆布（或棉線編織物）和耐油橡膠（或聚氯乙烯）製成，其承受壓力一般在10 MPa以下。橡膠軟管安裝方便、不怕振動、能吸收部分液壓衝擊，多用於運動元件和低壓油道。

5-5-7-4 管路安裝要求

　　1. 管路儘量短、平、直、少彎、大彎，為減少壓力損失，硬管裝配時的彎曲半徑要足夠大。管路懸伸長時，要增設管夾以提高強度。

　　2. 管路儘量避免交叉，平行管間距要大於10 mm，以防接觸振動，保證充分散熱，便於安裝管接頭。

　　3. 軟管直線安裝時，應留30%左右的餘量，以適應液壓油溫度變化、受拉和振動的需要。彎曲半徑應大於軟管外徑的9倍，彎曲處到管接頭的距離，應大於軟管外徑的6倍。

參考資料 4

2018臺北國際流體傳動與智能控制展，將於8/1～8/4在臺北南港展覽館一館隆重舉行。主辦單位為臺灣區流體傳動工業同業公會（Tel：02-2697-2677）及展昭國際企業股份有限公司（Tel：02-2659-6000）。徵展項目包括液壓傳動、氣壓傳動、空氣壓縮與真空設備、密封件、接頭管件及自動化傳動控制系統。

截至2017年底，參展單位及產品如下：

1. 長拓流體科技股份有限公司（臺中市東區，Tel 04-2212-6177），主要產品：三點組合、電磁閥、手動閥、氣壓缸、轉角缸、滑台缸、導桿缸及附屬件。

2. 合正機械股份有限公司（彰化縣田中鎮，Tel 04-876-1811），主要產品：空壓機、氣動工具、空氣乾燥設備、油壓及空壓設備、馬達組立、發電機、水壓機。

3. 金器工業股份有限公司（臺北市大同區，Tel 02-2591-3001），主要產品：空／油壓機、三點組合、PU管接頭、空壓配件。

4. 臺灣氣立股份有限公司（新北市泰山區，Tel 02-2904-1235），主要產品：空氣調理設備、空壓閥類、氣壓缸、無桿氣壓缸、迴轉氣壓缸、油壓缸、機械夾爪、真空發生器及吸盤。

5. 福隆硬鉻工業股份有限公司（桃園市楊梅區，Tel 03-485-2858），主要產品：各式鍍鉻鋼棒、高周波鍍鉻鋼棒、導桿、活塞桿、空心桿。

6. 久岡油壓工業股份有限公司（臺中市，Tel 04-2271-3866），主要產品：迴路系統設計、油壓元件製造、OEM、ODM配合生管製造。

7. 承輪油壓機械股份有限公司（臺中市大里區，Tel 04-2276-0957），主要產品：壓力型控制閥、方向型控制閥、流量型控制閥、疊加型控制閥、插裝型控制閥。

8. 武漢機械股份有限公司（彰化縣花壇鄉，Tel 04-786-5118），主要產品：交、直流油壓動力單元、插式閥（插裝閥）、電磁閥、油路板（Manifolds）。

9. 益陽工業股份有限公司（彰化縣伸港鄉，Tel 04-799-0077），主要產品：油壓用鋼管、軸芯鍍鉻鋼棒、高周波鍍硬鉻軸承鋼、氣壓缸鋁合金管、油壓配管。

10. 隆運空油壓股份有限公司（高雄市大寮區，Tel 07-788-6680），主要產品：空壓缸、導桿缸、迴轉缸、增壓器。

第 6 章

液壓控制元件

　　液壓控制元件的功能是控制液壓系統的流向，或調節其壓力、流量。液壓控制元件至少包括了方向控制閥、壓力控制閥和流量控制閥三大類，隨著液壓科技的不斷發展，如各式傳感閥、插裝閥、比例閥和疊加閥等新型液壓元件也繼續推陳出新，運用於現代的液壓系統中。

6-1 方向控制閥

　　方向控制閥用來控制液壓系統或某一分支油路中油液的流動方向，改變系統中各油路之間液流通、斷的關係，以滿足液壓缸、液壓馬達等執行元件不同的動作要求（如液壓缸的前進、倒退、停止，液壓馬達的正轉、反轉、停止），它是直接影響液壓系統工作過程和工作特性的關鍵元件。方向控制閥可分為單向閥和換向閥。

6-1-1 單向閥

6-1-1-1 普通單向閥

1. 基本功能

　　單向閥又稱止回閥或逆止閥，只允許液流朝一個方向運行，反向流則被截止。對單向閥的主要性能要求是：正向液流通過時壓力損失要小，反向截止時密封性要好；動作靈敏、工作時撞擊和噪音小。

2. 結構及原理

　　圖6-1為結構示意及圖形符號，直通式單向閥的進油口和出油口在同一軸線上，如圖6-1(a)為鋼球式直通單向閥；6-1(b)則為錐閥式直通單向閥。6-1(c)為圖形符號。液流從進口P_1流入，克服彈簧力而將閥芯頂開，再從出口P_2流出，如液流反向流入，因閥芯被緊壓於閥座密封面上，故液流被截止。單向閥中的彈簧主要用來克服摩擦力、閥芯的重力和慣性力，使閥芯在反向流動時能迅速緊閉，故此彈簧較軟。單向閥的開啟壓力一般在0.03～0.05MPa，可依需要而更換彈簧。如將軟彈簧更換為合適的硬彈簧，就成為背壓閥，這種閥通常安裝在液壓系統的回油路上，可產生0.3～0.5MPa的背壓。

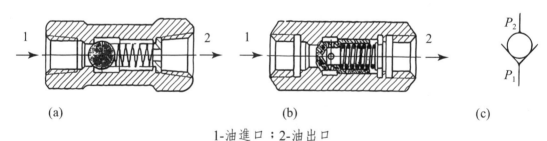

1-油進口；2-油出口

圖6-1　單向閥結構及圖形符號

3. 應用特點

　　鋼球式單向閥的構造簡單，但密封性不如錐閥式，由於鋼球沒有導向部分，工作時容易產生振動，一般用於流量較小的場合。錐閥式應用最多，雖然結構較鋼球式複雜一些，但其導向性好、密封可靠。

6-1-1-2 液控單向閥

　　液控單向閥除進、出油口外，如圖6-2還有一個控制油口。當控制油口不通壓力油而通回油槽時，液控單向閥的作用與普通單向閥一樣，液壓油只能從進口到出口，不能反向流動。當控制油口通壓力油時，就有一個向上的液壓力作用在控制活塞的下端面，推動控制活塞克服單向閥閥芯上端的彈簧力頂開單向閥閥芯，使閥口開啟，正、反向的液流均可自由通過。液控單向閥既可對反向液流起截止作用且密封性好，又可以在一定條件下允許正、反向液流自由通過，因此多用在液壓系統的保護或鎖緊迴路中。液控單向閥根據控制活塞上腔的洩油方式之不同，分爲內洩式如圖6-2(a)和外洩式如圖6-2(b)。前者洩油通單向閥進油口，後者直接引回油槽。爲減少控制壓力值，圖6-2(b)所示複式結構在單向閥閥芯內裝有卸載小閥芯。控制活塞上行時，先頂開小閥芯使主油路卸壓，然後再頂開單向閥閥芯，其控制壓力僅爲工作壓力的4.5%。若沒有卸載小閥芯，則液控單向閥的控制壓力爲工作壓力的40～50%，控制壓力油口不工作時通回油槽，工作壓力爲零，以保證控制活塞正常復位，單向閥反向截止液流。

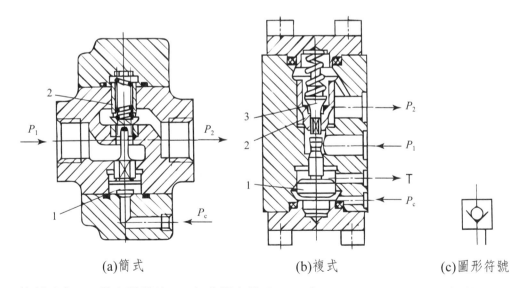

(a)簡式　　　　　　　　　(b)複式　　　　　　　(c)圖形符號

1-控制活塞；2-單向閥閥芯；3-卸載閥小閥芯；P₁-進油口；P₂-出油口；Pc-控制油口 T-回油口

圖6-2　液控單向閥

6-1-2 換向閥

6-1-2-1 滑閥式換向閥的工作原理

換向是靠閥芯在閥體內做軸向滑動，使相應的油路接通或斷開，從而改變液壓系統油液的流動方向，使執行元件的運行方向得以改變。以二位四通閥為例說明如下，如圖6-3，閥體上有四個通油口，P為進油口，T為回油口，A和B口通執行元件的兩腔。閥芯在閥體中有左、右兩個穩定的工作位置。當閥芯在左位時，通油口P和B接通，A和T接通，液壓缸有桿腔進油，活塞向左運行，如圖6-3(a)所示；當閥芯移到右位時，通油口P和A相連，B和T相連，液壓缸無桿腔進油，活塞右移，如圖6-3(b)所示。

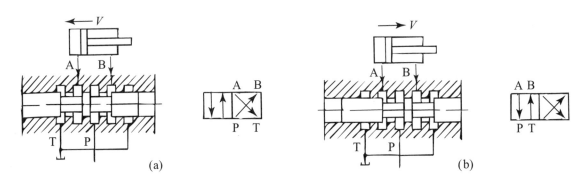

圖6-3　滑閥式換向閥的工作原理

6-1-2-2 圖形符號與控制方式

1. 換向閥的工作位置以方格表示，有幾個方格即表示幾位閥。

2. 方格內的箭頭符號表示兩個油口連通，「⊥」表示油路關閉。

3. 方格外的符號表示閥的控制方式，如手動、機動、電動和液動等。

4. 圖6-4顯示六種「位」與「通」的符號：(a)二位二通、(b)二位三通、(c)二位四通、(d)二位五通、(e)三位四通、(f)三位五通；及七種操縱方式：(a)手動、(b)機動（滾輪式）、(c)電磁動、(d)彈簧力、(e)液壓動、(f)液壓先導控制、(g)電磁—液壓先導控制。

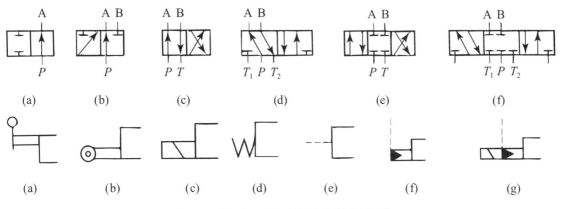

圖6-4　換向閥圖形符號與控制方式

6-1-2-3 三位換向閥的中位機能

表6-1　三位四通換向閥常用的五種中位機能

代號	結構簡圖	中位符號	中位油口狀態和特點
O			各油口全封閉，換向精度高，但有衝擊，缸被鎖緊，泵不卸荷，並聯缸可運轉。
H			各油口全通，換向平穩，缸浮動，泵卸荷，其他缸不能並聯使用。
Y			P口封閉，A、B、T口相通，換向較平穩，缸浮動，泵不卸荷，並聯缸可運轉。

代號	結構簡圖	中位符號	中位油口狀態和特點
P			T口封閉，P、A、B口相通，換向最平穩，雙桿缸浮動，單桿缸差動，泵不卸荷，並聯缸可運轉。
M			P、T口相通，A、B口封閉，換向精度高，但有衝擊，缸被鎖緊，泵卸荷，其他缸不能並聯使用。

　　三位換向閥常態為中位，三位換向閥的滑閥機能也可稱為中位機能，不同中位機能的三位閥，閥體通用，僅閥芯台肩結構、尺寸及內部通孔狀況有差別。

6-1-2-4 常用的換向閥

1. 手動換向閥

　　手動和機動換向閥的閥芯運動是藉助於機械外力實現的，手動換向閥又分為手動操縱及腳踏操縱兩種。機動換向閥則經由安裝在液壓設備的運轉部件，如機床工作台上的撞塊或凸輪推動閥芯。圖6-5(a)為自動復位式三位四通手動換向閥；6-5(b)為其圖形符號。手柄1左扳則閥芯3右移，換向閥左位處於工作狀態，閥的油口P和B通，A和T通。手柄1右扳則閥芯3左移，換向閥右位處於工作狀態，閥的油口P和A通，B和T通。如放開手柄1，閥芯3在彈簧力的作用下自動恢復中位，四個油口T、P、A、B互不相通。

2. 電磁換向閥

　　圖6-6為三位四通電磁換向閥。它是利用電磁鐵的通、斷電而直接推動閥芯來控制油口的連通狀態。閥體兩端安裝的電磁鐵可以是直流電或交流電。當兩邊電磁鐵都不通電時，閥芯2在兩邊對中彈簧4的作用下處於中位，P、T、A、B互不相通；當右邊電磁鐵通電，而左邊斷電時，推桿6將閥芯2推向左端，換向閥處於右位工作狀態，P與A相通，B與T相通；當左邊電磁鐵通電，而右邊電磁鐵斷電時，換向閥處於

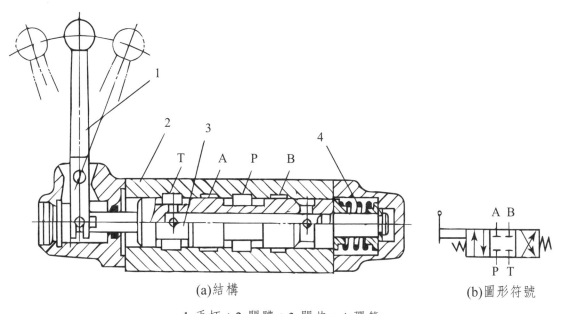

(a)結構　　　　　　　　　　　　(b)圖形符號

1-手柄；2-閥體；3-閥芯；4-彈簧

圖6-5　三位四通手動換向閥

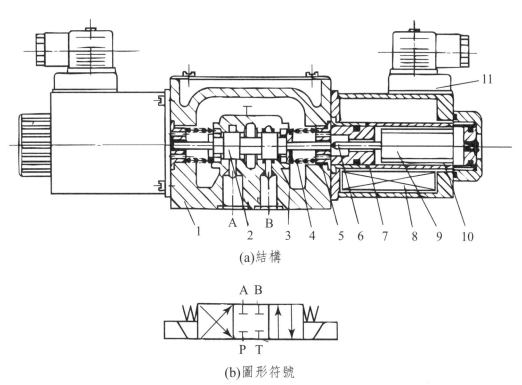

(a)結構

(b)圖形符號

1-閥體；2-閥芯；3-定位套；4-對中彈簧；5-擋環；6-推桿；7-環；8-線圈；9-銜鐵；10-導套；11-插頭組件

圖6-6　三位四通電磁換向閥

左位工作狀態，P與B接通，A與T接通。因電磁吸力有限，電磁換向閥的最大通流量小於100 L/min，若通流量較大或要求換向可靠、衝擊小，則選用液動換向閥或電液動換向閥。

3. 液動換向閥

圖6-7為三位四通液動換向閥，左(a)為結構，右(b)為圖形符號。當K_1通壓力油、K_2回油時，P與A相通，B與T相通；當K_2通壓力油，K_1回油時，P與B相通，A與T相通；當K_1及K_2都未通壓力油時，P、T、A、B四個油口全部都封閉。

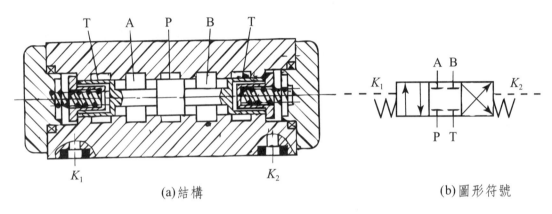

(a)結構　　　　　　　　　　　(b)圖形符號

圖6-7　三位四通液動換向閥

4. 比例方向閥

是由在閥芯外裝置的電磁線圈所產生的電磁力來控制閥芯的移動。它依靠控制線圈的電流來控制方向閥內閥芯的位移量，故可同時控制液壓油流動的方向和流量。圖6-8所示為比例式方向閥的圖形符號。經由調節控制器可以得到任何想要的流量大小和方向；同時也有壓力及溫度補償的功能。比例方向閥有進油流量控制和回油流量控制兩種類型。

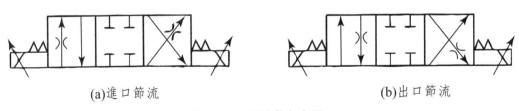

(a)進口節流　　　　　　　　　　　(b)出口節流

圖6-8　比例式方向閥

5. 電液換向閥

　　由電磁換向閥和液動換向閥組合而成。液動換向閥實現主油路的換向，稱爲主閥；電磁換向閥改變液動換向閥的控制油路方向，稱爲先導閥。如圖6-9，當電磁先導閥的電磁鐵不得電時，三位四通電磁先導閥處於中位，液動主閥芯兩端油室同時通回油槽，閥芯在兩端對中彈簧的作用下處於中位。若電磁先導閥右端電磁鐵通電時，閥芯在電磁推力的作用下向左移動，換向閥處於右位工作，控制壓力油P'將經過

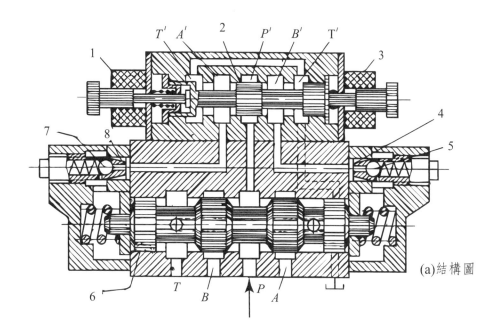

(a)結構圖

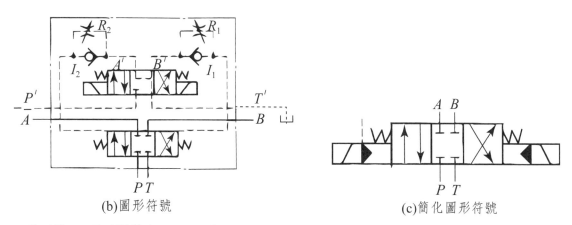

(b)圖形符號　　　　　　　　　　(c)簡化圖形符號

1-電磁鐵；2-電磁閥閥芯；3-電磁鐵；4-節流閥；5-單向閥；6-液動閥閥芯；7-單向閥；8-節流閥

圖6-9　三位四通電液換向閥結構與圖形符號

電磁先導閥右位至油口B′，然後經單向閥進入液動主閥芯的右端，而左端油液則經過阻尼R$_2$、電磁先導閥油口A′回油槽，於是液動主閥芯向左移，主閥右位工作，主油路P與B通，A與T通。反之，電磁先導閥左端電磁鐵得電，液動主閥在左位工作，主油流P與A通，B與T通。換向速度可由兩端節流閥調節，因而換向平穩，無衝擊。此閥綜合了電磁閥和液動閥的優點，具有控制方便、流量大的特點，應用非常廣泛。

6-2 壓力控制閥

在液壓系統中，控制油液壓力高低的液壓閥元件稱為壓力控制閥，這類閥的共同點是利用作用於閥芯上的液壓力與彈簧力相平衡的原理工作。在具體的液壓系統中，根據工作的需求不同，對壓力控制的要求亦各不相同，有的要限制系統的最高壓力，如安全閥；有的需穩定系統中某處的壓力值或壓力差、壓力比等，如溢流閥、減壓閥等定壓閥；還有的是利用液壓力作為信號控制其動作，如順序閥、壓力繼電器等。

6-2-1 溢流閥

其主要作用是對液壓系統定壓或進行安全保護。幾乎所有的液壓系統都需要它，其性能之優劣影響整個系統的正常工作。其於系統中的主要功能有二：一是起定壓溢流作用，保持系統的壓力恆定；二是起限壓保護作用，防止系統過載。溢流閥通常接在液壓泵的出口油路上。

6-2-1-1 直動式溢流閥

如圖6-10，是依靠系統中的液壓油直接作用於閥芯上而與彈簧力相平衡，以控制閥芯的啟、閉動作。P是進油口，T是回油口，進口液壓油經閥芯1中間的阻尼孔a作用在閥芯1的底部端面上，閥芯的下端面受到壓力為p的油液作用，作用面積為A，液壓油作用於該端面上的力為pA，調壓彈簧2作用於閥芯上的預緊力為Fs。當進油壓力較小，即pA < Fs時，閥芯處於下端（圖示）位置，關閉回油口T，P與T不通，不

溢流，即為常閉狀態。隨著進油壓力的升高，當pA > Fs時，彈簧2被壓縮，閥芯1上移，打開回油口T，P與T接通，溢流閥開始溢流，將多餘的油液排回油槽。由於Fs變化不大，故可以認為溢流閥進口處的壓力基本保持恆定，這時溢流閥起定壓溢流作用。調節調壓螺母3可以改變彈簧2的預壓縮量，這樣也就調整了溢流閥進口處的油液壓力p。通道b使彈簧腔與回油口溝通，以排除洩入彈簧腔的油液，此為內洩式洩油，閥芯上阻尼孔a的作用是減小油壓的脈動，提高閥的工作平穩性。

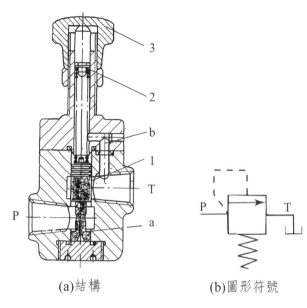

(a)結構　　　　(b)圖形符號

1-閥芯；2-彈簧；3-調壓螺母；a阻尼孔；b通道

圖6-10　直動式溢流閥

此類閥構造簡單、製造容易、成本低。但油液壓力直接靠彈簧力來平衡，故壓力穩定性較差，動作時有振動及噪音。此外系統壓力較高時，要求彈簧剛度大，使閥的開啟性能變差，故直動式溢流閥只用於低壓系統，或作為先導閥使用，其最大調整壓力為2.5 MPa。溢流閥用於過載保護時，一般稱之為安全閥。在正常工作時安全閥關閉，不溢流。只有在系統發生故障，壓力升至安全閥的調整值時，閥口才打開，使液壓泵排出的油液經安全閥流回油槽，以保證液壓系統的安全。

6-2-1-2 直動錐閥式溢流閥

圖6-11為錐閥式直動溢流閥，其主要結構由錐形閥芯9、閥座11、閥體5、調壓彈簧7、調節桿4、調節手輪1等組成。圖示為閥的安裝位置（常位），閥芯9在彈簧力的作用下，處於最右端位置，閥芯9將進油口P與出油口T隔斷。當閥的進口壓力油經閥座徑向油孔10時，在液壓油壓力等於或大於彈簧力時，閥芯9向左運動，閥口開啟，進油口P與出油口T接通。錐閥直動式溢流閥的額定壓力可達40 MPa，最大通流量為330 L/min。

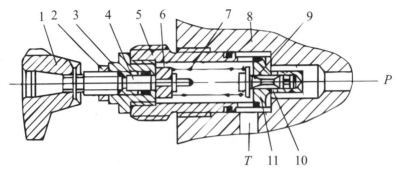

1-調節手輪；2-鎖緊螺母；3-閥蓋；4-調節桿；5-閥體；6-調壓彈簧座；7-調壓彈簧；8-殼體；9-錐形閥芯；10-閥座徑向油孔；11-閥座；P進油口；T出油口

圖6-11　錐閥式直動型溢流閥

6-2-1-3 先導型溢流閥

如圖6-12所示，它由先導閥和主閥兩部分組成，先導閥是一個錐閥，實際上是一個小流量的直動型溢流閥；主閥也是錐閥。圖示位置主閥芯7及先導錐閥2均被彈簧

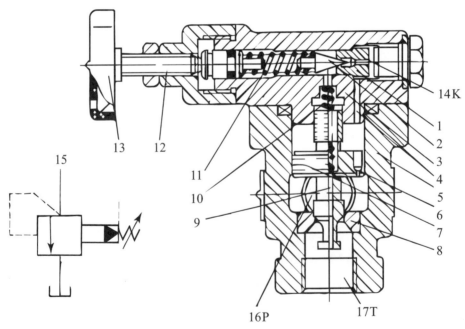

1-先導閥座；2-先導錐閥；3-先導閥體；4-閥體通油孔；5-閥體；6-阻尼孔；7-主閥芯；8-主閥座；9-主閥芯內孔；10-主閥彈簧；11-調壓彈簧；12-調節螺釘；13-調節手輪；14-遙控口K；15-圖形符號；16-進油口P；17-出油口T

圖6-12　三級同心溢流閥

10壓靠在閥座上，閥口處於關閉狀態。主閥進油口P接液壓泵的來油後，壓力油進入主閥芯，大直徑下腔，經阻尼孔6（固定液阻）引至主閥芯7上腔、先導錐閥2前腔，對先導閥芯形成一個壓力。若該壓力小於先導閥芯左端調壓彈簧11的彈簧力，則先導閥處於關閉狀態，主閥內腔為密封靜止容腔，主閥芯上、下兩腔的壓力相等，而上腔作用面積大於下腔作用面積。在兩腔的液壓力差及主閥彈簧力的共同作用下，主閥芯被壓緊在閥座8上，主閥口關閉。隨著液壓油不斷進入溢流閥進口16，主閥內腔的液壓油受到的壓力不斷增大，作用在先導閥上的壓力隨之增大；當油液壓力大於彈簧壓力時，液壓力克服了彈簧力，使先導閥芯左移，閥口開啟。此時通過先導閥的油路為：進油口P16→主閥芯7的下腔→阻尼孔6→主閥芯7的上腔→閥體通油孔4→遙控口K14→先導閥閥座孔2→主閥芯7的內孔9→出油口T17→油槽。於是溢流閥的進口壓力油經固定液阻、先導閥閥口溢流回油槽。因為固定液阻的阻尼作用，主閥上腔壓力（先導閥前腔壓力）將低於下腔壓力（主閥進口壓力）。當壓力差足夠大時，因壓力差形成的向上液壓油壓力克服主閥彈簧力10推動閥芯7上移，主閥閥口開啟，溢流閥進口16壓力油經主閥閥口溢流回油槽。主閥閥口開度一定時，先導閥閥芯2和主閥閥芯7分別處於受力平衡，閥口滿足壓力流量方程，主閥進口壓力為一個確定值。

6-2-1-4 溢流閥的應用

　　當液壓執行元件不動時，液壓泵排出的液壓油因無處可去，而形成一個密閉系統。理論上液壓油的壓力將一直增至無限大，實際上壓力將增至液壓元件破裂，或電馬達為維持定轉速運轉，而使輸出電流增大至電馬達線圈燒壞為止。前者將導致液壓系統破壞，後者可能會引起火災。為避免或防止上述危險，就是在執行元件不動時，給系統提供一條旁路，使液壓油可經此旁路通回至油槽，這就是溢流閥的主要功能。

1. 作溢流閥用

　　在定量泵的液壓系統中，常利用流量控制閥調節進入液壓缸的流量，多餘的壓力油可經溢流閥流回油槽，如圖6-13所示，這樣可使泵的工作壓力保持定值。

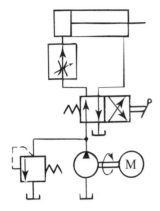

圖6-13 溢流閥作溢流閥用

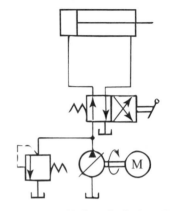

圖6-14 溢流閥作安全閥用

2. 作安全閥用

如圖6-14，在正常工作狀態下，溢流閥是關閉的，只有在系統壓力大於其調整壓力時，溢流閥才被打開，使液壓油溢流，溢流閥對系統起過載保護的功能。

3. 遠程壓力控制迴路

從較遠距離處控制液壓泵工作壓力的迴路，如圖6-15為溢流閥作為遙控的迴路，其迴路壓力調定是由遙控溢流閥來控制的，迴路壓力維持在3MPa。遙控溢流閥的調定壓力一定要低於主溢流閥的調定壓力，否則等於將主溢流閥引壓口堵塞。

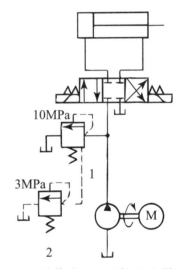

1-引壓管路；2-遙控溢流閥

圖6-15 用溢流閥作遙控的迴路

⚡新知參考 3

遠程調壓功能：先導式溢流閥有一個遠程控制口K（外控口），如果將外控口用油管接到另一個遠程調壓閥（遠程調壓閥的構造和溢流閥的先導控制部分一樣），調節遠程調壓閥的彈簧力，即可調節溢流閥主閥芯上端的液壓力，從而對溢流閥的溢流壓力實現遠程調壓。但是遠程調壓閥所能調節的最高壓力不得超過溢流閥本身先導閥的調定壓力。當遠程控制口K經由二位二通閥接通油槽時，主閥芯上端的壓

力接近於零，主閥芯上移到最高位
置，閥口開得很大。由於主閥彈
簧較軟，這時溢流閥P口處壓力很
低，系統的油液在低壓下經由溢流
閥流回油槽，實現卸荷。

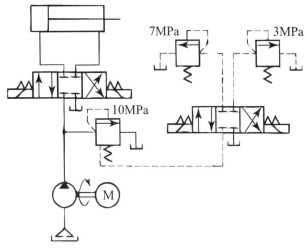

4. 多級壓力切換迴路

　　如圖6-16所示多級壓力切換迴
路，它利用電磁換向閥調出三種迴
路壓力，注意最大壓力一定要在主
溢流閥上設定。

圖6-16　三級壓力調壓迴路

6-2-2 減壓閥

　　減壓閥是一種利用液流流過縫隙液阻產生壓力損失，使其出口壓力低於進口壓力
的壓力控制閥。按調節要求的不同，可分爲用於保證出口壓力爲定值的定值減壓閥
（簡稱爲減壓閥）；用於保證進、出口壓力差不變的定差減壓閥；用於保證進、出
口壓力成比例的定比減壓閥，其中定值減壓閥的應用最廣，謹介紹先導型減壓閥如
下：

6-2-2-1 先導型減壓閥

　　由先導閥和主閥兩部分組成，如圖6-17(a)爲液壓系統廣泛採用的先導型減壓
閥。該閥由先導閥調壓，主閥減壓。來自泵或其他油路的壓力爲p_1的油液從P_1口進入
減壓閥，經減壓閥口降低爲p_2，從出口P_2流出。同時壓力爲p_2的控制油液通過阻尼孔
b，與主閥彈簧腔相通，作用在主閥芯1的上端面，同時經過管道c進入先導閥閥芯5的
閥座右腔，作用在先導閥閥芯5上，當出口壓力p_2小於先導閥的調定壓力時，先導閥
閥芯5關閉，阻尼孔b中無油液流動，主閥芯1兩端液壓力相等，主閥芯在主閥彈簧2
的作用下處於最下端位置，減壓閥口全開，不起減壓作用。

　　當出口壓力p_2大於先導閥的調定壓力時，先導閥閥芯5打開，油液經阻尼孔b、
管道c、先導閥彈簧腔、洩油管道e、洩油口L流回油槽。由於阻尼孔b有油液通過，

造成閥芯1兩端的壓力不平衡，當此壓差所產生的作用力大於主閥彈簧2力時，主閥芯1上移，因而造成減壓閥口開度減小，使液壓油通過閥口時降壓加大，減壓作用增強，直至出口壓力p_2穩定在先導閥所調定的壓力值。此閥在液壓設備的夾緊系統、潤滑系統和控制系統應用較多，當油壓不穩定時，可在迴路中串入一個減壓閥，能得到一個穩定的較低壓力。

如果減壓閥的出口壓力p_2突然升高（或降低），破壞了主閥的平衡狀態，使主閥芯1上移（或下降）至一新的平衡位置，閥口開度減小（或增大），減壓作用增大（或減小），以保持p_2的穩定。反之，如果某種原因使進口壓力p_1產生變化，當減壓閥口還沒有來得及變化時，p_2則相應發生變化，造成閥芯1兩端的受力狀況發生變化，破壞了原來的平衡狀態，使主閥芯1上移（或下降）至一新的平衡位置，閥口開度減小（或增大），減壓作用增大（或減小），以保持p_2的穩定。通常為使減壓閥穩定地工作，其進、出口壓力差必須大於0.5 MPa。

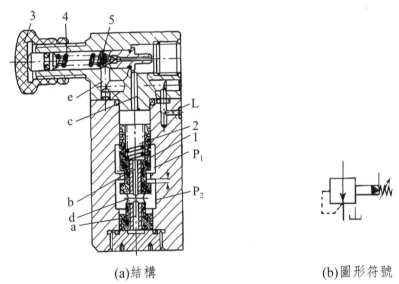

(a)結構　　　　　　　　　(b)圖形符號
1-主閥芯；2-主閥彈簧；3-調節螺母；4-調壓彈簧；5-先導閥閥芯
圖6-17　先導型減壓閥

6-2-2-2 減壓閥的應用

如圖6-18減壓迴路，用在液壓系統中可獲得壓力低於系統壓力的二次油路，如夾

緊油路、潤滑油路和控制油路。必須
說明的是，減壓閥的出口壓力還與出
口的負載有關，若因負載建立的壓力
低於調定壓力，則出口壓力由負載決
定，此時減壓閥不起減壓作用，進、
出口壓力相等，即減壓閥保證出口壓
力恆定的條件是先導閥開啟。主要用
於減壓迴路，不管迴路壓力多高，A
缸壓力不會超過3 Mpa。

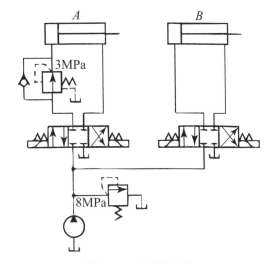

圖6-18　減壓迴路

舉例：如圖6-19所示，溢流閥調
定壓力p_{s1} = 4.5 MPa，減壓閥的調定
壓力p_{s2} = 3 MPa，活塞前進時，負荷
F = 1,000 N，活塞面積A = 20×10^{-4}
m^2，減壓閥全開時的壓力損失及管路
損失忽略不計，求：(1)活塞在運行時
和到達盡頭時，A、B兩點的壓力；
(2)當負載F = 7,000 N時，A、B兩點
的壓力。

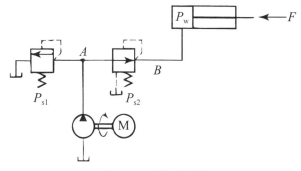

圖6-19　舉例圖示

解1：活塞運動時，作用於活塞上
的工作壓力為：

$$p_w = \frac{F}{A} = \frac{1,000}{20 \times 10^{-4}} \, Pa = 0.5 \, MPa$$

因為作用在活塞上的工作壓力相當於減壓閥的出口壓力，且小於減壓閥的調定
壓力，所以減壓閥不起減壓作用，閥口全開，故有：

$$p_A = p_B = p_w = 0.5 \, MPa$$

活塞到達盡頭時，作用在活塞上的工作壓力p_w增加，且當此壓力大於減壓閥的
調定壓力時，減壓閥起減壓作用，所以有：

$$p_A = p_{s1} = 4.5 \, MPa \qquad\qquad p_B = p_{s2} = 3 \, MPa$$

解2 ：當負載F = 7,000 N時，得下式：

$$p_w = \frac{F}{A} = \frac{7,000}{20 \times 10^{-4}} Pa = 3.5 MPa$$

因為$p_{s2} < p_w$，減壓閥閥口關閉，減壓閥出口壓力最大是2.9 MPa，無法推動活塞，所以有：

$$p_A = p_{s1} = 4.5 \ MPa \qquad\qquad p_B = p_{s2} = 3 \ MPa$$

6-2-3 順序閥

6-2-3-1 結構及原理

是一種利用壓力控制閥口通、斷的壓力閥，可以實現由一個液壓泵為多個執行元件供油，且不同的執行元件按照一定順序動作。如圖6-20的圖形符號，順序閥的結構有：(a)內控外洩式、(b)內控內洩式、(c)外控外洩式、(d)外控內洩式四種類型。(a)內控外洩式可實現順序動作（用作順序閥）；(b)內控內洩式用在系統中作平衡閥或背壓閥；(c)外控外洩式相當於一個液控二位二通閥；(d)外控內洩式用作卸載閥。這四種類型的控制形式在結構上完全通用，其構造與工作原理與溢流閥類似，有直動型與先導型兩種。順序閥與溢流閥不同的是：出口直接接執行元件，另外有專門的洩油口。圖6-21為DZ順序閥，主閥是單向閥式，先導閥1為滑閥式。主閥芯2在原始位置將進、出油口切斷，進油口的壓力油通過兩條油路，一路經阻尼孔3進入主閥上腔並到達先導閥1中部環形腔，另一路直接作用在先導滑閥左端。當進口壓力低於先導閥彈簧調定壓力時，先導滑閥在彈簧力的作用下處於圖示位置。當進口壓力大於先導

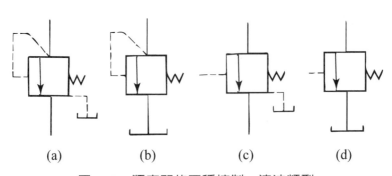

(a)　　　　　(b)　　　　　(c)　　　　　(d)

圖6-20　順序閥的四種控制、洩油類型

閥彈簧調定壓力時，先導滑閥1在左端液壓力作用下右移，將先導閥中部環形腔與通順序閥出口的油路導通，於是順序閥進口壓力油經阻尼孔3、主閥上腔、先導閥流往出口。由於阻尼的存在，主閥上腔壓力低於下端（即進口）壓力，主閥芯2開啟，順序閥進、出油口導通。將外控式順序閥的出油口接油槽，且將外洩改為內洩，即可構成卸荷閥（代號述於上文中）。

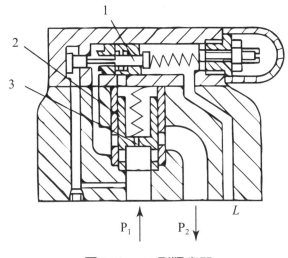

圖6-21　DZ型順序閥

6-2-3-2 順序閥的應用

1. 順序動作迴路

　　如圖6-22所示，作為順序動作迴路，其前進的動作順序是先定位後夾緊，後退是同時後退（1-定位缸；2-夾緊缸；3-順序閥；4-減壓閥）。

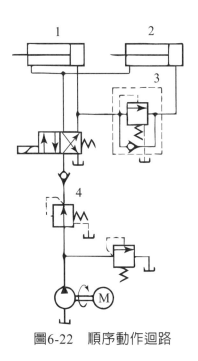

圖6-22　順序動作迴路

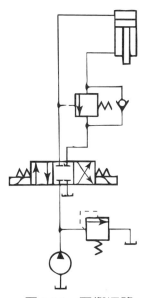

圖6-23　平衡迴路

2. 平衡閥作用

在大型壓床上，由於壓柱和上模很重，為防止因自重而產生自走現象，必須加裝平衡閥（順序閥）如圖6-23所示。

提示：

1. 先導式減壓閥與先導式溢流閥的主要差別：

   (1) 減壓閥保持出口壓力基本不變，而溢流閥保持進口壓力基本不變（減壓閥的先導閥控制出口油液壓力，而溢流閥的先導閥控制進口油液壓力）。

   (2) 減壓閥常開，溢流閥常閉。

   (3) 減壓閥的洩漏油液單獨接油槽，屬外洩；而溢流閥的洩漏油液與主閥的出口相通，屬內洩。

2. 先導式順序閥和先導式溢流閥的主要差別：

   (1) 溢流閥的進口壓力在通流狀態下基本不變，而順序閥在通流狀態下其進口壓力由出口壓力而定。

   (2) 溢流閥為內洩漏，而順序閥需單獨引出洩漏油道，為外洩漏。

   (3) 溢流閥的出口必須回油槽，順序閥的出口可接負荷。

6-2-4 增壓器

迴路內有三個以上的液壓缸，其中一個需要較高的工作壓力，而其他的仍用較低的工作壓力時，可用增壓器提供高壓油給那個特定的液壓缸，或是在液壓缸進到底時，不用泵而增壓時利用增壓器，如此可使用低壓泵產生高壓，以降低成本。其增壓原理為：$p_1 A_1 = p_2 A_2$（低壓×活塞截面積 = 高壓×活塞桿截面積），所以 $p_2 = p_1 A_1 / A_2$，如圖6-24所示。

圖6-25為增壓迴路，當液壓缸不需高壓時，由順序閥來截斷增壓器的進油，當液壓缸進到底時壓力升高，液壓油又經順序閥進入增壓器以提高液壓缸的推力，圖6-25所示，迴路中的減壓閥是用來控制增壓器的輸入壓力。

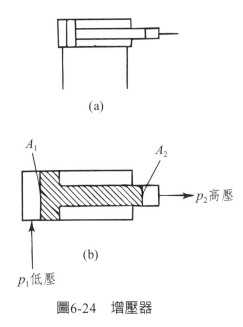

(a)

(b)

圖6-24　增壓器

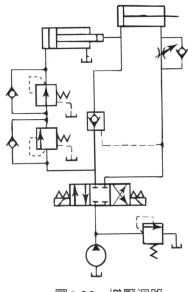

圖6-25　增壓迴路

6-2-5 壓力繼電器

　　是利用液體的壓力信號來啟、閉電氣觸頭的液壓／電氣轉換元件。它在油液壓力達到其設定壓力時，發出電信號，以控制相關電氣元件的動作。圖6-26為常用的柱塞式壓力繼電器，從下端進油口5通入的油液壓力達到調定的壓力值時，推動柱塞1向上移動，此位移經由槓桿2放大後推動微動開關4動作，發出電信號，控制相關電氣元件動作。調節彈簧3的壓縮量，即可調節壓力繼電器的發信壓力。它可以將油液的壓力信號轉換成電信號，自動接通或斷開有關電路，以控制電磁鐵、電磁離合器、繼電器等元件動作，使油路卸壓、換向、執行元件實現順序動作，或關閉電馬達，使系統停止工作，起安全保護及聯鎖控制等功能。

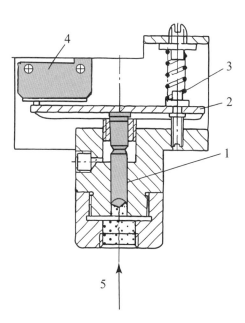

1-柱塞；2-槓桿；3-彈簧；4-微動開關；5-進油口

圖6-26　柱塞式壓力繼電器

提示

液壓系統控制元件應用要點：

　　在具體的液壓系統中，不同的工作條件，系統對壓力控制閥的要求並不相同：

(1) 需要限制液壓系統的最高壓力時，就需設置安全閥。

(2) 需要穩定液壓系統中某處的壓力值（或壓力差、壓力比等）時，就需要設置溢流閥、減壓閥等定壓閥。

(3) 利用液壓力作為信號控制閥類或執行元件的動作時，就需要設置順序閥、壓力繼電器等。

6-2-6 比例式壓力閥

　　前面所述的壓力閥都需要用手動調整以作為壓力設定，若應用時經常需要調整壓力，或需多級調壓的液壓系統，則迴路設計將變得非常複雜，操作時只要稍不注意就會失控。若迴路要有多段壓力，以傳統作法就要有多個壓力閥與方向閥，而只用一個比例式壓力閥和控制電路就可產生多段壓力。比例式壓力閥基本上是以電磁線圈所產生的電磁力，來取代傳統壓力閥上的彈簧設定壓力。由於電磁線圈產生的電磁力是和電流的大小成正比的，因此控制線圈電路就能獲得所需要的壓力。比例式壓力閥可以無級調壓，而一般的壓力閥僅能調出規定的壓力，比例式壓力閥及圖形符號示如圖6-27。

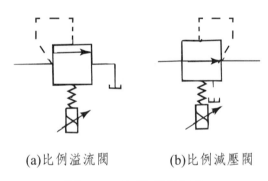

(a)比例溢流閥　　　　　(b)比例減壓閥

圖6-27　比例式壓力閥

6-3 流量控制閥

　　液壓系統在工作時，常需隨工作狀態的不同，以不同的速度工作，而只要控制了流量就控制了速度。流量控制閥就是經由改變閥口大小，來改變液阻以實現流量調節的。一般流量控制閥包括節流閥、調速閥、溢流節流閥和分流集流閥，無論哪一種流

量控制閥，其內部都有節流閥，因此節流閥是最基本的流量控制閥。

6-3-1 液速控制概念

6-3-1-1 執行元件的速度

對液壓執行元件而言，控制流入執行元件的流量或流出執行元件的流量，都可以控制執行元件的速度。液壓缸活塞移動的速度為：

$$v = \frac{Q}{A}$$

Q：流入執行元件的流量。
A：液壓缸活塞的有效工作面積。

液壓馬達的轉速為：

$$n = \frac{Q}{q}$$

Q：同上。
q：液壓馬達的排量。

6-3-1-2 節流調速

不管執行元件的推力和速度如何變化，定量泵的輸出流量是固定不變的。速度控制（或流量控制）只是使流入執行元件的流量小於液壓泵的流量而已，因此常稱之為節流調速。定量泵在無負荷且設迴路無壓力損失的狀況下，其節流前後的比較如圖6-28。節流前，定量泵提供的油全部進入迴路，此時定量泵輸出壓力趨近於零；節流後，定量泵原來50 L/min的流量中，只有30 L/min能進入迴路，雖然其壓力趨近於零，但是剩餘的20 L/min需經溢流閥流回油槽。若將溢流閥壓力設定為5 MPa，則此時即使沒有負荷，系統壓力仍會趨近5 MPa。也就是說，不管負荷的大小如何，只要作了速度控制，泵的輸出壓力就會趨近溢流閥的設定壓力，趨近程度由節流量的多少與負荷的大小來決定。

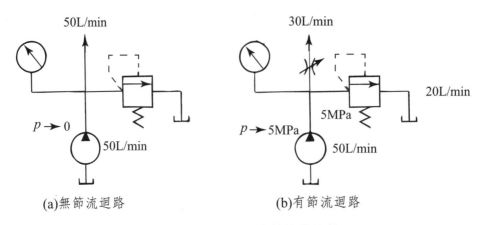

（a）無節流迴路   （b）有節流迴路

圖6-28　定量泵節流前後的比較

6-3-2 節流閥

6-3-2-1 結構原理

　　節流閥是一種最簡單又最基本的流量控制閥，其實質相當於一個可變節流口，即一種藉助於控制機構使閥芯相對於閥體孔運行，改變閥口過流面積的閥。節流閥常用在定量泵節流調速迴路中實現調速。圖6-29為一種典型的節流閥結構及圖形符號。

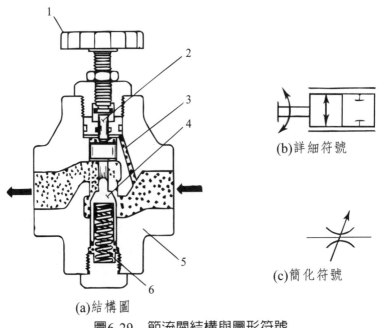

（a）結構圖

（b）詳細符號

（c）簡化符號

圖6-29　節流閥結構與圖形符號

節流閥的主要構件為調節手輪1、推桿2、平衡孔3、閥芯4、閥體5、彈簧6等。液壓油從入口進入，經閥芯4上的節流口後，由出口流出。調整調節手輪1使閥芯4軸向移動，以改變節流口節流面積的大小，從而改變流量的大小。圖中油壓平衡孔3可以保證閥芯4上、下油壓平衡，因此減小了作用在手輪1上的力，以便調整。

　　圖6-30為單向節流閥，與普通節流閥不同的是，它只能控制一個方向的流量大小，而在另一個方向上則無節流作用。

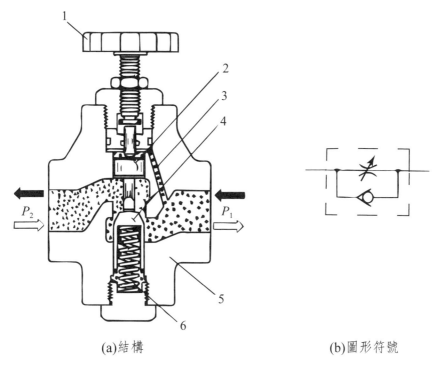

(a)結構　　　　　　　　　　　　　(b)圖形符號

1-調節手輪；2-活塞；3-平衡孔；4-閥芯；5-閥體；6-彈簧；P_1-節流入口（或自由流出口）；P_2-節流出口（或自由流入口）

圖6-30　單向節流閥

6-3-2-2 節流閥特性

1. 流量特性

　　節流閥的節流口可歸納為三種基本形式：孔口、阻流管和介於兩者之間的節流孔。由流體力學可知，孔口及縫隙作為液阻，其通用壓力流量方程為：

$$Q = kA\Delta p^n$$

k：節流係數，由節流口形狀與油液黏度決定，一般視爲常數。

A：孔口或縫隙的過流面積。

Δp：孔口或縫隙的前後壓力差。

n：節流口形狀指數，$0.5 \leqq n \leqq 1$，孔口 $n = 0.5$，阻流管 $n = 1$。

　　由上式可知，當k、Δp和n不變時，改變節流閥的節流面積A可改變通過節流閥的流量大小。當k、A和n不變時，若節流閥進、出口壓力差Δp有變化，則通過節流閥的流量也會變化。

2. 壓力特性

　　圖6-31(a)所示的液壓系統未裝節流閥，若推動活塞前進如下圖→方向所需最低工作壓力爲1 MPa，則當活塞前進時，壓力表指示的壓力爲1 MPa；裝了節流閥控制活塞前進速度如6-31(b)所示，當活塞前進時，節流閥入口壓力會上升到溢流閥所調定的壓力，溢流閥被打開，一部分液壓油經溢流閥流回油槽。

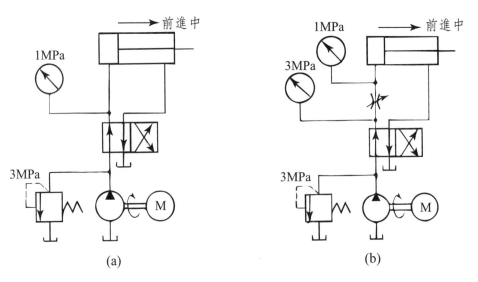

圖6-31　節流閥的壓力特性

6-3-3 調速閥

6-3-3-1 調速閥結構

　　調速閥是由定差減壓閥和節流閥串聯組合而成。節流閥用來調節通過閥的流量，定差減壓閥用來保證節流閥進、出口的壓力差Δp不受負荷變化的影響，從而使通過節流閥的流量保持恆定。圖6-32為調速閥的結構原理及圖形符號。定差減壓閥1與節流閥2串聯，減壓閥進口壓力為P_1，出口壓力為P_2，節流閥出口壓力為P_3，則減壓閥b腔的油壓為P_3，c腔、d腔的油壓為P_2；若b腔、c腔、d腔的有效工作面積分別為A_1、A_2、A_3，則有 $A_1 = A_2 + A_3$。因為減壓閥閥芯彈簧很軟（剛度很低），當閥芯上下移動時，其彈簧作用力F_s變化不大，所以節流閥前後的壓力差（$\Delta P = P_2 - P_3$）基本上不變而為一常量。也就是說當負荷變化時，通過調速閥的油液流量基本不變，液壓系統執行元件的運行速度保持穩定。若負荷增加，使P_3增大的瞬間，減壓閥向下推力增大，使閥芯下移，閥口開大，閥口液阻減小，使P_2也增大，其差值（$\Delta P = P_2 - P_3$）基本保持不變。同理，當負荷減小，P_3減小時，減壓閥閥芯上移，P_2也減小，其差值

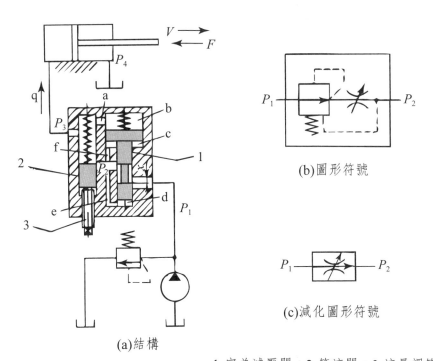

(b)圖形符號

(c)減化圖形符號

(a)結構

1-定差減壓閥；2-節流閥；3-流量調節桿

圖6-32　調速閥結構與符號

也不變。因此調速閥適用於負荷變化較大，速度平穩性要求較高的液壓系統。爲保證定差減壓閥能夠起壓力補償作用，調速閥進、出口壓力差應大於由彈簧力和液壓力所確定的最小壓力差，否則僅相當於普通節流閥，無法保證流量的穩定。

6-3-3-2 流量特性

調速閥的流量特性如圖6-33，當調速閥進、出口壓差大於一定數值（ΔP_{min}）後，通過調速閥的流量不隨壓差的改變而變化。而當其壓差小於ΔP_{min}時，由於壓力差對閥芯產生的作用力不足以克服閥芯上的彈簧力，此時閥芯仍處於左端，閥口完全打開，減壓閥不起減壓作用，故其特性曲線與節流閥特性曲線重合。因此如欲使調速閥正常工作，就必須保證其有一最小壓差（一般約0.5 MPa）。

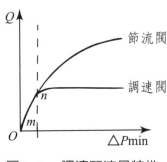

圖6-33　調速閥流量特性

6-3-3-3 速度控制迴路舉例

液壓迴路基本的速度控制概分下列三種：

1. 進油節流調速

就是控制執行元件入口的流量，如圖6-34所示，該迴路不能承受負向負荷。如有負向負荷（負荷與運行方向同向者），則速度失去控制。

2. 回油節流調速

就是控制執行元件出口的流量，如圖6-35所示，該迴路是控制排油的，節流閥可提供背壓，使液壓缸能承受各種負荷。

3. 旁路節流調速

是控制不需流入執行元件，也不經溢流閥而直接流回油槽的油流量，從而達到控制流入執行元件液壓油流量的目的，如圖6-36所示，該迴路的特點是液壓缸的工作壓力基本上等於液壓泵的輸出壓力，其大小取決於負載，該迴路中的溢流閥只有在過載

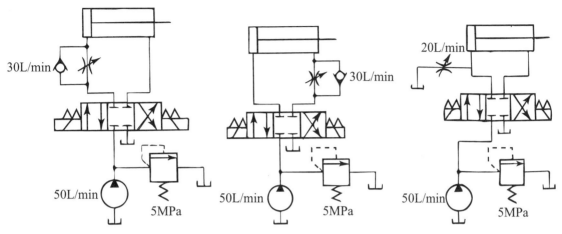

圖6-34　進油節流調速迴路　　圖6-35　回油節流調速迴路　　圖6-36　旁路節流調速迴路

時才被打開。上述三種調速法之不同點如下：

(1) 進油調速和回油調速會使迴路壓力升高導致壓力損失，旁路調速則幾乎不會。

(2) 用旁路調速作速度控制時，無溢流損失，效率最高，但控制性能最差，主要用於負載變化很小的正向負載的場合。

(3) 用進油調速作速度控制時，其效率較旁路調速略差，主要用於負荷變化較大的正向負載的場合。

(4) 用回油調速作速度控制時，其效率最差，但控制性能最佳，主要用於有負向負載的場合。

6-3-4 行程減速閥

一般的加工機械如車床、銑床，其刀具尚未接觸工件時，需快速進給以節省時間，開始切削後則應慢速進給，以保證加工質量；或是液壓缸前進時，本身衝力過大，需要在行程的末端使其減速，以便液壓缸能停止在正確的位置，此時就需要用行程減速閥來完成上述控制，如圖6-37。該閥是以活塞行程來控制執行元件流量的控制元件，相當於一個閥口有效面積可以連續變化的節流閥，因此在較短的時間內可以完成無級調速，行程減速法的應用如圖6-38的迴路。

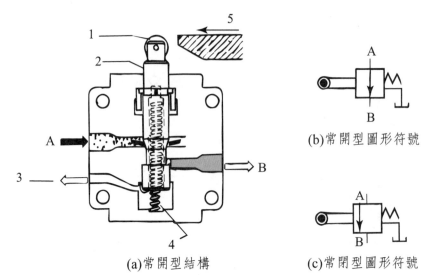

(a)常開型結構　　(c)常閉型圖形符號

1-滾輪；2-滑軸；3-洩油口；4-彈簧；5-凸輪板

圖6-37　常開型行程減速閥

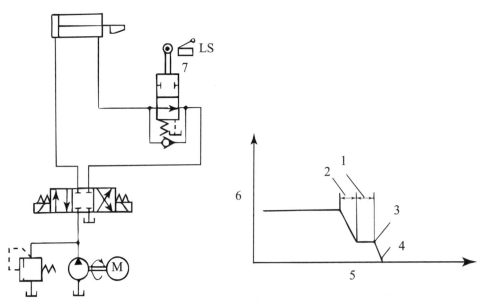

1-精細進給行程；2-減速行程；3-微動開關ON；4-活塞停止；5-活塞行程；6-活塞速度；7-減速閥

圖6-38　利用行程擋塊操作減速閥的減速迴路

6-3-5 比例閥

　　電液比例閥簡稱比例閥，它可以將輸入的電信號按比例地轉換成力或位移，從而對方向、壓力、流量等參數進行連續的控制。比例閥的構成，相當於在普通液壓閥上安裝一個比例電磁鐵，以代替原有的控制部分。比例閥由直流比例電磁鐵與液壓閥兩部分組成。其液壓閥部分與一般液壓閥差別不大，而直流比例電磁鐵和一般電磁閥所用的電磁鐵不同，比例電磁鐵要求吸力（或位移）與輸入電流成比例。按結構與功能可分為比例壓力閥、比例流量閥和比例方向閥三大類。

6-3-5-1 比例壓力閥

　　圖6-39為先導式比例溢流閥（即比例壓力閥），當線圈2輸入電信號時，比例電磁鐵1便產生一個相應的電磁力，它經由推桿3和彈簧作用於先導閥芯4，從而使先導閥的控制壓力與電磁力成比例，即與輸入電流信號成比例。當油液壓力P增大，升高到作用在先導閥上的液壓力大於先導閥彈簧電磁力時，先導閥打開，液壓油就可通過阻尼孔，經先導閥和溢流閥主閥芯5中間孔流回油槽，由於阻尼孔的作用，使主閥芯5左端

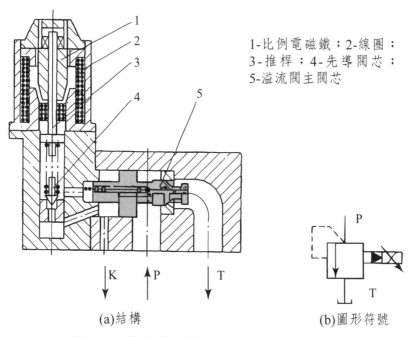

1-比例電磁鐵；2-線圈；
3-推桿；4-先導閥芯；
5-溢流閥主閥芯

(a)結構　　　　　　　(b)圖形符號

圖6-39　先導式比例溢流閥（比例壓力閥）

的液壓力小於右端壓力P，由於這個壓力差的作用，主閥芯克服彈簧力和摩擦力，主閥芯向左移動。於是油液從P口流入，經主閥閥口，由T口流回油槽，實現溢流。

　　由溢流閥主閥芯5上受力分析可知，進油口壓力和控制壓力、彈簧力等相平衡（其受力狀況與普通溢流閥相似），因此，比例溢流閥進油口壓力的變化與輸入信號電流的大小成比例。若輸入信號電流是連續地、按比例地變化，則比例溢流閥所調節的系統壓力，也是連續地、按比例地進行變化。圖6-39右側是該式閥的圖形符號。利用比例溢流閥的調壓迴路，比普通溢流閥的多級調壓迴路所用液壓元件數量少、迴路簡單、重量減輕，且能對系統壓力進行連續控制。

6-3-5-2 比例流量閥

　　它是以閥芯外裝置的電磁線圈所產生的電磁力，來控制流量閥的開口大小，由於電磁線圈有良好的線性度，因此其產生的電磁力和電流的大小成正比，在應用時可產生連續變化的流量，從而可如意控制流量閥的開口大小。比例流量閥也有附單向閥，圖6-40(a)為比例式流量閥圖形符號；圖6-40(b)則為單向比例式流量閥圖形符號。普通電液比例式流量閥是將流量閥的手調部分改換為比例電磁鐵，現在已發展到帶內反饋的新型比例流量閥。請參圖6-41為一種位移—彈簧力反饋型電液比例式二通節流閥，主閥芯5為插裝閥結構。當比例電磁鐵1輸入一定的

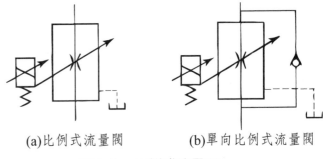

(a)比例式流量閥　　　　(b)單向比例式流量閥

圖6-40　比例式流量閥

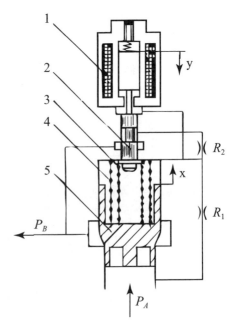

圖6-41　電液比例式二通節流閥

電流時，所產生的電磁吸力推動先導滑閥閥芯2下移，先導滑閥閥口開啟，於是主閥進口的壓力油經阻尼口R₁和R₂、先導滑閥閥口流至主閥出口。因阻尼口R1的作用在R1前後出現壓力差，即主閥芯5上腔壓力低於主閥芯下腔壓力，主閥芯5在兩端壓力差的作用下，克服彈簧力向上移動，主閥閥口開啟，進、出油口導通。主閥芯5向上移動導致反饋彈簧3反向受壓縮，當反饋彈簧力與先導滑閥上端的電磁吸力相等時，先導滑閥閥芯2和主閥芯5同時處於受力平衡，主閥閥口的大小與輸入電流的大小成比例。改變輸入電流大小即可改變閥口大小，在系統中起節流調速作用。使用該閥時要注意的是，輸入電流為零時，閥口是關閉的。與普通電液比例式流量閥不同，圖6-41所示的電液比例式二通節流閥的比例電磁鐵1，是通過控制先導滑閥的開口、改變主閥上腔壓力來調節主閥開口的大小。在這裡主閥的位移又經反饋彈簧作用到比例電磁鐵上，由反饋彈簧力與比例電磁鐵吸力進行比較。因此不僅可以保證主閥位移量（開口量）的控制精度，而且主閥的位移量不受比例電磁鐵1行程的限制，閥口開度可以設計得較大，即閥的通流能力較大。

6-4 疊加閥

6-4-1 概說

　　疊加閥（Sandwich valve）是在板式閥集成化基礎上發展起來的新型液壓元件，其閥體本身既是元件，又是具有油路通道的連接體，從而能用其上、下安裝面呈疊加式無管連接。選擇同一通徑系列的疊加閥，疊合在一起用用螺栓緊固，即可組成所需的液壓傳動系統。進一步言，其閥體本身就擁有共同油路的迴路板，即迴路板內部本身就具有閥的機構。疊加閥中的每個閥都有四個油口P、A、B、T上下貫通，它不僅起到單個閥的功能，而且連通了閥與閥之間的油路。

　　疊加閥自成體系，每一種通徑系列的疊加閥，其主油路通道和螺孔的大小、位置、數量都與相應通徑的板式換向閥相同。將同一通徑系列的疊加閥互相疊加，可直接連接而組成集成化液壓系統。圖6-42為疊加閥示意圖，最下面的是底板，底板上有進油孔、回油孔和通向液壓執行元件的油孔，底板上面第一個元件一般是壓力表

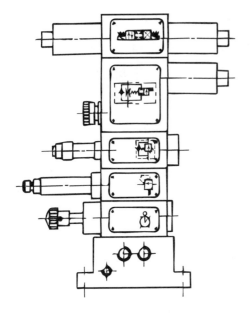

圖6-42 疊加液壓裝置示意圖

開關,然後依次向上疊加壓力控制閥和流量控制閥等,最上層是換向閥,用螺栓將它們緊固成一個閥組。一般一個疊加閥組控制一個執行元件。如果系統有幾個需要集中控制的液壓元件,則用多聯底板,並排在上面組成相應的幾個疊加閥組。圖6-43為採用疊加閥組與傳統方式配管之比較,其配管的大不相同,圖中(a)為傳統液壓迴路:減壓閥1;(b)以傳統方式來配管:電磁閥2、儀表安裝面3、接頭4、配管5、減壓閥6;(c)疊加閥的配管:電磁閥7、疊加式減壓閥8、回油管9、供油管10。可忽略電磁閥與疊加閥之間的配管,綜合優點如下:

1. 疊加閥組成的液壓系統結構緊湊、少管件、體積小、重量輕、外型整齊美觀、大幅縮小安裝空間。

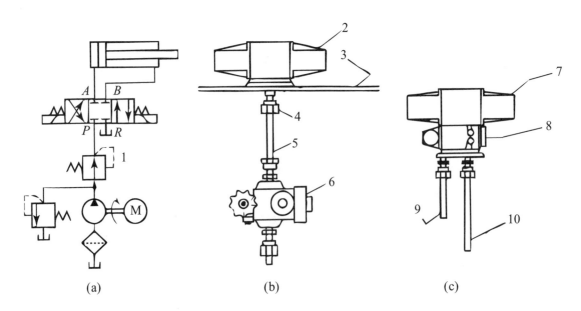

圖6-43 疊加閥式配管與傳統配管之比較(部件代號說明已列於上文中)

2. 元件間不需配管連接,減少了由於配管引起的壓力損失、外部漏油、振動、

噪音等事故，節省能源且提高了可靠性。

　　3. 組裝及維修容易、不需太熟練的工作，可方便及快速地實現迴路的增添或更改。

　　4. 可集中配置在液壓站上、易於在工廠先模塊化、也可分散安裝在設備上、配置方式靈活。

　　5. 標準化、通用化、集成化程度高，設計、加工、裝配週期短。

6-4-2 型號規格

　　疊加閥主要有五個通逕系列：Φ6mm、Φ10mm、Φ16mm、Φ20mm、Φ32mm，額定壓力為20 MPa，額定流量為10～200 L/min。例如 Y_1-F10D-P/T為一種先導式疊加溢流閥，其型號涵義是：Y表示溢流閥，F表示壓力等級（20 MPa），10表示Φ10mm通徑系列，D表示疊加閥，P/T表示進油口為P，回油口為T。它由先導閥和主閥兩部分組成，先導閥為錐閥，主閥相當於錐閥式的單向閥。

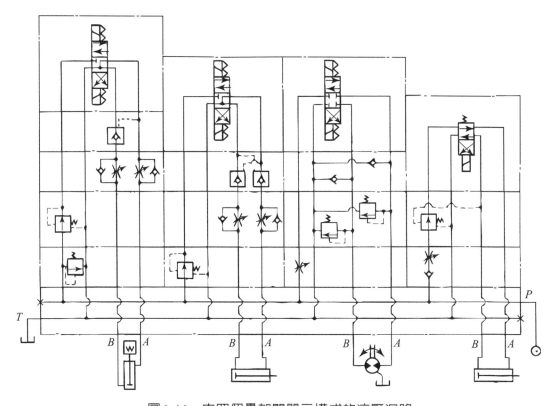

圖6-44　由四個疊加閥單元構成的液壓迴路

6-4-3 構造

　　疊加閥基本構造單元在圖6-42已做過說明，像這樣將另一基本單元所需的疊加閥再堆置在基座板上，而後排成一列，就構成了整個液壓迴路。圖6-44所示的液壓迴路是由四個基本單元構成，基座板為四聯裝形式。

　　圖6-45、6-46、6-47所示為國外某公司所生產的疊加閥，其外觀和內部構造及動作原理，幾乎與前面所述的傳統控制閥相似。疊加閥式單向節流閥的圖形符號見表6-2。由6-45～6-47三圖所示的各式疊加閥可以知道，每一種疊加閥依其各控制閥原來傳統的功能，及將來要堆疊構成的迴路而集成出來的迴路形式，要比傳統控制閥多出許多，像溢流閥有三種，減壓閥也有三種。

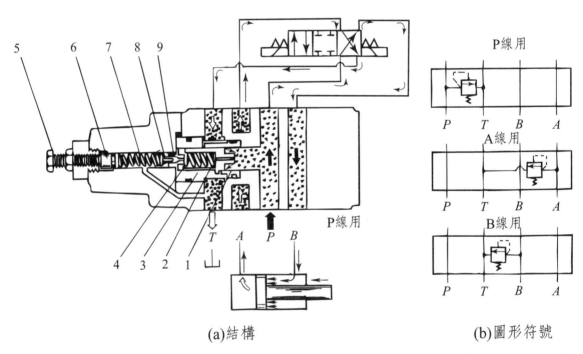

(a)結構　　　　　　　　　　　　　(b)圖形符號

1-主閥座；2-主閥芯；3-導向套；4-彈簧；5-壓力調節螺絲；6-柱塞；7-先導彈簧；8-先導閥芯；9-先導閥座

圖6-45　疊加閥式溢流閥

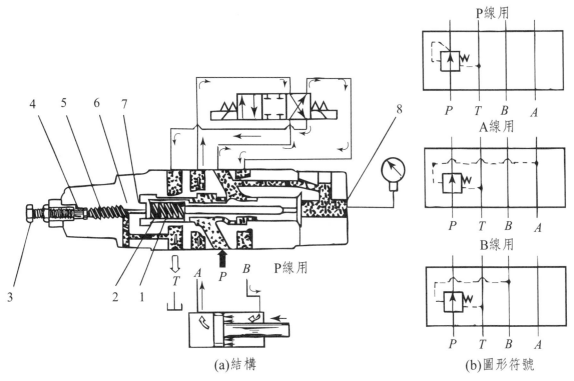

(a)結構　　　　　　　　　(b)圖形符號

1-主閥芯；2-主閥彈簧；3-壓力調節螺絲；4-柱塞；5-先導彈簧；6-先導閥芯；7-先導閥座；8-出口壓力檢測口

圖6-46　疊加閥式減壓閥

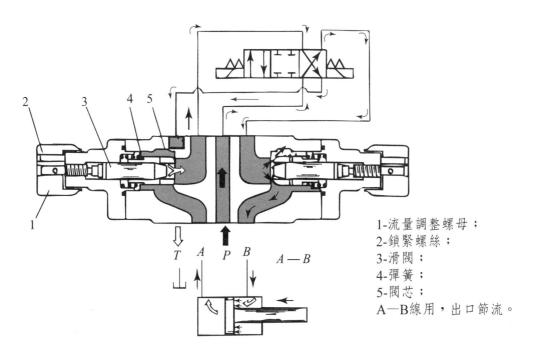

1-流量調整螺母；
2-鎖緊螺絲；
3-滑閥；
4-彈簧；
5-閥芯；
A—B線用，出口節流。

圖6-47　疊加閥式單向節流閥

表6-2 疊加閥式單向節流閥圖形符號

控制方向	A線用	B線用	C線用
出口節流	P T B A	P T B A	P T B A
進口節流	P T B A	P T B A	P T B A

6-4-3-1 基座板構造

常見的有單層型六聯式基座板。在其左、右兩側,液壓油通往油槽和泵的接口(T和P),每一聯各有其專用通往執行元件的配管接口(A和B口),而在其頂面有通往疊加閥的配管口(P、T、A、B口),此外還有固定疊加閥的螺栓孔。圖6-48(a)、(b)所示為單聯式和多聯式基座板的符號,從基座板符號上可以很清楚地看出P(泵)、T(油槽)、A和B(執行元件)等接口。疊加閥通常使用最高壓力可達25 MPa,其壓力大小主要因閥的最大流量和閥尺寸的不同而異,疊加閥的尺寸有1/8、1/4、3/8、3/4、5/4英寸。

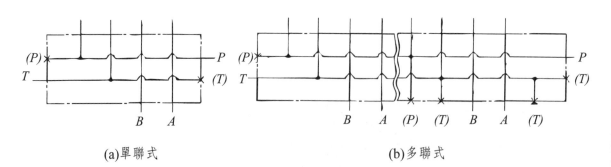

(a)單聯式　　　　　　　　　　(b)多聯式

圖6-48 基座板符號示意圖

6-4-4 疊加閥迴路

　　如圖6-49(a)、(b)所示，直接畫出疊加閥迴路往往是比較困難的，通常是先繪出傳統迴路，然後再將傳統迴路改繪成疊加閥迴路。在電磁閥的符號上引出一條中心線，以此中心線為界將整個迴路分成左、右兩側，然後將迴路各接口之間的連接線彎曲成顛倒的「U」字形，這樣就變成如圖6-49(b)的疊加閥迴路了。圖6-50所示為傳統控制閥驅動液壓缸及馬達的迴路，運用上述原則可得如圖6-51所示的疊加閥驅動迴路。

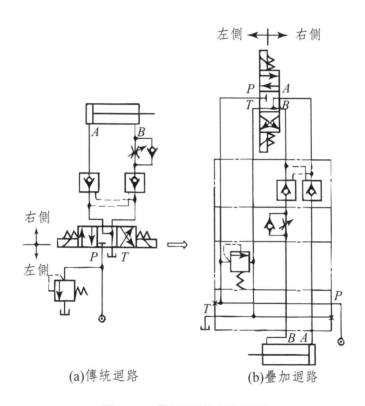

(a)傳統迴路　　　　　　(b)疊加迴路

圖6-49　疊加閥構成的迴路

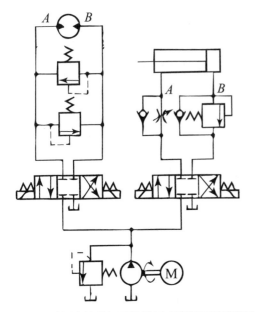

圖6-50　傳統控制閥驅動液壓缸及液壓馬達的迴路

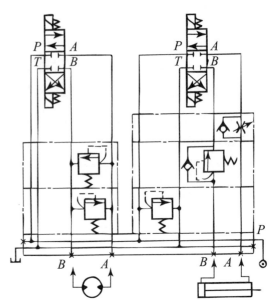

圖6-51　疊加閥驅動迴路（運用上述原則可由圖6-50更改為圖6-51）

6-5 插裝閥

6-5-1 通說

　　早期的液壓控制閥是單個的獨立單元，在液壓系統中也是通過油管單個連接安裝的。其結構形式多是滑閥型，閥口關閉時為間隙密封，不僅密封性能不夠好，而且因為具有一定的密封長度，閥口開啟時存在死區，閥的靈敏度差。20世紀70年代初才出現的一種新型液壓元件—插裝閥（Cartridge valve），使得此一問題得以解決，並且可以實現壓力、流量和方向控制。根據液壓系統的不同需求，將基本組件插入特定設計加工的閥塊，通過蓋板和不同先導閥組合，即可組成插裝閥系統。它是一種多功能、標準化、通用化程度相當高的液壓元件，由於插裝閥的組合形式靈活多樣，且其密封性能好、動作靈敏、通流能力大、抗汙染，因此應用日益廣泛。多適合於鋼鐵設備、塑膠成形機以及船舶等機械中，特別是一些大流量，且介質為非礦物油的場

合，優越性更爲突出。

　　液壓插裝閥是由插裝式基本單元（簡稱插件體）和帶有引導油路的閥蓋所組成的。液壓插裝閥按迴路的用途，裝配不同的插件體及閥蓋來進行壓力、流量或方向的控制。插裝閥安裝在預先開好閥穴的油路板上，可構成所需要的液壓迴路，故可使液壓系統小型化。有特點如下：

　　1. 插裝閥蓋的配合可使插裝閥具有方向、流量及壓力控制等功能。

　　2. 插件體爲錐形閥結構，因而內部洩漏極少，其反應性良好，可進行快速切換。

　　3. 通流能力大、壓力損失小，適合於高壓、大流量系統。

　　4. 插裝閥直接組裝在油路板上，因而減少了由於配管引起的外部洩漏、振動、噪音等環節，系統可靠性有所增加。

　　5. 安裝空間縮小，使液壓系統小型化，和以往方式相比，插裝閥可降低液壓系統的重量、體積及製造成本。

6-5-2 基本結構

　　插裝閥組成的液壓迴路通常含有下列四基本元件：

6-5-2-1 油路板

　　油路板是指在方塊鋼體上挖有閥孔，用以承裝插裝閥的集成塊，如圖6-52：閥蓋1、彈簧2、套管3、錐形閥4、緩衝裝置的錐形閥5、無緩衝裝置的錐形閥6。圖6-53所示爲油路板上主要閥孔和控制通道，X、Y爲控制液壓油油路，F爲承裝插件體的閥孔，A、B口是配合插件體的液壓工作油路。

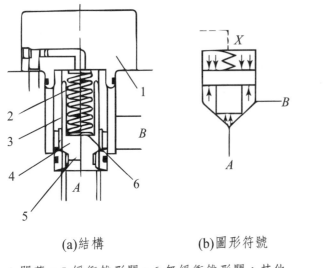

(a)結構　　　　(b)圖形符號

1-閥蓋；5-緩衝錐形閥；6-無緩衝錐形閥；其他
見前文及下文

圖6-52　插裝閥

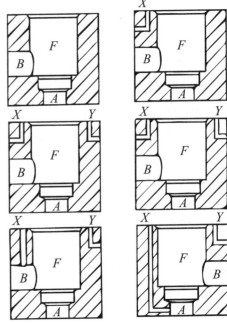

圖6-53　油路板上主要閥孔和控制
　　　　通道

6-5-2-2 插件體

見圖6-52，主要由錐形閥4、彈簧套管3、彈簧2及若干個密封墊環構成，插件體本身有兩個主通道，用於配合油路板上A、B通路。

6-5-2-3 蓋板

如圖6-52所示，閥蓋1安裝在插件體的上面，其內有控制油路。它和油路板上X、Y控制油路相通以引導壓力或洩油，使插件體開、閉，控制油路中還有阻尼孔，用以改善閥的動態特性。

6-5-2-4 引導閥

引導閥是控制插裝閥動作的小型電磁換向閥或壓力控制閥，疊裝在閥蓋上。

6-5-3 動作原理

插件體只有兩個主通道A和B（參見圖6-52），錐形閥的開、閉決定A口和B口的通、斷，故插裝閥也稱爲二通插件閥。在錐形閥上有兩個受壓面面積A_A和A_B，分別和A口、B口相通；有控制口X作用在彈簧上，其受壓面積爲A_x，很顯然有：

$$A_x = A_A + A_B$$

分析其力學關係：

$$A_x p_x + F_s = F_x$$

$$A_A p_A + A_B p_B = F_W$$

式中 A_x：X口受壓面積。　　p_x：X口壓力。　　F_s：彈簧預壓力。

　　　A_A：A口受壓面積。　　p_A：A口壓力。　　F_x：X口向下的力。

　　　A_B：B口受壓面積。　　p_B：B口壓力。　　F_W：A、B口向上的力。

6-5-3-1 閉動作

如圖6-54，當電磁換向閥不動作時，X口有引導壓，此時有：

$$A_x p_x + F_s > A_A p_A + A_B p_B$$

故錐形閥關閉，A口和B口的通路被切斷。所以當$p_A = p_B = 0$時，閥閉合。

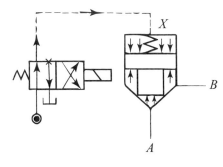

圖6-54　閉動作

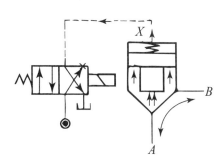

圖6-55　開動作

6-5-3-2 開動作

如圖6-55，當電磁換向閥動作時，X口沒有引導壓，即$p_x = 0$，此時有式：

$$A_x p_x + F_s < A_A p_A + A_B p_B$$

故錐形閥上升，A口和B口相通，所以A口或B口的壓力都有可能單獨使錐形閥打開。若$p_x = 0$時，則在p_A或p_B的壓力作用下，使錐形閥打開的最小壓力為錐形閥的開啟壓力。此開啟壓力和A_A或A_B面積的大小及彈簧預壓力F_s有關。通常開啟壓力在0.03～0.4 MPa 範圍內。錐形閥上升，壓力油可由A流向B，也可由B流向A。當然如果$A_x/A_A = 1$時，則錐形閥為直筒形，此時壓力油只能由A流向B。

6-5-3-3 用作方向控制閥

插裝閥如用作方向控制閥且能雙向導通（A→B，B→A）時，則$A_x/A_A = 1.5$（參圖6-52），方向控制插裝閥如圖6-56所示。

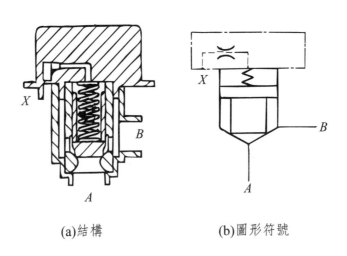

(a)結構　　　　　　　　(b)圖形符號

圖6-56　方向控制插裝閥

將圖6-56的方向控制插裝閥做適當的改變，就可以得到如圖6-57、6-58、6-59、6-60、6-61、6-62所示的各種方向控制閥。圖6-61所示的三位四通電磁換向閥工作狀態見表6-3。

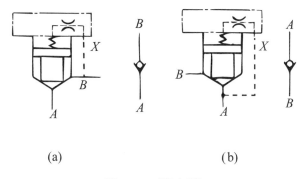

(a)　　　　　　　　(b)

圖6-57　單向閥

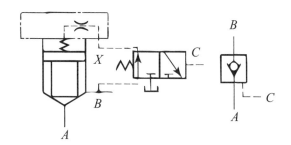

圖6-58　液控單向閥

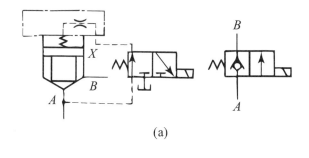

(a)

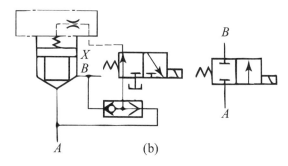

(b)

圖6-59　二位二通電磁換向閥

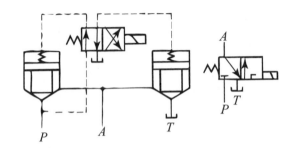

圖6-60 二位三通電磁換向閥（結構與圖形符號）

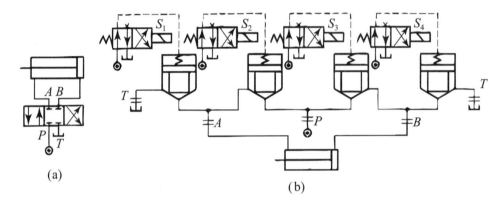

(a)

(b)

圖6-61 四個引導閥控制的三位四通電磁換向閥

圖6-61所示的三位四通電磁閥的工作狀態見表6-3。

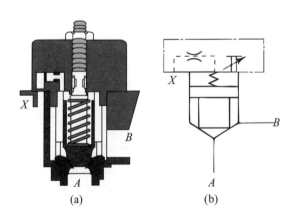

(a)   (b)

圖6-62 方向、流量控制插裝閥（結構與圖形符號）

表6-3　三位四通電磁閥的工作狀態

油路狀態	機能	S_1	S_2	S_s	S_4
	中路停	-	-	-	-
	前進	+	-	+	-
	後退	-	+	-	+

　　利用圖6-61和表6-3，就可以確定插裝閥控制液壓缸的前進、後退及中位停止的原理。由此可知，如果採用四個引導閥來控制四個插裝閥的開、閉，則有16(2^4)種可能狀態，但其中有五種狀態油路都是相同的，故實際上只有12種油路，見表6-4。因此，用插裝閥換向比用一個四通閥有較多的機能來選擇，但是一個三位四通電磁換向閥要由四個插裝閥及四個引導閥來組成，其外形尺寸及經濟性只有在大流量使用時才合理。

表6-4　實際油路

編號	1	2	3	4	5	6	7	8	9	10	11	12	13	14	15	16
S_1	-	-	+	+	-	-	+	+	-	-	+	+	-	+	-	+
S_2	-	-	-	-	+	+	+	+	-	-	-	+	+	-	+	+
S_3	-	-	-	-	-	-	+	+	+	+	-	+	+	+	+	+
S_4	-	+	-	+	-	+	-	+	+	-	+	-	+	+	+	+
油路																

⚡ 新知參考 4

　　電液數字控制閥：電腦對電液系統進行控制是今後技術發展的必然趨勢，數字閥的出現，爲電腦在液壓領域的應用開拓了一個新的途徑。電腦具有運算速度快、記憶功能強大、邏輯運算快而準確等明顯的優勢。所以用電腦對液壓系統進行控制，是液壓技術發展的必走之路。由於電液比例閥能接收的信號需進行「數—模」轉換，才能實現控制。這樣就導致設備複雜、成本提高、使用維護不便等一系列問題。

　　爲了解決這些問題，在20世紀80年代初期，出現了電液數字控制閥，它具有與電腦接口容易、可靠性高、重複性好、價格低廉等優點，在多變量控制以及自適應控制等系統中得到了推廣應用。數字閥是用數字信息直接控制閥口的啟閉，從而控制液流壓力、流量、方向的液壓控制閥，圖6-63爲數字式流量控制閥。

　　電腦發出信號後，步進電動機1轉動，通過滾珠絲桿2轉化爲軸向位移，帶動節流閥閥芯3移動，開啟閥口。步進電動機轉過一定步數，可控制閥口的一定開度，從而實現流量控制。如圖該閥有兩個節流口，其中右節流口爲非圓周通流，閥口較小；繼續移動則打開左邊的全周節流口，閥口較大。這種節流口開口大小分兩段調節的形式，可改善小流量時的調節性能。該閥無反饋功能，但裝有零位傳感器6，在每個控制週期終了，閥芯可在它控制之下回到零位。以保證每個週期都在相同的位置開始，使閥的重複精度較高。

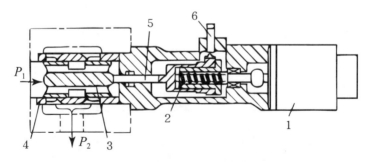

1-步進電動機；2-滾珠絲桿；3-閥芯；4-閥套；5-連桿；6-零位傳感器

圖6-63　數字式流量控制閥

⚡ 新知參考 5

方向控制插裝閥：如圖6-64，當先導控制閥6（二位三通電磁換向閥）斷電時，換向閥處於左位，控制油口K有液壓力作用，閥芯3處於最下端，A口與B口之間的通路關閉。當先導控制閥6（二位三通電磁換向閥）通電時，換向閥處於右位，K口和T口（油槽）接通，K口沒有壓力作用。此時，若壓力油液從A口或B口流入，則閥芯受到的向上液壓力將大於彈簧力，閥芯3開啟，A口與B口相通。該插裝閥在功能上相當於一個二位二通電磁換向閥，如圖6-64(b)所示。

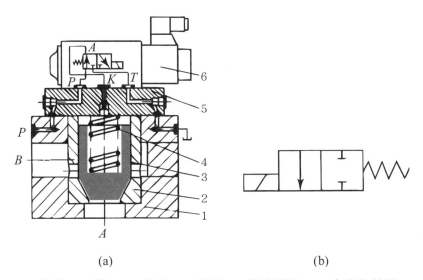

(a)   (b)

1-閥體；2-閥套；3-閥芯；4-彈簧；5-控制蓋板；6-先導控制閥

圖6-64　方向控制插裝閥結構與圖形符號

流量控制插裝閥：流量控制插裝閥在其控制蓋板上有閥芯行程調節器，用來調節閥芯開度；從而可以調節閥的流量，起到流量控制的作用。若在流量控制插裝閥前串聯一個定差減壓閥，則可組成二通插裝調節速閥；若用比例電磁鐵取代流量控制插裝閥的手調裝置，則可以組成二通插裝比例節流閥。閥芯上帶有三角槽，以便調節其開口的大小。

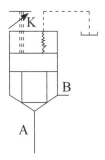

圖6-65　流量控制插裝閥圖形符號

參考資料 5

臺灣的疊加閥製造

油順精密股份有限公司（臺中市南屯區，電話：04-2350-5599），主要產品：

疊加式（溢流閥、減壓閥、順序閥、抗衡閥、節流閥、節流單向閥、單向閥、
　　先導單向閥、高壓過濾器）。

方向控制閥（AHD系列、單向閥、預充閥、手動換向閥、液控換向閥、液控單
　　向閥、釋壓液控單向閥、轉閥換向閥）。

壓力控制閥（溢流閥、低噪音溢流閥、低噪音電磁溢流閥、減壓閥、單向減壓
　　閥、壓力控制閥）。

流量控制閥（節流閥、單向節流閥、液控節流閥）。

氣壓方向控制閥、中座、壓力開關、蓄壓器、油壓／氣壓缸、制動器。

油壓泵（可變量葉片泵、雙聯可變量葉片泵、定量葉片泵、齒輪泵）。

臺灣的插裝閥的製造

承翰油壓機械股份有限公司（臺中市大里區，電話：04-2276-0957），主要產品：疊加式控制閥、插裝式控制閥、壓力控制閥、方向控制閥、流量控制閥。

巨均有限公司（公司新北市三重區，電話：02-2995-4212，工廠臺中市大里區），生產各種插裝閥。例如梭動閥、限流閥、抗衡閥、減洩壓閥。另產多路閥、方向控制閥、閥組、閥體、輔件。

武漢機械股份有限公司（彰化縣花壇鄉，電話：04-786-5118），主要產品：插裝閥、電磁閥、動力單元、閥塊、電子元件、配件、客製化液壓迴路設計製造。

第 7 章

基本液壓迴路

7-1 液壓馬達自習（速度控制 —— 簡稱速控）

7-1-1 基本方式

7-1-1-1 旁通式速控

　　液壓馬達的速控
與液壓缸的速控不盡
相同，主要是液壓缸
速度調整範圍可以很
大，但液壓馬達則遠
為狹小，其理由是液
壓缸的活塞環相當緊
密而不易滑移，但液壓馬達的線路壓力（及負荷）增加時，則有可觀的滑移發生。其

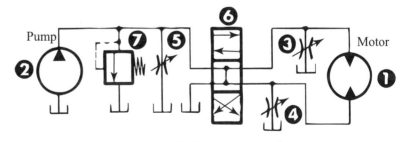

圖7-1　可替代位置的旁通速控

滑移愈大，則速度調限愈差。僅有活塞式液壓馬達的滑移較其他液壓馬達偏低，調速
範圍較大。如圖7-1也可稱為並聯式或排放式，其原理簡易，如使全油量中的部分油
量分流，僅留一小部分以供調速。愈多的油旁通至油槽，則液壓馬達速度愈慢。圖中

3、4、5位置可單獨或全部裝置旁通速控，以在旋轉的個別方向獲取不同速度。個別閥可設置於位置3及4，倘若在每一個方向速度相同，則一單閥裝置於位置5就可達目的。由於所有的速控均會在油中產生熱量，旁通式產熱一般較串聯式爲少，因爲在負荷要求壓力較低的狀況下，多餘的油被旁通至油槽，其壓力通常低於釋壓閥所設定的壓力。但旁通方式不能提供廣泛的調速範圍，因爲在液壓線路中總滑移量爲各泵、控制閥、液壓馬達等的滑移量之和。

7-1-1-2 串聯速控

串聯控制是計量液壓馬達油流的進出並予限流，多餘的油流無法通過控制，必須在排回油槽之前提高釋壓閥的psi，這種方式雖在高壓下旁通，產生了熱能，但串聯法卻較旁通法有較廣闊的調速範圍。這是因爲在馬達內（及控制本身）的滑移

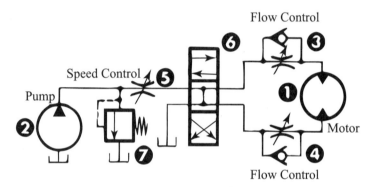

圖7-2　可替代位置的串聯速控

是影響調節的唯一因數。在圖7-2中，於3、4、5的任一或所有三位置可裝設串聯控制。在相反的自由流向時，控制閥3及4必須旁通止回閥，很多的速度控制閥內已建置這些止回閥。使用閥於兩個位置，在兩個方向可獲取個別的速控。一出口計量裝置內設有流量控制，以限制出口油流常是被選用的，除非是單轉向馬達其流出通口不能承受背壓。假若在兩方向的速度是相同的，或有一作業員連續觀察速度，則單獨流量控制可設於位置5。因爲多餘的油會被釋壓閥之設定所排放，熱的發生可能以調整主釋壓閥7於最低設置，使熱量的產生降至滿意程度。

7-1-2 防止旁通速控線路發生爬行

7-1-2-1 利用止回閥或程序閥

旁通速控有一特別問題，尤其在操作單向馬達時，即使旁通速控閥廣開，馬達可

能無法完全停止，而傾向於爬行或漂移。其
原因為雖然閥已廣開，但無法排除泵的容量
至零壓力，有小量的餘壓存留。若使用壓力
補償流量控制時，將更趨嚴重，因為這類閥
不允許泵壓力跌落至50～75 psi以下，解決
線路如圖7-3止回閥平衡法。存留於泵線路
的剩餘壓力有可能被一標準的液壓止回閥4

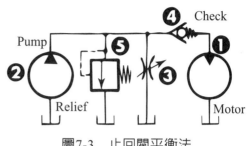

圖7-3　　止回閥平衡法

所抵銷，該閥串聯於馬達，其自由流如圖流向馬達，當速控閥3是一個簡單的二通不
補償式閥時，則此15～20 psi的背壓通常是有效的。此方式對使用於位置3為一壓力補
償式速度控制閥時較不成功，因為這種在位置3的控速閥，即使廣開時仍保持至少75
psi的剩餘壓力，這時候應以程序閥線路取代壓力補償旁通速度控制以達目的。

7-1-3　壓力補償式速控閥

　　雖然任何形式的節流閥都可利用串聯或旁通式去改變液壓馬達的速度，但精密速
控則來自壓力補償式流量控制閥。如果馬達進出口壓力差維持恆定，則一針閥即可維
持馬達合理的恆速。但如經過針閥的壓力差改變時，則經其之流量就起變化，且馬達
之速度也隨之改變。在液壓馬達速控，如馬達軸負荷經常維持恆定；及油溫亦維持
恆定，則針閥即可提供非常精密的速控，甚至優於具閥芯之壓力補償式流量控制滑
閥，這是因為沒有閥芯式的滑移因數可造成不良的速控。但不幸此情況在實際應用中
卻少有存在。大多數的時間馬達的負荷是變動的，而油溫也隨時間變化，這些變動
使得針閥的速控應用困難。一壓力補償式流量控制閥設計為可自動地調整其流孔直
徑，使在負荷變化時，維持經過閥的恆定油流。流孔的調節是自動的反應取自於流孔
上、下游的感應信號，許多這種閥也可以補償油流的溫度變化。

7-1-3-1　三通口流量控制閥

　　如圖7-4，除了規則的進口與出口外，此閥另有一個全尺寸的油槽回路口，此閥
具有串聯控制良好的調節特性；也有旁通控制的低熱能產生特性。進入馬達之油量經
由串聯的計量，僅在負荷有背壓時，多餘油流才流回油槽。三通口閥之構造較二通口

者遠爲不同，主要在精密控制流孔由一先
導作動釋壓閥來進行，此釋壓閥依靠其流
孔上、下游的感應信號而自動地調整其壓
力設定。三通口流量控制通常可提供更優
良的性能，但有一個嚴重的限制，就是從
每個泵就只有一個線路可被操作，假如多
於一個線路被接至壓力歧管（每支設有一
個三通口流量控制閥），則最大的系統psi，會被馬達線路帶動極輕微的負荷而限制
壓力的建立。

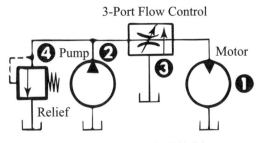

圖7-4　三通口流量控制

7-1-4 馬達速控的特別安排

7-1-4-1 自動速控

　　如圖7-5使用一旁通閥
4並聯以去除多餘油量且維
持恆速，其先導信號來自馬
達出口之速控閥3的psi壓力
降落，閥3與閥4之聯合造成
一壓力補償系統，具有較好
的調速能力，在適當的壓力

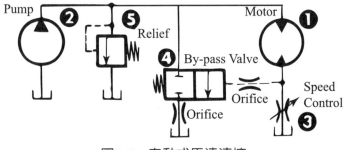

圖7-5　自動式馬達速控

補償流量控制閥如時也可以替用。工作方式如下：作業員調整閥3控制馬達速度，它
可以是任何一種二通閥；壓力補償式或非壓力補償式均可，但需要有良好的節流特
性。其控制操作基於經由該閥的正常壓力降落爲50 psi，若馬達超速，壓降值超過50
psi及增加的壓力造成閥4開大，可排除較多的油，因此維持正常速度。如果馬達速度
慢下來，壓降值少於50 psi，及下降的壓力使得閥4進一步關小，排放較少量的油，以
使馬達提升至正常速度。閥4是一個標準閥芯式液壓旁通閥，具有外部先導連接，其
彈簧調整必須設定於大約50 psi。

7-1-4-2 可反轉馬達之先導操作旁通速控

可反轉馬達
的速度可以類似
圖中線路予以調
節為適合可反轉
操作，將速度調
節閥3置於方向

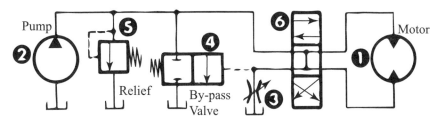

圖7-6　可反轉馬達之先導操作旁通速控

閥6的回返油槽線路上，如圖7-6所示。若閥3是壓力補償式流量控制，且為任何二通液壓閥，可獲得更多的精密控制。即使使用一全開中央四通閥6，泵2也不能解除負荷至零壓力。當閥6在中央位置，同樣分量的油液在馬達運轉時，將經由閥3流至油槽；而其餘油量則經由閥4在低背壓50～75 psi或閥4之彈簧力可及的狀況下旁通回油槽。一般封閉中央式閥不可使用於位置6，除非採用其他方式作為泵2的解除負荷。

7-1-5 使用多個馬達之速控

當使用兩個或多個馬達連接做相同的驅動，並將閥並聯以獲取低速高轉矩；或串聯以獲取高速低轉矩，或串/並聯共用時，有幾種方式可獲得馬達速控的步驟。當使用固定排量液壓馬達時，步驟式速控具有相當重要的利益，因能獲得正確的轉矩轉換，故可達最大的馬力輸出及最小的動力損失和產熱量。對於多重速度，步驟速控方式獲得多重速度的效率遠超過節流速控的方式，並且流量控制因放棄了不想要的馬力以降低馬達速度；但步驟控制除了一些摩擦損失外，並不丟棄任何動力，它利用了所有的馬力，並轉換成不同的速度/轉矩比例。步驟控制法的變化就是要提供許多儘量實際的審慎步驟，而後使用一流量控制閥以獲得相對於步驟之間的中間速度價值。在選擇這些串聯/並聯安排的液壓馬達時，必須確定馬達的任一通口能攜帶全滿線路壓力，而且在同一時間兩通口均在壓力之下。若為齒輪、葉片、擺線式時，通常表示它應有高壓力軸封或密封積存袋外部洩放兩者之一。大都活塞式馬達可符合上述要求。

7-1-5-1 兩速線路

參圖7-7，馬達1及2共軛於相同的驅動，操縱閥1及2可置於並聯，亦可置於串聯或自由運轉。當車輪驅動自由運轉時是為了拖曳。閥1作為方向控制，在中性位置時，可以正轉、反轉及泵解除負荷。閥2提供步驟速控，位置A時提

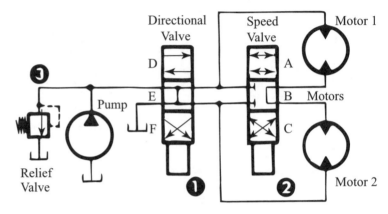

圖7-7　兩速馬達線路

供兩個馬達的自由運轉，但只能在其他閥於中性位時才可使用。在位置B時兩馬達串聯；而在位置C時兩馬達則並聯。閥2之步驟控速動作：中央位置B時，兩馬達處於串聯並推動它們運轉於同一速度，在車輛上驅動此位置時應沒有不同的動作，此位置應使用為在限制的轉矩下，最大的道路速度。總轉矩應等於在泵壓力下一馬達單獨工作時可發展的轉矩；最高速度則應等於在泵滿容量之下兩馬達1、2中之一單獨工作時所能發展的速度。箭頭交叉的位置C將兩馬達並聯連結，降低了一半的車速；並增加轉矩至串聯位置時的兩倍情況，此位置應使用於爬坡或在慢速下做吃重的工作。自由運轉位置A，每個馬達的出口皆連接至其自身的進口，即當車輛被拖曳時，使油液不受限制地循環。自由運轉使用之前，方向閥1應經常置於中位，否則泵將必須運轉於釋壓閥壓力。

7-1-5-2 多重速度步驟

圖7-8是為了特殊應用而設計的線路，且解說了步驟速控的廣泛步驟變化，使用類似線路其他的速度結合亦有可能。在圖中，當閥5及6在中央位時，可獲得五個前進及兩個反轉速度，還有一個泵解除負荷。表7-8(A)顯示閥的多個位置可獲得不同的前進與反轉速度，為簡化控制，閥7和8可共軛且被一個把手柄操作。雖可詳閱7-8(A)，仍有些解釋如下：閥7及8以串聯抑或是並聯連接馬達2、3及4；閥6控制前

進或反轉，並有一個中央位置自由運轉，閥1僅正向運轉，並且可以被加至其他的並聯抑或是串聯狀況；閥5在中央位置時照顧泵解除負荷；在位置A時，它連接馬達1使其被本身旋轉；抑或是與其他部件旋轉；在位置C時，馬達1僅自由運轉。從圖7-8可想像許多有趣面貌，如讓馬達1正向運轉而其他的都以閥使其反向，則更多的反轉速度可以獲得。然而所有的馬達必須經常運轉於相同方向，因為它們是機械地連結在一起。如運用閥使其反向，則有旁通效果計量一個量的油液排放，以降低全面的速度。

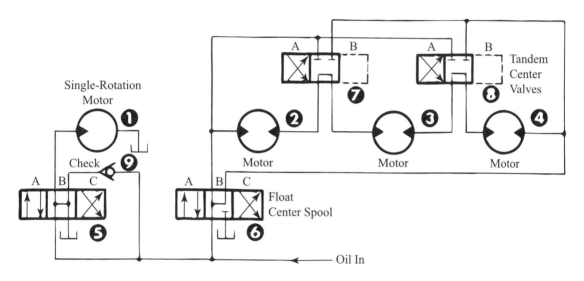

圖7-8　五個前進速及二個反轉速

表7-8(A)　閥位置與可獲得各速度表

功能／閥位置	閥5	閥6	閥7	閥8	功能／閥位置	閥5	閥6	閥7	閥8
泵解除負荷	B	Any	Any	Any					
第一速前進	A	A	A	A	第五速前進	A	B	B	B
第二速前進	C	A	A	A	低速反轉	C	C	A	A
第三速前進	A	A	B	B	高速反轉	C	C	B	B
第四速前進	C	A	B	B					

7-1-6 液壓馬達速度範圍的限制

與其他的驅動相較，液壓馬達有一個重要的優點，就是以簡單的閥模式就可使速度變化。但是任何好東西都有其限制，設計者必須認知實際的速度範圍限制，不可涵蓋不欲發生的副效應，而導致線路不適合應用。對液壓馬達有一個共同的錯誤應用，即嘗試以流量控制閥涵蓋太多的速度變化，在決定涵蓋的速度範圍時，最重要的考慮因數列之如下：

7-1-6-1 馬力損失

速控之節流無論是串聯法或旁通法都會損失馬力，且與速度降低量直接成比例；一馬達若節流至半速，則僅使用一半的輸入動力，而另一半輸入則轉為熱能。其理由是馬力乃psi與GPM之結合，假若psi維持恆定，馬力則隨速度以相同之比例下降。因之，如欲涵蓋太廣泛的速度範圍，則在低速時馬力的損失大增，使機械無法展現功能。重點是節流法控流與轉矩法轉換不同，節流閥是以排放部分動力作為速度降低的方式，當然被放棄的動力轉為熱能。

圖7-9顯示上述之動力損失，液壓泵有一固定10 HP之輸入，若忽視泵之效率即可得出表7-9(A)所列速度／動力關係。圖7-10為轉矩轉換，確實的轉矩轉換並非來自於流量控制，而是使用所有速度之全動力，速度的變化來自於改變液壓馬達的排量，請參閱表7-10(A)。由上述可知，當使用流量控制閥以降低液壓馬達速度時，要在掌握調節的範圍至可接受的最低值，而且動力損失及熱產生的數量需可容忍。另可看出具有節流式速控的固定排量液壓馬達實際上並不適用於高轉矩、低轉速且重負荷的車輪驅動工作；而適用於在較低轉矩下較高速度的道路通行。這是通常要求轉矩轉換的情

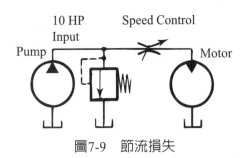

圖7-9　節流損失

表7-9(A)

輸出速度	動力損失	輸出動力
完全	0 HP	10 HP
1/2	5 HP	5 HP
1/4	7½HP	2½HP

表7-10(A)

輸出速度	輸出轉矩	輸出動力	動力損失
完全	1/4	10 HP	0 HP
1/2	1/2	10 HP	0 HP
1/4	完全	10 HP	0 HP

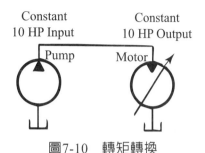

圖7-10 轉矩轉換

況，假若使用可變式泵或馬達不可能的話，則速度變化齒輪箱或其他形式的機械或液力轉矩轉換器可加以利用。

7-1-6-2 過熱

計畫利用流量控制以降低液壓馬達速度時，務必考慮熱量的發生。任何減速都會放出線路中的一部分動力且轉為熱量，此表示任何熱量均與速度降低的數量直接相關。如欲減少熱量，則必須限制速度變更範圍至能符合工作要求的最低值。確實的產熱量是可以考量的，例如表7-9(A)顯示在10 HP輸入及速度節流至一半時，有5 HP轉為熱能。由於1 HP = 746瓦，則過熱量約為3,730瓦電熱元件沉浸於油槽中。由動力轉為熱的計算方程為：

$$HP(heat) = psig \times GPM \div 1,714$$

無論何時，在無機械工作的狀況下，一個量GPM的油從高壓流向低壓而不進行工作時，此方程皆可應用於流體系統任何部分。若系統在操作時速度節流維持於一連續性的基礎，或甚至於在間歇性的基礎上，設計者應考慮系統過熱的可能。可加上一個熱交換器使熱從油槽、元件或管路中放除。動力損失應經常避免，或以良好的設計使其降至最低。雖然動力損失是由流量控制所造成，但在速控上它仍然是能力最容易的方式，動力損失及過熱仍在其次。

7-1-6-3 效率

如前述效率直接與動力捨棄相關，我們擔心主要是產生的熱量在流體系統中引發問題。節約動力，無論是由於非常限量的動力可以輸入系統，或由於耗費動力的高

成本，如能指出在液
壓馬達線路中何處是
最大的損失，則設計
者可找到何處可改善
以提高效率。圖7-11
之舉例，指示出液壓
馬達線路中主要的動
力損失（和高熱之發
生），以及估算的方

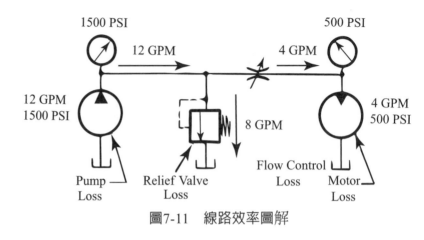

圖7-11　線路效率圖解

式，此學習有助於改良並降低損失達到最小值。

問題7-1：如圖7-11正排量泵線路輸出流量12 GPM，但被節流至4 GPM 流向
馬達，而其餘的8 GPM 在1,500 psi旁通釋壓閥流回油槽，雖然釋壓
閥設定於1,500 psi，在此刻負荷的要求僅有500 psi，請找出線路中
的動力損失。

解決：我們不在意出現於液壓泵及液壓馬達的正常機械與流體損失，因為他們
經常出現，且在設計中難以避免，我們僅考慮那些損失為馬達速控的結果。

1. **流控損失**：使用前述的程式 HP = (1,500 – 500)psi×4 GPM÷1,714
= 2.34HP。

2. **釋壓閥損失**：HP = 1,500 psi×8 GPM÷1,714 = 7.0 HP。

3. **總動力損失**：2.34 + 7.0 = 9.34 HP。

4. **流體路線效率**：上述線路的HP輸入為 1,500 × 12÷1,714 = 10.5
HP，實際HP有效輸出為10.5 – 9.34 = 1.16 HP，故效率僅為
1.16/10.5 = 11.5%。

5. **效率改善**：上例的效率11.5%，尚未計泵及馬達的正常流體與摩擦損
失，已可以做出很有價值的改善。開始是主要動力損失，其發生是過
量的油液從釋壓閥排出，明顯的改善就是要降低釋壓閥設定至最可能
的低值，使其滿足性能即可。進一步改善可獲致極顯著者，即是使用
一種具有先導操作型的釋壓閥，而捨棄直接彈簧操作的釋壓閥，因為
後者若沒有一個不期望發生的大滑移的話，則無法設定接近於負荷壓

力。降低了釋壓閥的設定，則HP的損失可由7降至2.5。經控流閥的損失僅可以縮小速度範圍而儘可能地降至最低，如上例範圍3：1若以2：1來取代，則動力損失可由2.34降至約1.6 HP。當然在馬達全速運轉時並無損失發生，釋壓閥的損失在馬達全速運轉時就消失了。這樣效率至少可提高至[10.5 － (1.6 ＋ 2.5)] ÷ 10.5 ＝ 61%。

7-1-6-4 速度調節

當挑選馬達以涵蓋既定之可調整速度範圍時，最重要的因數是馬達的速度調節（Speed regulation）。一馬達的速度調節是指在其滿載及無載之間的速度改變量，以滿載速度的百分比表示。調節愈好則表示愈大範圍的速度可被成功的涵蓋，理想的馬達可在所有負荷下維持恆速。事實上，所有的馬達在減慢時負荷則會增加，因為有一小部分的供應油液經由工作元件之機械縫隙滑移而未產生工作。負荷增加時系統的psi壓力也會增加，並且與滑移的增加百分比具相同比例。任何既定馬達的滑移量僅依賴於psi，並且在所有速度下皆大致相同，此示之如圖7-12。滑移是液壓馬達的固有特性，且無法以線路設計來改變。設計者在決定馬達的選擇時，應著重其特殊之應用及觀察其指導說明，以儘量降低不期望的滑移效果。此為一規則，速度調節是所有的重要因數，因其最後可決定最大範圍的可行調整。假若一大範圍（大於3：1）必須涵蓋，則設計者就應選擇一滑移非常低的馬達，它必須具有大排量使能操作於相對低的壓力下（讓滑移效果極小化）。因馬達的速度調節非常重要，設計者也要挑選其他低滑移的元件以相匹配，並且應使用一系列的速度控制線路或可變泵，這影響了整個的線路調節。然而，倘若調整範圍是相當受限的話，或速度調整被定位於相對較不重要，則設計者可使用較便宜的元件，並對速度控制及線路可有較多的選擇機會。

7-1-6-5 不良速度調節的效應

如圖7-12所示，當操作速度下降時對應於滿載速度的減慢量即增加。更嚴重的是，節流此比例變得很大，以致馬達的操作不穩定，並且可能因增加一小負荷而突然停止，使其性能變得難以接受，無論採用什麼方法，例如旁通法或串聯流量控制或可變排量泵去變化速度，其效果皆如此。馬達的速度調節愈好，則速度愈能被節流而不致達到不穩定點。

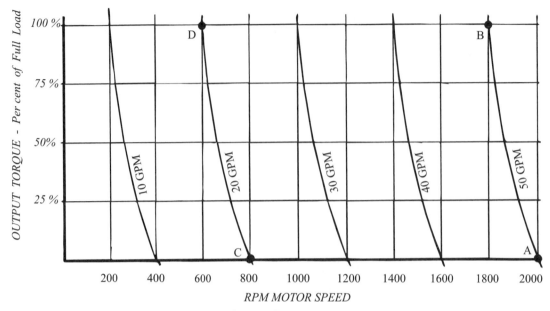

圖7-12　典型液壓馬達性能圖說明速度調節

　　因此全封閉迴路節流系統是必要的，大範圍的速度調節是必要的需求，這些線路通常使用活塞式泵及馬達，因其具有小的滑移及較佳的速度調節，均優於齒輪式、葉片式或擺線式馬達。圖7-12為馬達速度調節之圖解，此圖說明為何在減速時，速度調節及馬達性能變得較差。該圖呈現出某假想馬達的轉矩／速度之關係，及其典型的數據，在馬達製造廠的說明文件中可找出來。

　　為解釋此圖，馬達軸輸出全載時扭矩的百分比為垂直軸（y軸），當轉矩負荷增加時，流體線路中的psi升高而導致滑移了較多的油量，造成速度的減慢。馬達的轉速rpm列為水平軸（x軸），請記住rpm直接比例於供給馬達的油量GPM；實際的GPM在圖中以系列的曲線表示，假如馬達有完美的調節（0%調節，無滑移），這些曲線會成為準確的垂直，但在圖上此曲線當其升高時向左彎曲，這是因為內部流體滑移造成在軸轉矩增加時馬達損失了速度。

　　現在由圖上B點開始，馬達操作於滿轉矩（100%）及運轉於1,800 rpm，且具有50 GPM的流量供應。當軸之負荷被移除時馬達操作於A點，其速度升至2,000 rpm，請參考前列的速度規則：速度調節 = (2,000 − 1,800) / 1,800 = 0.111或11.1%。下一個性能比較，當供油量減少至20 GPM時，馬達操作從D點（滿負荷）運轉於600 rpm移至C點（無負荷）運轉於800 rpm，與上例同樣是200 rpm的速度差異，由此得速度調節 = (800 − 600) / 600 = 0.333 = 33.3%，百分比愈大，表示速度調節愈差。

7-1-6-6 改善速度調節的建議

如進一步以節流方式降低速度，調節也將繼續變差，直到馬達輕微的增加一些負荷即告停止。其他元件的額外滑移也會反映全線路的速度調節，甚且惡於前述。如學習者已仔細研討了上列圖解，並了解了該規則（或速度的百分比損失）：在馬達低速時變差，則液壓馬達線路設計的某些導引將趨於明顯。

1. 通常2：1的速度範圍可成功地被所有液壓馬達涵蓋，惟熱的產生量必須考慮。較好等級的齒輪、擺線及葉片式馬達，在3：1或甚至4：1的範圍若系統有良好設計亦可在平均狀況下被涵蓋。更大的範圍可能以精密構造的活塞式馬達達成，某些可以操作於50：1甚至100：1的範圍，依賴於其餘的線路，以及其他的相關元件，也需良好的構建。欲獲此高比例，全系統皆需仔細設計。在此所述之範圍皆為平均應用，若工作的速度調節並未強調其重要，則較寬廣的範圍亦能覆蓋。

2. 在既定尺寸之框架時，馬達型號為最大之排量則通常應具最低的滑移百分比，例如：若一選擇排量包括3、5、8或12 GPM時（在某一特定速度下），以及所有這些都為相同的框架尺寸，其區別為齒輪寬度或凸輪之偏心距，則12 GPM可成功地涵蓋最寬的速度範圍，而3 GPM則涵蓋最小的速度範圍。

3. 倘若可行，選擇液壓馬達要求其產生最大速度正在或靠近最高GPM流率時，有時候為了獲得些許的較寬速度範圍調節，假若最大速度僅要求為間歇性的，可能需要操作馬達略微高於其最高GPM流率，但若強制一馬達過度地高於其正常流率時，由於它的通口損失，將會降低其扭矩輸出，而且這也會使速度調節變差。

4. 隨同psi之增加使滑移亦增加，若要獲得遠為良好的速度調整以及更寬範圍的調節，可選擇具有大排量的馬達，以及維持其最大psi下降至中等的程度。

5. 使用串聯式的流量控制系統，及小心地選擇具有最小滑移的馬達和閥。控制液壓馬達速度的能力在許多應用上具重要效益，但應注意勿嘗試速度的變異超越了過廣的範圍。

7-1-6-7 液壓馬達越限運轉的限制

越限運轉限制器（Over- run limiter）是一個裝置或一個線路，用來維持液壓馬達在控制之下，防止其逾越運行；並維持其不被快於其泵供應油量應有之運行的負向負荷拉住。為控制其越限運轉，液壓致平衡（Counter-balance）閥是很有效的裝置。

有幾種方式列於以下的線路，該閥是一種二通正常關閉旁通閥，其中附有（或無附有）建置於其中的單向閥，使自由流可反向，屬於先導操作，且先導是以平衡對抗一可調整的彈簧以設定其開啟的壓力。

1. 圖7-13是應用於單向馬達的限制原理線路，致平衡閥4經常置於排出油流的線路，且絕不置於馬達的進口。如同液壓缸的狀況相同，此閥由下列二者之一所先導：馬達的上游側抑或是下游側，依線路動作的需求而定。下游側之先導非常的

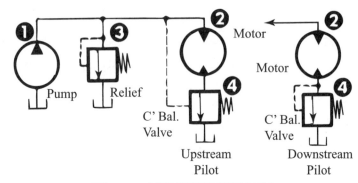

圖7-13　越限運轉限制的原理

平順，且取向低值致平衡已足夠的場合；或僅要求經常維持一公稱背壓於馬達出口，常採活塞式馬達。但當高值致平衡被要求時，則變得不適用了，因為它搶走了線路的壓力以及產生了熱量。如圖7-13左側的上游先導經常被使用，當馬達操作於正向負荷，閥4因受先導而廣開，由於致平衡閥4的作用，在先導閥打開時，它不提供任何油流的限制，故一般不產生熱量。為獲取順利控制它，可能需要嚴謹的流孔板置於先導線路上；或確需一小量的背壓在馬達通往油槽的排放線路上。否則，此閥在某些情況下可能傾向於追逐（Hunt）現象。注意：如果先導壓力突然切斷，致平衡閥將急促關閉，其衝擊可能損壞馬達或閥系，特別是如果馬達發生在高速下旋轉時；或攜帶高動量的負荷時，為防止此狀況，使用一種緩衝（Cushion）安排，圖示於下列線路中。

2. 緩衝式停止：加上釋壓閥1以吸收停止時的衝擊，在泵的供應被切斷時，於接近停止時馬達的作用類似於泵，產生的油回流至馬達的進口，以防止氣穴現象。在圖7-14中，致平衡閥3防止在馬達運行中由負向負荷所造

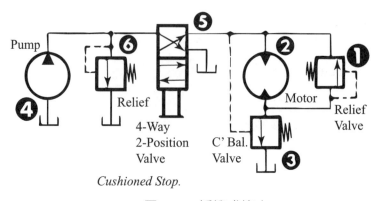

Cushioned Stop.

圖7-14　緩衝式停止

成的超速，致平衡閥3的壓力設定並不重要，主要是將其設置低於馬達的最小負荷。緩衝釋壓閥1必須設定於足夠高，以遏止馬達在最壞狀況下發生超速。假若線路並不用來防止越限運轉，僅作爲緩衝停止，則閥1可設定於需要之低位。

　　3.改良的緩衝：如圖7-15，致平衡閥3的作用與圖7-14相同，但緩衝釋壓閥4連接回返至泵線路，在緩衝發生時，熱油循環至油槽以取代至馬達之進口；而馬達可以拉動冷油從油槽至馬達進口。釋壓閥4的設定不僅決定了對越限運轉的阻力，也影響緩衝的程度，此良好線路適合頻繁啟動與停止的狀況。

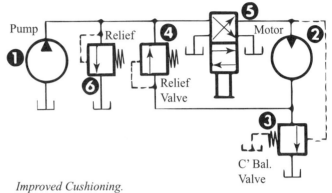

Improved Cushioning.

圖7-15　改良的緩衝

　　4.追逐或顫動（**Hunting or Chattering**）：在外部先導時，由於致平衡閥的急促動作，如同圖7-13的越限運轉限制線路的型式，有時會引起飄忽不定的動作，如果會產生問題，則顯示必須介入使其慢下來或抑止此急促動作，下列的建議應有幫助。

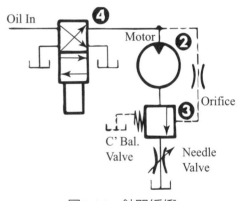

圖7-16　針閥緩衝

　　5.針閥抑止：在致平衡閥的下游增加一個輕微的油流限制，常可對上述動作有效的平順下來，一簡單的針閥介入是使油流限制的簡便方式，如圖7-16，它可以調整使提供恰當足夠但並不過度的限制。減小管路下游的口徑，是達成輕微限制的一種不昂貴的方式。嚴格的以流孔（**Orifice**）控制先導油線應是有利的，但一細微級的過濾器必須置於流孔板之前，以防淤阻於一段時間。

　　6.釋壓閥緩衝：如圖7-17，利用一低壓釋

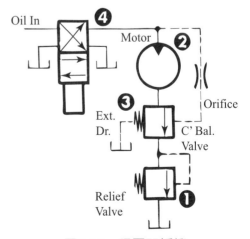

圖7-17　釋壓閥緩衝

壓閥介入一小流量去節制致平衡閥下游，此釋
壓閥可在馬達速度變動及油溫不同的狀況下維
持較均勻的節制，而不致停止。

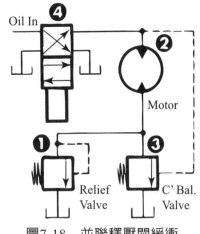

圖7-18　並聯釋壓閥緩衝

7. 並聯釋壓閥緩衝：如圖7-18，增加一個
釋壓閥1並聯於致平衡閥3可產生兩個結果：當
閥3關閉時，可去除馬達引起的壓力高峰以防止
追逐現象；此外，當方向閥4移至停止馬達位置
時，它提供停止的緩衝。釋壓閥1必須設定於足
夠高，以防在最壞狀況下馬達發生越限運轉。
當馬達操作於重負荷時，致平衡閥3受到外部先
導，從馬達下游側移開所有的節制，讓馬達產
生完全動力。

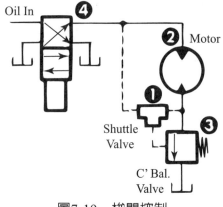

圖7-19　梭閥控制

8. 梭閥控制：如圖7-19，梭閥1介入，當馬
達正拉動一正常負荷時，致平衡閥3的先導是外
部（來自馬達進口），而在馬達接近停止時，
將其移至內部先導（來自馬達出口）。在外部
先導有效時，來自馬達下游所有的節制被移
除；但在供油被切斷後，內部先導取而代之，
且致平衡變成了釋壓，並在馬達進入停頓時，
消散所有的動量能。若此線路用作防止越限運轉，致平衡閥3應設定得足夠高，用以
照顧最大的越限運轉狀況。

9. 可反轉馬達越限運轉的防止：如圖7-20，爲防止越限運轉在任一轉向發生，致

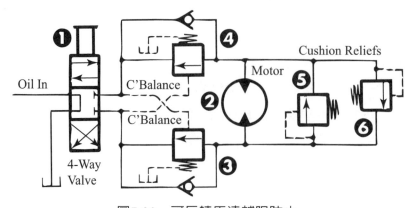

圖7-20　可反轉馬達越限防止

平衡閥3及閥4置於馬達的雙通口，各個閥由其相對的通口所先導，它們包括了內置的自由流回返單向閥。相同的補救措施可以採用以對付追逐現象。如果必要，在前面單轉向馬達已經解說。

若方向閥1於中央位置已關閉馬達各通口，緩衝閥5及6必須被使用。倘若中央全開控制閥使用於位置1，則緩衝閥可以取消。倘若越限運轉僅發生於單轉向，兩個致平衡閥中的一個可以取消。

10. 自由運轉停止之越限限制：一些較新的面貌圖示於7-21，致平衡閥1受到直接來自於泵線的外部先導，可防止馬達於任一旋轉方向的越限運轉，倘若遭遇到追逐或不穩定狀況來自於急促開／關該閥1之動作，則緩衝裝置（Dampening device）必須加上，已示於本章前面。三位方向控制閥2提供作業人員在正轉或反轉間一個機會，當在中性位時它允許馬達自由運轉。假若希望方向閥在中央位置時馬達鎖住以抵制旋轉，則關閉中央式閥軸（閥芯）可使用於閥2。假若任何閥軸型式被使用且其中位時已堵住CYL三通口，則一對緩衝釋壓閥應予加在馬達線路上（進出通口）。注意：一串聯中央或一開放中央四通閥在中央位置時，不能解除泵之負荷，因為其下游有致平衡閥1，泵解除負荷有賴閥3來完成。

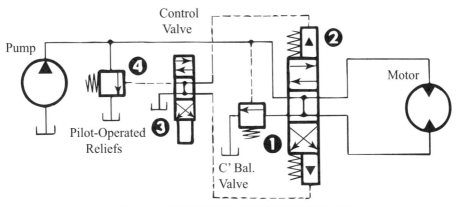

圖7-21　自由運轉停止的越限運轉限制

馬達的方向控制閥是由作業員以一個小的（1/4″或類似）控制閥3來完成的，它接著控制一個大控制閥2，其尺寸足以操縱全馬達油流。該控制閥線路的新面貌，即一個引導（先導）壓力的來源是由引導（先導）作動釋壓閥4的遙控（遠程）連接分歧管而來的，因此，閥3不僅可操控主方向閥2，而且在其中央位置時能夠以排放釋壓閥的方式解除泵的負荷。

7-2 液壓基本迴路

　　功能較大的液壓傳動系統線路會很複雜，但都是由數個或數十個基本迴路組成的。例如可能包括了方向控制迴路、壓力控制迴路、速控（速度調整）迴路，此外，還可能有快速運行迴路、程序動作迴路和速度切換迴路等等，熟悉液壓基本迴路是了解、分析和設計液壓傳動線路的先導課程。

⚡ 新知參考 6

　　複雜液壓系統都是由液壓基本迴路組成的：圖7-22是某種單斗輪胎式全迴轉挖土機，挖斗容量0.6 m³，除行走機構為機械傳動及氣壓制動外，其餘挖掘作業全為液壓傳動系統完成。挖土機採用柴油機為動力，額定功率66.15 kW，工作裝置包括動臂、挖斗、斗槓、迴轉工作台和左、右支腿架。迴轉工作台由液壓馬達驅動，其餘工作

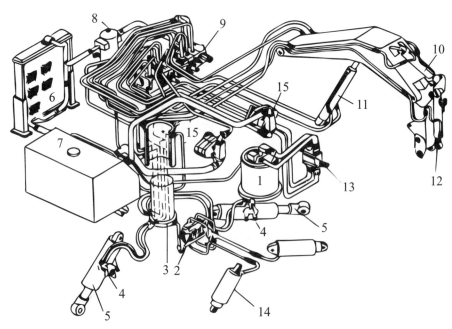

1-迴轉液壓馬達；2-懸掛液壓缸分配閥；3-中央迴轉接頭；4-液壓鎖；5-支腿液壓缸；6-散熱器；7-油槽；8-濾油器；9-多路閥；10-斗桿液壓缸；11-動臂液壓缸；12-挖斗液壓缸；13-迴轉馬達安全閥；14-懸掛液壓缸；15-齒輪泵

圖7-22　挖土機液壓系統

裝備均為液壓缸驅動。其液壓傳動系統為開式（open loop）、雙泵供油、定量系統、齒輪式液壓主泵。主要執行元件有迴轉液壓馬達、懸掛液壓缸、支腿液壓缸、斗桿液壓缸、動臂液壓缸和挖斗液壓缸。另有輔助元件油槽、散熱器、濾油器、懸掛液壓缸分配閥、多路閥、液壓鎖、迴轉馬達安全閥和中央迴轉接頭等等，近年來該型號液壓系統的元件有不少改進。

7-2-1 壓力控制迴路

以壓力閥來控制和調節液壓系統的主線路或某支線路的壓力，以滿足執行元件的壓力需求。利用壓力控制迴路對系統進行調壓、減壓、增壓、卸載、保壓和平衡等各種控制。

7-2-1-1 調壓迴路

1. 單級調壓迴路

如圖7-23(a)，溢流閥並聯於定量泵的出口，與節流閥和單活塞桿液壓缸組合構成單級調壓系統。調節溢流閥可以改變泵的輸出壓力。當溢流閥的調定壓力確定後，液壓泵就在溢流閥的調定壓力下工作。節流閥調節進入液壓缸的流量，定量泵提供多餘的油經溢流閥流回油槽，溢流閥起定壓溢流作用，以保持系統壓力穩定，且不受負荷變動的影響。因而實現了對液壓系統進行調壓及穩壓控制。若將液壓泵改換為變量泵，就是將溢流閥當作安全閥來使用，液壓泵的工作壓力低於溢流閥的調定壓力，這時溢流閥不工作，當系統出現故障，液壓泵的工作壓力上升時，一旦壓力達到溢流閥的調定壓力，溢流閥將開啟，並將液壓泵的工作壓力限制在溢流閥的調定壓力下，使液壓系統不致因壓力過高而遭遇損壞，因此保護了系統。

圖7-23(b)為遠程調壓閥和先導式溢流閥組成的單級調壓迴路，遠程調壓閥的進油口接先導式溢流閥的外控口，泵的出口壓力由遠程調壓閥調定。

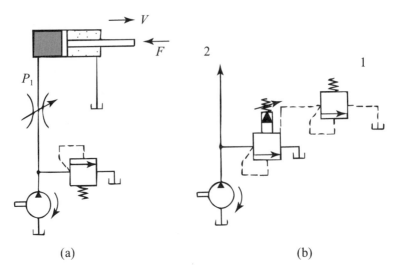

(a)　　　　　　　　　　　　　(b)

1-遠程調壓閥；2-至系統

圖7-23　單級調壓迴路

提示：溢流閥的調壓值是根據系統最大負載和管路總的壓力損失而確定的，若調定
　　　太高，會增大功率消耗及使油液發熱，按經驗溢流閥調定壓力一般為系統最高
　　　壓力的1.05～1.10倍。

2. 三級調壓迴路

　　圖7-24為三級調壓迴路，三級壓力分別由溢流閥1、2、3調定，先導式（引導
式）溢流閥1的遠程控制口經由換向閥分別接遠程調壓閥2和3。在圖示狀態下，泵的
出口壓力由先導式溢流閥調定為最高壓力p_1，當電磁換向閥的左位和右位電磁鐵通電
時，由於兩個溢流閥的調定壓力不同，又可以分別獲得p_2和p_3兩種壓力。如此經由換
向閥的切換可以得到三種不同的壓力值。但是遠程調壓閥2和3的調定壓力值必須低
於先導式溢流閥1的調定壓力值。而閥2和3的調定壓力之間沒有什麼一定的關係。當
閥2或3工作時，閥2或3相當於閥1的另一個先導閥。（圖7-24中，4-至系統，其他代
號示於文中。）

3. 多級調壓迴路

　　在採用比例壓力閥的壓力控制迴路中，調節比例溢流閥的輸入電流，就可以改變
系統的壓力，實現多級壓力控制。當液壓系統工作時，為了降低功率消耗、合理利用

能源、減少油液發熱、提高執行元件的工作平穩，當系統在不同的工作階段需要有不同的工作壓力時，可採用多級調壓迴路。

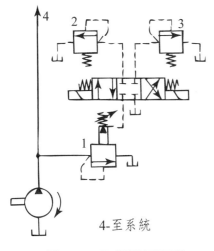

圖7-24　三級調壓迴路

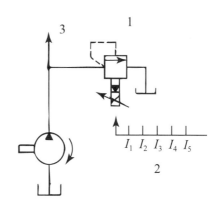

圖7-25　無級調壓迴路

　　圖7-25為無級調壓迴路，改變比例溢流閥的輸入電流，即可實現無級調壓。此種調壓方式很適用於遠距離控制以及電腦控制，而且壓力切換相當平穩。圖中1-比例溢流閥、2-電流輸入、3-至系統。

7-2-1-2 減壓迴路

　　最常見的單級減壓迴路由定值減壓閥和主油路相連構成，如圖7-26（1-減壓支路），壓力油經減壓閥出口可得一較低的壓力值。當減壓迴路上的執行元件需要調速時，流量控制閥應置於減壓閥的下游。減壓迴路中也可以採用類似二級或多級調壓的方法獲得二級或多級減壓。圖7-27（5-至系統）所示為二次減壓迴路，利用先導式減壓閥2的外控口（經由換向閥4）接一遠程調壓閥3，則可由閥2、閥3各調得一低壓數值。要注意，閥3的調定壓力值一定要低於閥2的調定減壓值。為了使減壓迴路工作可靠，減壓閥的最低調整壓力不應小於0.5 MPa，最高調整壓力至少應比系統壓力小0.5 MPa。當減壓迴路中的執行元件需要調速時，調速元件應置於減壓閥之後，以免減壓閥洩漏（指油液從減壓閥洩油口流回油槽），對執行元件的速度產生影響。

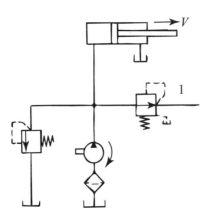

圖7-26 單級減壓迴路

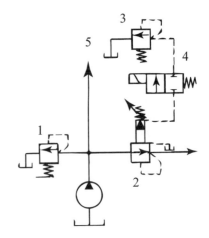

圖7-27 二級減壓迴路

提示：減壓迴路適用場合

　　當系統壓力較高，而局部迴路或支路要求較低壓力時，可採用減壓迴路，如機床液壓系統中的定位、夾緊等迴路，以及液壓元件的控制油路等，它們往往要求比主油路較低的壓力。減壓迴路較為簡單，一般是在所需低壓的支路上串接減壓閥。採用減壓迴路雖能方便地獲得某支路穩定的低壓，但壓力油經減壓口時會產生壓力損失，此乃其缺點。

7-2-1-3 增壓迴路

提示：增壓迴路適用場合

　　如果液壓系統或其中的某些支路需要壓力較高但流量又不大的液壓油，若採用高壓泵又不經濟，或者根本沒有必要增設高壓泵時，就常採用增壓迴路，這樣不僅易於選擇液壓泵，而且使用較可靠，噪音也小。

1. 單作用增壓器的增壓迴路

　　如圖7-28（1-液壓泵、2-溢流閥、其他述於文中），增壓器4中有大、小兩個活塞，並由一根活塞桿連接在一起。當手動換向閥3右位工作時，輸出壓

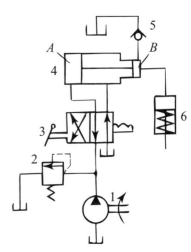

圖7-28 單向增壓迴路

力油進入液壓缸A腔，推動活塞向右運行，右腔油液經手動換向閥3流回油槽，而B腔輸出高壓油，高壓油液進入工作缸6推動單作用式液壓缸活塞下移。在不考慮摩擦損失及洩漏的情況下，單作用增壓器4的增壓倍數（增壓比）等於增壓器大、小腔有效面積之比。當手動換向閥3左位工作時，增壓器4活塞向左退回，工作缸6靠彈簧復位。為補償增壓器B腔和工作缸6的洩漏，可經由單向閥5從輔助油槽補充油。上述迴路僅能供給斷續的高壓油，較適用於行程較短、單向作用力很大的液壓缸中。

2. 雙作用增壓器的增壓迴路

　　若須獲得連續輸出的高壓油，可採用圖7-29（1-2-3-4單向閥）所示的雙作用增壓器連續供油的增壓迴路。當活塞處在圖示位置時，液壓泵壓力油進入增壓器左端大、小油腔，右端大油腔的回油通油槽，右端小油腔的增壓油經單向閥4輸出，此時單向閥1、3被封閉。當活塞移到右端時，二位四通換向閥的電磁鐵通電，油路換向後，活塞反向左移。同理，左端小油腔輸出的高壓油經由單向閥3輸出。這樣，增壓器的活塞不斷往復運行，兩端便交替輸出高壓油，從而實現了連續增壓。

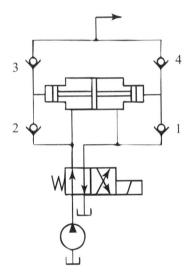

圖7-29　雙作用增壓器的增壓迴路

3. 氣壓–液壓的增壓迴路

　　如圖7-30（增壓器1、氣壓—液壓上方油槽2、氣源3、氣壓—液壓下方油槽4、三個液壓缸5），該迴路是將上方油槽2的油液先送入增壓器1的出口側，再由壓縮空氣作用在增壓器大活塞面積上，使出口側液壓油壓力增強。當二位置手動換向閥6移到右位工作時，空氣進入上方油槽，將上方油槽2的液壓油經增壓器小直徑活塞下部送到三個液壓缸5，當液壓缸衝柱下降碰到工件時，造成阻力使空氣壓力上升，並打開順序閥，使空氣進入增壓器1活塞的上部以推動活

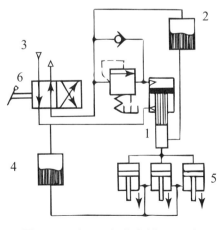

圖7-30　氣—液聯合增壓迴路

塞。增壓器的活塞下降會擋住通往上方油槽的油路，活塞繼續下降，使小直徑活塞下側的液壓油成為高壓油液，並注入三個液壓缸5。一旦將換向閥移到左位時，下方油槽的液壓油會從液壓缸下側進入，將衝柱上移，液壓缸衝柱上側的液壓油流經增壓器（Intensifier）回到上方油槽，增壓器恢復到原來的位置。

7-2-1-4 卸荷迴路

提示：適用場合

在液壓系統工作中，有時執行元件短時間停止工作，或者執行元件在某段工作時間內保持一定的力，而運行速度極慢，甚至停止運動。在這種情況下，不需要消耗液壓系統功率，故採用卸荷迴路，即在液壓泵的驅動電馬達不頻繁啟閉的情況下，使液壓泵在功率輸出接近於零的狀態下運轉，以減少功率損耗，降低系統發熱，延長泵和電馬達的壽命。

卸荷迴路液壓泵在很小的功率輸出下運行，功率為流量與壓力之積，故卸荷有流量卸荷與壓力卸荷兩種方法。流量卸荷用於變量泵，此法簡單，但泵處於高壓狀態，磨損較嚴重。壓力卸荷法用於定量泵，使泵在接近零壓下工作，常見迴路如下列。

1. 三位閥卸荷迴路

M、H和K型中位機能的三位換向閥處於中位時，使泵與油槽相通，實現卸載。圖7-31所示為採用具M型中位機能換向閥的卸荷迴路。此法較為簡單，當閥處於中位時泵卸載。圖7-31(a)所示迴路適用於低壓小流量的系統；圖7-31(b)所示迴路適用於高壓大流量系統。為使泵在卸載時仍能提供一定的控制油壓，可在泵的出口處（或回油路上）增設一單向閥或背壓閥，不過這將使泵的卸荷壓力對應提高。

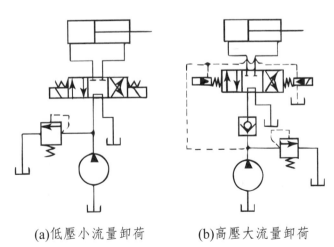

(a)低壓小流量卸荷　　　(b)高壓大流量卸荷

圖7-31　M型中位機能換向閥卸荷迴路

2. 二位二通閥卸荷回路

圖7-32（液壓泵1、二位二通閥2、溢流閥3、至系統4）所示位置爲泵的卸荷狀態。這種卸荷回路中，二位二通閥的規格必須與液壓泵的額定流量相適應。因此，該方式不適用於大流量的場合，通常用於泵的額定流量小於63 L/min的系統。

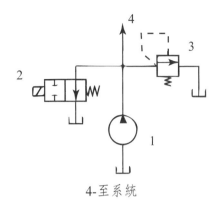

4-至系統

圖7-32 二位二通閥卸荷迴路

3. 先導型溢流閥卸荷迴路

圖7-33（液壓泵1、先導式溢流閥2、換向閥3、4）迴路，其卸荷壓力的大小取決於溢流閥主閥彈簧的強弱，一般爲$(2\sim4) \times 10^5$Pa。由於換向閥3只通過先導型溢流閥控制油路中的油液，因而可選用較小規格的閥，並可進行遠程控制。這種形式的卸荷迴路適用於流量較大的液壓系統。

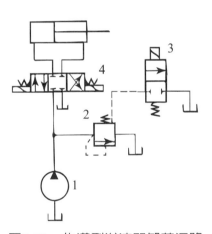

圖7-33 先導型溢流閥卸荷迴路

4. 蓄能器保壓的卸荷迴路

圖7-34（液壓泵1、溢流閥2、單向閥3、換向閥4、蓄能器5、液壓缸6、液控順序閥7）迴路，在圖示位置上，液壓泵向蓄能器和液壓缸供油，當系統壓力達到卸荷閥（液壓順序閥7）的調定值時，液控順序閥7動作，使溢流閥2的遙控口接通油槽，則液壓泵1卸荷。此後由蓄能器5來保持液壓缸6的壓力，保壓時間取決於系統的洩漏量、蓄能器的容量等。當壓力降到一定數值時，液控順序閥7關閉，液壓泵1就繼續向蓄能器和系統供油。這種迴路適用於液壓缸活塞較長時間作用在物體上的系統。

7-2-1-5 保壓迴路

在液壓系統中，常要求液壓執行元件在一定的

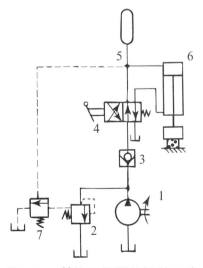

圖7-34 蓄能器保壓的卸荷迴路

位置上停止運行，穩定地保持規定的壓力，這就要採用保壓迴路。在保壓階段液壓缸沒有運動，最簡單的辦法就是用一個密封性能良好的單向閥來保壓，但這種辦法保壓時間短，壓力穩定性不高。由於此時液壓泵為了節能常處於卸荷狀態；或給其他液壓缸供給一定壓力的工作油液，為補償保壓缸的洩漏和保持工作壓力，可在迴路中設置蓄能器（Accumulator）或進行補油。

1. 蓄能器保壓迴路

　　圖7-35顯示當系統工作時，電磁閥1YA通電，主換向閥左位接入系統，液壓泵向蓄能器和液壓缸左腔供油，並推動活塞右移，壓緊（或夾緊）工件後，進油路壓力升高，當升至壓力繼電器調定值時，壓力繼電器發出信號，使二通閥3YA通電，經由先導式溢流閥使泵卸荷，單向閥自動關閉，液壓缸則由蓄能器保壓。當蓄能器的壓力不足時，壓力繼電器復位使泵啟動。保壓時間的長短取決於蓄能器的容量。這種迴路既能滿足保壓工作需求，又能節省功率，減少系統發熱。

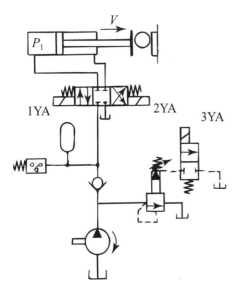

圖7-35　蓄能器保壓迴路

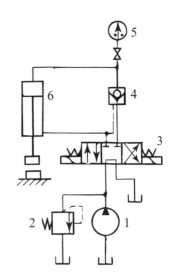

圖7-36　自動補油保壓迴路

2. 自動補油保壓迴路

　　圖7-36（液壓泵1、溢流閥2、換向閥3、單向閥4、壓力表5、液壓缸6）所示迴路，當換向閥3的右位機能起作用時，泵1經液控單向閥4向液壓缸6上腔供油，活塞

自初始位置快速前進，接近物體。當活塞觸及物體後，液壓缸6上腔壓力上升，並在達到預定壓力值時，電接觸式壓力表5發出信號，將換向閥3移至中位，使泵1卸荷，液壓缸6上腔由液控單向閥4保壓。當液壓缸6上腔的壓力下降到某一規定值時，電接觸式壓力表5又發出信號，使換向閥3右位又起作用，泵1再次重新向液壓缸6的上腔供油，使壓力回升。如此反覆，實現自動補油保壓。當換向閥3的左位機能起作用時，活塞快速退回原位。這種保壓迴路能在20 MPa的工作壓力下保壓10 min，壓力變化將不超過2 MPa。其保壓時間長，壓力穩定性也較好。

7-2-1-6 平衡迴路

提示：適用場合

爲了防止垂直或傾斜放置的液壓缸和與之相連的工作部件因自重而下落，或在下行的運行中因自重造成的失控、失速，可設計使用平衡迴路。通常用單向順序閥或液控單向閥來實現平衡控制。

1. 單向順序閥平衡迴路

圖7-37（液壓泵1、溢流閥2、換向閥3、單向順序閥4、液壓缸5）所示迴路，當1YA通電活塞下行時，回油路上存在著一定的背壓，只要將單向順序閥4的壓力調定在能支撐住活塞和與之相連的工作物件自重，活塞就可平穩地下行。爲了安全起見，單向順序閥4的壓力調定值應稍大於此值。這種平衡迴路由於順序閥4的洩漏，當液壓缸5停留在某一位置後，活塞還會緩慢下降。只要在單向順序閥4和液壓缸5之間增加一液控單向閥，則由於液控單向閥密封性好，就可以防止活塞因單向順序閥4的洩漏而下降。

2. 單向節流閥和液控單向閥的平衡迴路

圖7-38（液壓泵1、溢流閥2、換向閥3、液控單向閥4、單向節流閥5、液壓缸6）所示迴路，當液壓缸6上腔進油，活塞向下運行時，因液壓缸6下腔的回油經節流閥5產生背壓，故活塞下行較平穩。

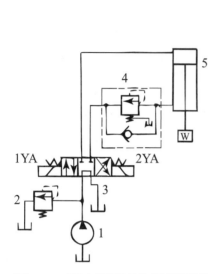

圖7-37　單向順序閥的平衡迴路

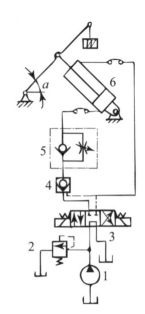

圖7-38　單向節流閥和液控單向閥的平衡迴路

當泵突然停轉或換向閥3處於中位時，液控單向閥4將迴路鎖緊，而且物件的重量愈大，液壓缸6下腔的油壓愈高，控制單向閥4關得愈緊，其密封性愈好。因此這種迴路能將重物較長時間地停留在空中某一位置而不下滑，平衡效果較好。該迴路在迴轉式起重機的變幅機構中有所應用。

7-2-2 方向控制迴路

在液壓系統中，方向控制迴路的作用是實現執行元件的啟動、停止或改變運行方向，即利用各種方向控制閥來控制系統中各油路油液的接通、斷開及變向，主要有換向迴路及鎖緊迴路兩類。

7-2-2-1 換向迴路

圖7-39是採用三位四通電磁換向閥的迴路。當閥處於中位時，M型滑閥機能使

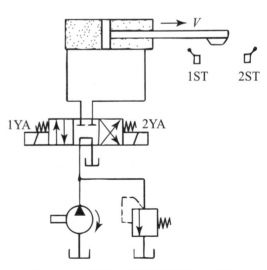

圖7-39　三位四通電磁閥換向迴路

泵卸荷，液壓缸兩腔油路封閉，活塞停止。當1YA通電時，換向閥切換至左位，液壓缸左腔進油，活塞向右移動；當滑塊觸動行程開關2ST時，2YA通電，換向閥切換至右位工作，液壓缸右腔進油，活塞向左移動。當滑塊觸動行程開關1ST時，1YA又通電，換向閥切換至左位工作，液壓缸左腔進油，活塞又向右移動。由於兩個行程開關1ST或2ST的作用，此迴路可以使執行元件達成連續的自動往復運行。

7-2-2-2 鎖緊迴路

提示：適用場合

　　爲了使液壓執行元件能在任意位置上停留，或者在停止工作時，切斷其進、出油路，使之不因外力的作用而發生移動或竄動，準確地停留在原定位置上，可採鎖緊迴路。

1. 換向閥中位鎖緊

　　圖7-40中(a)爲O型中位機能，(b)爲M型中位機能，其三位四通換向閥當閥芯（閥軸）處於中位時，液壓缸的進、出油口都被封閉，可以將活塞鎖緊，這種鎖緊迴路結構簡單，但由於換向滑閥的環形間隙洩漏較大，鎖緊效果較差，故一般僅用於鎖緊要求不太高或只需短暫鎖緊的場合。

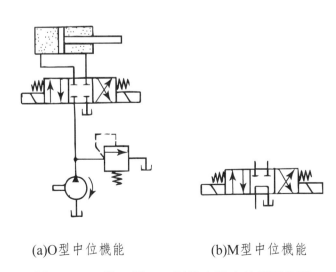

(a)O型中位機能　　　　(b)M型中位機能

圖7-40　三位四通O/M型換向閥中位鎖緊迴路

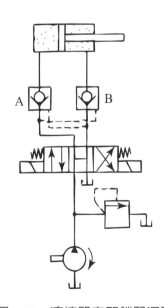

圖7-41　液控單向閥鎖緊迴路

2. 液控單向閥鎖緊迴路

圖7-41的鎖緊迴路在液壓缸的進、回油路中都串接液控單向閥（或稱液壓鎖），換向閥處於中央位置時，液壓泵卸荷，輸出油液經換向閥回油槽，由於系統無壓力，液控單向閥A和B關閉，液壓缸左右兩腔的油液均不能流動，活塞被雙向閉鎖。當左邊電磁鐵通電時，換向閥切換至左位，液壓油經單向閥A進入液壓缸左腔，同時進入單向閥B的控制油口，單向閥B導通，液壓缸右腔的油液可經單向閥B回油槽，活塞向右運行。同理，當右邊電磁鐵通電時，換向閥切換至右位，液壓油經單向閥B進入液壓缸右腔，同時進入單向閥A的控制油口，單向閥A導通，液壓缸左腔的油液可經單向閥A回油槽，活塞向左運動。液壓缸活塞可以在任何位置鎖緊，由於液控單向閥有良好的密封性，閉鎖效果較好。這種迴路廣泛應用於工程機械、起重運輸機械等需較高鎖緊要求的場合。採用這種單向閥（液壓鎖）的鎖緊迴路時，換向閥的中位機能應使液控單向閥的控制油液卸壓，故換向閥只宜採用H型或Y型中位機能。

7-2-3 調速迴路

在液壓傳動系統中，調速迴路主要是用來調節執行元件的工作速度。調速迴路對系統的工作性能起決定性的影響。在本章7-1液壓馬達自習（速度控制）中，已有許多介紹。調速原理如下：液壓馬達的轉速n_M由輸入流量Q和液壓馬達的排量V_M決定，即$n_M = Q/V_M$；液壓缸的運動速度v由輸入流量Q和液壓缸的有效作用面積A決定，即$v = Q/A$。要想調節液壓馬達的轉速n_M或液壓缸的運動速度v，可經由改變輸入流量Q、液壓馬達的排量V_M等方法來達成。由於液壓缸的有效面積A為定值，只有改變輸入流量Q的大小來實現調速。

7-2-3-1 節流調速迴路

主要由定量泵、流量閥、溢流閥和執行元件組成。

1. 進油路節流調速迴路

如圖7-42所示（壓力較高1、壓力為零2），將流量控制閥（節流閥或調速閥）串聯在液壓缸的進油路上，用定量泵供油，且並聯一個溢流閥。該迴路結構簡單，成本

低，使用維護方便，但它的能量損失大，效率低，發熱多。進油路節流調速迴路適用於輕載、低速、負荷變化不大及對速度穩定性要求不高的小功率場合。

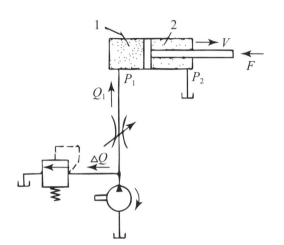

圖7-42　進油路節流調速迴路

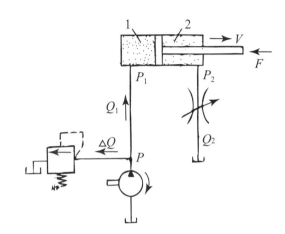

圖7-43　回油路節流調速迴路

2. 回油路節流調速迴路

　　如圖7-43所示（壓力較高1，壓力較低2），是將節流閥串聯於液壓缸的回油路上，定量泵的供油壓力由溢流閥調定，並基本保持恆定不變。此迴路廣泛應用於功率不大、負載變化較大或運動平穩性要求較高的液壓系統中，本迴路之優點如下：

　　(1) 節流閥接於回油路上，回油路有較大的背壓，在外界負載變化時可起緩衝作用，運行的平穩性較進油路節流調速迴路爲佳。

　　(2) 在此迴路中，經節流閥後壓力損耗而發熱，導致溫度升高的油液直接流回油槽，容易散熱。

3. 旁通油路節流調速迴路

　　如圖7-44（壓力較高1、壓力爲零2）所示，主由定量泵、安全閥、液壓缸和節流閥組成，節流閥接在與執行元件並聯的旁油路上。經由調節節流閥的通流面積A，控制了定量泵流回油槽的流量，即可調節

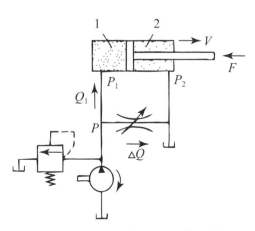

圖7-44　旁油路節流調速迴路

進入液壓缸的流量，實現調速。溢流閥作安全閥用，正常工作時關閉，過載時才打開，其調定壓力為最大工作壓力的1.1～1.2倍。在工作過程中，定量泵的壓力隨負載的變化而變化。實際上，節流閥控制了定量泵正常工作時流回油槽的溢流量，溢流閥作為安全閥用，只有過載時才溢流。這種迴路只有節流損失而無溢流損失。泵的壓力隨負載的變化而變化，節流損失和輸入功率也隨負載變化而變化。因此本迴路比前述兩迴路效率高。但本迴路低速承載能力差，應用比前述兩種迴路少，只適用於高速、重載、對速度平穩性要求不高的較大功率系統，如牛頭刨床主運行系統、輸送機械液壓系統等。

7-2-3-2 容積調速迴路

提示：適用場合

　　此迴路是通過改變迴路中液壓泵或液壓馬達的排量來完成調速。其主要優點是沒有溢流和節流的損失，所以功率損失小，且其工作壓力隨負荷變化而變化，故效率高、溫升小，適用於高速、大功率系統。

1. 變量泵和液壓缸組成的容積調速迴路

　　圖7-45為開式迴路，液壓缸4為定量執行元件。當1YA通電時，換向閥3切換至右位，液壓缸4右腔進油，活塞向左移動。改變變量泵1的排量即可調節液壓缸4的運行速度；圖中的溢流閥2起安全閥作用，用以防止系統過載；溢流閥5起背壓閥作用。當安全閥2的調定壓力不變時，在調速範圍內，液壓缸4的最大輸出推力是不變的，即液壓缸4的最大推力與泵1的排量無關，不會因調速而發生變化，故此迴路又稱為恆推力調速迴路。而最大輸出功率是隨速度的上升而增加的。根據油液的循環方式不同，此屬於開式迴路，即變量泵1從油槽吸油，執行機構的回油直接回到油槽，油槽容積大，油液能得到較充分冷卻，而且便於沉澱雜質和析出氣體。

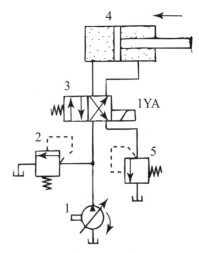

圖7-45　變量泵與液壓缸組成的容積調速（開式）

2.變量泵和定量馬達組成的容積調速迴路

圖7-46的迴路屬閉式，改變變量泵的排量即可調節液壓馬達的轉數。圖中的溢流閥5起安全閥作用，用以防止系統過載；單向閥2用來防止停機時油液倒流入油槽和空氣進入液壓系統。為了補償變量泵4和定量馬達6的洩漏，增加了補油泵1，泵1將冷卻後的油液送入迴路，而從溢流閥3溢出迴路中多餘的熱油進入油槽冷卻。補油泵1的工作壓力由溢流閥3來調節。補油泵的流量為主泵的10～15%，工作壓力為0.5～1.4 MPa。此迴路結構緊湊，只需很小的補油槽，但冷卻條件差。當安全閥5的調定壓力不變時，在調速範圍內，定量馬達6（執行元件）的最大輸出轉矩是不變的。即馬達的最大輸出轉矩與泵的排量無關，不會因調速而發生變化，故此迴路又稱為恆轉矩調速迴路。而最大輸出功率是隨速度的上升而增加的。變量泵4將油輸入定量馬達6的進油腔，定量馬達6回油腔的油液隨後又被液壓泵4吸入，所以此迴路屬於閉式迴路。為了補償迴路中的洩漏，並進行換油和冷卻，需附設補油泵1。

3.變量泵和變量液壓馬達組成的容積調速迴路

圖7-47的調速迴路實際上是上述兩種容積調速迴路的組合，屬於閉式迴路。圖中單向閥4和5用於輔助補油泵7能雙向補油，而單向閥2和3使安全閥9在兩個方向都能起過載保護作用。由於泵和馬達的排量均可改變，故增大了調速範圍，所以此迴路既可以經由調節變量馬達1的排量V_m來完成調速；也可以經由調節變量泵6的排量V_p來實現調速。

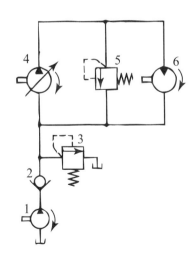

圖7-46 變量泵和定量馬達組成的容積
調速（閉式）

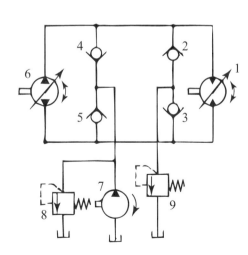

圖7-47 雙向變量泵和雙向變量馬達的
容積調速（閉式）

⚡ 新知參考 7

液壓無級變速器：液壓泵、液壓馬達與控制閥構成一體化的液壓無級變速器，其機構緊湊、體積小、重量輕、布局靈活、操控使用方便，簡化了傳動裝置的結構，改善了各種裝備的質量，因此得到了廣泛的認可和應用，例如已廣泛用於汽車、農業機械的領域中。其工作原理爲液壓傳動的容積調速，經由下列方式進行液壓傳動的功率、速度和轉矩調節：(1)變量泵—定量液壓馬達；(2)定量泵—變量液壓馬達；(3)變量泵—變量液壓馬達，根據不同的場合選擇不同的調節方式。

液壓機械無級變速器（HMT，Hydraulic-Mechanical Transmission）由液壓調速機構和機械變速機構及分、匯流機械組成，是一種液壓功率流與機械功率流並聯的傳動方式，通過機械傳動實現傳動高效率；並通過液壓傳動與機械傳動相接合完成無級變速，具有特點如下：

(1) 能自動適應負荷和行駛阻力的變化，實現無級變速，保證發動機在最佳工作點，有利於提高車輛動力性、燃油經濟性和工作效率性。

(2) 以液體爲傳力介質，很大的減輕傳動系動載，易防止發動機超載和熄火；可提高有關零部件壽命；對工作條件惡劣的農業機械和工程機械尤爲重要。

(3) 行駛平穩，能吸收和衰減振動，減少衝擊和噪音，提高乘坐舒適性。

(4) 有很低的穩定行駛車速，可提高拖拉機在不佳路面上的通過性及低速作業質量。

(5) 操作輕便，便於實現換擋自動化，降低駕駛人員勞動力。

(6) 與傳統機械傳動相比，傳動效率不很高，對變量泵和定量馬達及液壓系統要求較高，製造及使用成本較高，該傳動綜合了液壓傳動和機械傳動的重要優點，兼有無級調速性能及較高的傳動效率，因此在大功率拖拉機、汽車、工程機械、坦克戰車、電力機械等許多領域有著良好的使用前景。

⚡ 新知參考 8

電液控制系統無級變速器：由於機、電、液科技工藝的進步，車輛液力—機械自動變速系統也朝CVT（Continuously Variable Transmission）的電—液式控制系統發展，且CVT的電子控制又進一步朝智能化方向發展；通過軟件使發動機經常在理想

及穩定狀態下運轉，乃至無人化自動操控，大量的降低了人力、油耗及減排汙染，電液、多電、全電是大趨勢，但已超過本書範圍層級，有興趣的讀者可找資料，例如金屬帶式無級變速器電液控制系統。

7-2-3-3 容積節流調速迴路

如圖7-48所示，調節調速閥3節流口的開口大小，就改變了進入液壓缸4的流量，因而改變了液壓缸活塞的運行速度。如果限壓式變量泵1的流量大於調速閥3調定的流量，由於系統中沒有設置溢流閥，多餘的油液沒有排油通路，勢必使變量泵1和調速閥3之間油路的液壓升高，但是當限壓式變量泵1的工作壓力增大到預先調定的數值後，泵的流量會隨工作壓力的升高而自動減小。在這種迴路中，泵的輸出流量與通過調速閥3的流量是相適應的，因此效率高，發熱量少。而且，採用調速閥3、液壓缸4的運行速度基本不受負載變化的影響，即使在較低的運行速度下工作也較穩定。限壓式變量泵與調速閥等組成的容積節流調速迴

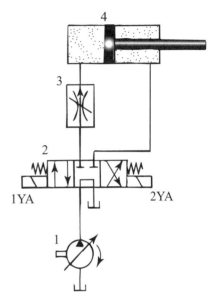

圖7-48　限壓變量泵和調速閥組成的容積節流調速迴路

路，具有效率較高、調速較穩定、結構較簡單等優點，已廣泛應用於負載變化不大的中、小功率組合機床的液壓系統中。

7-2-4 快速運動迴路

提示：適用場合

在一個工作循環的不同階段，要求執行元件有不同的運行速度，承受不同的負載。執行元件在工作進給階段輸出的作用力較大，一般速度較低，但在空程階段負載很小，需要有較高的運行速度，為了提高生產週期及效率，就需採用快速迴路。

7-2-4-1 差動連接快速運行迴路

　　如圖7-49所示為利用差動液壓缸的差動連接而實現的。當電磁鐵吸合，二位三通電磁換向閥處於左位時，液壓缸回油直接返油槽，此時液壓缸（執行元件）可以承受較大的負載，運行速度較低。當電磁鐵斷電時，二位三通電磁換向閥處於右位，液壓缸形成差動連接，液壓缸的有效工作面積實際上等於活塞桿的面積，從而實現了活塞的快速運動。當液壓缸無桿腔有效工作面積等於有桿腔有效工作面積的兩倍時，差動快進的速度等於非差動快退的速度。這種迴路比較簡單、

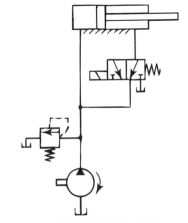

圖7-49　差動連接快速運行迴路

經濟。可以選擇流量規格小一些的泵，這樣能提高效率，因此應用較多。

7-2-4-2 雙泵供油快速運行迴路

　　這種迴路利用低壓大流量泵和高壓小流量泵並聯為系統供油，如圖7-50，圖中高壓小流量泵1用來實現工作進給運行；低壓大流量泵2用來進行快速運行。在快速運行時，液壓泵2輸出的油液經單向閥4和液壓泵1輸出的油液共同向系統供油。在工作進給時，系統壓力升高，打開液控順序閥（卸荷閥）3使液壓泵2卸荷，此時單向閥4關閉，由液壓泵1單獨向系統供油。溢流閥5控制液壓泵1的供油壓力。卸荷閥3使液壓泵2在快速運行時供油，在工作進給時卸荷，因此它的調

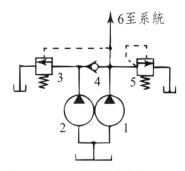

圖7-50　雙泵供油快速運行迴路

整壓力應比快速運行時系統所需的壓力要高，但比溢流閥5的調整壓力低。雙泵供油的快速運行迴路功率利用合理、效率高，並且速度換接較平穩，在快、慢速度相差較大的機床中應用很廣泛；缺點是要用一個雙聯泵，油路系統也稍複雜。

7-2-4-3 輔助液壓缸的快速運行迴路

如圖7-51的迴路，它常用於大、中型液壓機的系統。迴路中共有三個液壓缸，中間缸3為主缸，兩側直徑較小的缸2為輔助缸。當電液換向閥8的右位起作用時，泵的壓力油經電液換向閥8進入輔助液壓缸2的上腔（此時順序閥4關閉），因液壓缸2的有效工作面積較小，故缸2帶動滑塊1快速下行，缸2下腔的回油經單向順序閥7流回油槽。與此同時，主液壓缸3經液控單向閥5（又稱充液閥）從油槽6吸入補充油液。當滑塊1觸及工件後，系統壓力上升，順序閥4打開（同時關閉液控單向閥5），壓力油進入主缸3，三個液壓缸同時進油，速

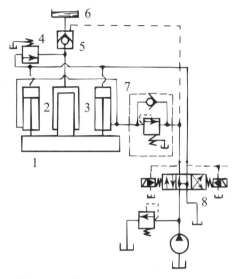

圖7-51　輔助液壓缸快速運行迴路

度降低，滑塊1轉為慢速加壓行程（工作行程）。當電液換向閥8處於左位時，壓力油經經電液換向閥8後，分為兩路，一路經單向順序閥7進入輔助液壓缸2下腔，使活塞帶動滑塊1上移（而其上腔的回油則經電液換向閥8流回油槽）；另一路同時打開液控單向閥5，使主缸3的回油經液控單向閥5排回油槽6。（代號說明皆在上文中）

7-2-4-4 蓄能器快速運行迴路

如圖7-52所示，換向閥5處於中位時，系統停止工作，這時液壓泵1便經單向閥2向蓄能器3充油。當蓄能器3油壓達到規定值時，液控順序閥4被打開，液壓泵1卸荷。當換向閥5處於左位或右位時，液壓泵1和蓄能器3共同向液壓缸6供油，達成快速運行。由於採用蓄能器3和液壓泵1同時向系統供油，故可以使用較小流量的液壓泵來獲取快速運行。注意：使用這種迴路的液壓系統在整個工作循環內必須有足夠長的停歇時間，以使液壓泵完成它對蓄能器的

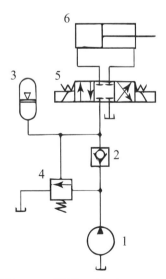

圖7-52　蓄能器快速運行迴路

充油工作。（代號說明皆在上文中）

7-2-5 順序動作迴路

提示：適用場合

在多缸液壓系統中，往往需要按照一定的要求程序動作。例如自動車床中刀架的縱、橫向運行，夾緊機構的定位和夾緊等。順序動作迴路的功能是使多個執行元件按預定順序依次動作。依控制方式可分為行程控制、壓力控制和時間控制三種。

7-2-5-1 行程控制順序動作迴路

如圖7-53所示，A、B兩液壓缸的活塞均在右端。當電磁換向閥1YA通電換向時，液壓缸A左行完成動作①；到達預定位置時，液壓缸A的擋塊觸動行程開關ST_1，使2YA通電換向，液壓缸B左行完成動作②。當液壓缸B左行到達預定位置時，觸動行程開關ST_2，使1YA斷電，液壓缸A返回，實現動作③；當液壓缸A右行到達預定位置時，液壓缸A觸動行程開關ST_3，使2YA斷電換向，液壓缸B完成動作④；液壓缸B右行觸動行程開關ST_4時，行程開關ST_4發出信號，使泵卸荷或引起其他動作，而完成一個工作循環。

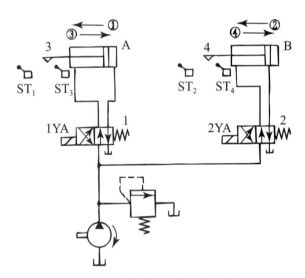

圖7-53　行程控制順序動作迴路

7-2-5-2 壓力控制順序動作迴路

壓力控制即利用管道本身壓力的變化來控制閥口的啟、閉，使執行元件實現順序

動作，其主要控制元件是順序閥和壓力繼電器。

1. 順序閥控制的順序動作迴路

如圖7-54所示，系統中有兩個執行元件：夾緊液壓缸A和加工液壓缸B，閥1和閥2是單向順序閥。兩液壓缸按夾緊→工作進給→快退→鬆開的順序動作。工作過程如下：

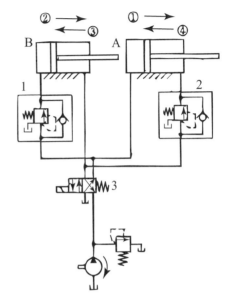

(1) 二位四通電磁閥3通電，閥切換到左位，液壓油進入A缸左腔，由於系統壓力低於單向順序閥1的調定壓力，順序閥未開啟，A缸活塞向右運行而實現夾緊，完成動作①，回油經單向順序閥2流返油槽。

(2) 當缸A的活塞右移到達終點，工件被夾緊，系統壓力升高。此時順序閥1開啟，液壓油進入加工液壓缸B左腔，活塞向右運行進行加工，回油經二位四通換向閥3返回油槽，完成動作②。

圖7-54　順序閥控制的順序動作迴路

(3) 加工完畢後，二位四通電磁換向閥3斷電，右位接入系統，液壓油進入B缸右腔，回油經單向節流閥1流回油槽，活塞向左快速運行實現快退，完成動作③。

(4) 動作③到達終點後，油壓升高，使閥2的順序閥開啟，液壓油進入A缸右腔，回油經換向閥3流回油槽，活塞向左運行鬆開工件，完成動作④。這種順序動作迴路適用於液壓缸數量不多、負載阻力變化不大的液壓系統。

2. 壓力繼電器控制的順序動作迴路

如圖7-55所示，當2YA通電時，換向閥切換至左位，液壓缸A左腔進油，活塞向右運行，回油經換向閥2YA流回油槽，完成動作①；當活塞碰上定位擋鐵時，系統

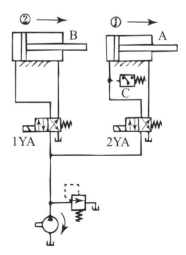

圖7-55　壓力繼電器控制的順序動作迴路

壓力升高，使安裝在液壓缸A進油路上的壓力繼電器C動作，發出電信號，使1YA通電，液壓油進入液壓缸B左腔，推動活塞向右運行，完成動作②；實現液壓缸A、B的先後順序動作。

7-2-5-3 同步迴路

在一些機構中，有時要求兩個或兩個以上的工作部件在工作過程中同步運行，即具有相同的位移（位置同步）或相同的速度（速度同步）。但由於各自的負載不同、摩擦阻力不同、缸徑製造上的差異、洩漏的不同以及結構彈性變形的不一致等因數的影響，使它們不可能達到理想同步。同步迴路就是為減少或克服這些影響而設置，謹介紹幾種如下：

1. 機械連接的同步迴路

如圖7-56所示，將兩個或若干個液壓缸的活塞桿運用機械裝置如齒輪或剛性樑連接在一起，使它們的運行互相牽制，這樣即可不必在液壓系統中採取任何措施而實現同步。此種同步方法簡單，工作可靠，但它不宜使用在兩缸距離過大或兩缸間負載差別過大的場合。

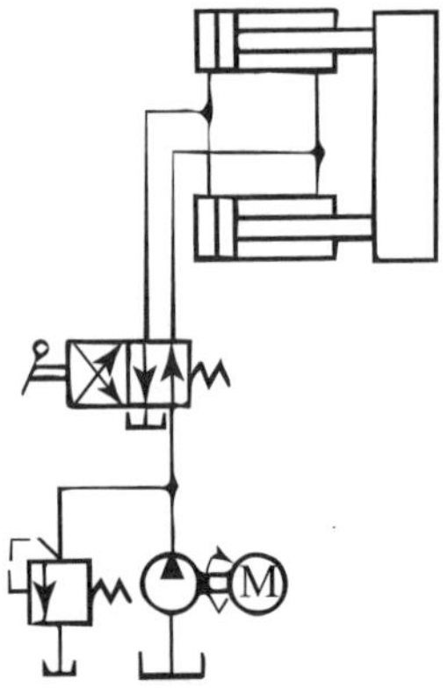

2. 執行件並聯同步迴路

圖7-56　機械連接的同步迴路

(1) 並聯調速閥同步迴路

如圖7-57所示，用兩個調速閥分別串聯在兩個液壓缸的回油路（或進油路）上，再將兩組並聯起來，用以調節兩缸運行速度，即可實現同步。這也是一種常用的比較簡單的同步方法，但因為兩個調速閥的性能不可能完全一致，同時還受到載荷變化和洩漏的影響，同步精度較低。

(2) 比例調速閥同步迴路

該迴路示於圖7-58，其同步精度高，絕對精度達0.5 mm，已滿足一般設備要求。迴路使用一個普通調速閥C和一個比例調速閥D，各裝在由單向閥組成的橋式整流油路中，分別控制缸A和缸B的正、反向運行。當兩缸出現位置差異時，檢測裝置發出信號，調整比例調速閥的開口，修正誤差，即可保證同步。

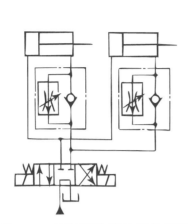

圖7-57 並聯調速閥的同步迴路

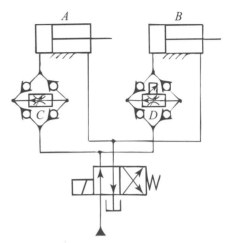

圖7-58 比例調速閥的同步迴路

3. 執行元件串聯同步迴路

(1) 普通串聯同步迴路

圖7-59所示爲兩個液壓缸串聯的同步迴路，第一個液壓缸回油腔排出的液壓油被送入第二個液壓缸的進油腔，若兩缸的有效工作面積相等，兩活塞則將有相同的位移，從而實現同步運行。但由於製造誤差和洩漏等因數的影響，同步精度較低。

(2) 帶補償措施的串聯液壓缸同步迴路

圖7-60所示迴路中兩缸串聯，A腔和B腔面積相等，使進、出流量相等，兩缸的升降便得到同步；而補償措施使同步誤差在每一次下行運動中都可以消除。例如電磁

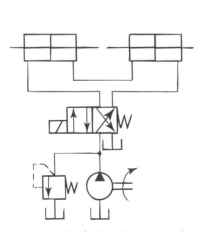

圖7-59 串聯液壓缸的同步迴路

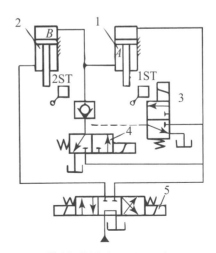

圖7-60 帶補償措施的串聯液壓缸同步迴路

換向閥5在右位工作時，兩液壓缸同時向下運行，若液壓缸1的活塞先運行到底，它就觸動電氣行程開關1ST，使電磁換向閥4通電，壓力油便通過該閥和單向閥向液壓缸2的B腔補入，推動活塞繼續運行到底，誤差即被消除。若液壓缸2先到底，觸動行程開關2ST，電磁換向閥3通電，控制壓力油使液控單向閥反向通道打開，液壓缸1的A腔通過液控單向閥回油，其活塞即可繼續運行到底。這種串聯液壓缸同步迴路只適用於負載較小的液壓系統。

7-2-6 速度切換迴路

提示：適用場合

　　液壓系統的執行機構，往往需要在工作行程中的不同階段有不同的運行速度，這時可以採用速度切換迴路，其作用就是為了工作的需求與循環週期的恰當，將執行元件的某一種運行速度轉換為另外一種運行速度。

7-2-6-1 快速與慢速的切換迴路

　　圖7-61是採用行程換向閥（簡稱行程閥）達成速度切換的迴路。行程換向閥是一種被執行元件，滑塊觸動以實現換向的機動換向閥。這一迴路可使執行元件完成「快進→工進→快退→停止」的自動工作循環。在圖示位置，手動換向閥2處在右位，液壓缸1快進，此時溢流閥4處於關閉狀態。當活塞桿所連接的滑塊壓下行程閥7時，行程閥7關閉，液壓缸右腔的油液必須通過調速閥5才能流回油槽，活塞運行速度轉變為慢速工進。此時溢流閥4處於溢流穩壓狀態。當換向閥2處於左位時，液壓油經單向閥6進入液壓缸右腔，液壓缸左腔的油液直接流回油槽，活塞快速退回。

　　這種迴路快速與慢速的切換過程比較平穩，切換點的位置比較準確。缺點是行程閥必須安裝在裝備上，管路連接較為複雜。該迴路可如下改善：若將行程閥7改為行程開關，手動方向閥2改為電磁換向閥，由行程開關發出信號控制電磁換向閥的換向，這種安裝比較方便，除行程開關需裝在機械設備上，其他液壓元件可集中安裝在液壓站中，但速度切換時平穩性以及換向精度較差，當快進速度與工進速度相差很大時，迴路效率很低。本法亦可稱為「行程閥的速度切換迴路」。

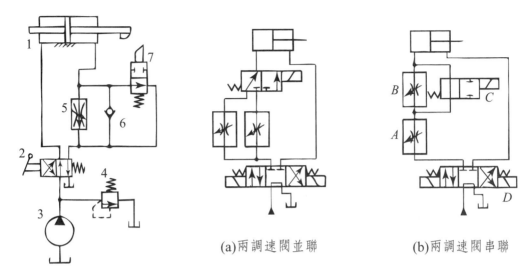

圖7-61　快速與慢速的切換迴路　　　圖7-62　兩種慢速的切換迴路

7-2-6-2 兩種慢速的切換迴路

　　圖7-62所示為用兩個調速閥來實現不同工作進給速度的切換迴路。7-62(a)中的兩個調速閥並聯，由換向閥達成切換。兩個調速閥可以獨立地調節各自的流量，互不影響；但是一個調速閥工作時，另一個調速閥內無油通過，它的減壓閥不起作用而處於最大開口狀態，因而速度切換時大量油液通過該處，使機床工作部件產生突然前衝的現象。因此它不宜用於工作過程中速度換接的場合，只可用於速度預選的場合。

　　圖7-62(b)所示為兩個調速閥A、B串聯的速度切換迴路。當主換向閥D左位進入系統時，調速閥B被換向閥C短接；輸入液壓缸的流量由調速閥A控制。當換向閥C右位接入迴路時，由於通過調速閥B的流量小於通過調速閥A的流量，因此輸入液壓缸的流量由調速閥B所控制。在這種迴路中，調速閥A一直處於工作狀態，它在速度換接時，限制著進入調速閥B的流量，因此它的速度換接平穩性比較好；但由於液壓油經過兩個調速閥A、B，因此能量損失比較大。（代號參見上文）

7-2-7 其他液壓迴路

7-2-7-1 液壓馬達串、並聯迴路

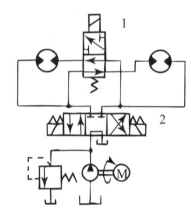

走行機械常直接用液壓馬達來驅動車輪，依據走行條件驅動車輪需要有不同的轉速：在平地行駛時需要高速，上坡時需要大轉矩輸出、而轉速則降低。故可利用液壓馬達串、並聯的不同特性，以適應走行機械的不同工況。圖7-63為液壓馬達的串、並聯迴路。當電磁閥1斷電時，無論電磁閥2的左、右電磁鐵哪個通電，兩液壓馬達都並聯，這時走行機械有較大的牽引力，即液壓馬達輸出的轉矩大，但轉速低；當電磁閥1通電時，電磁閥2左、右電磁鐵任一個通電時，兩液壓馬達都串聯，這時走行機械轉速高，但牽引力小。

圖7-63　液壓馬達串、並聯迴路

7-2-7-2 液壓馬達制動迴路

要使液壓馬達停止運轉，只要切斷其供油即可，但由於液壓馬達本身的轉動慣性（此慣性較液壓缸的慣性大得多），及其驅動負載所造成的慣性都會使液壓馬達在停止供油後繼續再運轉一段時間。為使液壓馬達迅速停轉，需要採用制動迴路，常用的方法有液壓制動和機械制動。

1.液壓制動迴路

如圖7-64(a)所示，利用一中位「O」型的換向閥3來控制液壓馬達的正轉、反轉和停止。只要將換向閥3移到中央位置，馬達M就停止運轉；但由於慣性，馬達出口到換向閥之間的背壓將因馬達的停止運轉而增大，這有可能將回油管路或閥件破壞，因此必須在圖7-64(b)所示的系統中裝一制動溢流閥1（圖中2為負載）。如此，當出口處的壓力增加到制動溢流閥1所調定的壓力時，閥被打開，馬達也被制動。又如液壓馬達驅動輸送機，在一方向有負載，另一方向無負載時，需要有兩種不同的制動壓力，其制動迴路如圖7-64所示，每個制動溢流閥各控制不同方向的液壓油。

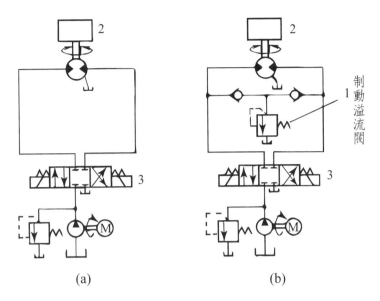

圖7-64 液壓馬達液壓制動迴路

2. 機械制動迴路

圖7-65所示為液壓馬達機械制動迴路。當三位電磁換向閥3的左位或右位起作用時，泵1的壓力油進入液壓馬達7的左腔或右腔，同時制動液壓缸5中的活塞在壓力油的作用下縮回，使制動塊6鬆開液壓馬達7，於是液壓馬達7便正常旋轉。當換向閥3處於中位時（如圖所示），泵1卸荷，制動液壓缸5的活塞在彈簧力的作用下，促使缸內油液經單向節流閥4排回油槽，制動塊6壓下，液壓馬達7迅速被制動（圖中2為溢流閥，其他代號均示於文中）。

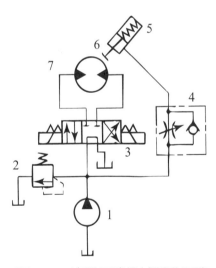

圖7-65 液壓馬達機械制動迴路

7-2-7-3 液壓馬達補油迴路

如圖7-66（1-補油單向閥、2-負荷、3-換向閥、M-液壓馬達）所示，當液壓馬達M停止運轉（停止供油）時，由於慣性它還會繼續運轉一會兒，因此在液壓馬達入

口處無法供油，造成真空現象。圖中在馬達入口及回油管路上各安裝一個開啟壓力較低（小於0.05 MPa）的單向閥1，當馬達停止時，其入口壓力油從油槽經此補油單向閥1送到液壓馬達M入口以補充缺油。

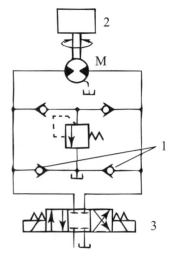

圖7-66　液壓馬達油液補充迴路

參考資料6

臺灣區流體傳動工業同業公會（Taiwan Fluid Power Association, TFPA）

該會自民國79年6月成立以來，堅守非營利性、專業性、公益性社團法人的立場，積極擔任業者與政府之間的溝通橋梁，協調整合業界的意見共識、爭取政府對本業的重視與輔導，以促進本業的升級發展，未來仍有賴全體同業共同努力、支持與合作。

會址位於新北市汐止區新臺五路一段97號25樓之5，電話：02-2697-2677。目前有廠商會員180家，包括北部67家，中部88家及南部25家，所有會員廠商資料均可在公會網頁上找到。臺灣一島有如此眾多流體傳動製造廠家，雖然可見本業之靈活產銷、繁榮發展及看好未來，但也可知多屬中、小型企業，研發費用不集中、產品重複、競爭激烈，若欲結合電腦與人工智慧朝更高端的自動化進展，固然有待大力突破，如望踏入航太、戰機、船艦、潛艇的系列構建與研發製造，恐也有艱苦之挑戰。

嘉華盛科技成立於2001年，於2007年取得AS9100航太品質管理系統認證及NAD-CAP航太特殊製程認證（鋁合金熱處理、X光NDT、螢光滲透檢測），正式跨足航太級精密鑄造專業廠商之一（如高銅鋁合金、不鏽鋼組件）。主要產品為航空發動機油路控制系統、航空燃油機及渦輪發動機熱換器、客戶包括Eaton（跨國電力管理公司）、UTAS（聯合技術航空系統）、Meggitt（專注於航空、航天、國防和能源的高性能組件及子系統的跨國公司）、Safran（賽峰飛機發動機公司）、漢翔（AIDC臺灣航太產業領導公司）等企業。該公司位於高雄市岡山區。

第 8 章

綜合液壓傳動系統

8-1 封閉液壓迴路自習

8-1-1 封閉迴路的介紹

8-1-1-1 開放迴路系統

　　在開放迴路系統油液從油槽中被汲取，泵供給它能源，其方向、流量和壓力水平則被許多不同型式的閥類所控制，其將能源放給作動器（Actuator，如液壓馬達或液壓缸）之後，流體返回油槽被冷卻、過濾、清除或其他過程，以準備經過系統的下一次行程。在開放迴路中泵可以是固定排量或變動排量的，但是其

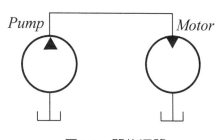

Pump   *Motor*

圖8-1　開放迴路

泵送的油流常是相同的方向，它絕不通過中心位反轉油流。開放迴路使用的較封閉迴路為多，主要是因元件通常昂貴得多，但是某些應用幾乎不能以開放式迴路的方法去達成，在後節中會提到。

8-1-1-2 封閉迴路系統

油液從泵循環到液壓馬達或液壓缸後回到泵進口，但不流經油槽。因輸出動力的反向是需要的，這常以通過中心而移動泵的排量來達成，因此反轉了泵的方向，如圖8-2所示。然而幾個單旋轉方向的泵及幾個四通閥可以使用，雖然可變排量馬達可用在某些應用中，但絕不放棄經過中心，在經過中心時，它們會通過一無限定的速度或跑脫（Runaway）狀況。

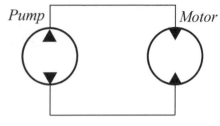

圖8-2　封閉迴路

1. 封閉迴路油液補充

有可靠分量的馬力可經由封閉迴路傳送，一個百分比的油量可從迴路及以冷卻、過濾的更替而連續地被移動，用以防止迴路中油的過熱，低動力也包括在內，就好像使用於一手動泵的主人／僕傭的系統，同樣的油無限定的留在迴路中。

2. 封閉迴路的目的和優點

因為元件的高成本，封閉迴路通常僅使用於某些狀況，當其主效益超過開放迴路的場合，這些優點包括：

(1) 對負面載荷可獲得甚好的控制，這些負荷在某些時候會造成馬達超限過了泵，就像一車輛行駛於下山坡路，泵及原動機協助掌握住負荷於控制之中。

(2) 在需要變動速度於向前及反向的應用中，簡單的操作器控制得以獲得，一個單獨控制把手可以利用於通過中心的可變排量泵，對方向及速度兩者提供完全的控制，另一方面，如以開放迴路系統，則在相同的控制下要求至少兩個控制把手。

(3) 具少衝擊的順暢控制，在封閉迴路中的可變量泵可以自動地照顧油液在進入中性或反向時解除壓縮。

(4) 在封閉線路中一通過中心的泵可消除方向控制、速度控制及致平衡閥系的結合，常以一個較簡單的、較直線向前的線路解決，因而要求較少的服務和維護。

(5) 對系統中的汙染有更好的控制，從而獲得更長壽及更不需服務的設備，這是因為相對較小但定量的新油繼續供給迴路，對照於開放迴路大量而經常間斷的油流，封閉迴路的供油更易於過濾及冷卻。

(6) 在開放迴路的活塞泵需要有附設的加壓器增壓（Supercharge），而封閉迴路則可自我增壓，以回油加壓其進口，這可減除額外的泵工作。

(7) 在封閉迴路中元件和線路中油的滑移（Slippage）較小，遠爲大範圍的速度調節得以獲得。

3. 液壓缸封閉迴路

如記住下列兩重點，本章中大部分的封閉迴路也可應用於液壓缸作動器（Actuators）：

(1) 單桿的液壓缸活塞兩側的排量不相同，因此，在回返衝程時，過於大量的回油完全被泵的進口所接受，或者在伸出衝程時油量不足以滿足泵的進口，故使用單桿液壓缸的線路應包含一個額外的補充泵，以及旁通閥去排除過量油液。

(2) 液壓缸的第二個問題是油迴路常遭遇死路，當它與幾個液壓馬達工作時它無法造成一個完全的迴路，這需要特別的注意給予最好的方法，增加及去除油以使其過濾及冷卻。

8-1-2 傳送動力的封閉迴路

當所有的流體動力系統均以傳送動力爲目的時，封閉迴路系統使用變量泵以及／或活塞式馬達，對於車輛的車輪驅動，這是特別適合的動力傳送方式，然而，對任何重要輸出的應用爲迴轉動力時，值得考慮的是向前或反轉的無段變速、轉矩與速度的變化比，所有的這些功能都以單個控制桿獲取。對於車輛驅動，封閉迴路另有其他的效益：較其他任何傳動有更大範圍的速度、在寬廣的輸出轉矩下有更高的效率、免除或降低刹車的使用、免除機械傳送的很多種項目、相對於車輪或駕駛者的位置對發動機的自由所在，以及每單位馬力的低尺寸及重量。

8-1-2-1 復習轉矩／psi及速度／GPM的關係

在流體系統中的psi等同於在機械系統中的轉矩，並且其中一個以直接的比率製造出另一個，若一液壓馬達的psi（壓力單位）增加10%時，則轉矩輸出也增加10%。馬達的軸速度直接比例於流經馬達的GPM（流量單位每分鐘加侖），若GPM增加

10%時，則速度也增加10%。在機械系統中馬力爲轉矩x rpm（轉速單位每分鐘轉數），而在流體系統則爲psi x GPM。在相同的馬力下若psi增爲兩倍時則GPM減半；在相同的馬力下速度增高則轉矩降低，或速度降低則轉矩升高。這種關係必須牢記在心，當我們討論變動一泵之排量以改變液壓馬達的GPM時；或討論變動一液壓馬達的排量以獲取不同比率的速度及轉矩時。

1. 泵及馬達的可變排量

　　系統設計者可選擇可變排量泵、可變排量馬達、或二者皆選，依據特殊工作的需求而異。雖然無論就馬達或泵任一者變化其排量可改變液壓馬達的軸速輸出，但以轉矩和速度的關係而言，結果可能完全不同。

2. 泵排量

　　泵排量是物理容積，通常以每轉一圈的容量如立方英寸計算，由旋轉的組合來更替。活塞泵可裝設控制桿，操作員可以逐漸地改變排量，從正轉向最大GPM經過零，到反轉向最大GPM；此GPM流量的變化使得液壓馬達跟隨其同樣模式，從全速前進經過中性停止，而至全速反轉。

3. 泵排量變化的效果

　　以泵來產生GPM的改變，以及轉而產生馬達可變速度的輸出。驅動馬達或原動機的需求乃可變馬力以及可變馬力輸出的結果，系統馬力變化是因爲馬力直接正比於GPM。因此一系統爲因應泵排量桿的移動，利用一可變排量泵以產生馬達輸出的可變速度（該馬達也提供可變馬力輸出）。在負荷的要求下，此系統可以恆定的維持最大轉矩，而不受限於控制桿的移動或位置。因爲轉矩僅依賴於壓力psi，但這並非由操作桿所建立，而是由釋壓閥所建立。記住，一可變泵並不是一個轉矩轉化器，它不能夠改變速度／轉矩的比例。

4. 馬達排量

　　這是物理容量，通常以每轉一圈的體積如立方英寸表示，此量可由旋轉組合來更替。它直接與下列二者相關聯：其一爲暴露於psi下的面積用以對抗產生轉矩而工作；其二爲裝滿容量的GPM用以產生速度。液壓馬達可裝置一把手桿或類似的控制，讓操作員去改變排量。

5. 變化馬達排量的效果

以控制桿降低排量可以降低轉矩，這是因為流體壓力（psi）有較少的槓桿作用。在此同時速度增加了，這是因為GPM流量有較小的容積去充填每個旋轉。由於轉矩降低了，速度則以相同的比率增加，而馬力維持不變。因此，可變馬達確實成為轉矩轉化器，它可將液流的馬力維持恆定，且可將其轉化為任何期望的轉矩與速度比率，一可變馬達工作於恆定的馬力下，可置一恆定的馬力負荷於驅動電馬達或引擎（發動機）上。

6. 泵及馬達的排量皆變化的效果

作業員可以泵抑或是馬達排量控制桿調整輸出速度，但通常的程序是使用泵控制以達最高速，之後如需增加一些期望的速度，再使用馬達桿提高速度，但會降低轉矩。液壓馬達的反向旋轉只可以泵桿完成，不可使用馬達桿。

7. 泵及馬達的聯合

圖8-3之後的各圖說明了使用固定及可變排量的聯合元件，每個均可能具有輸入和輸出的特性，對每個聯合都有一大致最高的速度範圍予以建議。

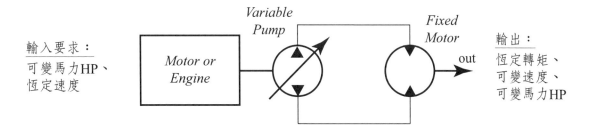

圖8-3　可變泵操作一固定排量液壓馬達

8-1-2-2 可變泵及固定馬達

液壓馬達能夠產生一個固定最大轉矩，因為轉矩與泵控制桿的動作或位置並不相關，它是由系統釋壓閥的壓力設定所建立。若系統中有壓力補償器，則由此器所設定。作業員以泵排量控制桿進行控制，可使無論正向或反向輸出的速度可變化，以對

應於流量的容積及其方向。由於流體馬力是由GPM x psi所產出，且因爲最大psi是由釋壓閥設定，隨後若以泵控制桿設定時，流體馬力是直接比例於系統的GPM，因此從系統中變化泵的控制桿以改變馬力量是可能的，並且從驅動馬達或引擎中抽取也可以改變馬力。此種型式的驅動使用於需要寬廣範圍的速度場合，並且從零到最大所有的速度下一高轉矩均有可能的場合。由於此方式可能被置於驅動引擎速度增加時應有馬力增加需求的場合，作業員應小心別讓驅動引擎停止，尤其是大型引擎時將更嚴重。使用封閉迴路（閉環）動力傳動的活塞設備通常不設計爲在同一時間以全轉矩及全速度運行，因其馬力可能過高。它們大多設有壓力補償器及／或HP限制裝置，可以在負荷轉矩到達預設之水平時自動降低泵的排量（超過了作業員的控制）。當活塞泵及馬達安裝好之後，一般使用5：1的速度比，而50：1或更高比率也可置於許多應用中。

⚡ 新知參考 9

　　壓力補償器：壓力補償器（閥）是歐美液壓領域對定差減壓閥的稱呼，其概念爲實現負載流量恆定而提出的，在無法預知或掌握負載變化規律的情況下，保持節流閥前後的壓差恆定，以達到通流量的恆定，該元件或功能的組合就稱爲壓力補償器。這要先說一下定差減壓閥，它是使閥的進口壓力與出口壓力之間的壓差值接近恆定的一種減壓閥，不管進口壓力如何變化，總保持恆定的壓力差向外供油，在實用中很少見到單獨使用的定差減壓閥，它一般與節流閥組成調速閥，使用了定差減壓閥迴路，流量控制穩定性較好，使閥的流量不受負載壓力變化的影響，通過自我調節以維持兩個感受端的壓差恆定。對此希望進一步了解的讀者請查閱：《壓力補償器在壓力系統中的應用》（作者楊殿寶，6頁）。及《壓力補償器液壓測控系統的研究》（上海大學，73頁）。以電腦輔助對航天設備液壓元件—壓力補償器、壓力繼電器的測試。

8-1-2-3 固定泵及可變馬達

　　此型式驅動應用於恆定最高馬力的純轉矩轉換需求處，但不可反轉的場合，實際上很少使用，因爲相對狹窄的速度調節範圍；也因爲馬達輸出旋轉方向不能改變，除

非經由一個附加的四通換向閥。可變馬達通常與可變泵聯合，將在下一節介紹。一可變排量馬達運轉於其最低速度及最大轉矩時，其凸輪板位於最大角度。馬達速度增加，而轉矩降低，當凸輪板旋轉趨向零時。但不像可變泵，液壓馬達絕不如此設置，故其凸輪板可被移動經過中位而反轉，在如此快速率及較小的凸輪角度下機械損失增加，以致大於2：1或3：1的加速實際少有。通常在馬達內提供一正性停止，以防凸輪板被移動過遠。回顧這種驅動，它可使用於全時間需最大動力輸出在最大速度時，並且負荷的轉矩需求一致的場合。若使用一四通閥，它可作為車輪驅動或吊運機的應用，其轉矩／速度的要求可變化。

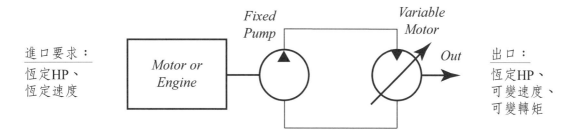

圖8-4　固定排量泵操作一可變液壓馬達

8-1-2-4 可變泵及可變馬達

可變泵及可變馬達的聯合示於圖8-5，它可以提供寬廣的速度範圍及轉矩的轉化，使用兩個控制桿；一個用於泵及另一個用於馬達。一般僅泵桿被使用，當以最大轉矩施作重負載工作時，它提供前進及反轉的直接控制以及速度控制，馬達桿則用作額外的3或4：1的轉矩減小而速度增加時使用，如同車輛行駛於高速公路。

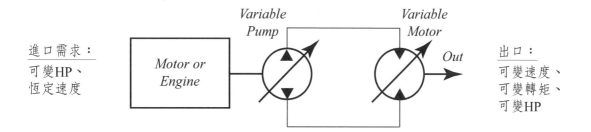

圖8-5　可變泵操作一可變排量液壓馬達

8-1-3 封閉迴路適合操作的泵及馬達

封閉迴路（閉環）操作的原理在理論上可應用於任何正排泵或馬達，包括齒輪、葉片、擺線、活塞及柱塞與其他。然而，若將任何具體的馬力數量都包括，成功的封閉迴路操作，在實際上，僅限於具有低內部滑移的泵和馬達，此通用的規則無它，即精密的活塞件製配。而高滑移的零件，在閉環中的油液積熱甚多，以致耗能操作毫無疑問。而且，因大多封閉迴路系統是設計用於可變速度，則高滑移元件在低速時，如前所述，將反映出非常不良的調節。然而，分散的馬力或非常間歇的使用，如果速度調整範圍很有限制的話，則任何正排式元件都可以使用。下面的線路將顯示在封閉迴路中使用雙向旋轉（Bi-rotational）泵和馬達的一些方式。

8-1-3-1 封閉迴路中的雙向旋轉正排泵及馬達

如圖8-6一個雙向旋轉泵由一可反轉電馬達驅動，為了反轉液壓馬達2，電馬達所驅動的雙向泵1乃被反轉。三相電馬達可在運行中被反轉，但一般的單向電馬達在其反轉前，必須進入幾乎停止的階段。倘若迴路洩漏而需補油時，油槽6包括補充油可被抽取，經由單向閥中的一個進入迴路。兩單向閥5必須具低開啟壓力1至2 psi，閥3及4為泵釋壓閥，各為一旋轉方向工作。這種型式的線路僅適合低壓應用，迴路中熱的產生不可逾越。此泵必須是雙向旋轉式，具有高壓力軸封或外部洩漏，流體馬達必須是可反轉型式。

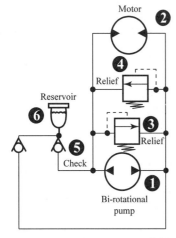

圖8-6　在低動力封閉迴路使用的雙向旋轉正排泵及馬達

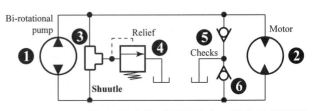

圖8-7　在迴路中更多的冷卻可以一開放油槽獲取

8-1-3-2 雙向旋轉泵的油液冷卻

如圖8-7所示，這是另一個簡單的封閉迴路操作，也是使用一可反轉電馬達驅動一雙向旋轉泵。梭閥3連接迴路的較高壓側，至一普通的釋壓閥4，該閥可以排洩油至合理高容量的開放油槽，以進行冷卻。當新油從泵吸口經由單向閥5或6抽入迴路時，假若液壓馬達允許有規則性，且非常短暫的停止時間，這線路有趣的面貌就是以新鮮、冷卻而過濾的油補充迴路之能力，油從迴路經由閥4而排出。兩個單向閥5和6應有很低的開裂壓力。

8-1-4 封閉迴路系統油液補充

在相當可觀的動力經由封閉迴路傳輸時，應有連續的部分循環油更替，它應為來自加油泵新鮮、冷卻且過濾的油液，假若補充油不充足或不正常處理時，於短時間內相對小量的迴路油將變得過熱及汙染。下列的幾個線路包含了補充油的方式，其圖解線路為補充油的重要概念，補充油冷卻及過濾線路則未顯示於這些圖中。

8-1-4-1 補充油安排

如圖8-8相同的元件使用於二種安排，其差異是連接及管路的物理排列，兩線路各使用一個低壓力（100 psi）加油泵1，額定值約為封閉迴路中最高油流的10%，此泵以一個100 psi的釋壓閥2予以保護，示如圖8-8。

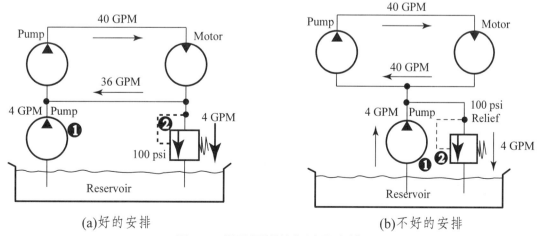

(a)好的安排　　　　　　　　　　(b)不好的安排

圖8-8　好及不好的加油泵安排

　　圖8-8(A)額定良好：因為泵1及其釋壓閥2的物理位置，可使整個泵的輸出能進入迴路，以閥2方式的遠程控制點可使相等的容量離開迴路，在補充油為最高迴路流率10%時，較高的迴路有40 GPM，較低的迴路有36 GPM。

　　圖8-8(B)額定不良：因為泵1及其釋壓閥2的物理位置使得僅有4 GPM為可能，非常小的流量進入迴路中，在此安排下僅小量的新鮮油更替馬達與泵中活塞的滑移，大部分冷卻、新鮮及過濾的油很容易地旁通回油槽，卻不進入迴路。

　　此為基本規則，即適當的安置補充油泵及其釋壓閥，使具有最大實際分離，以從迴路中獲取最大的交換油量。

8-1-4-2 補充油百分比

　　新油被連續加入的百分比，係依據於寬廣的變化及設計者的決定，其一要件即活塞滑移應考慮於泵及馬達之中，因為補充油量確實的必須超過最壞工作狀況的滑移量，以及當元件隨年齡而磨耗時的狀況。它也必須仰賴傳送的動力量，以及在迴路中的產熱量，假若相對高的熱損失被預計時，補充油的百分比就必須增加。一個通用規則，以良好裝配的活塞泵及馬達而言，若工作於一般狀況時，實際上補充百分比為封閉迴路最大流量的1/5～1/3，特殊的狀況或間歇的使用時，則可能有較大的或較小的比率範圍。

8-1-5 封閉迴路操作的工作線路

8-1-5-1 完全封閉迴路線路

　　如圖8-9所示之封閉迴路系統，其基本元件為使用活塞式設備。泵2為可變排量，通過中心結構，泵2能提供來自馬達的雙向輸出，液壓馬達1可以是固定式，抑或是可變排量式。封閉迴路元件包括泵2，馬達1及兩個釋壓閥3。補充油泵4提供給迴路僅為從泵及馬達活塞滑移的油量，其餘的輸出經由釋壓閥5（100 psi）被送回油槽，而不進入迴路。當以活塞式設備工作時，這是可滿意的，因其有合理的活塞旁通油量，旁通油來自洩放盒及路途經過一熱交換器9，當以活塞設備工作時有一很小量的活塞旁通，在圖8-10則示有補充油安排的首選。

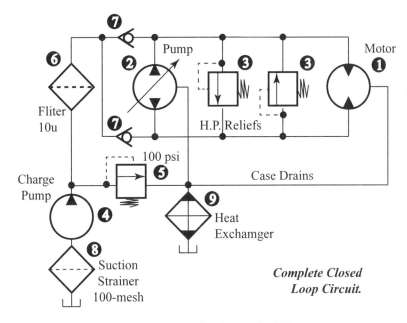

圖8-9　完全封閉迴路線路

　　由加油泵4產生的補充油經過一個濾器6（10微米，每微米爲百萬分之一公尺），在進入迴路前，先經過單向閥7，再至迴路的低壓側。依據泵作動桿的位置，迴路的一側若一是高壓的輸出流；而另一側則是低壓的泵進入流，補充油總是進入低壓的一側。熱交換器9是必要的，其位置接連自迴路之外所有低壓來源的匯流處，在此狀況兩個洩放盒加上來自加油泵4的過量油由此經過。額外的過濾在低壓回油路線上如需求的話，亦可予以安裝。在使用圖8-9的簡化基本線路之前，最好能獲取在最低工作psi下泵及馬達內可期望旁通量的規格，以確定有足夠的補充油量率，若有疑問的話則使用圖8-10的線路。

8-1-5-2 封閉迴路線路的佳選

　　如圖8-10，這是圖8-9的更新迴路，其加油系統的設計在使加油泵3所有油量連續性的進入迴路，泵3流出經由一單向閥7進入迴路的低壓側，這樣推出一相等的熱油量經過梭閥4，低壓釋壓閥6（100 psi），然後經熱交換器10流回油槽。梭閥4是一個雙先導作動四通閥，當泵桿跨過中心時，它可自動地移位至高壓釋壓閥5以及低壓釋壓閥6，個別引導至迴路的高壓及低壓側。在線路中元件的物理排列必須使補充油的

進口點以及出口點能夠維持一合理分開的距離。任何油應旁通高壓釋壓閥5而返至迴路的相反側，以避免泵的氣穴現象。必須避免越過此閥而旁通，因為熱量會在迴路中產生，倘若排出維持於較短時間更長的話，則迴路會遭損壞。為了防止釋壓排放，此泵必須有一個壓力補償器，如已抵達迴路中的最高壓力時，應自動地降低其排量，釋壓閥5必須實質的設定高於補償器，並且僅在波湧尖峰或緊急時才啟用。濾器8必須是10個微米（10×10^{-6}m）或更小的額定植，濾網器9應為金屬絲網（100-mesh，約150個微米 = 150×10^{-6}m），以保護齒輪加油泵3的進口。

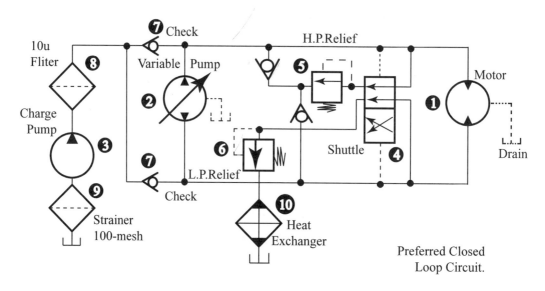

圖8-10　佳選的封閉迴路線路

8-1-5-3 履帶式牽引

封閉迴路是車輛以履帶拖拉而推動的理想線路，圖8-11是一個該系統典型的方塊圖，分別的閉環使用於左邊及右邊的拖拉，各閉環具有其自己的液壓泵及馬達，兩迴路兩者由相同的引擎驅動，兩者由相同的加壓泵進行增壓過給，以及使用共同的油槽。圖8-11作為一個方塊圖，並未呈現其細部線路，但它與圖示於8-10的相同，參考圖8-10每個迴路包括閥4、5及6，共同的加油線路包括元件3、7、8及9。在每個拖拉機上具有個別的驅動，可使作業員變動兩泵的排量而行排檔控制，一個特別尖銳的

轉彎可以跨過一泵的中心，運轉兩馬達於相反的方向而達成。注意：這種方式的排檔，可能在履帶車輛上，因為它們對地面有非常高的牽引力，在輪胎驅動的車輛上不易成功地使用。馬達及泵的洩漏油可以管路匯集，並穿過熱交換器冷卻。

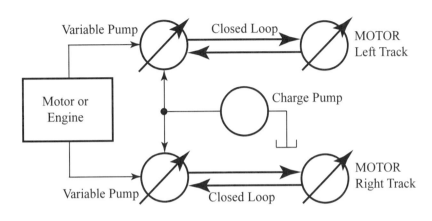

圖8-11　履帶牽引車方塊圖

8-1-5-4 封閉迴路中雙作動缸

在封閉迴路中液壓缸可以很合理的高效率工作，但由於活塞桿側和盲側的不同容積排量存在的特殊問題，使每一循環交替供應及排放等於活塞桿側的容量。在收回的衝程被推出液壓缸的油容量大於泵在其進口可接受的容量，多餘的油必須旁通至油槽。通常可置放一個旁通閥6在迴路盲端腿，並由來自迴路相反側的先導信號而容易地完成。其旋鈕的調整應設定大於迴路的低壓側，以致它不會打開，除非當高壓側的先導信號發生作用時。為防止泵可能的氣穴，一低壓力（約100 psi）需經常維持在迴路的回返（低壓）側，由於此原因，一個100 psi的釋壓閥5應與排放閥6出口串聯，以防止排放至零壓力。在液壓缸伸出衝程時，被推出液壓缸的油液少於泵進口所需求的容量，故額外的油量必須由補充（加油）系統供應。此補充所需的容量相等於液壓缸活塞桿側的容量，但是加油泵應有足夠額外的容量去供給來自迴路洩漏的損失，以及足夠的安全裕容度。補充油泵應操作在約100 psi（＝ 0.07031 kg/cm^2 ＝ 0.006895 MPa），設定於低壓釋壓閥7。使用於封閉迴路的單活塞桿伸出的液壓缸，應有可對抗機械強度的最小活塞桿直徑，活塞桿愈小，活塞桿側僅需愈少的油以加油

泵供應，而後在循環返回時排出，於是全線路有較高的效率。以一單桿液壓缸，在每一個循環，一具體容量的油應進入及離開迴路，而且補充（加油）泵的物理位置並非關鍵，它幾乎在任何位置可以進入於迴路中。注意：液壓缸可能造成主要的汙染，一迫緊的顆粒或活塞環的金屬屑將損壞活塞泵，爲了安全，一個10微米的濾器應置於每個液壓缸的通口點X處，如圖8-12～8-16均有兩個濾器在圖上X處設置。

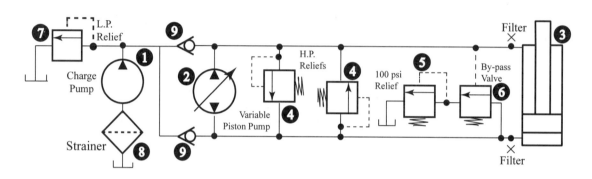

圖8-12　封閉迴路中的雙作動缸

8-1-5-5 封閉迴路雙桿液壓缸

　　如圖8-13所示，在使用液壓缸的雙桿具相同的直徑時，則圖8-12的釋壓閥5及排放閥6可以免去。而加油泵1的容量可被當作以液壓馬達取代液壓缸的狀況。特別應注意的是設備的物理位置，加油泵1的介入，應使迴路油量的某百分比能連續更替，其原理包含於圖8-8。當輸出裝置是一個液壓馬達時，油在迴路中不可能形成一完整線路，除非線路是很正確的設計，相同的油可能在迴路中停留過久而形成過熱。建議的排列方式示於圖8-13，來自加油泵的冷卻油應在靠近高壓迴路泵2的一個點進入迴路，多餘的油應使其經由迴路靠近液壓缸某距離的一個點排出，它離開迴路時經過梭閥5及低壓釋壓閥7，進口點和出口點分開愈大，則對迴路的補油愈好，其他元件與圖8-12的線路相似。

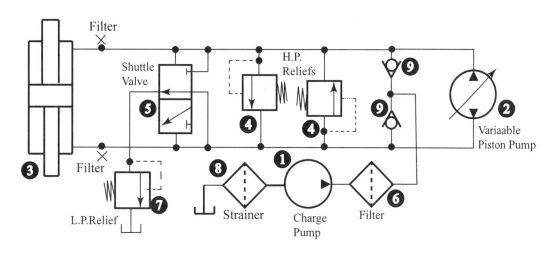

圖8-13　封閉迴路雙桿及雙作動液壓缸

8-1-5-6 加油過濾

如圖8-14所示，使用於封閉迴路的活塞式設備，對即使很小顆的碎粒也具高度敏感，故應避免嚴重的損壞。所有進入迴路中的油必須強迫性的過濾，好的安排應使用140個微米的吸口濾器於加油泵的進口，以及10個微米的濾器於其出口。

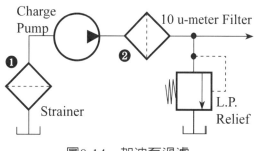

圖8-14　加油泵過濾

8-1-5-7 封閉迴路液壓缸過濾器

如圖8-15所示，濾器1及2為10微米濾器，當油液離開液壓缸時，以單向閥保護濾器，但需防止回流經過相反方向的濾器，濾器應有一相等於全迴路高壓力的額定值。

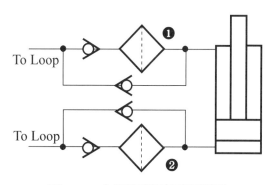

圖8-15　封閉迴路液壓缸濾器

8-1-5-8 液壓缸濾器

如圖8-16，此為封閉迴路液壓缸的過濾安排，對油離開液壓缸任何一端時，使用一低壓（200 psi）濾器，閥2及3為「先導至關閉」（Pilot to close）單向閥，通常對兩個方向的油流是開的，但是當供應具先導信號時，則兩者關閉其一個方向，並展示如同標準單向閥功能，所有其他單向閥都有標準動作。

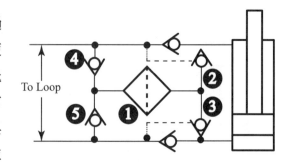

圖8-16　液壓缸濾器

8-1-5-9 負荷造成的超限運轉

封閉式迴路的主要優點是其控制負荷的能力，假如馬達軸上的機械負荷嘗試去超限運轉（Over-run）時，馬達的動作就形同一泵，假若泵排量超限的話，由此產生的油流將不被泵進口所接受，因此，負荷超限運轉的能量被傳回經過液壓馬達而至迴路，然後由迴路傳送進入泵，並由泵回傳至驅動系統的電馬達或發動機。一個三相電馬達具有很可觀的儲備轉矩用以防止其超速，一發動機同樣具有實量的阻力對抗超限運轉。因此一封閉迴路具控阻（Hold back resistance）超限運轉負荷的能力，是依賴於驅動來源對超速運轉的阻力。然而控阻並不能超越任何釋壓閥的設定，倘若該閥發生了被連接至迴路低壓側（馬達出口或回油）時。在圖8-10當超限運轉發生了，高壓釋放會被梭閥4傳至馬達出口，且此閥的設定限制了最大的控阻能力。在圖8-8的部分線路中呈現出，一單方向馬達的控阻能力被限制於迴路低壓側釋壓閥2的100 psi。

8-1-6 特殊的封閉迴路線路

8-1-6-1 加上／減去的原理

如圖8-17，兩個泵，其一為固定排量2，另一為可變排量1越過中心式，兩泵可聯合起來驅動一單向液壓馬達3，當可變排量泵1之控制越

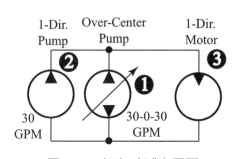

圖8-17　加上／減去原理

過中心而前移及後移時，則泵容量由固定排量泵2加上或減去，此工作原理示於圖8-17，而工作線路則示於圖8-18。爲說明此原理，一個30 GPM可變排量泵1與一30 GPM固定排量泵2並聯，在同一方向兩泵一起輸出時，總量爲60 GPM；當互相反向時總輸出量爲零，因爲一泵抵銷了另一泵。因此改變可變泵1從一方向排量之最大值，越過中心，而至相反方向的最大排量，可獲取0至60 GPM的可變輸出。當使用液壓馬達或液壓缸的任一輸出，加上／減去的原理將可工作，但僅能供給一個方向的總流油量。爲了反轉流體馬達或壓力缸，一個四通閥必須用來作方向控制。

8-1-6-2 加上／減去工作線路

圖8-18如前述泵1及泵2，此外四通閥5允許馬達3的旋轉方向反轉。迴路的補充油來自加油泵4，在其進口有一個鋼絲網濾器，及其出口有一個10微米濾器。高壓釋壓閥6經由四個聯合單向閥網，而可服務迴路的兩側，這是一個如圖8-9使用兩個高壓釋壓閥的替代方案，釋壓閥放出至迴路的相反側的油多於流回油槽的油，以避免泵的氣穴現象。

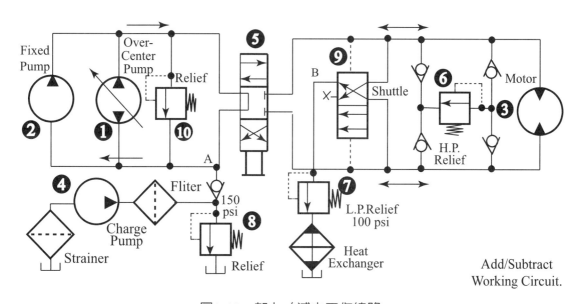

圖8-18　加上／減去工作線路

梭閥9自動地切換低壓釋壓閥7（100 psi）至迴路的低壓側。提示一要點，即兩個低壓釋壓閥7與8的出現，在一般操作閥7的功能是從迴路中放出油，且其位置在線路

中距離補油泵4的某一點,而副低壓釋壓閥8設定於較7約高50 psi(即150 psi),當方向閥5在中央位置時,則由閥8取而代之。補充油在圖中「A」點進入系統,而且一相同量的油從「B」點流去。另一個高壓釋壓閥10與泵1、2並聯,在四通閥5閥芯移動時,可用來保護以對抗高峰壓波湧。

8-1-7 封閉迴路操作的一些要點

8-1-7-1 高壓釋壓閥

應記住一重點,在封閉迴路中,所有的高壓釋壓閥僅作為安全的理由,其連接在於油液進入迴路的相反方向。當油旁通它們時,在迴路中會發生熱量,由於侷限於迴路中相對少量的油,過熱僅在瞬間發生,並且在旁通的短時間內快速地摧毀系統。該線路必須設計為利用具壓力補償器的泵,如可能置有高壓力的釋壓閥,具體的設定於較補償器壓力為高,僅作為緊急狀況所用。

8-1-7-2 超限運轉的限制

在封閉迴路中會將超限運轉的負荷力量回送至電馬達或引擎等驅動系統,所以原動機的控阻特性在決定需要多大額外的制動量時就必須慎重考慮。要記住,當動力制動使用時,在系統中有些位置會發生熱量,如果這不發生在封閉迴路流體系統中,則會發生於原動機,除非有冷卻的安排供應,持續的動力制動可能導致問題。

8-1-7-3 油液冷卻

熱交換器必須置於封閉迴路之外的油壓系統低壓處所,這通常會限制該處所不得靠近泵、馬達油洩漏盒及低壓釋壓閥的排出處。應保持距離如下:

1. 從洩漏盒及低壓釋壓閥的聯合排出,在圖8-19顯示出其經由熱交換器的路線。

2. 如活塞式元件被使用,則有兩個或更多個的油洩漏盒,故應供應冷卻油循環經由每個油洩漏盒,以協助泵及馬達工作元件的冷卻,請參圖8-20。

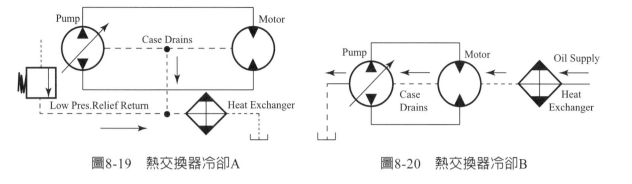

圖8-19　熱交換器冷卻A　　　　　圖8-20　熱交換器冷卻B

8-1-7-4 油槽的容量

油槽內油的容量應考慮其尺寸對應於加油泵的泵油量，更勝過於封閉系統的泵油量。在好的設計中，應遵循開放迴路所使用的同樣規則，其規則是這應包括了由補充泵所汲取油量的2～3倍。

8-2 綜合液壓傳動系統

液壓系統與機械傳動系統、電子控制系統相組合，廣泛應用於各種機械裝備的眾多機構中，在這裡介紹數個綜合典型的液壓傳動系統線路實例，其系統已多應用於現代的機械設備中，希望能進一步掌握及分析液壓傳動的基本思考步驟和方法。

提示：液壓系統線路圖的分析

液壓系統線路的分析必須以主機各執行元件爲核心，分析各執行元件能夠實現的動作循環，在各種工況下系統的油液流動狀況，如流量變化、方向變化、壓力變化、溫度變化等等，以及各組成迴路之間的相互關聯，元件的作用和系統線路的合理構成，液壓系統圖一般的分析概略有下列幾個步驟：

(1) 完整的了解機械設備能夠實現的功能以及對液壓傳動系統的動作要求。

(2) 以各個執行元件爲核心將系統分爲幾個分支系統。

(3) 分析分支系統含有哪些基本迴路，根據執行元件動作次序與循環了解分支系

統及其線路。

(4) 分析各執行元件之間有關的順序、互鎖、同步、抗干擾及致平衡等要求,繼而全面清晰地理解系統工作原理、性能及特點。

8-2-1 機械手液壓傳動系統

8-2-1-1 概述

機械手是一種可以模仿人的手部動作,實現自動抓取、搬運重物的機械裝置,它代替了人的部分工作,不僅減少了人力、錯誤,也加強了準確及工作週期。機械手液壓傳動系統是一種多缸多動作的典型液壓系統,其工作循環如圖8-21:

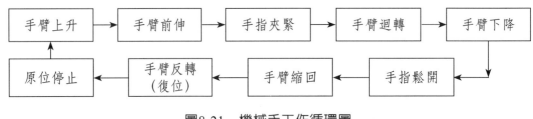

圖8-21　機械手工作循環圖

8-2-1-2 自動卸料機械手液壓系統原理

請參閱圖8-22所示,該系統由定量泵2供油,先導式溢流閥6調節系統壓力,壓力值可經由壓力表8測定。電磁換向閥在得到電信號之後,控制機械手按照預先設定的程序完成相應的動作。自動卸料機械手的電磁鐵動作順序見圖8-21。機械手的動作原理如下。

1. 手臂上升

三位四通電磁換向閥16控制手臂的升降運行,當5YA通電時,換向閥16切換至右位,液壓缸18下腔進油,活塞向上移動,手臂上升。速度由單向調速閥12調節,運行較平穩。

2. 手臂前伸、手指鬆開

　　三位四通電磁換向閥9控制手臂的伸縮動作，當3YA通電時，換向閥9切換至右位，液壓缸11右腔進油，活塞桿固定，缸筒向右移動，手臂前伸。速度由單向調速閥10調節，運行較平穩。同時6YA通電，二位四通電磁換向閥4切換至右位，液壓缸5上腔進油，無桿活塞缸5的活塞向下移動，手指鬆開。

3. 手指夾緊

　　6YA斷電，換向閥4切換至左位，液壓缸5下腔進油，無桿活塞缸5的活塞向上移動，手指夾緊。

4. 手臂回轉

　　當1YA通電時，換向閥17切換至右位，手臂迴轉擺動缸15轉動，手臂迴轉。

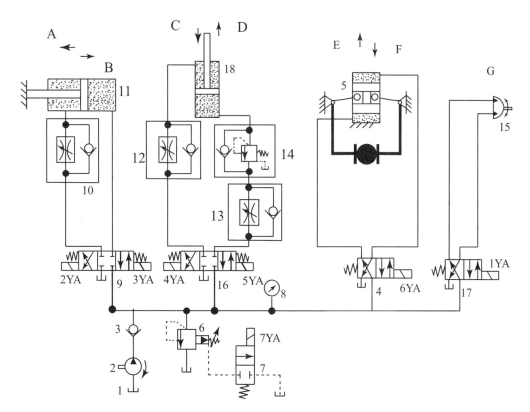

1-油槽；2-定量泵；3-單向閥；4-、17-二位四通電磁換向閥；5-無桿活塞缸；6-先導式溢流閥；7-二位二通電磁換向閥；8-壓力表；9-、16-三位四通電磁換向閥 10-、12-、13-單向調速閥；11-手臂伸縮液壓缸；14-平衡閥；15-手臂迴轉擺動缸；18-手臂升降液壓缸；A-手臂縮回；B-手臂前伸；C-手臂下降；D-手臂上升；E-手指夾緊；F-手指鬆開；G-手臂迴轉

圖8-22　機械手液壓系統

5. 手臂下降

當4YA通電時，換向閥16切換至左位，液壓18上腔進油，活塞向下移動，手臂下降。速度由單向調速閥13調節。

表8-1　自動卸料機械手電磁鐵動作順序表　　　　　（＋通電　－斷電）

動作順序／電磁鐵	1YA	2YA	3YA	4YA	5YA	6YA	7YA
手臂上升					+		
手臂前伸、手指鬆開			+			+	
手指夾緊						－	
手臂迴轉	+						
手臂下降				+			
手指鬆開						+	
手臂縮回		+					
手臂反轉（復位）	－						
原位停止							+

6. 手指鬆開

6YA通電，換向閥4切換至右位，液壓缸5上腔進油，無桿活塞缸5的活塞向下移動，手指鬆開。

7. 手臂縮回

當2YA通電時，換向閥9切換至左位，液壓缸11左腔進油，活塞桿固定，缸筒向左移動，手臂縮回。

8. 手臂反轉

當1YA斷電時，換向閥17切換至左位，手臂迴轉擺動缸15帶動手臂反轉。

9. 原位停止

當7YA通電時，液壓缸2卸荷。

8-2-2 數控車床液壓系統

8-2-2-1 概述

目前在數控車床上，大都使用了液壓技術，其液壓系統實現的動作有：卡盤的夾緊與鬆開、迴轉刀架的迴轉、尾座套筒的伸出與縮回。

8-2-2-2 數控車床液壓系統原理

此液壓系統（參圖8-23）採用單向變量泵1供油，系統壓力調至4 MPa，壓力表15可顯示壓力。泵輸出的液壓油經由單向閥17進入系統。系統中各電磁閥的電磁鐵動作，由數控系統的可編程序控制器掌控，各電磁鐵動作請閱表8-2。

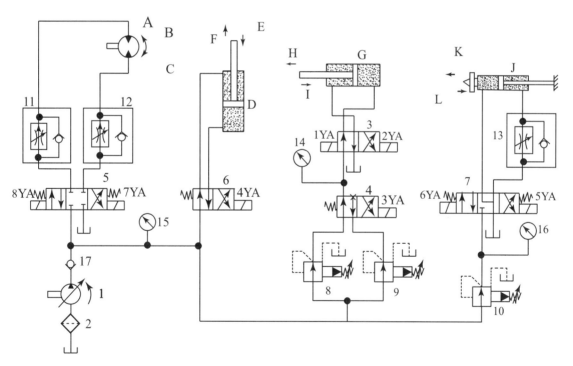

1-液壓泵；2-濾油器；3、4、5、6、7-電磁換向閥；8、9、10-減壓閥；11、12、13-單向調速閥；14、15、16-壓力表；17-單向閥；A-刀架轉位馬達；B-正轉；C-反轉；D-刀架液壓缸；E-夾緊；F-鬆開；G-卡盤液壓缸；H-夾緊；I-鬆開；J-尾座套筒液壓缸；K-伸出；L-退回

圖8-23 數控車床的液壓系統

1. 卡盤的夾緊與鬆開

當卡盤處於正卡（或稱外卡）且在高壓夾緊狀態下時，夾緊力的大小由減壓閥8來調整，夾緊壓力由壓力計14顯示。當1YA通電時，換向閥3左位工作，系統壓力油經減壓閥8、換向閥4、換向閥3到卡盤液壓缸G右腔，其左腔的油液經換向閥3直接排回油槽。這時活塞桿左移，卡盤夾緊H，反之，當2YA通電時，換向閥3改右位工作，系統液壓油經閥8、4、3到卡盤液壓缸G左腔，該缸G右腔的油液經換向閥3直接回油槽。於是活塞桿右移，卡盤鬆開I。當卡盤處於正卡且在低壓夾緊狀態下時，夾緊力的大小由減壓閥9來調整，這時3YA通電，換向閥4右位工作。換向閥3的工作狀況與高壓夾緊時相同。卡盤反卡時的工作情況與正卡時相似。

表8-2　數控車床電磁鐵動作

動作／電磁鐵			1YA	2YA	3YA	4YA	5YA	6YA	7YA	8YA
卡盤正卡	高壓	夾緊	+	−	−					
		鬆開	−	+	−					
	低壓	夾緊	+	−	+					
		鬆開	−	+	+					
卡盤反卡	高壓	夾緊	−	+	−					
		鬆開	+	−	−					
	低壓	夾緊	−	+	+					
		鬆開	+	−	+					
刀架		鬆開				+				
		夾緊				−				
		正轉							−	+
		反轉							+	−
尾座		套筒伸出					−	+		
		套筒縮回					+	−		

2. 迴轉刀架的迴轉

迴轉刀架換刀時，首先是刀架鬆開F，然後刀架轉位到指定位置，最後刀架復位夾緊E。當4YA通電時，換向閥6開始工作，刀架鬆開F，當8YA通電時，液壓馬達A帶動刀架正轉B，轉速由單向調速閥11控制。若7YA通電，則液壓馬達A帶動刀架反

轉C，轉速由單向調速閥12控制，當4YA斷電時，換向閥6左位工作，刀架液壓缸D使刀架夾緊E。

3. 尾座套筒缸的伸縮運行

當6YA通電時，換向閥7左位工作，系統液壓油經減壓閥10、電磁換向閥7到尾座套筒液壓缸J的左腔，缸筒帶動尾座套筒伸出K，液壓缸右腔油經單向調速閥13、電磁換向閥7回油槽，伸出時的預緊力大小通過壓力表16顯示。反之當5YA通電時，電磁換向閥7右位工作，系統液壓油經減壓閥10、電磁換向閥7、單向調速閥13到尾座套筒液壓缸J的右腔，液壓缸J左腔油經電磁換向閥7回油槽，缸筒帶動尾座套筒縮回L。

8-2-2-3 數控車床液壓系統特點

1. 採用單向變量泵1向系統供油，能量損失小。

2. 用電磁換向閥控制卡盤，實現高壓和低壓夾緊的轉換，並且分別調節高或低壓夾緊力量的大小，如此可根據工作情況調節夾緊力，操作方便簡單。

3. 用液壓馬達A實現刀架的轉位，可達成無級調速，並能控制刀架的正反轉。

4. 壓力表14、15、16可分別顯示系統相應位置的壓力，便於調試和故障診斷。

8-2-3 組合機床動力滑台液壓系統

8-2-3-1 概述

組合機床是由通用部件和部分專用部件組成的高效、專用、自動化程度較高的機床，廣泛應用於大批量生產中。動力滑台是其通用部件，其作用在實現進給運行，只要配以不同用途的主軸頭，即可完成鑽、擴、鉸、鏜、銑、攻螺紋等加工工序。它上面安置著各種旋轉刀具，常用液壓或機械裝置驅動滑台按一定的動作循環完成進給運行。組合機床要求動力滑台空載時速度快、推力小；工作進給時速度慢、推力大，速度穩定；速度換接平順，功率利用合理、效率高、發熱少。

8-2-3-2 組合機床動力滑台工作原理

　　圖8-24為某型機台之液壓系統原理圖，該系統用限壓式變量葉片泵1供油，電液換向閥6換向，用液壓缸差動連接實現快進，調速閥12、13調節工作進給速度，用行程閥17控制快、慢速度的換接，用二位二通電磁閥16控制兩種工作進給速度的換接，用止擋塊限位保證進給的位置精度。滑台的動作循環是：快進→第一次工作進給→第二次工作進給→止擋塊停留→快退→原位停止。表8-3為該滑台電磁鐵動作順序表。＋表通電，－表斷電。

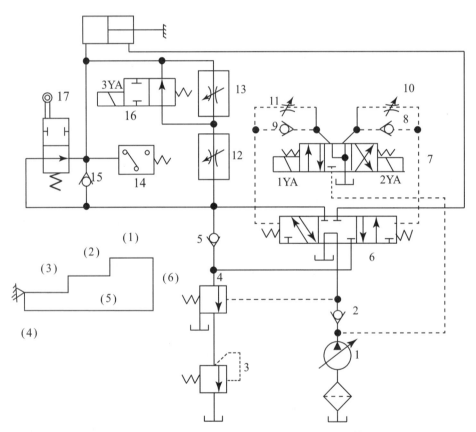

1-限壓式變量葉片泵；2、5、8、9、15-單向閥；3-背壓閥；4-液控順序閥；6-液動換向閥；7-電磁先導閥；10、11-節流閥；12、13-調速閥；14-壓力繼電器；16-電磁閥；17-行程電磁閥；(1)快進；(2)一工進；(3)二工進；(4)停留；(5)快退；(6)原位停止

圖8-24　動力滑台液壓系統原理圖

1. 快進

按下啟動按鈕，電磁鐵1YA得電，電磁先導閥7處於左位，在控制油路的驅動下，液動換向閥6切換至左位。**控制油路**：限壓式變量葉片泵1→電磁先導閥7處於左位→單向閥9→液動換向閥6切換至左位。**進油路**：限壓式變量葉片泵1→單向閥2→液動換向閥6左位→行程電磁閥17常位→液壓缸左腔。**回油路**：液壓缸右腔回油→單向閥5→行程電磁閥17常位→液壓缸左腔。由於快進時動力滑台負載小，泵的出口壓力較低，液控順序閥4關閉，所以液壓缸形成差動連接，且此時限壓式變量葉片泵1流量最大，滑台向左快進。

表8-3　液壓動力滑台電磁鐵動作順序

動作／元件	1YA	2YA	3YA	壓力繼電器14	行程閥17
快進	＋	－	－	－	通
第一次工作進給	＋	－	－	－	斷
第二次工作進給	＋	－	＋	－	斷
止擋塊停留	＋	－	＋	＋	斷
快退	－	＋	－	－	斷→通
原位停止	－	－	－	－	通

2. 第一次工作進給

當滑台快速到預定位置時，滑台上的行程擋塊壓下了行程電磁閥17的閥芯，切斷了該通道，壓力油需經過調速閥12進入液壓缸的左腔。由於液壓油流經調速閥，因此系統壓力上升，打開液控順序閥4。此時單向閥5的上部壓力大於下部壓力，所以單向閥5關閉；切斷了液壓缸的差動迴路，回油經液控順序閥4和背壓閥3流回油槽，因而使滑台轉換為第一次工作進給。其控制油路與快進工況的相同。**進油路**：限壓式變量葉片泵1→單向閥2→液動換向閥6左位→調速閥12→液動換向閥6右位→液壓缸左腔。**回油路**：液壓缸右腔→液動換向閥6左位→液壓順序閥4→背壓閥3→油槽。因為工作進給時系統壓力升高，所以限壓式變量葉片泵1的輸油量便自動減少，以適應工作進給的需要，其進給量的大小由調速閥12調節。

3. 第二次工作進給

當滑台以第一次工作進給速度運行到一定位置時，行程擋塊壓下電氣行程開關17，使電磁鐵3YA通電，經電磁閥16的電路被切斷，從調速閥12出來的液壓油需再經

調速閥13進入液壓缸左腔。由於調速閥13的開口小於調速閥12的開口，滑台的進給速度降低，它將以調速閥13調定的第二次工作進給速度繼續向左運行。其控制油路與快進的工況相同。**進油口**：限制式變量葉片泵1→單向閥2→液動換向閥6左位→調速閥12→調速閥13→液壓缸左腔。**回油路**：液壓缸右腔→液動換向閥6左位→液控順序閥4→背壓閥3→油槽。

4. 止擋塊停留

為了在加工端面和台肩孔時提高其軸向尺寸精度及表面質量，滑台需要在止擋塊處停留。當滑台以第二次工作進給速度行進碰上止擋塊後，滑台停止運行。這時泵的壓力升高、流量減少，直到輸出流量僅能補償系統洩漏為止。此時液壓缸左腔壓力隨之升高，壓力繼電器14動作並發出信號給時間繼電器，使滑台在止擋塊停留一定時間後，開始後進行下一步動作。

5. 快退

當滑台停留一定時間後，時間繼電器發出快退信號，2YA通電，1YA、3YA斷電，電磁先導閥7、液動換向閥6處於右位。**控制油路**：限壓式變量葉片泵1→電磁先導閥7處於右位→單向閥8→液動換向閥6切換至右位。**進油路**：限壓式變量葉片泵1→單向閥2→液動換向閥6右位→液壓缸右腔。**回油路**：液壓缸左腔→單向閥15→液動換向閥6右位→油槽。由於此時空載，泵的供油壓力低，輸出流量大，滑台快速退回。

6. 原位停止

當滑台快退到原位時，擋塊壓下原位行程開關，使電磁鐵1YA、2YA和3YA都斷電，電磁先導閥7、液動換向閥6處於中位，滑台停止運行，限壓式變量葉片泵1經由液動換向閥6中位（M型）卸載。為了使卸載狀態下控制油路保持一定預控壓力，限壓式變量葉片泵1和液動換向閥6之間裝有單向閥2，單向閥2的開啟壓力$p_K = 0.4$ MPa。

8-2-3-3 動力滑台液壓系統的特點

1. 採用了限壓式變量泵1和調速閥12、13組成的容積節流調速迴路，保證了穩定

的低速運行，其最小進給速度可達僅 v_{min} = 0.0066 m/min，較好的速度剛性和較大的調速範圍。進給時回油路上的背壓閥除了防止空氣滲入系統外，還可以使滑台承受一定的負值負載。

2. 採用了限壓式變量泵1和液壓缸差動連接兩項措施來實現快進，可以獲得較大的快進速度，系統能量運用合理。當滑台停止運行時，換向閥6使液壓泵在低壓下卸荷，減少了能量損耗。

3. 採用了行程閥17和順序閥4實現快進與工作進給的換接，不僅簡化了油路，而且使動作可靠，轉換的位置精度也高於電氣控制。由於工作進給的速度必較低，採用布置靈活的電磁閥16來實現兩種工作進給速度的換接，可以獲得足夠的換接精度。

4. 採用換向時間可調的三位五通電液換向閥6來切換主油路，提高了滑台的換向平穩。滑台停止運行時，M型中位機能使泵1在低壓下卸載，五通結構又使滑台在後退時沒有背壓，減少了能量損失。

8-2-4 塑料注射成型機液壓系統

8-2-4-1 概述

也可簡稱注塑機，它將顆粒狀的塑料加熱熔化到流動狀態，用注射裝置快速高壓注入模腔，保壓一定時間，冷卻後成型爲塑料製品。其工作循環如下：合模→注塑座前移→注塑→保壓→冷卻／預塑→注塑座後移→開模→頂出製品→頂出缸後退→合模。以上動作分別由合模缸A、注射座移動缸B、預塑液壓馬達C、注射缸D、頂出缸E完成。注塑機液壓系統要求有足夠的合模力、可調節的合模開模速度、可調節的注射壓力和注射速度、保壓及可調的保壓壓力，系統還應設有安全聯鎖裝置。

8-2-4-2 工作原理

本例爲中小型注塑機，每次注塑容量爲250 cm^3，圖8-25所示爲其液壓系統圖。各執行元件的動作循環主要依靠行程開關切換電磁換向閥來實現，電磁鐵動作順序請閱表8-4。

1. 關安全門

　　為保證操作安全，注塑機都設有全門。關安全門K，行程閥6恢復常位，合模缸A
才能動作，開始整個動作循環。

2. 合模

　　動模板F慢速啟動、快速前移，接近定模板G時，液壓系統轉為低壓、慢速控
制。在確認模具內沒有異物存在後，系統轉為高壓使模具閉合。這裡採用了液壓／機
械式合模機構。合模缸通過對稱五連桿機構推動模板進行開、合模，連桿機構具增力
及自鎖作用。

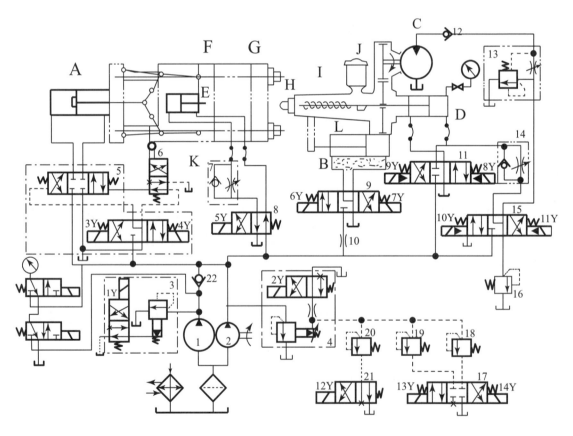

A-合模缸；B-注射座移動缸；C-預塑液壓馬達；D-注射缸；E-頂出缸；F-動模板；G-定模
板；H-噴嘴；I-料桶；J-料斗；K-安全門→關；L-螺桿

圖8-25　中小型注塑成型機液壓系統圖

　　(1) **慢速合模**（2Y+、3Y+）：大流量泵1通過電磁溢流閥3卸載，其油路為大流量泵1→溢流閥3→油槽。小流量泵2的壓力由溢流閥4調定，小流量泵2的壓力油經電液換向閥5右位進入合模缸A左腔，推動活塞帶動連桿慢速合模，合模缸A右腔油液經電液換向閥5和冷卻器後回油槽。其**控制油路**為小流量泵2→控制電磁閥左位（3Y+）→行程閥6下位→電液換向閥5右位。**進油路**：小流量泵2→電液換向閥5右位→合模缸A左腔。

　　(2) **快速合模**（1Y+、2Y+、3Y+）：慢速合模轉快速合模時，由行程開關發令使1Y得電，大流量泵1不再卸載，其壓力油經單向閥22與小流量泵2的供油匯合，同時向合模缸A供油，實現快速合模，最高壓力由溢流閥4限定。其工作油路為：**進油路**：｛（大流量泵1→單向閥22）／小流量泵2｝→電液換向閥5右位→合模缸A左腔。**回油路**：合模缸A右腔→電液換向閥5右位→油槽。

　　(3) **低壓合模**（2Y+、3Y+、13Y+）：大流量泵1卸載，小流量泵2的壓力由遠程調壓閥18控制。因閥18所調壓力較低，合模缸A推力較小，即使兩個模板間有硬質異物，也不致損壞模具表面。其工作油路為：**進油路**：小流量泵2→電液換向閥5右位→合模缸A左腔。**回油路**：合模缸A右腔→電液換向閥5右位→油槽。

　　(4) **高壓合模**（2Y+、3Y+）：大流量泵1卸載，小流量泵2供油，系統壓力由高壓溢流閥4控制，高壓合模並使連桿產生彈性變形，牢固地鎖緊模具。其工作油路為：**進油路**：小流量泵2→電液換向閥5右位→合模缸左腔。**回油路**：合模缸右腔→電液換向閥5右位→油槽。

表8-4　中小型注塑機電磁鐵動作順序表

動作循環		1Y	2Y	3Y	4Y	5Y	6Y	7Y	8Y	9Y	10Y	11Y	12Y	13Y	14Y
合模	慢速		+	+											
	快速	+	+	+											
	低壓慢速		+	+										+	
	高壓		+	+											
注塑座前移			+					+							
注塑	慢速		+					+			+		+		
	快速	+	+					+	+		+		+		
保壓			+								+				+

動作循環		1Y	2Y	3Y	4Y	5Y	6Y	7Y	8Y	9Y	10Y	11Y	12Y	13Y	14Y
預塑		+	+					+				+			
防流涎			+					+		+					
注塑座後移			+				+								
開模	慢速I		+		+										
	快速	+	+		+										
	慢速II	+			+										
頂出	前進		+			+									
	後退		+												
頂桿後退			+							+					

3. 注射座前移（2Y+、7Y+）

7Y通電，電磁換向閥9切換至右位，小流量泵2的壓力油經電磁換向閥9右位進入注射座移動缸B右腔，注射座前移使噴嘴H與模具F、G接觸，注射座移動缸B左腔油液經電磁換向閥9回油槽。其工作油路為：**進油路**：小流量泵2→節流閥10→電磁換向閥9右位→注塑座移動缸B右腔。**回油路**：注塑座移動缸B左腔→電磁換向閥9右位→油槽。

4. 注射

注射螺桿L以一定的壓力和速度將料筒I前端的熔料經噴嘴H注入模腔，分慢速注射和快速注射兩種。

(1) **慢速注射**：2Y通電，7Y通電電磁換向閥9切換至右位，10Y通電電液換向閥15切換至左位，12Y通電電磁閥21切換至左位。小流量泵2的壓力油經電液換向閥15和單向節流閥14進入注射缸D右腔，左腔油液經電液換向閥11中位回油槽，注射缸D活塞帶動注射螺桿L慢速注射，注射速度由單向節流閥14調節，遠程調壓閥20起定壓作用。其工作油路為：**進油路**：小流量泵2→電液換向閥15左位→單向節流閥14→注射缸D右腔。**回油路**：注射缸D左腔→電液換向閥11中位→油槽。

(2) **快速注射**：1Y通電、2Y通電、7Y通電電磁換向閥9切換至右位，8Y通電電液換向閥11切換至右位，10Y通電電液換向閥15切換至左位，12Y通電電磁閥21切換至左位（參表8-4，1Y+、2Y+、7Y+、8Y+、10Y+、12Y↓）。大流量泵1和小流量

泵2的壓力油經電液換向閥11右位進入注射缸D右腔，左腔油液經電液換向閥11回油槽。由於兩個泵同時供油，且不經過單向節流閥14，所以注射速度加快。此時遠程調壓閥20起安全作用。其工作油路為：**進油路**：泵1、2→電液換向閥11右位→單向節流閥14→注射缸D右腔。**回油路**：注射缸D左腔→電液換向閥11右位→油槽。

5. 保壓

　　2Y、7Y、10Y、14Y（見表8-4）通電，由於注射缸D對模腔內的熔料實行保壓並補塑，只需少量油液，所以大流量泵1卸載，小流量泵2單獨供油，多餘的油液經溢流閥4返回油槽，保壓壓力由遠程調壓閥19調節。

6. 預塑

　　保壓完畢，從料斗J加入的物料隨著螺桿L的轉動被帶至料筒I前端，進行加熱塑化，並建立起一定壓力。當螺桿L頭部熔料壓力達到能克服注射缸D活塞退回的阻力時，螺桿L開始後退。後退到預定位置，即螺桿頭部熔料達到所需注射量時，螺桿L停止轉動和後退，準備下一次注射。與此同時在模腔內的製品冷卻成型。螺桿轉動係由預塑液壓馬達C經由齒輪機構驅動，此時1Y、2Y、7Y、11Y通電（見表8-4）。泵1、2的壓力油經電液轉向閥15右位、旁通型調速閥13和單向閥12進入馬達，馬達的轉速由旁通調速閥13控制，溢流閥4為安全閥。其工作**循環**如下：油槽→泵1、2→電液換向閥15右位→旁通調速閥13→單向閥12→液壓馬達→油槽。螺桿L頭部熔料壓力迫使注射缸D後退時，注射缸D右腔油液經單向節流閥14、電液換向閥15右位在大氣壓作用下經電液換向閥11中位進入其內。

7. 防流涎

　　採用直通開敞式噴嘴H時，預塑加料結束要使螺桿L後退一小段距離，減少料筒I前端壓力，防止噴嘴H端部物料流出。此時2Y、7Y、9Y通電（見表8-4），大流量泵1卸載，小流量泵2的壓力油一方面經電磁換向閥9右位進入注射座移動缸B右腔，使噴嘴H與模具F、G保持接觸；一方面經電液換向閥11左位進入注射缸D左腔，使螺桿L強制後退。注射座移動缸B左腔和注射缸D右腔油液分別經電磁換向閥9和電液換向閥11回油槽。其工作油路分別為：**注射座移動缸B進油路**：小流量泵2→節流閥10→電磁換向閥9右位→注塑座移動缸B右腔。**回油路**：注塑座移動缸B左腔→電磁換向閥9右位→油槽。**注射缸D進油路**：小流量泵2→電液換向閥11左位→注射缸D左腔。回

油路：注射缸D右腔→電液換向閥11左位→油槽。

8. 注射座後退

保壓結束，注射座B後退。大流量泵1卸載，小流量泵2壓力油經電磁換向閥9左位使注射座B後退，此時2Y、6Y（見表8-4）。其工作油路為：**進油路**：小流量泵2→節流閥10→電磁換向閥9左位→注塑座移動缸B左腔。**回油路**：注塑座移動缸B右腔→電磁換向閥9左位→油槽。

9. 開模

開模速度一般為慢→快→慢。

(1) **慢速開模**：2Y（或1Y、4Y）通電（見表8-4），大流量泵1（或小流量泵2）卸載，小流量泵2（或大流量泵1）的壓力油經電液換向閥5左位進入合模缸A右腔，左腔油液經電液換向閥5回油槽。其工作油路為：**進油路**：大流量泵1（小流量泵2）→電液換向閥5左位→合模缸右腔。**回油路**：合模缸A左腔→電液換向閥5左位→油槽。

(2) **快速開模**：1Y、2Y、4Y通電，泵1、2合流向合模缸A右腔供油，開模速度加快。其工作油路為：**進油路**：泵1、2→電液換向閥5左位→合模缸A右腔。**回油路**：合模缸A左腔→電液換向閥5左位→油槽。

10. 頂出

(1) **頂出缸E前進**：2Y、5Y通電，大流量泵1卸載，小流量泵2的壓力油經電磁換向閥8左位、單向節流閥7進入頂出缸E左腔，推動頂出桿頂出製品，其運行速度由單向節流閥7調節，溢流閥4為定壓閥。其工作油路為：**進油路**：小流量泵2→電磁換向閥8左位→頂出缸E左腔。**回油路**：頂出缸E右腔→電磁換向閥8左位→油槽。

(2) **頂出缸E後退**：2Y通電，小流量泵2的壓力油經電磁換向閥8常位使頂出缸E後退。其工作油路為：**進油路**：小流量泵2→電磁換向閥8常位→頂出缸E右腔。**回油路**：頂出缸E左腔→單向節流閥7→電磁換向閥8常位→油槽。

11. 螺桿前進和後退

為了拆卸螺桿L，有時需要螺桿L後退。這時電磁鐵2Y、9Y通電，大流量泵1卸載，小流量泵2的壓力油經電磁換向閥11左位進入注射缸D左腔，注射腔D活塞帶動螺桿L後退。當電磁鐵2Y、8Y得電時，螺桿前進。工作油路為：**進油路**：小流量泵2→電磁換向閥11左位→注射缸D左腔。**回油路**：注射缸右腔→電磁換向閥11左位→油

槽。同理，當電磁換向閥11切換至右位時，螺桿L後退。

提示：注塑機液壓系統所需的多級壓力，靠多個並聯的遠程調壓閥調定，壓力的變
　　　換經由電磁切換閥來實現。如果採用比例閥來改變系統的壓力，不僅可以減少
　　　元件、降低成本，還可以降低壓力變換過程中產生的壓力衝擊。

8-2-4-3 注塑成型機液壓系統的特點

1. 因注射缸液壓力直接作用於螺桿上，故注射壓力p_z與注射缸的油壓p的比值爲
D^2/d^2，其中D爲注射缸活塞直徑，d爲螺桿直徑。爲滿足加工不同塑料對注射壓力的
要求，一般注塑機都配備了三種不同直徑的螺桿，在系統壓力p = 14 MPa時，獲得注
射壓力p_z = 40～150 MPa。

2. 爲保證足夠的合模力、防止高壓注射時模具離縫產生塑料溢邊，本例注塑機
採用了液壓／機械增力合模機構，也可採用增壓器合模裝置。

3. 系統採用了節流調速迴路和多級調壓迴路，是壓力和速度均變化較多的系
統，可保證在塑料製品的幾何形狀、品種、模具澆注系統不同的情況下，壓力和速度
可調。採用節流調速可保證注射速度的穩定。爲達成注射座噴嘴與模具澆口緊密接
觸，注射座移動缸B右腔在注射時一直與液壓油相通，使注射座移動液壓缸活塞具有
足夠的推力。

4. 根據塑料注射成型工藝，模具的啟閉過程和塑料注射的各階段速度不一樣，
而且快、慢之比可達50～100。爲此本例注塑機採用了雙泵供油系統，快速時雙泵合
流，慢速時小流量泵2（48 L/min）供油，大流量泵1（194 L/min）卸載，系統功率的
利用比較合理。有時在多泵分級調速系統中，還兼用差動增速或充液增速的方法。

5. 注射動作完成後，注射缸仍通高壓油保壓，可使塑料充滿容腔而獲得精確形
狀，同時在塑料成品冷卻收縮過程中，熔融塑料可不斷補充，防止塑料不足而出現殘
缺次品。

6. 注塑機的多執行元件的循環動作，主要依靠行程開關（各電磁鐵通電、斷電
的動作次序），按照事先編制的順序達成，這種方式相當靈活方便。

8-2-5 板金沖床液壓系統

8-2-5-1 導說

　　板金沖床改變上、下模的形狀，即可進行壓形、剪斷、衝穿等工作。圖8-26所示為180噸板金沖床液壓系統迴路；圖8-27為其控制動作順序圖。動作情形為壓缸下降、壓缸慢速下降（加壓成型）、壓缸暫停（降壓）及壓缸快速上升。

8-2-5-2 180噸板金沖床液壓系統原理

1. 壓缸快速下降

　　按下啟動按鈕，Y1、Y3通電，二位二通電磁換向閥11切換至左位，三位四通電磁閥19切換至左位。**進油路**：濾網1、2、3→液壓缸4、5→單向閥7→三位四通電磁換向閥19左位→液控單向閥28→液壓缸上腔。**回油路**：液壓缸下腔→順序閥23→單向閥14→液壓缸上腔。壓缸快速下降時，進油管路壓力低，未達到順序閥22所設定的壓力，故液壓缸下腔壓力油再回到液壓缸上腔，形成一差動迴路。

2. 壓缸慢速下降

　　當壓缸上模碰到工件進行加壓成型時，進油管路壓力升高，使順序閥22、溢流閥10被打開。此時其工作循環油路為：**進油路**：濾網1、2、3→液壓泵4→單向閥7→三位四通電磁換向閥19左位→液控單向閥28→液壓缸上腔。**回油路**：液壓缸下腔→順序閥22→三位四通電磁換向閥19左位→油槽。此時回油為一般油路，溢流閥10被打開，液壓泵5的液壓油以低壓狀態流回油槽，送到液壓缸上腔的油僅由液壓泵4供給，故液壓缸速度減慢。

3. 壓缸暫停（降壓）

　　當上模加壓成型時，進油管路壓力達到20 MPa，壓力開關26動作，Y1、Y3斷電，三位四通電磁換向閥19、二位二通電磁換向閥11恢復正常位置。此時其工作循環油路為：｛（液壓缸上腔液壓油→經節流閥21）／（濾網1、2、3→液壓泵4→單向閥7）｝→三位四通電磁換向閥19中位→油槽。如此可使液壓缸上腔液壓油壓力下降，防止液壓缸上升時，上腔油壓自高壓變成低壓而發生衝擊、振動、噪音等現象。

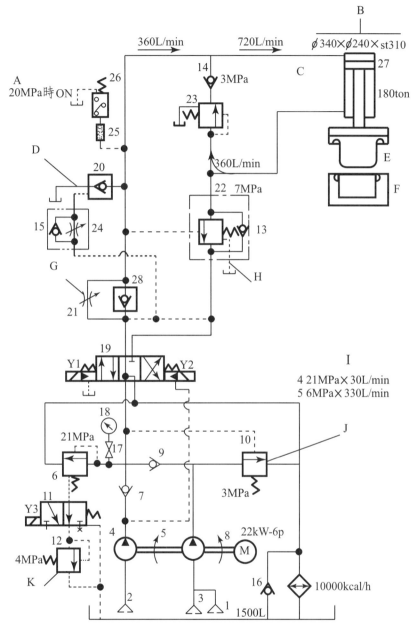

1、2、3-濾網；4、5-液壓泵；6、12、22、23-順序閥；7、9、13、14、15、16-單向閥；8-電馬達；10-溢流閥；11-二位二通電磁換向閥；17-接頭；18-油壓表；19-三位四通電磁換向閥；21、24-節流閥；25-液壓缸；26-壓力開關；27-壓缸；20、28-液控單向閥；A-20 MPa時ON。B（27）-壓缸；C-差動迴路；D-使油的一部分旁路；E-上型；F-下型；G-降壓；H-加壓時打開；I-泵參數；J-低壓泵無負荷；K-在壓缸上升端限制壓力

圖8-26　180 t 板金沖床液壓系統迴路

4. 壓缸快速上升

當降壓完成時（通常為0.5～7秒，視閥的容量而定），Y2通電，三位四通電磁換向閥19切換至右位，液控單向閥20、28被打開。此時其工作循環油路為：**進油路**：液壓泵4、5→三位四通電磁換向閥19右位→單向閥13→液壓扛下腔。**回油路**：液壓缸上腔→｛（液控單向閥20）／（液控單向閥28→三位四通電磁換向閥19右位）｝→油槽。因液壓泵4、5的液壓油一齊送往液壓缸下腔，故液壓缸快速上升。

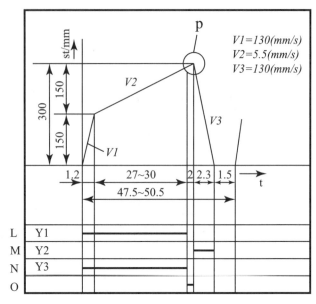

L-Y1通電；M-Y2通電；N-Y3通電；O-壓力開關；P-降壓

圖8-27　180t 板金沖床液壓系統控制動作順序圖

8-2-5-3 180t板金沖床液壓系統特點

本系統包括：差動迴路、平衡迴路（或順序迴路）、降壓迴路、二段壓力控制迴路，高壓和低壓泵迴路等基本迴路，其特點如下：

1. 當液壓缸快速下降時，下腔回油由順序閥23建立背壓，以防液壓缸自重產生失速等現象。同時系統又採用差動迴路，泵流量可以比較少，是一個節約能源的迴路。

2. 當液壓缸慢速下降進行加壓成型時，順序閥22由於外部引壓被打開，液壓缸下腔液壓油幾乎毫無阻力地流回油槽，因此在加壓成型時，上型模重量可完全加在工件上。

3. 在上升之前做短暫時間的降壓，可防止液壓缸上升時產生振動、衝擊現象。100 t以上的沖床尤其需要降壓。

4. 當液壓缸上升時，有大量液壓油要流回油槽，回油時，一部分液壓油經液控單向閥20流回油槽，剩餘液壓油經三位四通電磁換向閥19中位流回油槽，所以三位四通電磁換向閥19可選用額定流量較小的閥件。

5. 當液壓缸下降時，系統壓力由溢流閥10控制；液壓缸上升時，系統壓力由順

序閥12控制，如此則系統產生的熱量減少，防止了油溫的上升。

8-2-6 多軸鑽床液壓系統

8-2-6-1 概述

圖8-28及圖8-29分別為本例的系統圖及控制動作順序圖，三個液壓缸的動作順序為：夾緊液壓缸（B/19）下降→分度液壓缸（C/20）前進→分度液壓缸（C/20）

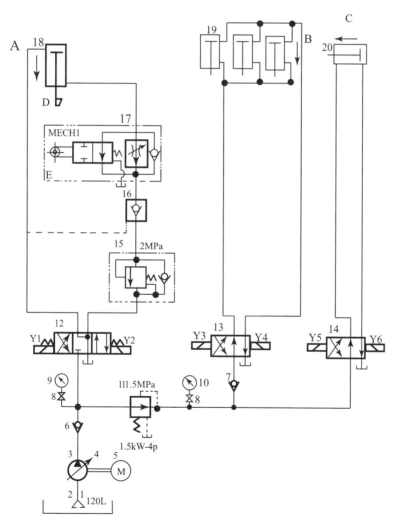

1-油槽；2-濾清器；3-變量葉片泵；4-聯軸節；5-電馬達；6、7-單向閥；8-切斷閥；9、10-壓力計；11-減壓閥；12、13、14-電磁閥；15-平衡閥；16-液控單向閥；17-凸輪操作調速閥（二級速度）；18、19、20-液壓缸；A-鑽削進給；B-夾緊；C-分度；D-凸輪；E-滾子MECH

圖8-28　多軸鑽床液壓傳動系統圖

後退→進給液壓缸（A/18）快速下降→進給液壓缸（A/18）慢速鑽削→進給液壓缸（A/18）上升→夾緊液壓缸（B/19）上升→暫停，完成一個工作循環。

8-2-6-2 多軸鑽床液壓系統工作原理

1. 夾緊缸下降

按下啟動按鈕，Y3通電，電磁閥13切換至左位，其工作循環油路為：**進油路**：濾清器2→變量葉片泵3→單向閥6→減壓閥11→單向閥6→電磁閥13左位→夾緊液壓缸（B/19）上腔（無桿腔）。**回油路**：夾緊液壓缸（B/19）下腔→電磁閥13左位→油槽1。進、回油路無任何節流措施，且夾緊缸下降所需工作壓力低，故泵以大流量送入夾緊缸（B/19）使其快速下降。夾緊缸夾住工件時，其夾緊力由減壓閥11來調定。

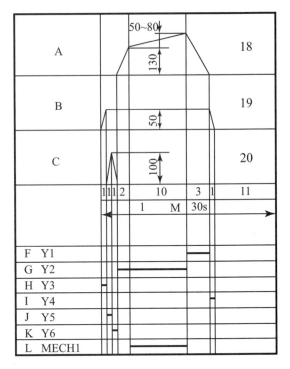

A-進給缸；B-夾緊缸；C-分度缸；F-Y1通電；G-Y2通電；H-Y3通電；I-Y4通電；J-Y5通電；K-Y6通電；L-MECH1；M-1循環

圖8-29　多軸鑽床液壓系統控制動作順序圖

2. 分度缸前進

夾緊液壓缸（B/19）將工件夾緊時觸發一微動開關使Y5通電，電磁閥14切換至左位，其工作循環油路為：**進油路**：變量葉片泵3（由電馬達5驅動）→單向閥6→減壓閥11→電磁閥14左位→分度缸（C/20）右腔。**回油路**：分度缸（C/20）左腔→電磁閥14左位→油槽。因無任何節流設施，且分度液壓缸（C/20）前進時所需工作壓力低，故泵以大流量送入液壓缸，分度缸快速前進。

3. 分度缸後退

分度缸（C/20）前進碰到微動開關使Y6通電，Y5斷電，電磁閥14切換至右位，分度缸（C/20）快速後退，其工作循環油路為：**進油路**：變量葉片泵3→單向閥6→減壓閥

11→電磁閥14右位→分度缸（D 20）左腔。**回油路**：分度缸右腔→電磁閥14右位→油槽。

4. 鑽頭進給缸快速下降

　　分度缸（C20）後退碰到微動開關使Y2通電，電磁閥12切換至左位，鑽削油缸（A/18）開始工作，其工作**循環油路**為：**進油路**：變量葉片泵3→單向閥6→電磁閥12右位→進給液壓缸（A/18）上腔。**回油路**：進給液壓缸（A/18）下腔→凸輪操作調速閥（E/17）右位（行程減速閥）→液控單向閥16→平衡閥15→電磁閥12右位→油槽。在凸輪板D未壓到滾子E時，回油沒被節流〔回油經由凸輪操作調速閥（E/17）的減速閥〕，且尚未鑽削A，故泵工作壓力p = 2 MPa，泵流量Q = 17 L/min，進給缸A/18快速下降。

5. 鑽頭進給液壓缸慢速下降（鑽削進給）

　　當凸輪板D壓到滾子E時，回油只能由調速閥17流出，回油被節流，進給液壓缸A/18慢速鑽削。**進油路**：變量葉片泵3→單向閥6→電磁閥12右位→進給液壓缸上腔。**回油路**：進給缸下腔→行程調速閥17→液控單向閥16→平衡閥15→電磁閥12右位→油槽。因液壓缸出口液壓油被節流，且鑽削阻力增大，故泵工作壓力增大（p = 4.8 MPa），泵流量下降（Q = 1.5 L/min），所以進給液壓缸（A/18）慢速下降。

6. 進給缸上升

　　當鑽削完成碰到微動開關，使Y1通電Y2斷電，電磁閥12切換到右位，鑽削油缸（A/18）開始上升，其工作**循環油路**為進油路：變量葉片泵3→單向閥6→電磁閥12左位→平衡閥15（走單向閥）→液控單向閥16→凸輪操作調速閥17（走單向閥）→進給缸下腔。**回油路**：進給液壓缸（A/18）上腔→電磁閥12左位→油槽。進給缸（A/18）後退時，因進、回油路均沒被節流，泵工作壓力低，泵以大流量送入液壓缸，故進給缸快速上升。

7. 夾緊缸上升

　　進給缸（A/18）上升碰到微動開關，使Y4通電及Y3斷電，電磁閥13切換至右位，夾緊油壓缸（B/19）開始上升，其工作**循環油路**為：**進油路**：變量葉片泵3→單向閥6→減壓閥11→單向閥7→電磁閥13右位→夾緊缸（B/19）下腔。**回油路**：夾緊缸（B/19）上腔→電磁閥13右位→油槽。因進、回油路均沒有節流設施，且上升時所需工作壓力低，泵3以大流量送入液壓缸，故夾緊缸（B/19）快速上升。

8-2-6-3 多軸鑽床液壓系統特點

在此系統中以液壓缸爲中心，將液壓迴路分爲三個子系統：鑽頭進給液壓缸子系統A/18、夾緊缸子系統B/19、分度缸子系統C/20。進給液壓缸子系統A由液壓缸18、凸輪操作調速閥17、液控單向閥16、平衡閥15及電磁閥12組成。此子系統包含速度切換（二級速度）迴路、鎖定迴路、平衡迴路及換向迴路等基本迴路。夾緊缸子系統B由液壓缸19及電磁閥13組成。分度缸子系統C由分度缸（液壓缸20）及電磁閥14組成。B、C兩個子系統均只有一個基本迴路——換向迴路。該多軸鑽床液壓系統有下列幾個特點：

1. 鑽頭進給液壓缸A18的速度控制凸輪操作調速閥17，速度的變換穩定、不易產生衝擊、控制位置正確，可使鑽頭儘量接近工件。

2. 平衡閥15可使進給液壓缸A18上升到盡頭時產生鎖定作用，防止進給液壓缸由於自重而產生不必要的下降現象；此外，該平衡閥15所建立的回油背壓閥阻力亦可防止液壓缸下降現象的產生。

3. 液控單向閥16可使進給液壓缸A18上升到盡頭時產生鎖定作用，防止進給液壓缸由於自重而產生不必要的下降現象。

4. 減壓閥11可設定夾緊缸B19和分度缸C20的最大工作壓力。

5. 單向閥7可防止分度缸C20前進或進給缸A18下降的同時，亦可防止由於夾緊缸B19上腔的液壓油流失而使夾緊壓力下降。

6. 本液壓系統採用變排量式泵（壓力補償型）當動力源，可節省能源。此系統亦可用定量式泵當作動力源，但在慢速鑽削階段的軸向力大，且大部分液壓油經溢流閥流回油槽，能量損失大，易造成油溫上升。此系統可採用複合泵以達到節約能源、防止油溫上升的目的，但設備較複雜且費用較高。

8-2-7 機電一體化液壓挖掘機系統

8-2-7-1 概述

液壓挖掘機在工業與民用建築、交通運輸、水利施工、露天採礦及現代軍事工程中都有廣泛應用，是各種土石方施工中不可或缺的機械設備。參圖8-30，以柴油

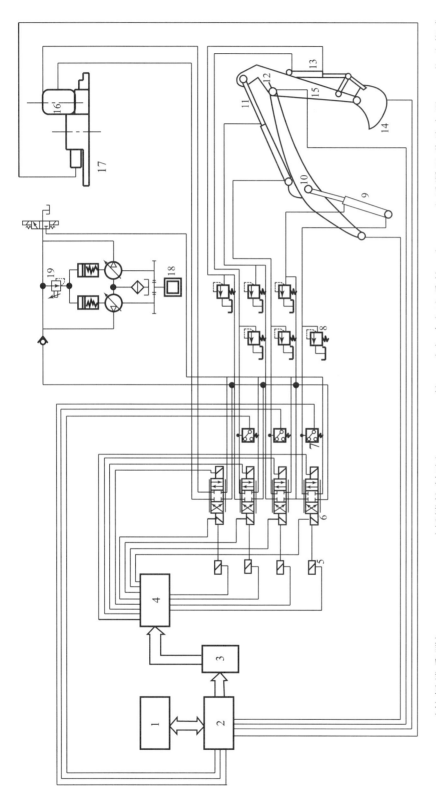

1-TBM PC（挖掘機電腦）；2-PCT-812（便攜控制端）；3-D/A接口（直／交流電接口）；4-液壓閥驅動放大器；5-位移傳感器（4個）；6-電液比例方向閥（4個）；7-壓力傳感器（3個）；8-溢流閥（6個）；9-動臂缸；10-動臂；11-斗桿缸；12-角位移傳感器；13-鏟斗缸；14-鏟斗；15-斗桿；16-液壓馬達；17-迴轉平台；18-柴油機；19-電液比例減壓閥

圖8-30　機電一體化液壓挖掘機系統圖

機18作為液壓系統動力源，對工作裝置、轉台17迴轉機構的液壓執行元件提供壓力油。工作裝置由動臂10、斗桿15和鏟斗14組成，分別由液壓缸驅動。迴轉機構由液壓馬達16驅動，各執行機構的動作集中由多路換向閥操縱。它的工作循環是以鏟斗14切削土石料，裝滿後提升，迴轉至卸料位置，卸空後的鏟斗14再回到挖掘位置，開始下一次作業。工作循環時間僅12～26秒，各執行機構啟動、制動頻繁，負荷變化大、振動衝擊多，主要執行機構要能實現複合動作如挖掘、提升、迴轉等，有足夠的可靠性和較完善的安全保護措施，能充分利用發動機（柴油機）18功率和提高傳動效率。機電一體化液壓挖掘機與傳統的液壓挖掘機比較，具有下列特點：

1. 自動操縱

在電腦操縱下自動完成給定的挖掘任務，並具有一定的局部自主能力，即當阻力過大挖掘過程中斷時，能自動修正挖掘路徑，直到完成挖掘過程。在迴轉過程中，能自動識別和避開障礙物，達到原定的卸料位置。

2. 工況監測及故障報警

實時檢測並顯示挖掘機運行狀況的各路參數。當檢測到故障信號時，根據系統內的故障經驗庫，可以大致推斷故障所在，並同時報警。

3. 節能控制

合理調節柴油機18節氣門開度，並適當調節變量泵（18與19之間）的排量，以適應各種不同負載工況，降低燃油消耗。

8-2-7-2 機電一體化液壓挖掘機系統

如圖8-30主要由驅動與傳動系統、執行機構、檢測系統和控制系統四部分組成。

1. 驅動與傳動系統

包括了發動機18、液壓泵、液壓馬達16、電液比例方向閥6、動臂缸9、斗桿缸11、鏟斗缸13及齒輪傳動，它實現了液壓挖掘機中各種能量的傳遞和轉換。

2. 執行機構

由迴轉平台17、動臂10、斗桿15、鏟斗14及工作裝置連桿機構組成。傳動系統

接到控制信號後，按要求推動執行機構，產生一定的動作，以完成一定的任務。

3. 檢測系統

以各種傳感器如圖8-30的5、7、12及圖8-31的H、C／D等爲主要組成部分，隨時向電腦反饋挖掘機及環境的變化信息，包括位置、姿態、速度、加速度、系統壓力、柴油機水箱溫度、柴油機轉速以及外部環境的幾何信息等。

4. 控制系統

由電腦根據任務要求，自動生成一條從初始狀態到目標狀態的安全運行路徑，並由控制器控制挖掘機工作裝置按照規劃好的軌跡運行，直至到達給定的位置狀態，完成給定的任務。

8-2-7-3 機電一體化液壓挖掘機工作技術

1. 採用了柴油機／液壓泵複合控制

其控制系統如圖8-31所示，操作者根據工況，利用作業模式選擇開關J（功率預選開關）選擇合理的功率模式：重載高速、正常工作、輕載低速。經由電子調節器I調節柴油機B節氣門開度和液壓泵（E、F）的排量，使供給功率與負載需要功率相匹配。當選擇重載高速檔時，控制模塊I發出指令，使柴油機B工作在較大節氣門度，與此同時，通過電液比例減壓閥G適當調節液壓泵E、F的$p\ q_V$線高度，使柴油機B工作在最大功率輸出點，功率得到充分發揮。當選擇正常工作檔時，柴油機B在經濟轉速、液壓泵E、F在恆功率工作點上，此時爲最經濟工況。當選擇輕載低速檔時，比例減壓閥G將液壓泵的pq_V線調至排量更小的位置，同時進一步調小柴油機B節氣門開度，降低其轉速，使供給流量明顯降低。

2. 採用了電液比例控制技術

通過改變34B–R6/H6型帶閥芯位移反饋的電液比例方向閥6（圖8-30）之比例電磁鐵輸入電流，不僅可以改變閥的工作液流方向，而且可以控制閥口大小，實現流量控制，是一種較爲理想的電、液轉換和功率放大元件。與伺服控制相比，電液比例控制具有成本低、抗干擾性好、能量損失小、對油液清潔度無特殊要求等特點。

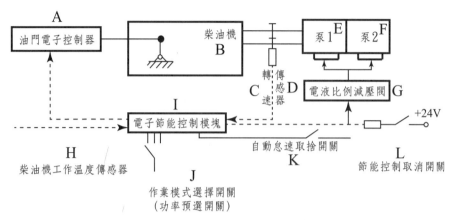

圖8-31   柴油機／液壓泵複合調節控制系統

3. 採用工況在線監測系統

　　如圖8-32包括單片主處理器模塊F、面板控制模塊G、模擬信號調理模塊C、A／D（交直流）轉換及光電隔離模塊E、電源模塊D及傳感器A等部分，其框架如圖8-32所示。單片主處理模塊F是系統的核心部分，其主要功能有面板的控制管理G、A／D轉換部分的控制管理E、模擬量B、開關量及轉速信號的輸入、處理和存儲H。面板控制模塊G是整個系統的入機接口，它包括鍵盤、聲光報警電路和點陣式液晶顯示器。模擬信號調理模塊C的任務是實現各路模擬量信號的輸入和調整，將傳感器A和敏感元件的輸出電信號轉變為滿足A／D轉換輸入要求的標準電平信號。A／D轉換及光電隔離模塊E的功能，是將所有的被檢測信號轉變成為單片機F所接受的數字量，具體包括開關量H的採集、轉速信號的整形、模擬量的A／D轉換和輸入、輸出信號的光電隔離等。

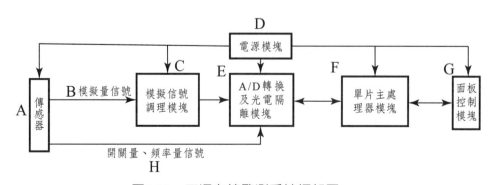

圖8-32   工況在線監測系統框架圖

　　電源模塊D將液壓挖掘機上的蓄電池或發電機輸出的24 V直流電，轉換爲系統各模塊以及系統配備的傳感器所需的各種類型的電平電壓。傳感器A處於液壓挖掘機與監測系統的接口位置，是一個能量變換器。它直接從液壓挖掘機中提取被檢測的工況特徵參數，感受狀態的變化並轉換成便於測量的物理量。挖掘機的位置轉角由安裝在如圖8-30迴轉平台17、動臂10、斗桿15和鏟斗14關節的角位移傳感器12進行測量；液壓系統的負載由安裝在各液壓缸（馬達）進口的壓力傳感器7測量；迴轉過程遇到的障礙物由安裝在鏟斗處的超音波測距傳感器測量。

4. 電腦控制

　　電腦控制系統將來自各傳感器的檢測信息和外部輸入命令進行集中、儲存、分析加工，根據信息處理結果，按照一定的程序和節奏發出相應的指令，控制整個系統有目的的運行。如角位移傳感器12（圖8-30）的反饋電壓送入模／數轉換器後，經過分時採樣，電腦就可以算出一組反映實際狀態的轉角值。這組轉角值與經過規劃得到的目標轉角值相比較，求得誤差，再按所採用的控制算法計算控制量，並經D／A轉換器3（圖8-30）將數字信號轉換成相應的模擬量，經功率放大4（圖8-30），再驅動四個電液比例迴路6（圖8-30），使實際關節角逼近規劃所得的目標關節角，從而實現液壓挖掘機的自動操縱。利用三個壓力傳感器7（圖8-30）可以達到過載情況下的路徑自主校正，利用超音波測距傳感器能實現迴轉過程的自動避障。

⚡ 新知參考 10

液壓傳動技術的發展與趨勢

1.概説

　　第二次世界大戰期間，由於軍事的需求，出現了以電液伺服爲代表的響應快、精度高的液壓元件和控制系統，使液壓科技迅猛發展。自20世紀50年代起，隨著經濟的起飛、生產的高速化及自動化，液壓傳動很快轉入民用工業，在機械製造、機床、汽車、起重、運輸和施工設備、船舶、航空等領域，廣泛發展及應用。20世紀60年代以來，隨著機電一體化、原子能、航空航天技術、微電子科技、數控加工、自動控制、冶金自動化、鍛壓製造等新工藝與新材料，液壓傳動更已深入各類相關行業。大流量、高壓柱塞泵、高效密封、液壓試驗台、插裝閥、疊加閥、電磁閥、

伺服閥、比例閥和系統整合等更使其可靠、精密與控制程度不斷提升。

日本油研公司以雙向變頻電機驅動的「伺服控制單元」，在其控制單元中，液壓系統只有一台帶油箱的定量泵、一個帶傳感器的油缸和一套封閉式油路、單向溢流閥組和兩根管道。而省去了龐大的油槽、諸多液壓閥的大量管線，並使變量泵遭淘汰。這系統已用於液壓電梯，也用於其他單缸液壓系統，隨著變頻調速的進步與批量生產，將可能使許多液壓泵、閥乃至輔助元件逐漸被取代消失。

與電子信息技術相結合是當今液壓技術發展的一大方向，其相結合的產品如電液伺服，早在上世紀中葉就已出現。而今電液比例閥在大部分領域取代了電液伺服閥，此外，高頻響比例閥控制泵變量機構的電子油泵、帶總線控制的電磁閥和帶傳感器的伺服油缸、油馬達以及由它們組合成的液壓系統，完美地體現了電子信息技術和液壓技術的結合，已大程度地提高了液壓的技術含量及附加價值，而以電子信息技術對液壓系統進行控制，也爲液壓工程師拓展了施展才華的空間。

2.現場總線

現場總線是連接智能化儀表和自動化系統的全數字式、雙向傳輸、多分支結構的通信網路。現場總線控制系統簡化爲工作站和現場設備兩層結構，它可以看作是一個由數字通訊設備和監控設備組成的分布式系統；從電腦角度來看，則是一種工業網路平台；從通信角度來看，它是一種新型的全數字、串行、雙向、多路設備的通信方式；從工程角度看，它是一種工廠結構化布線。隨著現代製造技術的飛快發展，流體控制與電子控制的結合愈來愈緊密，工程人員益加感受到使用及關注現場總線的優越性。液壓系統是在液壓總線的供油路和回油路間安裝數個開關液壓源，與其各自的控制閥、執行器相連接。開關液壓源包括液感元件、高速開關閥、單向閥、液容元件。根據開關液壓源功能的不同，它可組合成升壓型或降壓增流型開關液壓源。由於將開關源的輸入端直接掛在液壓總線上，可通過高速開關方式執行升壓或降壓增流。該系統克服了傳統液壓系統無法實現升壓以及降壓增流的問題，最終輸出與各執行器需求相適應的壓力和流量。當前，現場總線及由此而產生的現場總線智能儀器儀表和控制系統，已成爲全世界範圍自動化技術發展的熱點，此一涉及整個自動化和儀表工業的新技術，在國際上已引起人們廣泛關注。關於現場總線（Field-bus）技術和智能化儀表技術的研究，構成了當今自動檢測和過程控制領域的兩大熱門課題。上世紀80年代末出現的現場總線技術，將對自動化系統和作爲其重

要支撐的流體傳動及控制技術產生深遠的影響。

　　現場總線在液壓系統應用的特點：(1)設備及元件簡要，降低總成本；(2)柔性化程序，易學、學懂、可操作性強；(3)友好的人機對話介面，可方便進行液壓系統的參數修改和故障監控；(4)滿足相關人員人身安全、電磁兼容、抗衝擊及抗振的重要標準；(5)相對於傳統的液壓比例控制系統更具有價格競爭優勢。

3. 自動化控制軟體

　　在多軸運行的控制中，採用SPS（Share Point Portal Server）可編程控制技術，SPS可編程控制器的控制程度，使得任意編寫的SPS應用控制程序也可在高層次的運算速度中運行。在此情況下，以PC機爲基礎的現代控制技術，也和許多自動化控制領域一樣，有著自己的用武之地。自動化控制軟件將SPS的工作原則與操作監控兩者（在線檢測控制系統）任務集於一身。操作監控技術在伺服驅動中已經發展得比較成熟，並且具有強大的功能和功率。在大量的應用中已經證實，以微機軟體爲基礎的控制方案，在不同類型的液壓控制中，也是非常有效的控制方案。利用液壓技術控制迴路（控制閥、變量泵）和執行機構（液壓缸、液壓馬達）大量不同的變型與組合配置，可以提供多種不同特性的控制方案。有些液壓控制的運行與電氣驅動的運行類似，PLC可編程序數據庫使得液壓定位的控制和自動化工作過程同步運行更加方便。其控制電路與電氣自動化控制基本上沒有什麼區別，它同時也對操作與監控進行調節。另外，液壓控制軟體也可以在PLC的標準環境中工作，而且是全透明的運行。利用這種液壓控制軟體可以對內部數據進行讀寫，最大限度地滿足了操作、監控和自動化控制的需要。所有液壓系統的控制信號都可在工業控制局域網的接線柱中測得。可被檢測的信號包括：實際的位置信號、實際壓力信號和控制閥的狀態、設置參數。所有工業液壓技術的要求均可以低廉資金投入而得以實現。所有液壓控制的運行功能，還提供了工作力的調節功能，利用電氣伺服對輸出的扭矩進行限定、調節。液壓系統總體功能的制定，原則上按照實際需要而制定，並以模塊的型式接受PLC數據庫的控制。現代化的液壓自動化控制軟體使得自動化工程技術人員可以像使用電氣控制軟體一樣方便自如地進行操作。

4. 純水液壓傳動

　　礦物油液壓存在著汙染及易失火的隱患，純水正符合安全及環境友好的要求，純水液壓傳動指不含任何添加劑的海水和淡水爲工作介質，與油壓傳動相比，既有

優勢亦有難題。其優點為：(1)價格低廉，僅為液壓油的1/5,000，來源廣泛，經濟效益可觀；(2)阻燃性與安全好，不易引起火災；溫升小，比熱及導熱係數分別為液壓油的2倍和4倍，一般不需設熱交換器；(3)純水壓縮係數小，壓縮損失比礦物液壓油降低25%，可減少容積損失；(4)可以不用回油管、水槽，系統簡化，維修成本低；(5)洩漏的油液和水基液會造成汙染，純水則無此憂患。

　　但純水液壓傳動也面臨下列困難：(1)其黏度僅為水的1/40～1/50或更低，極易引起元件及系統的內外洩漏，導致系統的容積效率降低；且純水的潤滑性很差，元件易遭摩擦及卡死，故水壓元件的材料及加工精密度遠高於油壓；(2)水的鏽蝕性和導電性均強，容易引起鋼鐵及銅等常用金屬材料的電化學腐蝕；及非金屬材料的老化，需用特殊防蝕的材料製造，增加投資成本；(3)水的密度大、壓縮性小、音速高，因此在純水液壓傳動系統中，元件及閥門的突然動作啟閉等使水的流動狀態發生變化時，極易引起比油壓傳動更大的液壓衝擊、振動和噪音，對系統的工作性能、使用壽命及人身健康造成傷害，為此，需加裝吸收和消除上述衝擊、振動及噪音的專有設施；(4)通常水中的氣體含量比液壓油中低，但由於水的飽和蒸汽壓比液壓油高很多，故水中極易分離和產生出氣泡，並在高壓區凝結和潰滅，從而產生異常高溫和衝擊壓力，引起系統元、輔件流動表面材料疲勞和破壞、系統工作性能下降的氣蝕現象，為此，一般採取限制系統溫度以降低介質中的氣體溶解度、提高液壓泵的吸入壓力等措施來減少及消除氣蝕現象；(5)由於水的理化特性不同於傳統液壓系統，故傳統的設計理論與方法不能完全適合於水壓系統，必須通過深入細緻的理論及實驗研究，建立一套適用純水液壓傳動的設計理論及規範。

　　近年來，特別是工業發達國家圍繞著純水液壓傳動的材料、元件、液壓器具、系統等方面展開了理論及應用的研究，且取得了引人注目的成果：(1)純水液壓元件的研究一般都有深層次主機系統應用的背景，也就是各類不同機械設備及系統應用及需要而巨大地刺激和促進了純水液壓元件研究的進展，國際液壓市場已能買到不同壓力等級的純水液壓元件；(2)多年在材料上的研發已說明某些不鏽鋼、青銅、特殊處理鋁合金、玻璃纖維、陶瓷、塑料等，都可用於純水液壓系統製作液壓缸、水槽、管件等元、輔件，其中工程陶瓷和塑料具有強度高、耐磨性好等特點，是純水液壓泵、馬達優良的摩擦副材料；(3)隨著研發的深入，純水液壓傳動技術已進入實用階段，包括比例、伺服系統在內的配套與應用研究也獲得很大進展，不但在傳統液壓工業，並進入如食品加工（如肉品切割、壓、傳輸及骨肉分離設備）、造紙、

化工、感光材料及醫藥衛生等油壓傳動的以往禁區。

5.電液集成塊

　　傳統的液壓閥在價格及技術上遠不能適應現代傳動裝置的要求，武漢理工大學陳城書教授經過多年刻苦鑽研，終於將電子學原理移植到液壓技術中，研發了電液集成塊（Electro-hydraulic Integrated block），創建了電液集成塊液壓技術，開拓了價廉的機電液一體化成就。電液集成塊液壓技術的控制係由三部分組成：電液集成塊、電液集成塊液路和CPU電路。一個系統是由很多元件串聯組成的，如果不使系統構成閉環（封閉迴路）形式，只要一個串聯元件精度差，則系統的精度就更差，故各元件均要求需有高出系統好幾倍的精度，系統愈複雜則串聯元件就愈多，若要確保系統精度，每個串聯元件都要有極高的精度，致使總價攀高。若要總價低又要系統的精度高，那就要系統的控制體成爲閉環的形式才行（電子和液壓相結合的閉環式控制液壓系統）。系統控制的精度取決於檢測元件和CPU電路運算速度及其軟體，這樣對各元件的精度要求就不那麼高了，系統的價格因此大爲下降。

　　液壓傳動與機械傳動相比有很多優點，但近代交直流伺服電馬達的發展很快，已在某些領域，特別是數控機床方面，取代了閥類液壓技術，關鍵就是液壓控制元件在價格與技術上，不能同迅速發展的電腦技術相適應。現有許多液壓閥，包括電液比例閥，都是具有一定功能的，已不是基本元件，而是基本元件組合而成的組合件，液壓閥卻變爲二次產品，於是各中小規模的液壓閥工廠就自己設法生產高精度的一次產品，但液壓閥的種類繁多，中小廠家不能量產，也無法完全做到高精度，於是液壓技術的優勢如此被淹沒了。經過了垂直與水平的整合，電液集成塊是一次產品，它是由高技術、大規模、自動化高的工廠生產；而電液集成塊液壓技術的二次產品則由眾多的中小廠生產，它們在市場上購買電液集成塊，將其組裝成各種液壓系統，其結果是整套電液集成塊液壓技術系統具有質量高、價格低、應用廣泛及優勢發揮等多重效益。

　　電液集成塊液壓技術其實是將液壓閥以電液集成塊來取代，原來的液壓機械經由此取代改造之後，使其成爲數控機械。所以利用電液集成塊液壓技術對老式機械進行更新改造，並非困難之事。電壓集成塊液壓技術的硬體元件是通用標準的，例如用在機床上的一套電液集成塊系統，可能直接搬到汽車上，其不同的只是軟體（程序）。再加上它的結構合理和二次生產方式，可進行大規模經濟與精密且產品

廉價的生產。又能與CPU電路直接相連，易於實現機電液一體化。電液集成塊是電腦和工業實體之間的一個理想的媒介。

6.系統仿真

　　系統仿真（Simulation, Emulation）可以理解爲對一個已存在或尚未存在但正在開發的系統進行特性研究的綜合科學，對於實際系統不存在，或已存在但無法在現有系統上直接進行研究的情形，只能設法構造既能反映系統特徵又能符合研究要求的系統模型，在此模型上進行研究，以揭示已有和未來系統的内在特性，進行規律、分析系統之間的關係，並做未來預測。現代的仿真技術已不只是50年前的洲際導彈、宇宙飛船及混合電腦系統用於新型武器的發展階段而已，如美國各國防高級研究部門相繼建設分布交互仿真系統、並行分布交互仿真系統、聚合級仿真系統，由於系統複雜、規模龐大，早期其間不易相互操作，以實現資源共享、開發重用，爲此，仿真技術進一步走向可共用、互通及重用的高層體系結構HLA（High level architecture），其應用包括：系統概念研究、系統可行性研究、系統分析與設計、系統開發、系統測試評估、系統操作人員培訓、系統預測、系統使用與維護等，均在軍用及國民經濟各領域應用。

　　美國先後建成了爲滿足紅外成像制導武器仿真的紅外制導半實物仿真系統、爲滿足雷達導尋制導的毫米波半實物仿真系統、用於愛國者型導引頭半實物仿真、支持複合制導的最具挑戰性的半實物仿真系統等。美國於上世紀末前在HLA基礎上已建立了JADS（Joint advanced distribution simulation）、JWARS（Joint warfare system）、JSIMS（Joint simulation system）和ALSP（Aggregate level simulation protocol）應用系統等。中國在仿真的軍事及民用系統上也有快速與突破的進展，以支持大型及複雜的系統模擬及建立，架設於現代建模技術、電腦技術、網路技術及虛擬實境技術基礎之上。如軍事領域建立了指揮、作戰、訓練的仿真系統及半實物仿真試驗室；並有分布交互綜合的先進仿真系統。在民用工業方面則有大型電站、交通運輸、石油化工過程等仿真系統。液壓傳動是機械科學技術的一個分支，需要機械與其他學科的移植與相互支持引導，它的進一步發展，如液壓現場總線技術、自動化控制軟體技術、純水液壓傳動、機電液氣光集成塊等技術的深化與創新，有賴於實務及仿真技術的密切相持推進。

⚡ 新知參考 11

戰機的液壓系統發展

隨著美國第四代戰機F-35和F-22的投入使用，各國也紛紛研製自己的第4～5代戰機，其中對液壓系統提出新的課題：

1. 液壓系統的功率不斷提高，因第四代要求降低靜安定度、提高機動性、敏捷性，例如俄羅斯研製的1.44的靜安定度大於10%，導致飛行舵面承受的動載荷較第三代有所增加，舵面的偏轉速率也要求愈來愈快，故第四代的液壓作動器的功率不斷增加，液壓系統也增加許多新功能，如推力矢量控制、內埋式武器掛架收放裝置等。戰機液壓功率的增長如下示F-4（美國幽靈式戰機）：140 kw、J-8（中國殲-8戰機）：70 kw、F-15（美國鷹式戰機）：270 kw、Cy-27（蘇愷式戰機）：190 kw、F-22（美國猛禽式戰機）：540 kw、YF-43（美國諾斯羅普戰機）：450 kw。

2. 對戰機的優秀性能，尤其是超音速及四代機的隱形考慮、內埋式武器等，體積小重量輕的液壓貢獻已不只是提高有效載荷而已。

3. 使多種模式的實現成爲可能，及重要功能附件在失效後的重構提供可能，液壓系統的多餘度設計並不是單純的兩個系統的備份，也要爲操縱模式的重構達成可能。例如F/A18-E/F（美國超大黃蜂攻擊式戰機）在飛行試驗中模擬了平尾完全失效的情況下，由其他幾個操縱舵面完成平尾功能。

4. 在中國集中式液壓發展到現在，從最早的14 MPa到達28 MPa，可以分幾項更上層樓研究發展：〔據知中國殲-20（J-20）戰機已使用21～35 MPa雙壓力體制，可匹敵F-22〕。

(1) 液壓源：戰機液壓系統的功率已經增加到400～600 kw，液壓泵是系統的動力泉源，需提高排量和轉速的方式以增長功率，但出於戰機空間和重量的要求，需要減輕液壓系統的重量及縮小體積來增加有效載荷。因此必須提高液壓系統的壓力，例如美國的四代戰機已採用21～35 MPa（214～357 Kg/cm^2）的變壓力液壓系統，對一典型的戰機來說，需求大功率的時間僅占10%，其餘包括起飛、著陸到飛抵戰鬥位置及返航，21 MPa雖可滿足90%的需求，但要重量輕、體積小、需求功率少、液壓可靠維修性好、峰值功率盡可能接近負載要求、散熱量要少，採用21～35 MPa雙壓力體制的四代戰機應是最佳選擇。

(2) 液壓油是液壓傳動的介質，戰機的液壓油工作溫度大約是–55～135℃，短時

間溫度可能更高,因此若能採用新的材料和工藝,將管路所占重量降到最小,且將液壓系統的冷卻加入到全機的熱公管系統,降低液壓系統溫度,並進一步研製出新型耐高溫不可燃液壓油,才可能提高液壓壓力到35 MPa 四代戰機的水準。

(3) 執行機構重點應放在直接驅動閥、新型作動器和剎車機構上:直接驅動閥是新一代的伺服閥,簡稱DDV(Direct drive servo valve),採用直線力電機直接驅動功率輸出級,有的係採用旋轉電機驅動擋板閥,取消了以往的噴嘴擋板前置級和精密油濾,以位置電反饋代替了傳統複雜的機械反饋(反饋桿和彈簧管),簡化了結構且提高可靠性,既保持雙嘴擋板力反饋電液伺服閥的性能,又提高抗汙染能力。飛機已普遍採用電傳操縱餘度控制技術,電液伺服閥是控制系統中不可缺的元件,而DDV由於其諸多優點,已逐步取代傳統的電液伺服閥,使飛控系統重構更為簡化。

研製將微處理機或其他小型電子部件組合到液壓作動筒控制節環,它由作動器主體、功率調節模塊、控制模塊組成,在傳統的作動筒、舵機和分油機構的基礎上進行小型化、集成化,並使用直接驅動閥技術,如果再配合先進的機載電腦,可以在某個舵面失效的情況下,將整個操縱舵面的系統重構,完成失效的功能。

研究新的防滑剎車模式,進行數字式電傳剎車的研製應用,將剎車效率提高到92~95%,經過公共設備管理系統處理,可以達到混凝土、柏油、冰雪、雨水跑道等不同環境的最佳效果,進行剎車與前輪轉彎綜合技術的研究,由機載電腦自動糾正剎車引起的航向偏離。

(4) 第三代戰機上,包括液壓系統在內的機載機電系統,都配有各自的專用控制裝置,沒有公共設備管理系統,而第四代戰機則已設置,並將液壓系統的控制功能通過公共設備管理系統組合到飛機管理系統中,以使綜合系統的性能更優越並共享診斷訊息。

(5) 由於傳統的集中式液壓系統遍布全機,因此液壓管路也像蜘蛛網一樣密布,占據了大量的空間和重量(約占液壓系統重量的1/5),故不可避免地穿過某些承力的框板,因而降低了承力效果。且集中式系統可靠性差、效率低、信號綜合困難及戰鬥受損後生存力小、檢測及維護性差、壽命週期內運行成本高,因此發展分布式液壓系統乃成趨勢。這種分布式系統的核心就是電動靜液作動器和270V高壓直流電源,且取消了大量液壓管路,每個舵面只採用一個電動靜液作動器,該作動器本身就是一個小型的分布式電動、電控液壓系統,因而飛機上不需再裝一個集中式的液壓系統,減少了管路鋪設導致的許多重量增加、占用空間、一處洩漏而整個系統失

效的弊端，且多種控制重組的模式成爲可能，運行成本降低，安全度提高。

⚡ 新知參考 12

電液比例控制是爲了滿足武器、飛機控制系統的大功率、高精度和快速響應等要求而發展起來的，隨著電子技術和電腦與液壓控制技術的緊密結合，構成電液控制系統，並且在航空航天、軍事及民用等領域獲得廣泛應用，系統構成原理也因領域不同而分類繁多，且已經成爲機電液一體化綜合技術，涉及了流體力學、自動控制、微電子和電腦等學科。

在20世紀末的30幾年，比例變量泵和比例執行器相繼出現，爲大功率節能技術奠定基礎，且將應用領域擴大到閉環（封閉迴路）控制。上世紀80年代進一步推出了壓力、流量、位移反饋和動壓反饋及電校正等手段，使閥的穩態精度、動態響應和穩定性更上一層。同時期比例技術和插裝技術共諧，感應器和電子器的小型化，出現了帶有集成放大器的電液一體化的電液比例元件。

從1990年至2007年，有兩項產品問世，其一是伺服比例閥（又稱高性能電液比例方向閥、閉環比例閥、高頻響比例閥），這種閥的電—機械轉換器採用比例電磁鐵，功率級閥芯採用伺服閥的結構加工，解決了閉環控制要求死區小的問題，極適合用於工業閉環控制。其二是電腦技術與比例元件相結合，開發了數字比例元件和數字比例系統，形成不同總線標準的數字比例元件接口。

雖然數字元件早先僅能用於小流量的控制場合，但通過比例放大器採用數字晶片、信號的處理、調整和運算的編程手段，以及電液數字控制塊、大型數字控制系統等相繼應用，使指令、比較、反饋、PID（Proportional–Integral and Derivatice Control，比例控制藉由積分作用消除偏位，而微分控制縮小超越量，加快反應，使PI及PD控制各取所長，分捨其短）調節均由電腦實現，實際上已成爲電液數—模轉換系統，技術已趨成熟，成爲系列化產品。它包括了比例壓力閥（如比例溢流閥、比例減壓閥）、比例流量閥（如比例節流閥、比例調速閥）和比例方向閥（如電液比例換向閥）三類。雖然比例閥與伺服閥相比，性能在某些方面還有一些差距，但電液比例閥抗汙染能力強，減少汙染引起的故障，可提高穩定和可靠性，較適合工業過程；此外比例閥成本比伺服閥低，尚不包括敏感和精密部件，較易於操作和保養。PID（比例積分—微分控制）與P&ID（管線—儀表圖）請勿混淆。

參考資料7 智慧機械傳動

全球機械傳動設備市場在2015年為265億美元，預計至2020年可望達到307億美元。臺灣機械產品及零組件亦大量出口，如日本、德國、美國、韓國及新興國家為求降低成本，均積極採用臺灣製品及機械零組件，臺灣已成為全球除日本及德國以外，最重要機械零組件供貨基地。2014至2015年淨出口值達新臺幣188億元，但在國際市場上也遭逢中、日、韓三面夾擊之挑戰。

臺灣精密機械已具備完整供應鏈，未來應順勢推動結構升級，如何善用人工智慧、ICT與產業知識結合，才能掌握智能型機械的新商機。我國機械傳動若欲切入智慧型製造領域，尚有許多點有待突破：

1. 自主創新力量微薄，呈現前瞻困局。
2. 標準不一且成本高，減低使用端轉型升級意願。
3. 智慧化技術專業及整合人力缺口仍大。

因此極需建立智慧化關鍵技術與驗證平台；透過策略聯盟與併購購取關鍵技術；發揮聯盟與學研力量打造創新產業生態；招聘及培育整合能力之高階人才及建立智慧化零組件採購平台接軌國際供應鏈。

隨著感應器、觸控屏幕、物聯網及雲端運算等先進技術快速發展，先進國家紛紛致力於智慧製造計畫，如德國之「工業4.0」、美國之「先進製造夥伴」、中國之「中國製造2025」及日本之「日本產業重振計畫」等。以建構高效率、節能環保及人性化工廠，達成「智慧製造」的願景。

傳動系統包括機械傳動、流體傳動（液壓、氣動、液力、液體黏性與電控流變液體傳動）及光學，廣泛應用於滑軌、軸承、滾珠螺桿、齒輪、電子電機、光電半導體、輸送搬運、工具機、自動化工程等設備，以建構穩定功率輸出、傳導精度高，反應速度快及傳動效率好等優點。近年來已加快協同式機器人、無人化工廠等，以提高競爭力。在ICT（Information and Communication Technology）快速發展、新材料的研發與使用，及生產流程與製造工廠的創新等激勵下，將為智慧性傳動機械注入新活力。

第 9 章

壓縮空氣通論

9-1 氣動概述

9-1-1 氣動系統

　　氣動系統是由動力元件（氣壓發生裝置）、執行元件（氣缸及氣動馬達）、輔助元件（氣源處理元件）、控制元件（控制閥）等組成，以壓縮空氣爲介質，對能量或信號進行傳遞和轉換的工程技術，現代工業的各個領域，各種一般及高端設備已經廣泛使用氣動工作方式，其進一步與機械、液壓、電氣、PLC和微機等綜合構成氣動系統，使執行元件自動按設定的程序運行，是現代工業自動化的一種重要技術。基本原理流程如圖9-1所示。

圖9-1　氣動系統工作原理

9-1-2 氣動應用準則

　　自動化實現的主要方式有：機械、電氣、液壓和氣動等，這些方式各有其優、缺點及適用範圍，沒有一種方式是萬能的。在對實際生產設備、生產線進行自動化設計和改造時，必須對各類技術進行分析比較，選出最適合的方式或幾種方式的組合，以使設備更簡單、更經濟、更可靠、更安全及更少汙染。空氣受其可壓縮性此一物理性質的侷限，更限制了氣動的發展應用，且當需要很大力或連續大量地消耗壓縮空氣時，成本也是制約氣動技術應用的原因之一。因此在研究氣動技術的應用同時，首先應與其他形式的動力源詳細比較，請參見表9-1：

表9-1　氣壓傳動控制與其他控制方式的性能比較

性能／控制方式	驅動力	動作快慢	環境要求	構造	負載變化影響	遠距離操縱	無級調速	工作壽命	維護	價格
氣壓傳動	中等	較快	適應性好	簡單	較大	中距離	較好	長	一般	便宜
液壓傳動	最大	較慢	要求較高	複雜	有一些	短距離	良好	一般	要求高	稍貴
電氣控制	中等	快	要求高	稍複雜	幾乎沒有	遠距離	良好	較短	要求較高	稍貴
電子控制	最小	最快	要求特高	最複雜	沒有	遠距離	良好	短	要求更高	最貴
機械控制	較大	一般	一般	一般	沒有	短距離	較困難	一般	簡單	一般

　　在應用氣動技術時，必須先考慮從信號輸入到最後動力輸出的整個系統，儘管其中的某個環節採用某項技術更合適，但最後決定選擇哪項技術完全是基於所有相關因數的總體考慮。例如，有時對於要完成的任務來說，力和速度的無級控制是重要因數。另外，氣動系統掌握容易、結構簡單、操作方便，若綜合考慮整個系統的可靠、安全及無汙染性，也是很重要的因數。除此之外，系統維護保養也是不可忽視的關鍵要點。

9-2 壓縮空氣

在氣動系統中，壓縮空氣是傳遞信號和動力的工作介質。它通過控制元件控制執行機構，以實現動作。氣壓系統能否可靠地工作，在很大程度上取決於系統中所用的壓縮空氣。因此在學習氣動系統之先，需對系統中使用的壓縮空氣及其性質做必要的了解。氣動系統一般使用的是壓縮空氣，謹先從空氣說起。

9-2-1 空氣的組成

自然界的空氣是由若干種氣體混合而成的，主要是氮、氧、二氧化碳和水蒸氣等。表9-2列出了地表附近空氣的組成。在城市和工廠區，由於煙霧和汽車排放，大氣中還含有二氧化硫、亞硝酸、碳氫化合物等有害氣體。

表9-2　空氣的組成

成分（%）	氮（N_2）	氧（O_2）	氬（Ar）	二氧化碳（CO_2）	其他
體積百分比	78.03	20.95	0.932	0.03	0.058
質量百分比	75.50	23.10	1.28	0.045	0.075

9-2-2 空氣的性質

9-2-2-1 密度

空氣具有一定質量，單位體積內所含質量稱為密度，以ρ表示，單位為kg/m^3。空氣的密度與溫度、壓力有關，三者滿足氣體狀態方程為：

$$\rho = \frac{m}{V}$$

m：空氣的質量，單位為kg。
V：空氣的體積，單位為m^3。

9-2-2-2 壓縮與膨脹

　　氣體分子間的距離大，內聚力小，氣體受溫度和壓力的影響，體積容易發生變化。一般將氣體體積隨壓力增大而縮小的性質稱爲壓縮性；氣體體積隨溫度升高而增大的性質稱爲膨脹性。氣體的壓縮性和膨脹性遠大於液體的相對性質，計算時應多加考慮。

9-2-2-3 黏度

　　空氣的黏度受溫度的影響較大，受壓力的影響甚微，可忽略不計。空氣的運動黏度與溫度的關係見表9-3。

表9-3　空氣的運動黏度與溫度的關係（壓力0.1013 MPa = 1.03296 kg/cm^2）

t/℃	0	20	40	60	80	100
v/(x 10^{-4}m^2 · s^{-1})	0.133	0.157	0.176	0.196	0.210	0.238

9-2-2-4 空氣溼度

　　通常將空氣分爲乾空氣和溼空氣兩類，含有水蒸氣的空氣稱爲溼空氣，不含的則稱爲乾空氣。空氣中的水蒸氣在一定的條件下會凝結成水滴，水滴不僅會腐蝕元件，而且會對系統的工作穩定性帶來不良影響。因此不僅各種氣動元器件對空氣含水量有明確規定，而且必須採取一些措施防止水分進入系統。溼空氣所含水蒸氣程度用空氣溼度和含溼量來表示。1公斤質量溼空氣中所混合的水蒸氣的質量，稱爲該溼空氣的質量含溼量。在1m^{3}體積溼空氣氣中所混合的水蒸氣的質量，稱爲該溼空氣的空氣溼度。空氣溼度的表示方法分爲絕對溼度和相對溼度。

1. 絕對溼度X

　　1 m^{3}溼空氣中所含水蒸氣的質量稱爲絕對溼度，也就是溼空氣中水蒸氣的密度，單位爲 kg/m^3：

$$X = \frac{m_s}{V}$$

2. 飽和絕對溼度

空氣中水蒸氣的含量有所極限。在一定的溫度和壓力之下，空氣中所含水蒸氣達到最大極限時，這時的溼空氣稱為飽和溼空氣。在一定溫度下，1 m³的飽和溼空氣中所含水蒸氣的質量稱為飽和溼空氣的絕對溼度，以X_b表示，即：

$$X_b = \rho_b$$

3. 相對溼度φ

在同一溫度和壓力下，溼空氣的絕對溼度和飽和絕對溼度之比，稱為該溼空氣在此溫度和壓力狀況之下的相對溼度。一般溼空氣的相對溼度值在0～100%之間變化。當φ = 0（即$p_s = 0$）時，空氣絕對乾燥；當φ = 100% = 1（即 $p_s = p_b$）時，空氣達到飽和溼度。通常情況下，空氣的相對溼度在60～70%範圍內時人體感覺舒適。氣動技術中規定各種閥的相對溼度應小於95%。空氣中的水蒸氣分壓力隨溫度的下降急遽減少，所以降低空氣的溫度，可以降低空氣中的含水量，使空氣乾燥。

9-2-2-5 空氣露點

在壓力保持不變的情況下，降低未飽和溼空氣的溫度，使其達到飽和狀態時的溫度稱為露點。即溼空氣冷卻到露點以下，就會有水滴析出。實踐中採用降溫法去除溼空氣中的水分，即是根據這個原理。

9-2-2-6 空氣的壓力

指其各組成氣體分壓力之和，分壓力是指這種氣體在相同溫度下，單獨占空氣總容積時的壓力。

9-2-3 氣體的力學性能

9-2-3-1 理想氣體

無黏性的氣體稱爲理想氣體。

9-2-3-2 實際氣體

有黏性的氣體稱爲實際氣體。

9-2-3-3 流量

常分爲體積流量q_v和質量流量q_m。

1. 體積流量

單位時間內流過通流截面的氣體體積稱爲體積流量，用q_v表示，通常簡稱爲流量：

$$q_v = \frac{V}{t} = \upsilon A$$

V：氣體體積。

t：時間。

υ：氣體的平均速度。

A：通流截面的面積。

2. 質量流量

單位時間內流過通流截面的氣體質量稱爲質量流量，用q_m表示：

$$q_m = \frac{m}{t} = \rho q_v$$

m：氣體質量。

ρ：氣體密度。

其餘同上式。

9-2-3-4 氣阻R

在氣動系統中，氣流通過某元件時的壓力降與流量之比，稱爲該元件的氣阻。

9-2-3-5 氣體流速

1. 音速

聲音在空氣中的傳播速度稱爲音速，在0℃時空氣中的音速爲c = 311 m/s，通常將音速作爲氣流在系統中流動速度大小比較的基準。

2. 馬赫數

氣流速度與音速之比稱爲馬赫數（Mach number）。

9-2-4 氣體狀態方程

氣體的三個狀態參數是壓力p、溫度T和體積V，氣體狀態方程是描述氣體處於某一平衡狀態時，這三個參數之間的關係。

9-2-4-1 理想氣體的狀態方程

一定質量的理想氣體在狀態變化的某一穩定瞬時，有下列氣體狀態方程成立：

$$\frac{p_1 V_1}{T_1} = \frac{p_2 V_2}{T_2}$$

p_1：狀態1氣體的絕對壓力，單位爲Pa。

p_2：狀態2 氣體的絕對壓力，單位爲Pa。

V_1：狀態1氣體的體積，單位爲m^3。

V_2：狀態2氣體的體積，單位爲m^3。

T_1：狀態1氣體的絕對溫度，單位爲K；（絕對溫度又稱熱力學溫度）。

T_2：狀態2氣體的絕對溫度，單位爲K。

由於氣體實際上具有黏性，因此嚴格而言，氣體狀態變化過程並不完全符合理想氣體狀態方程式。經實驗證明，理想氣體狀態方程適用於絕對壓力不超過20 MPa、

溫度不低於20℃的空氣、氧氣、氮氣、二氧化碳等，而不適於高壓和低溫狀態下的氣體。p、V、T的變化決定了氣體的不同狀態，在狀態變化過程中加上限制條件時，理想氣體狀態方程將有以下幾種形式：

9-2-4-2 理想氣體狀態變化

1. 等容過程

一定質量的氣體，在體積不變的條件下，所進行的狀態變化過程，稱為等容過程，其狀態方程為：

$$\frac{p_1}{T_1} = \frac{p_2}{T_2}$$

由上式說明，當體積不變時，壓力上升，氣體的溫度隨之上升；壓力下降時，氣體的溫度則隨之下降。

2. 等壓過程

一定質量的氣體，在壓力不變的條件下，所進行的狀態變化過程，稱為等壓過程，其狀態方程為：

$$\frac{V_1}{V_2} = \frac{T_1}{T_2}$$

由上式說明，當壓力不變時，溫度上升，氣體的體積隨之增大；溫度下降時，則氣體的體積隨之縮小。

3. 等溫過程

一定質量的氣體，在溫度不變的條件下，所進行的狀態變化過程，稱為等溫過程。氣體狀態變化很慢時，可視為等溫過程，如氣動系統中的氣缸運行、管道送氣過程等。等溫過程的狀態方程為：

$$p_1 V_1 = p_2 V_2$$

由上式說明，當溫度不變的條件下，氣體壓力上升時，氣體的體積被壓縮；氣體壓力下降時，氣體體積則膨脹。

4. 絕熱過程

一定質量的氣體，在其狀態變化的過程中，和外界沒有熱量交換的過程，稱為絕熱過程（Adiabatic process）。當氣體狀態變化很快時，比如氣動系統的快速充、排氣過程可視為絕熱過程，其狀態方程為：

$$p_1V^K_1 = p_2V^K_2 = 常數$$

由理想氣體狀態方程和絕熱過程方程可得：

$$\frac{p_2}{p_1} = \left(\frac{T_2}{T_2}\right)^{K/(K-1)} \ 或 \ \frac{T_2}{T_1} = \left(\frac{p_2}{p_1}\right)^{(K-1)/K}$$

其中κ為等熵指數（Isentropic index），對乾空氣κ取1.4，對飽和蒸汽κ取1.3。在絕熱過程中，系統靠消耗自身內能對外作功。

題目：由空氣壓縮機往儲氣槽內充入壓縮空氣，使槽內壓力由$p_1 = 0.1\,MPa$（絕對壓力）升到$p_2 = 0.25\ MPa$（絕對壓力），儲氣槽溫度從室溫$T_1 = 15℃$升到T_2，充氣結束後，儲氣槽溫度又逐漸降至室溫，此時槽內壓力為p'_2，求p'_2和T_2各為多少？已知氣源溫度為15℃。

題解：此過程可看成是簡單的絕熱充氣過程和等容降溫過程：

$$T_1 = (15 + 273)\ K = 288\ K$$

由絕熱過程方程可得：
$$T_2 = T_1\left(\frac{p_2}{p_1}\right)^{(K-1)/K} = 288 \times \left(\frac{0.25}{0.1}\right)^{(1.4-1)/1.4}\ K$$
$$= 375\ K = 102℃$$

充氣結束後為等容過程，槽內氣體的溫度由$T'_1 = 375\ K$降到$T'_2 = 288\ K$，壓力從$p'_1 = 0.25\ MPa$降到p'_2，根據等容方程：

$$p'_2 = p'_1\frac{T'_2}{T'_1} = 0.25 \times \frac{288}{375}MPa = 0.192MPa$$

9-2-5 氣體流動基本方程

當氣體流速較低時，完全可以使用液體的連續方程、能量方程、動量方程等三

個基本方程。但當氣體流速較高（υ > 5m/s）時，氣體的可壓縮性對流體運動影響較大，不能再使用基本方程，下面介紹高速氣體流動的基本方程。

9-2-5-1 壓縮氣體流動連續方程

根據質量守恆定律，氣體在管道內做恆定流動時，單位時間內流經管道任一通流截面的氣體質量都相等，即可壓縮氣體的流量方程如下：

$$\rho_1 A_1 \upsilon_1 = \rho_2 A_2 \upsilon_2 = q$$

其中　ρ_1、ρ_2：通流截面1、2處的氣體密度。

A_1、A_2：通流截面1、2處的面積。

υ_1、υ_2：通流截面1、2處的氣體平均流速。

9-2-5-2 壓縮氣體流動能量方程

根據能量守恆定律，不可壓縮液體做穩定流動時的伯努利方程為：

$$h_1 + \frac{p_1}{\rho g} + \frac{\upsilon_1^2}{2g} = h_2 + \frac{p_2}{\rho g} + \frac{\upsilon_2^2}{2g} + h_w$$

不計能量損耗和位能，則絕熱過程下壓縮氣體的能量方程為：

$$\frac{\kappa}{\kappa - 1} \times \frac{p_1}{\rho_1} + \frac{\upsilon_1^2}{2} = \frac{\kappa}{\kappa - 1} \times \frac{p_2}{\rho_2} + \frac{\upsilon_2^2}{2}$$

其中κ為等熵指數。

9-3 壓縮空氣系統

如圖9-2為一個典型的壓縮空氣的供氣系統，圖9-3則為一典型的氣動系統組成示意圖：

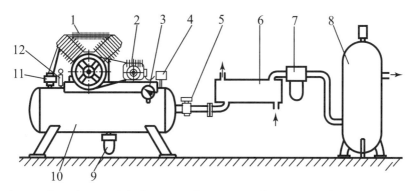

1-空氣壓縮機；2-電馬達；3-壓力表；4-壓力開關；5-截止閥；6-後冷卻器；7-油水分離器；
8-儲氣槽；9-自動排水閥；10-小氣槽；11-單向閥；12-安全閥

圖9-2　典型的空壓站布局

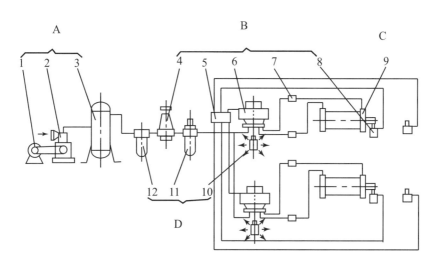

A氣壓發生裝置（1-電馬達；2-空氣壓縮機；3-儲氣槽）
B控制元件（4-壓力控制閥；5-邏輯元件；6-方向控制閥；7-流量控制閥；8-機控閥）
C執行元件（9-氣缸或氣動馬達）；D輔助元件（10-消音器；11-油霧器；12-過濾器）

圖9-3　氣動系統的組成示意圖

9-3-1　空氣壓縮機

9-3-1-1　概述

　　簡稱空壓機，如按輸出空氣壓力區分，有低壓空壓機（0.2～1.0 MPa）、中壓空

壓機（1.0～10 MPa）、高壓空壓機（10～100 Mpa）及超高壓空壓機（> 100 MPa，相當於1,019.7 kg/cm²）。使用最廣泛的是活塞式空壓機，經由曲柄連桿機構帶動活塞在缸內做往復運動，以實現吸氣和排氣，達到提高氣體壓力的目的。如果使用0.3～0.7 MPa壓力範圍的系統，單級活塞式空壓機即可達成，若單級空壓機空氣壓力超過0.6 MPa時，因產生過熱將甚大地降低空壓機的效率。工業上使用的活塞式空壓機通常是兩級式，如果最終壓力是0.7 MPa，第一級先將它壓縮到0.3 MPa，然後經過中間冷卻器，將溫度亟予降低，再輸送到第二級氣缸壓縮到0.7 MPa，相對於單級提高效率很大。

9-3-1-2 空壓機的選用

1. 首先根據氣動系統所需的工作壓力和流量確定空壓機的輸出壓力p_c，和供氣量Q_c，則成立如下方程：

$$p_c = p + \Sigma \Delta p$$

其中　p：氣動系統的工作壓力，單位是MPa；

　　　$\Sigma \Delta p$：氣動系統總的壓力損失，單位是MPa。

氣動系統的工作壓力應為系統中各氣動執行元件工作壓力的最高值。氣動系統的總壓力損失除了考慮管路的沿程以及局部阻力損失外，還應考慮為了保證減壓閥的穩壓性能所必須的最低輸入壓力，以及氣動元件工作時的壓降損失。一般空氣動力用的空壓機排氣壓力為0.7 MPa（約7.14 kg/cm³）。空壓機供氣量Q_c也是主要參數之一，其大小應和目前氣動系統中各設備所需的耗氣量相匹配，並留有10%左右的餘量。空壓機供氣量可以下式計算：

$$Q_c = \kappa Q$$

其中　Q：氣動系統同時工作的執行機構用氣的最大耗氣量，單位為m³/min；

　　　κ：修正係數，一般可取$\kappa = 1.3 \sim 1.5$。

2. 在確定了供氣壓力p_c與供氣量Q_c的數值後，按空壓機的特性要求選擇其類型與型號。

9-3-1-3 空壓機的使用

1. 安裝位置

　　安裝位置應清潔、無粉塵、通風好、溼度小、溫度低，安裝在專用機房內且需有維護保養的空間。

2. 噪音

　　應按國家噪音限制規範設置噪音防治，如隔音罩、消音器，一般螺桿式空壓機噪音較低。

3. 潤滑

　　使用專用潤滑油並定期更換，啟動前應檢查潤滑油位，用手拉動傳動帶，使機軸轉動幾圈，以保證潤滑。啟動前及停車後應及時排除儲氣槽中的水分。

9-3-2 儲氣槽

9-3-2-1 主要功能

　　1. 儲存一定量的壓縮空氣，既可應付短時間內用氣量大於空壓機輸出量的差異；也可在空壓機停電或故障時，維持短時間的供氣，以便採取防備措施保護設備安全。

　　2. 使供氣平穩、減少壓力脈動。

　　3. 壓縮空氣瞬間消耗需要的存儲補充。

　　4. 降低空壓機啟動、停機的頻率，其功能相當於增加空壓機功率。

　　5. 利用儲氣槽的大面積散熱，進一步降低壓縮空氣溫度，以分離空氣中的部分水分和油分。

　　6. 儲氣槽如容量愈大，則空壓機運行週期就愈長。

9-3-2-2 主要配備

　　請參閱圖9-4。

1. 安全閥（溢流閥）

由於壓縮空氣具有很強的膨脹性，故儲氣槽應設置安全閥（溢流閥）等元件以保證安全，當槽壓到達容許極限時，就自動溢出多餘氣體。

2. 壓力表

3. 壓力開關

以儲氣槽壓力控制驅動電馬達，其發信號壓力被調節到一個壓力區間內，當槽壓到達此區間的最高壓時，電馬達就停止；當槽壓降到此區間的最低壓時，就重新啟動電馬達。

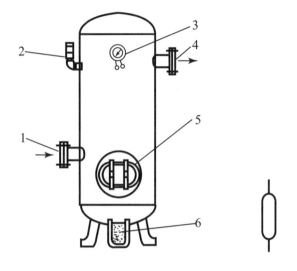

(a)外觀圖　　　(b)圖形符號

1-進氣孔；2-安全閥；3-壓力表；4-出氣孔；5-檢查用孔口；6-洩水孔

圖9-4　儲氣槽外觀示意

4. 單向閥

壓縮空氣從空壓機經單向閥進入儲氣槽，當空壓機停止時，單向閥阻止氣體逆流。

5. 排水閥

設置於最低處，用以排除凝結於氣槽內的所有水分。

9-3-3 後冷卻器

空壓機輸出壓縮空氣溫度可以達到120℃以上，一般在140～170℃之間，壓縮空氣中的水分完全呈氣態，後冷卻器（應符合壓力容器規格）即將此高溫空氣冷卻至40～50℃以下，使其中大部分水蒸氣和變質油霧迅速達到飽和，並冷凝成水滴和油滴及雜質，後由排放裝置排出。後冷卻器有風冷和水冷兩類，前者利用風扇吹向帶散熱片的熱空氣管道進行冷卻，不需冷卻水，結構短小緊湊、成本低，但僅適於輸出氣體100℃以下且空氣處理量小的場合；而後者是通過強迫冷卻水在壓縮空氣管道周圍與空氣逆向流動而進行冷卻。

9-3-4 壓縮空氣淨化裝置

9-3-4-1 概說

壓縮空氣輸送到使用設備或元件之前，必須將含有的水分、油分、粉塵、雜質等去除，達到合適的質量，以對氣動系統工作並避免危害。在必要情況下還要用油霧器使潤滑油霧化與壓縮空氣混合，以降低磨損，提高元件壽命。

9-3-4-2 空氣過濾器

空氣過濾器的原理是根據固體物質和空氣分子的大小和質量不同，利用慣性、阻隔和吸附的方法，將灰塵和雜質與空氣分離，如圖9-5所示。壓縮空氣按圖箭頭方向進入，經過導流板1之後，被迫沿濾杯4的圓周向下旋轉，其離心力使較重的顆粒、小水滴和油滴因自身慣性與濾杯4內壁碰撞，從空氣中分離出來流至杯底沉積，其後壓縮空氣流過濾芯2，進一步過濾更小的雜質微粒，最後按圖箭頭輸出至氣動裝置。為防止氣流漩渦捲起杯底

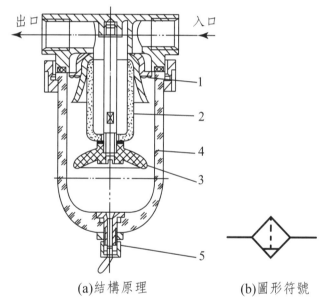

(a)結構原理　　　(b)圖形符號

1-導流板；2-濾芯；3-擋水板；4-濾杯；5-手動排水閥

圖9-5　空氣過濾器

的汙水，在濾芯下部設有擋水板3，手動排水閥5應在液位升到擋水板前定期開啟放除，也可改用自動排水閥定期排放。空氣過濾器必須垂直安裝，進、出口方向不可裝反，濾芯長期使用後逐漸堵塞，故應定期清洗或更換。一般常在空壓站、主管路、設備輸入管道等處經過多次過濾，以保證氣動系統正常工作。

9-3-4-3 氣體乾燥設備

1. 概說

　　雖經過上述多道淨化程序，但仍含有一定量的水蒸氣，氣動系統對壓縮空氣的含水量要求非常高，以防止零部件受損。故設有空氣乾燥設備，進一步吸收或排除上述水分、部分油分與汙染物，其方式有冷凍法、吸附法、吸收法和高分子隔膜乾燥法等。

2. 冷凍式乾燥器

　　將含溼氣的空氣冷卻到其露點以下，使溼氣凝結成水滴而排放以實現空氣乾燥。經乾燥處理的空氣需再加熱至環境溫度後才能輸送給系統使用。請參閱圖9-6，壓縮空氣1進入乾燥器後，先經過換熱器3進行初步冷卻，一部分水分和油分從空氣中分離出來，經一次分離排放器5排出。然後空氣經過制冷器4，被冷卻至2～5℃，大量分離出來的水分和油分經由二次分離排放器

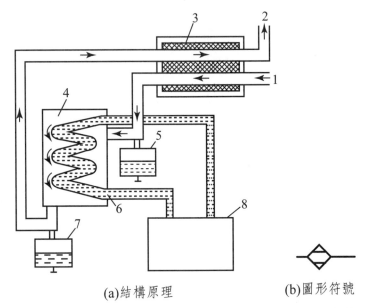

(a)結構原理　　　　　　　(b)圖形符號

1-氣體入口；2-氣體出口；3-換熱器；4-制冷器；5-一次排放器；6-冷劑；7-二次排放器；8-製冷機

圖9-6　冷凍乾燥器的工作原理

7排出。冷卻的空氣再進入換熱器3加熱，至符合系統要求的溫度後由2輸出。製冷機8製造出冷劑6，循環於制冷器4與製冷機8之間。

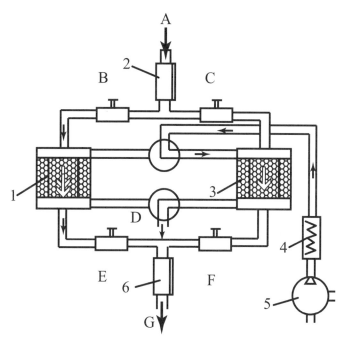

A-溼空氣進；B、E-截止閥（開）；C、F-截止閥（關）；D-熱空氣；G-乾燥空氣出；1、3-吸附器；2-冷卻、除水、除油（過濾器）；4-加熱器；5-鼓風機；6-精密過濾器

圖9-7　加熱再生吸附式乾燥器

3. 吸附式乾燥器

圖9-7為加熱再生吸附式乾燥器，具兩個吸附器1和吸附器3，由於吸附劑（如矽膠、活性氧化鋁、分子篩等）在吸收了一定量的水分後達到飽和，因而失去了吸附作用，所以1和3是定時交換工作的，經由控制乾燥器上的四個截止閥的開、關，一個吸附器在工作時，另一個吸附器就通入熱空氣使吸附劑加熱再生，熱空氣來自鼓風機5及加熱器4。因油分吸附在吸附劑上會降低其吸附能力，所以溼空氣要先經過過濾器2，除油過程後才進入吸附器1或3。吸附乾燥器的壓縮空氣出口要安裝精密的過濾器6，防止吸附劑在壓縮空氣衝擊下產生的粉末進入氣動系統。

4. 供氣裝置的組成和布置

請參閱圖9-8，在實際工廠中，因工業用氣的要求稍低，而儀表與氣動設備的要求較高，故工業用氣G與儀表和氣動設備用氣N在製程上常是分開的。

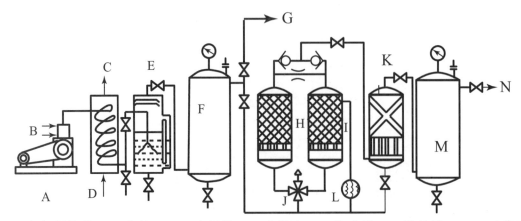

A-空氣壓縮機；B-進氣口；C-冷卻器；D-冷卻水；E-除油器；F-儲氣槽一；G-工業用氣出口；H-乾燥器一；I-乾燥器二；J-四通閥；K-過濾器；L-加熱器；M-儲氣槽二；N-氣動裝置與儀表用氣出口

圖9-8　供氣裝置的組成和布置圖（工業用氣G與氣動系統用氣N分開）

9-2-4-4 氣動調壓閥

空壓站輸出的壓縮空氣壓力波動較大，且高於各氣動裝置所需的壓力，因此均裝設調壓閥或稱減壓閥，以降壓及穩壓。圖9-9為直動型調壓閥，初始狀態時調壓閥在下端復位彈簧9的作用下使閥口8處於關閉狀態，輸入與輸出不通。調壓閥工作時順時針方向調節手柄1，調壓彈簧2被壓縮，推動膜片3、閥芯4和下彈簧座6下移，使閥口8開啟，減壓閥輸出口、輸入口導通，產生了輸出。由於閥口8具有節流作用，在其節流作用下使輸出壓力低於輸入壓力，實現減壓作用。氣流在從右側輸出口輸出的同時，有一部分氣流通過阻尼孔7進入膜片下方，產生向上的推力。當這個推力和調壓彈簧的作用力相平衡時，就獲得了穩定的輸出壓力。在輸出壓力穩定後，當輸入壓力升高，使輸出壓力也隨之相應升高，膜片上移，閥口開度減小，使氣體流過閥口時的節流作用增強，壓力損失增大，這樣輸出壓力又會下降至調定值。反之若輸入壓力下降，閥口開度就會增大，氣流通過閥口8時的壓力損失減小，使輸出壓力仍能基本保持在調定值上。經由旋轉調節手柄1可以得到不同的輸出壓力。為方便調節，經常將壓力表直接安裝在調壓閥的出口處。如圖的直動式調壓閥，在工作過程中常常會從溢流孔5排出少量氣體，對於環境要求高的場合，應選用無溢流孔的調壓閥，以防環境汙染。

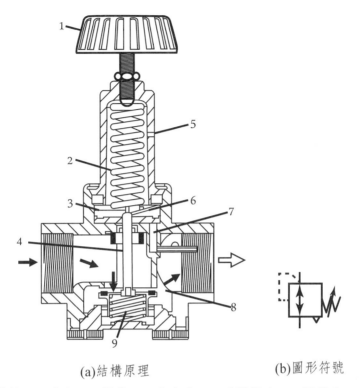

(a)結構原理　　　　　　　　(b)圖形符號

1-手柄；2-調壓彈簧；3-膜片；4-閥芯；5-溢流孔；6-下彈簧座；7-阻尼孔；8-閥口；9-復位彈簧

圖9-9　直動型氣動調壓閥工作原理

9-2-4-5 氣動油霧器

氣動元件不能採用普通方式注油潤滑，只能通過將油霧混入氣流對部件進行潤滑，以降低磨損。如圖9-10所示，壓縮空氣從入口1進入油霧器後，其中絕大部分氣流經文丘里管2（Venturi tube）從主管道3輸出，另有一小部分通過單向閥6流入油杯4，使杯內油面受壓。由於氣流通過文丘里管的高速流動使壓力下降，與油面上的氣壓之間產生壓力差。在此壓力差作用下，潤滑油5經吸油管9、給油單向閥8及調節油量的針閥11滴入視油器10內，並順著油路被文丘里管中的氣流引射出來，在排出口3形成油霧隨壓縮空氣一起輸出。此油霧器特點如下：

1. 調節針閥的開度可以改變滴油量，保持一定的油霧濃度。

2. 當空氣的流量改變時，需重新調整滴油量，以保持合適的油霧濃度。

3. 可在不停氣工作狀態下向油杯注油。

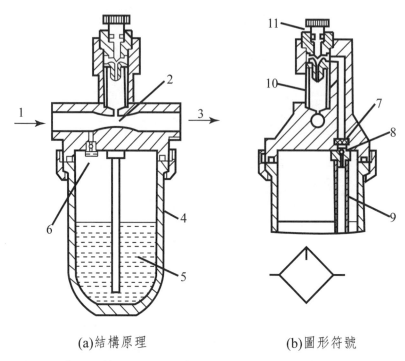

(a)結構原理　　　　　　　　　　(b)圖形符號

1-輸入口；2-文丘里管；3-輸出口；4-油杯；5-潤滑油；6-單向閥；7-過濾器；8-給油單向閥；9-吸油管；10-視油器；11-針閥

圖9-10　普通型油霧器

　　油霧器應垂直安裝，可以單獨使用，也可以和空氣過濾器（分水濾氣器）、減壓閥聯合使用（組成氣動三聯件）。在許多氣動應用領域如食品、藥品、電子等行業，油霧會影響測量儀的準確度，並對人體健康造成危害，所以目前不給油潤滑（無油潤滑，已先內置潤滑劑）技術正在廣泛地應用。

9-2-4-6 氣動三聯件

　　空氣過濾器、減壓閥和油霧器組合在一起，稱為氣動三聯件，是氣動系統中常用的供氣處理裝置。氣動三聯件的組合次序依進氣方向分別為空氣過濾器、減壓閥和油霧器，如圖9-11所示。此順序不能違反，安裝應儘量靠近氣動設備，距離不應大於5公尺，這是因為調壓閥內部有阻尼小孔和噴嘴，這些小孔容易被雜質堵塞而造成減

壓閥（調壓閥）失靈，所以進入減
壓閥的氣體先要通過空氣過濾器進
行過濾。而為避免油霧器中產生的
油霧受到阻礙或被過濾，油霧器應
安裝在減壓閥的後面。在採用無油
潤滑的迴路則不需要油霧器。氣動
三聯件安裝在用氣設備的附近。新
結構的氣動三聯件插裝在同一支架

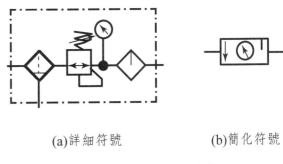

(a)詳細符號　　　　(b)簡化符號

圖9-11　氣動三聯件

上，形成無管化連結，其結構緊湊，裝拆及更換元件方便，應用較為普遍。

　　空氣過濾器的作用是濾除壓縮空氣中的水分、油滴及雜質，以達到氣動系統要求
的淨化程度。油霧器是一種特殊的注油裝置，它以壓縮空氣為動力，將潤滑油噴射呈
霧狀並混合於壓縮空氣中，使壓縮空氣具有潤滑氣動元件的能力。減壓閥或稱調壓
閥，具減壓及穩壓的作用，工作原理與液壓系統減壓閥相同。

9-4 壓縮空氣的輸送

9-4-1 概說

　　從空壓機輸出的壓縮空氣要經過管路系統而輸送到各氣動設備上，若其管路配制
的設計不合理時會產生下列問題：

　　1. 壓降大，空氣流量不足。

　　2. 冷凝水無法排放（如設計排放位置未在最低位或管路坡度不足時）。

　　3. 氣動設備動作不良，可靠性降低。

　　4. 維護保養困難。

9-4-1-1 管路界限區分

　　氣動系統的供氣管線主要包括下列三部分：

1. 空壓站內供氣管路

　　包括空壓機的排氣口至後冷卻器、油水分離器、儲氣槽、乾燥器等設備的壓縮空氣管路。

2. 廠區壓縮空氣管路

　　包括從空壓站至各用氣機房的壓縮空氣輸送管路。

3. 用氣機房壓縮空氣管路

　　包括從機房入口到氣動裝置和氣動設備的壓縮空氣輸送管路。

9-4-1-2 主、支管路配管方式

　　一般到氣動裝置之前的部分稱為主幹管路；從主管路至到氣動裝置的管路稱為支管路。管路布置形式主要有終端管網（如圖9-12所示）和環狀管網（如圖9-13所示）兩種。終端管網系統簡單、經濟性好，多用於間斷供氣，一條支路上可安裝一個截止閥，用於關閉系統。而環狀管網供氣可靠性高、壓力損失小、且壓力較穩定，但投資較高。在環狀主管路系統中，空氣從兩邊輸入到達高的消耗點，可將壓力降至最低。這種系統中冷凝水會流向各個方向，因此必須設置足夠的自動排水裝置。在每條支路上及支路間都要設置截止閥，這樣當關閉支路時，整個系統仍能供氣。

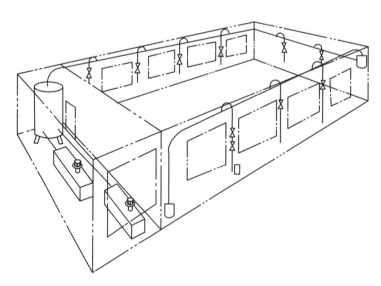

圖9-12　終端管網

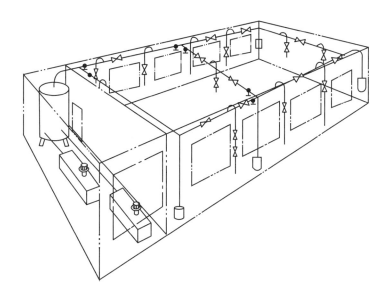

圖9-13　環狀管網

9-4-1-3 氣動管路安裝

　　圖9-14所示為氣動管路安裝示意圖，在安裝布置管路時，主幹管路應沿牆或柱子架空鋪設，順氣流方向向下傾斜1～3%的傾斜度以利於排水，並在最低位置處設置排水器，支撐固定應足夠牢靠。分支管路必須接在主管路上部（即三通接口朝上），用大角度拐彎後再向下引出，在管路最低點接排水閥，排水口應從管路底部接出（即三通接口朝下）。壓縮空氣管道材料主要有硬管和軟管兩類。硬管主要用於壓縮空氣主幹管路和大型氣動裝置上，適用於高溫、高壓及固定安裝的場合，材料為鍍鋅鋼管、不鏽鋼管或純銅管等。裝置內的管路多為軟管，氣動軟管一般用於工作壓力不高，工作溫度低於50℃以及設備需要移動的場合。目前常用的氣動軟管為尼龍管或PV管，當其受熱後會使其耐壓能力大幅下降，易出現管道爆裂，若長時間受熱輻射後會縮短其使用壽命。

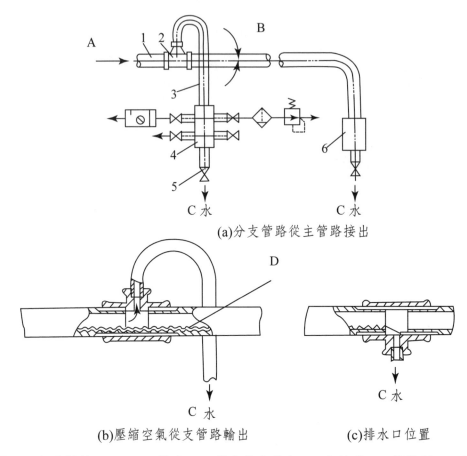

(a)分支管路從主管路接出

(b)壓縮空氣從支管路輸出　　　　　(c)排水口位置

A-氣源；B-向下傾斜3°～5°；C-排水；D-留在管底的水；1-主幹管；2-管接頭；3-支管；4-氣源分配器；5-排水閥；6-集水盒

圖9-14　氣動管路安裝示意圖

9-5 氣動系統的優缺點

9-5-1 優點

1. 以空氣為工作傳動介質，取之不盡，較不汙染環境。

2. 空氣流動損失小，可以集中供氣，且可遠距離輸送。

3. 空氣具有可壓縮性，氣動系統能夠實現過載自動保護。

4. 氣動系統反應快、維護簡單、管路不易堵塞、不存在介質變質和更換等問題。

5. 氣動裝置結構簡單、壓力等級低、使用安全，較可應用於易燃易爆場所；

6. 作功後氣體排放，不需回收至儲氣槽。

9-5-2 缺點

1. 由於空氣具可壓縮性，氣缸的動作速度易受負載變化的影響；

2. 氣動系統有較大的排氣噪音，氣動系統工作壓力一般較低，約0.4～0.8 MPa。

⚡ 新知參考 13

寶馬汽車X5的消音系統

汽車的廢氣離開發動機時壓力很大，如果讓它直接排至大氣會產生令人難以忍受的噪音，因此需要安裝消音器。器內排列著許多金屬管道、隔音盤，當廢氣從排氣總管進入消音器時，經過多通道使氣體分流，氣流相互衝擊，使其流速減緩，壓力降低，經過多次這樣的過程，廢氣通過排氣管緩慢流出，達到消音的目的。寶馬X5系列轎車排氣系統的整體方案是由寶馬（BMW）公司與阿文美馳公司（Arvin Meritor）共同研發的，由於採用了貼近發動機配置的V8發動機排氣歧管、三元催化器和帶有空氣隔離的進氣歧管等措施，所以有害物質排放顯著較少、背壓明顯降低，其緊湊和模塊式的結構也降低了零部件的生產成本。阿文美馳公司爲寶馬X5轎車V8發動機生產了最後一級的消音器，若不加消音器，噪音可能達100 dB以上，加上消音器排氣噪音降低至20～30 dB。三元催化器是安裝在汽車排氣系統最主要的機外淨化裝置，可將尾氣排出的一氧化碳（CO）、碳氫化合物（HC）及氮氧化物（NO_x）等有毒害氣體，經觸媒轉化爲無毒害的二氧化碳（CO_2）、水和氮氣。觸媒轉化器大都以壓降小、機械強度高的蜂巢狀陶瓷爲基材，爲提高其活性及反應面積，先以氧化鋁、二氧化鈰及其他添加劑塗布在基材上，再將貴金屬活性物如鉑、鈀和銠（Pt、Pd and Rh）等之催化劑分布其上，則會促成如下列化學反應：$CO \rightarrow CO_2$；$NO_x \rightarrow N_2$；$C_8H_{18} \rightarrow H_2O$，以降低危害。

⚡ 新知參考 14

常用氣動輔件的功用

轉換器類型	功用
氣—液轉換器	將壓縮空氣的壓力能轉換為油液的壓力能，但壓力值不變。
氣—液增壓器	將壓縮空氣的能量轉換為油液的能量，但壓力值增大，是將低壓氣體轉換成高壓油輸出至負載液壓缸或其他裝置，以獲得更大驅動力的裝置。
壓力繼電器	在氣動系統中氣壓超過或低於給定壓力（或壓差）時發出電信號。另外，氣—電轉換器也是將氣壓信號轉換為電信號的元件，其結構與壓力繼電器相似。不同的是壓力不可調，只顯示壓力的有無，且結構較簡單。
傳感器和放大器	氣動位置傳感器：將位置信號轉換成氣壓信號（氣測式）或電信號（電測式）進行檢測。氣動放大器：氣測式傳感器輸出的信號一般較小，在實際使用時，一般與放大器配合，以放大信號（壓力或流量）。
緩衝器	當物體運動時，由於慣性作用，在行程末端產生衝擊，設置緩衝器可減少衝擊，保證系統平穩安全地工作。
真空發生器和吸盤	真空發生器是利用壓縮空氣的高速運動，形成負壓而產生真空的。真空吸盤正是利用其內部的負壓將管子吸住。它普遍用於薄板、易碎物體等的搬運工作。

高壓空氣的用途

　　本文所述空氣之壓力多在10MPa以下，但對高壓空氣的著墨則闕如，事實上10MPa以上的高壓空氣用途也很多，使用的行業如食品業（飲料洗瓶機、攪拌液體、傳輸濃液體、麵包坊和糖果廠、乳製品、脂質食品加工等）。農業（噴灑農藥、樹木修枝、煙燻農產品、收割鏈車、棉籽油、噴食品、肉類包裝、灌香腸等）。其他如海上救援、人造雪、瀝青提煉、汽車保養、造橋、水泥製造、化工廠、黏土陶瓷、混凝土澆灌、爆破、船用主機啟動、顆粒料氣輸、開挖地基、鍛造、家具、醫藥實驗室、鋼鐵廠、木材加工、水上作業、板金空間、礦山、紀念碑刻石、油漆廠、造紙廠、印刷廠、橡膠廠、鑽井、水處理、木材加工、菸草業等，用途繁多。

第 10 章

氣動控制元件

　　在氣壓傳動和控制系統中，氣動控制元件是用來控制和調節壓縮空氣的壓力、流量、流動方向及發送信號，可使氣動執行機構獲得必要的作用力、動作速度和改變運行方向，並按照規定的程序工作。控制元件按作用的不同可分為方向控制閥、流量控制閥和壓力控制閥三類。

10-1 方向控制閥

10-1-1 分類

10-1-1-1 按閥內氣流的流通方向分類

　　按此分類方向控制閥可分為換向型和單向型兩大類。可以改變氣體流動方向的控制閥稱為換向型控制閥，如二位三通閥、三位五通閥等。只允許氣流沿一個方向流動的控制閥，稱為單向型控制閥，如單向閥、梭閥、雙壓閥和快速排氣閥等。

10-1-1-2 按控制方式分類

按此可分類為電磁控制、氣壓控制、人力控制、機械控制及時間控制。

10-1-1-3 按動作方式分類

按此可分類為直動型和先導型。直接依靠電磁力、氣壓力、人力或機械力使閥芯換向的閥，稱為直動型換向閥，一般其通徑和規格較小，常用於小流量控制，或作為先導型電磁閥的先導控制閥。先導型換向閥由先導閥和主閥組成，依靠先導閥輸出的氣壓力通過控制活塞等推動主閥閥芯換向。通徑大的換向閥大都為先導型換向閥，先導型換向閥又分為內部先導和外部先導兩型，先導控制氣源由主閥內部氣壓提供的為內部先導型；先導控制氣源由外部供給的則為外部先導型，外部先導型換向閥的切換不受換向閥使用壓力大小的影響，故同直動型換向閥一樣，可在低壓或真空條件下工作。

10-1-1-4 按閥的切換通口數分類

閥的切換通口包括輸入口、輸出口和排氣口，但不包括控制口。按切換通口的數目，方向控制閥可分為二通閥、三通閥、四通閥和五通閥等，換向閥的通口數和圖形符號見表10-1：

表10-1　換向閥的通口數和圖形符號

名稱	二通閥		三通閥		四通閥	五通閥
	常斷	常通	常斷	常通		
圖形符號	$\frac{A}{\overline{\top}}$ P	$\frac{A}{\uparrow}$ P	A $P\ T$	A $P\ T$	$A\ B$ $P\ T$	$A\ B$ $T\ P\ S$

二通閥有兩個口，即一個輸入口（P）和一個輸出口（A）。三通閥有三個口，除P、A兩口外，增加一個排氣口（T或O）。三通閥既可以是兩個輸入口（P_1、P_2）

和一個輸出口，作為選擇閥（選擇兩個不同大小的壓力值）；也可以是一個輸入口和兩個輸出口，作為分配閥。二通閥及三通閥分為常通型和常斷型兩種。常通型是指閥的控制口未加控制信號（即零位）時，P口和A口相通。反之，常斷型閥在零位時，P口和A口是斷開的。四通閥有四個口，除P、T、A外，還有一個輸出口（B），通路為P→A、B→T或P→B、A→T。五通閥有五個口，除P、A、B外，還有兩個排氣口（T、S或O_1、O_2），通路為P→A、B→S或P→B、A→T。五通閥也可以作為選擇式四通閥，即兩個輸入口（P_1和P_2）、兩個輸出口（A和B）及一個排氣口T。兩個輸入口供給壓力不同的壓縮空氣。

10-1-1-5 按閥芯工作的位置數分類

閥芯有幾個切換位置就稱為幾「位」閥，閥的靜止位置（即未加控制信號或未被操作的位置）稱為零位。有兩個通口的二位閥稱為二位二通閥（簡示為2/2閥，前者為通口數，後者為工作位置數），它可以實現氣路的通或斷。有三個通口的二位閥稱為二位三通閥（簡示為3/2閥）。它在不同的工作位置，可實現P、A相通或A、T相通。還有二位五通閥（簡示為5/2閥），它可以用於推動雙作用氣缸的迴路中。閥芯具有三個工作位置的閥稱為三位閥。當閥芯處於中間位置時，各通口呈關斷狀態，稱為中間封閉式；若輸出口全部與排氣口接通，則稱為中間卸壓式；若輸出口都與輸入口接通，則稱為中間加壓式；若在中間卸壓式閥的兩個輸出口都裝上單向閥，則稱為中位式單向閥。換向閥處於不同工作位置時，各通口之間的通斷狀態是不同的。閥處於各切斷位置時，各通口之間的通斷狀態分別表示在一個長方形的方塊上，這樣就構成了換向閥的圖形符號。常見換向閥的名稱和圖形符號請參見表10-2。通口既可用數字表示，也可用字母表示。

表10-2　常見換向閥的名稱和圖形符號

圖形符號	名稱	正常位置	圖形符號	名稱	正常位置
	二位二通閥 (2/2)	常斷		二位三通閥 (3/2)	常通

圖形符號	名稱	正常位置	圖形符號	名稱	正常位置
	二位二通閥 (2/2)	常通		二位四通閥 (4/2)	一條通路供氣，另一條通路排氣
	二位三通閥 (3/2)	常斷		二位五通閥 (5/2)	兩個獨立排氣口
	三位五通閥 (5/3)	中位封閉		三位五通閥 (5/3)	中位卸壓
	三位五通閥 (5/3)	中位加壓			

10-1-1-6 按閥芯結構分類

按此方向控制閥可分為截止式（或稱提動式）、滑柱式和滑板式等。

10-1-1-7 按密封形式分類

按此方向控制閥可分為彈性密封式和間隙密封式。

10-1-1-8 按控制數分類

按此方向閥可分為單控式和雙控式。單控式是指閥的一個工作位置由控制信號獲得，另一個工作位置是當控制信號消失後，靠其他力來獲得（稱為復位方式）。如靠彈簧力復位稱為彈簧復位；靠氣壓力復位稱為氣壓復位；靠彈簧力和氣壓力復位稱為混合復位。混合復位可減小閥芯復位活塞的直徑，復位力愈大，閥換向愈可靠，工

作愈穩定。雙控式是指閥有兩個控制信號，對二位閥採用雙控，當一個控制信號消失，另一個控制信號未加入時，能保持原有閥位不變（稱閥具有記憶能力）。對三位閥，每個控制信號控制一個閥位。當兩個控制信號都不存在時，靠彈簧力和（或）氣壓力使閥芯處於中間位置。

10-1-1-9 按連接方式分類

閥的連接方式有管式連接、板式連接、法蘭連結和集裝式連接等幾種。管式連接有兩種：一種是閥體上的螺紋孔直接與帶螺紋的接管相連；另一種是閥體上裝有快速接頭，直接將管插入接頭內。對不複雜的氣路系統，管式連接簡單，但維護時要先拆下配管。板式連接需要配備專用的過渡連接板，管路與連接板相連，閥固定在連接板上；裝拆時不必拆卸管路，對複雜氣動系統維修方便。法蘭連接主要用於大通徑的閥上。集裝式連接是將多個板式連接的閥安裝在集裝塊（又稱匯流板）上，各閥的輸入口或排氣口可以共用，各閥的排氣口也可單獨排氣。這種方式可以節省空間、減少配管、便於維修。

10-1-2 換向閥的結構與工作原理

10-1-2-1 電磁換向閥

電磁換向閥是氣動控制中最主要的元件。按其動作方式的不同，可分為直動型和先導型；按密封形式的不同，可分為彈性密封式和間隙密封式；按所用電源的不同，則可分為直流電式和交流電式等電磁換向閥。

1. 直動型電磁換向閥

如圖10-1是利用電磁力直接推動閥桿（閥芯）換向，根據操縱線圈的數目不同，有單線圈和雙線圈，直動型電磁閥可分為單電控和雙電控兩種。圖10-1所示為單電控直動型電磁閥的工作原理。電磁線圈未通電時，P、A斷開，A、T相通；電磁線圈通電時，電磁力通過閥桿推動閥芯2向下移動，使P、A接通，T、A則斷開。如圖10-2為雙電控直動型電磁閥的工作原理，電磁線圈1通電、電磁線圈2斷電時，閥芯2被推至右側，A口有輸出，B口排氣。若電磁線圈1斷電，閥芯位置不變，仍為A口有輸

出，B口排氣，即閥具有記憶功能，直到電磁線圈2通電，則閥芯被推到左側，閥被
切換，此時B口有輸出，A口排氣。同樣地，電磁線圈2斷電時，閥的輸出狀態保持不
變。使用時，兩電磁線圈不准許同時得電。

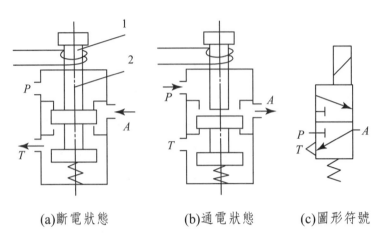

(a)斷電狀態　　　　(b)通電狀態　　　　(c)圖形符號

1-電磁線圈；2-閥芯

圖10-1　單電控直動型電磁閥工作原理

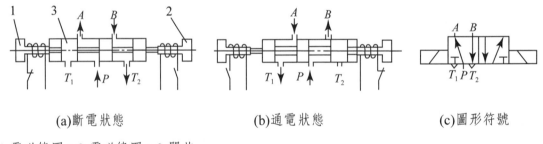

(a)斷電狀態　　　　　　　(b)通電狀態　　　　　　　(c)圖形符號

1-電磁線圈；2-電磁線圈；3-閥芯

圖10-2　雙電控直動型電磁閥工作原理

　　直動型電磁閥結構簡單、緊湊、換向頻率高，但當用於交流電磁閥時，如果閥桿
卡死就有燒壞線圈的可能。閥桿的換向行程受電磁鐵吸合行程的控制，因此僅適用於
小型閥。

2. 先導型電磁換向閥

　　它是由小型直動型電磁閥和大型氣控換向閥構成。圖10-3所示為先導型單電控換
向閥工作原理，它是利用直動型電磁閥（二位三通單電控）輸出的先導氣壓來操縱大

型氣控主換向閥（主閥），其電控部分又稱為電磁先導閥。圖10-4所示為先導型雙電控換向閥的工作原理，電磁先導閥的氣源可以從主閥引入，也可以從外部引入。

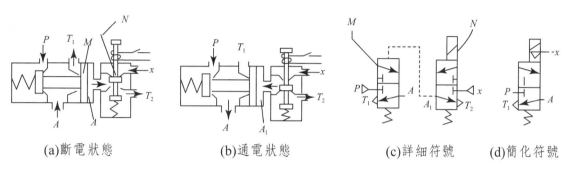

(a)斷電狀態　　　(b)通電狀態　　　(c)詳細符號　(d)簡化符號

M-主閥；N-電磁先導閥

圖10-3　先導型單電控換向閥工作原理

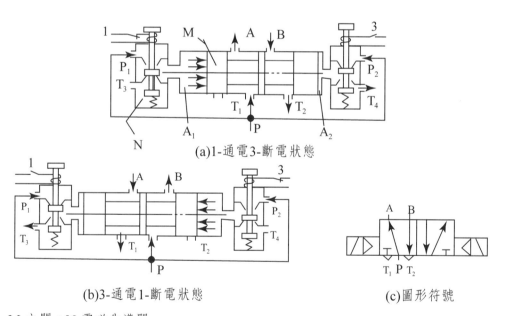

(a)1-通電3-斷電狀態

(b)3-通電1-斷電狀態　　　　　　(c)圖形符號

M-主閥；N-電磁先導閥

圖10-4　先導型雙電控換向閥工作原理

10-1-2-2 氣控方向閥

氣控換向閥是靠外加的氣壓力使閥換向。此外加氣壓力稱為控制壓力。原理上相當於先導型電磁換向閥去除了電磁先導閥，而保留了主閥的部分。圖10-5為氣控閥工作原理圖，單控式氣控閥靠彈簧力復位。對雙氣控或氣壓復位的氣控閥，如果閥兩邊氣壓控制腔所作用的操作活塞面積存在差別，導致在相同控制壓力同時作用下驅動閥芯的力量不相等，而使閥換向，則該閥為差壓控制閥。在氣控閥控制壓力到閥控制腔的氣路上，串聯一個單向節流閥和固定氣室組成的延時環節就構成了延時閥。控制信號的氣體壓力經單向節流閥向固定氣室充氣，當充氣壓力達到主閥動作要求的壓力時，氣控閥換向。閥切換延時時間可通過調節節流閥開口大小來調整。

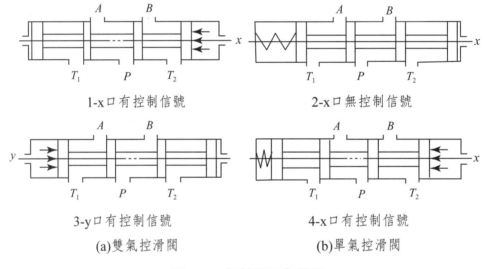

1-x口有控制信號　　　　　　　2-x口無控制信號

3-y口有控制信號　　　　　　　4-x口有控制信號

(a)雙氣控滑閥　　　　　　　　(b)單氣控滑閥

圖10-5　氣控閥工作原理

10-1-2-3 機械控制閥

靠機械外力使閥芯切換的閥稱為機械控制閥。它利用執行機構或其他機構的機械運行，藉助閥上的凸輪、滾輪、槓桿或撞塊等機構來操作閥桿，驅動閥換向。機械控制閥不能用作擋塊或停止器使用。

10-1-2-4 人力控制方向閥

靠手或腳使閥芯換向的閥，稱為人力控制換向閥。

10-1-2-5 延時閥

是一種時間控制元件，其作用是使閥在一特定時間發出信號或者中斷信號，在氣動系統中用作信號處理元件。延時閥是一個組合閥，由二位三通換向閥、單向可調節流閥和氣室組成，二位三通換向閥既可以是常閉式，或是常開式。如圖10-6所示，當控制口12沒有氣信號時，換向閥閥芯受彈簧作用力壓在閥座上，口2無信號輸出。當控制口12上有氣信號輸入時，經節流閥注入氣室，因單向節流閥的節流作用，且氣室有容積，在短時間內無足夠壓力推動換向閥閥芯換向；經過一段時間後，氣室中氣體壓力已達到預定壓力時，二位三通換向閥換向，口2有信號輸出，其時序圖如10-6(b)所示。若延時閥中的壓縮空氣是潔淨的，且其壓力穩定時，則可獲得精確的延時時間，通常延時閥的時間調節範圍為0～30 s，通過增大氣室可以使延時的時間加長。延時閥通常帶有可鎖定的調節桿，可用來調節延時的時間。

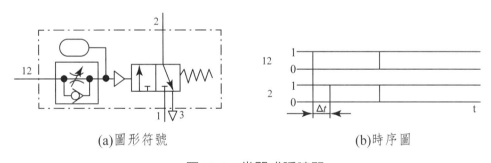

(a)圖形符號　　　　　　　　　　　(b)時序圖

圖10-6　常閉式延時閥

10-1-3 單向型方向閥

如單向閥、梭閥、雙壓閥和快速排氣閥等。

10-1-3-1 單向閥

氣流只能向一個方向流動而不能反向流動的閥，其壓降較小。單向閥的工作原理、結構和圖形符號與液壓傳動的單向閥基本相同。這種單向阻流作用可由錐密封、球密封、圓盤密封或膜片來實現。

10-1-3-2 梭閥

又稱為雙向控制閥，如圖10-7所示。梭閥有兩個輸入信號口P$_1$、P$_2$和一個輸出信號口A。若在一個輸入口上有氣信號，則與該輸入口相對的閥口就被關閉，同時在輸出口A上有氣信號輸出。這種閥具有「或」邏輯功能，即只要在任一輸入口上有氣信號，在輸出口上就會有氣信號輸出。若P$_1$與P$_2$口都有

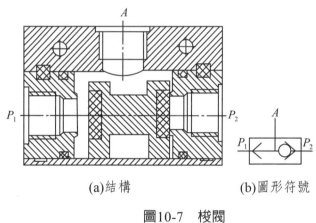

(a)結構　　　　(b)圖形符號

圖10-7　梭閥

信號輸入，則先加入的一側（當P$_1$ = P$_2$時）或信號壓力高的一側的氣信號通過A口輸出，另一側則被堵死。

10-1-3-3 雙壓閥

又稱「與」門梭閥，在氣動邏輯迴路中，雙壓閥的作用相當於「與」門的作用。如圖10-8所示，該閥有兩個輸入口P$_1$、P$_2$和一個輸出信號口A。若只有一個輸入口有氣信號，則輸出口沒有氣信號輸出；只有當雙壓閥的

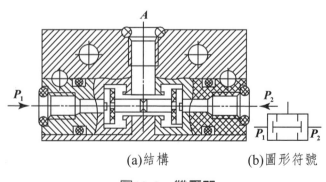

(a)結構　　　　(b)圖形符號

圖10-8　雙壓閥

兩個輸入口均有氣信號時，輸出口才有氣信號輸出。雙壓閥相當於兩個輸入元件串聯。

10-1-3-4 快速排氣閥

　　該閥可使氣缸活塞運動速度加快，特別是在單作用氣缸情況下，可以避免其回程時間過長，圖10-9所示為快速排氣閥。當P口進氣後，閥芯關閉排氣口T，P口與A口相通，A有輸出；當P口無氣輸入時，A口的氣體使閥芯將P口封住，A與T接通，氣體快速排出。為了降低排氣噪音，這種閥一般帶有消音器。此閥用於使氣動元件和裝置迅速排氣的場合。為了減小流阻，快速排氣閥應靠近氣缸安裝。此閥也可用於氣缸的速度控制。

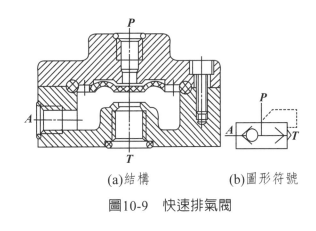

(a)結構　　　　　(b)圖形符號

圖10-9　快速排氣閥

10-1-4 方向控制閥的選用

10-1-4-1 根據流量選擇閥的通徑

　　閥的通徑是根據氣動執行機構在工作壓力狀態下的流量值來選取的。目前，各生產廠對於閥的流量有的以自由空氣流量表示，有的用壓力狀態下的空氣流量（一般是指在0.5 MPa工作壓力下）表示。流量參數也有各種不同的表示方法，而且閥的接管螺紋並不能代表閥的通徑，如G1/4的閥通徑為8 mm，也有的為6 mm。這些在選擇閥時需特別注意。所選用的閥的流量應略大於系統所需的流量。信號閥（如手動按鈕）是根據它距所控制的閥的遠近、數量和響應時間的要求來選擇的。一般對於集中控制或距離在20公尺以內的場合，可選3 mm的通徑；對距離在20公尺以上或控制數量較多的場合，可選6 mm的通徑，這些在選擇閥時，必須特別注意。

10-1-4-2 根據氣動系統的工作要求和使用條件

以此選用閥的機能和結構（包括元件的位置數、通路數、記憶功能、靜止時的通斷狀態等），應盡量選擇與所需機能相一致的閥，如選不到，可用其他閥代替或用幾個閥組合使用。如用二位五通閥代替二位三通閥或二位二通閥，只要將不用的氣口用堵頭堵上即可；又如用兩個二位三通閥取代一個二位五通閥，或用兩個二位二通閥代替一個二位三通閥。這種方法可在維修急用時使用。

10-1-4-3 根據控制要求選擇閥的控制方式

10-1-4-4 根據現場使用條件

包括現場的供氣源壓力大小、電力條件（交直流、電壓大小等）、介質溫度、環境溫度、是否需要油霧潤滑等條件，選擇能在此條件下可靠工作的閥。

10-1-4-5 根據氣動系統工作要求

選用閥的性能包括閥的最低工作壓力、最低控制壓力、響應時間、氣密性、壽命及可靠性。

10-1-4-6 根據實際情況選擇閥的安裝方式

從安裝維修方面考慮，板式連接較好，包括集裝式連接、ISO 5599.1標準也是板式連接。因此優先採用板式安裝方式，特別是針對集中控制的氣動控制系統更是如此。管式安裝方式的閥占用空間小，也可以集中安裝，且隨著元件的質量和可靠性不斷提高，已得到廣泛的應用。

10-1-4-7 選用標準化產品

應採用符合規格的產品，避免採用專用閥，儘量減少閥的種類，便於供貨、安裝及使用與維護。

10-2 流量控制閥

在氣動系統中，經常要求控制氣動執行元件的運行速度，這是靠調節壓縮空氣的流量來實現的。用作控制氣體流量的閥，稱爲流量控制閥。此種閥是經由改變閥的通流截面積而達成流量控制的元件。它包括節流閥、單向節流閥、排氣節流閥等。

10-2-1 節流閥

節流閥是依靠改變閥的通流面積來調節流量，節流閥要求對流量的調節範圍要寬，能進行微小流量的調節，調節精確，性能穩定，閥芯開度與通過的流量成正比，閥芯節流口的形狀對節流閥的調節特性影響很大。

10-2-2 單向節流閥

是由單向閥和節流閥組合而成的，常用於控制氣缸的運行速度，故亦稱速度控制閥。如圖10-10所示，當氣流從P口流入時，單向閥被頂在閥座上，空氣只能從節流口流向出口A，流量被節流閥節流口的大小所限制，調節螺釘可以調節節流面積。當

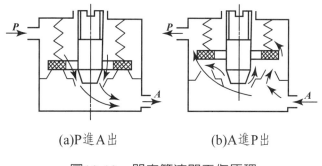

(a)P進A出　　　　　　(b)A進P出

圖10-10　單向節流閥工作原理

空氣從A口流入時，它推開單向閥自由流到P口，不受節流閥限制。利用單向節流閥控制氣缸的速度方式，則有進氣節流和排氣節流兩種。圖10-11(a)所示爲進氣節流控制。它是通過控制進入氣缸的流量來調節活塞運行的速度。採用這種控制方式，如活塞桿上的負荷有輕微變化，將會導致氣缸速度的明顯變化。因此它的速度穩定性差，僅用於單作用氣缸、小型氣缸或短行程氣缸的速度控制。圖10-11(b)所示爲排氣節流控制。它是控制氣缸排氣量的大小，而進氣是滿流的。這種控制方式能爲氣缸提供背壓來限制速度，故速度穩定性好；常用於雙作用氣缸的速度控制。單向節流閥用

於氣動執行元件的速度調節時，應盡可能直接安裝在氣缸上。

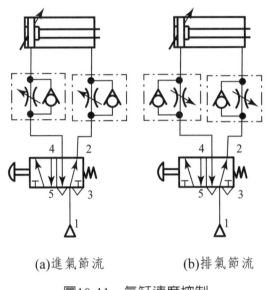

(a)進氣節流　　　　(b)排氣節流

圖10-11　氣缸速度控制

一般情況下，單向節流閥的流量調節範圍為管道流量的20～30%。對於要求能在較寬範圍內進行速度控制的場合，可採用單向閥開度可調的速度控制閥。

10-2-3 排氣節流閥

排氣節流閥的節流原理和節流閥一樣，也是靠調節通流面積來調節閥流量的。它們的區別是，節流閥通常是安裝在系統中調節氣流的流量，而排氣節流閥只能安裝在排氣口處，調節排入大氣的流量，以此來調節執行機構的運行速度。圖10-12所示為排氣節流閥，氣流從A口進入閥內，由節流口節流後經消音套排出，它不僅能調節執行元件的運行速度，還能起到降低排氣噪音的作用。排氣節流閥通常安裝在換向閥的排氣口處，與換向閥聯用，起單向節流閥的作用。它實際上是節流閥的一種特殊形式，由於其結構簡單、安裝方便、能簡化迴路，因此其應用日益廣泛。

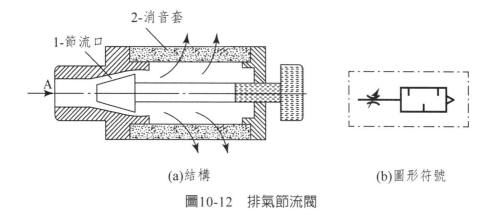

(a)結構　　　　　　　(b)圖形符號

圖10-12　排氣節流閥

10-2-4 流量控制閥的選用

應考慮下列兩點：

1. 根據氣動裝置或氣動執行元件的進、排氣口通徑來選擇。

2. 根據所控制氣缸的缸徑和缸速，計算氣流調節範圍，然後從樣本上查節流特性曲線，選擇流量控制閥的規格。用流量控制的方法控制氣缸的速度，因為受空氣的壓縮性及氣阻力的影響，一般氣缸的運行速度不得低於30 mm/s。

10-3 壓力控制閥

壓力控制閥是用來控制氣動系統中壓縮空氣的壓力，以滿足各種壓力需求或用於節省能源，此類閥有減壓閥、順序閥和安全閥（溢流閥）三種。氣動系統與液壓傳動系統不同的一個特點是，液壓傳動中的油液是由安裝在每台設備上的液壓油源直接提供；但在氣動系統中，一個空壓站輸出的壓縮空氣通常可供多台氣動裝置使用。空壓站輸出的空氣壓力高於每台氣動裝置所需的壓力，且壓力波動較大。因此每台氣動裝置的供氣壓力都需要減壓閥來減壓，並保持供氣壓力的穩定。對於低壓控制系統（如氣動測量），除了用減壓閥降低壓力外，還需要用精密減壓閥或定值器來獲得更穩定的供氣壓力。對於這類壓力控制閥，當輸入壓力在一定範圍內改變時，能保持輸

出壓力不變。當管路中的壓力超過允許壓力時，為了保證系統的工作安全，往往用安全閥來實現自動排氣，使系統的壓力下降，如儲氣槽頂部必須裝安全閥。氣動裝置中不便安裝行程閥，需依據氣壓大小來控制兩個以上的氣動執行機構之順序動作時，就要用到順序閥。

10-3-1 減壓閥

減壓閥的作用是將較高的輸入壓力調到規定（較低）的輸出壓力，並能保持輸出壓力穩定，且不受流量變化及氣源壓力波動的影響。分為直動和先導兩型。

10-3-1-1 直動型減壓閥

圖10-13所示為常用的直動型減壓閥。當閥處於工作狀態時，有壓力氣流從左端輸入經進氣閥口10節流、減壓至右端輸出。順時鐘方向旋轉調節鈕1，調壓彈簧2、3及膜片5使閥芯8下移，增大進氣閥口10的開度，使輸出壓力p_2增大；如果逆時針方向旋轉調節旋鈕1，則進氣閥口10的開度減小，隨之輸出壓力p_2減小。

當輸入壓力p_1發生收波動時，靠膜片5上、下受力的平衡作用及溢流閥座4上溢流孔12的溢流作用，使輸出壓力穩定不變。若輸入壓力瞬時升高，經進氣閥口10以後的輸出壓力隨之升高，使膜片氣室6下腔內的壓力也升高，對膜片向上的推力相應增大，破壞了原來膜片上的受力平衡，使膜片5向上移動，有少部分氣流經溢流孔12和排氣孔11排出。在膜片上移的同時，因復位彈簧9的作用，使閥芯8也向上移動，減小進氣閥口10的開度，節流作用加大，使輸出壓力下降，直至達到新的平衡為止，輸出壓力又基本上回到原設定值。相反地，若輸入壓瞬下下降，輸出壓力也下降，膜片上腔的彈簧力大於膜片下腔的氣體壓力產生的向上作用力，膜片下移，閥芯8也隨之下移，進氣閥口10開度加大，節流作用減小，使輸出壓力也基本回到原設定值。歸納起來，直動型減壓閥的工作原理是：靠進氣閥口的節流作用減壓；靠膜片上力的平衡作用和溢流孔的溢流作用穩定輸出壓力；調節旋鈕使輸出壓力在可調範圍內自由改變。

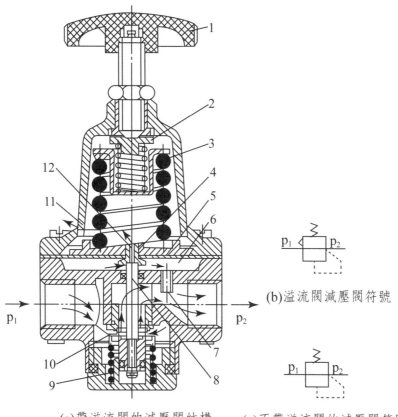

(b)溢流閥減壓閥符號

(c)不帶溢流閥的減壓閥符號

(a)帶溢流閥的減壓閥結構

1-調壓旋鈕；2、3-調壓彈簧；4-溢流閥座；5-膜片；6-膜片氣室；7-阻尼管；8-閥芯；9-復位彈簧；10-進氣閥口；11-排氣孔；12-溢流孔

圖10-13　常用的直動型減壓閥

10-3-1-2 先導型減壓閥

當減壓閥的輸出壓力較高或通徑較大時，若用調壓彈簧直接調壓，則彈簧剛度必然過大，流量變化時，輸出壓力波動較大，閥的結構尺寸也將增大。為了克服這些缺點，可採用先導型減壓閥。先導型減壓閥的工作原理與直動型的基本相同，它用先導閥的輸出氣體壓力取代直動型主調壓閥上的調壓彈簧，而調壓空氣是由小型直動型減壓閥供給的。若將小型直動型減壓閥裝在閥的內部，則稱為內部先導型減壓閥，如圖10-14所示；若將其裝在主閥的外部，則稱為外部先導型減壓閥，如圖10-15所示。

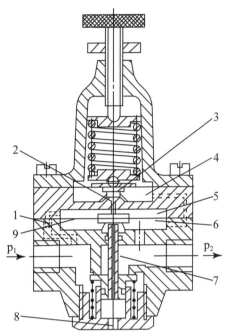

1-固定節流孔；2-噴嘴；3-擋板；4-上
氣；5-中氣室；6-下氣室；7-閥芯；8-
排氣孔；9-膜片

圖10-14　內部先導型減壓閥

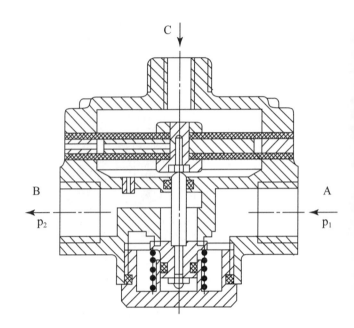

A輸入；B輸出；C來自先導氣壓

圖10-15　外部先導型減壓閥的主閥

10-3-2 單向順序閥

　　單向順序閥是由順序閥與單向閥並聯組成，依靠氣路中壓力的作用而控制執行元件的順序動作。其工作原理如圖10-16所示，當壓縮空氣進入工作腔4後，作用在活塞3上的力大於彈簧2的力時，將活塞頂起，壓縮空氣從P口經工作腔4、工作腔6到A口，然後輸出到氣缸或氣控換向閥。當切換氣源，壓縮空氣從A流向P時，順序閥關閉，此時工作腔6內的壓力高於工作腔4內的壓力，在壓差作用下，打開單向閥，反向的壓縮空氣從A口排出，如圖10-16(b)所示。

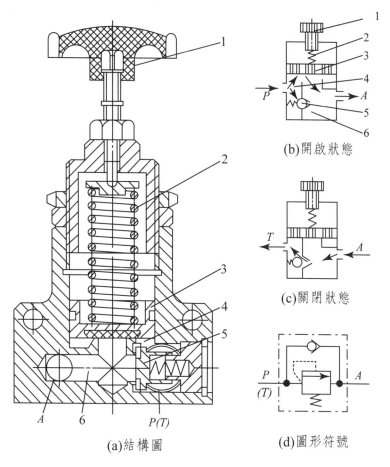

(b)開啟狀態

(c)關閉狀態

(d)圖形符號

(a)結構圖

1-調節手輪；2-彈簧；3-活塞；4、6-工作腔；5-單向閥

圖10-16　單向順序閥的工作原理

10-3-3 安全閥

　　安全閥是用來防止系統內壓力超過最大許用壓力，來保護迴路或氣動裝置安全。圖10-17所示為其工作原理。閥的輸入口與控制系統或裝置相連，當系統壓力小於此閥的調定壓力時，彈簧力使閥芯緊壓在閥座上，如圖10-17(a)所示。當系統壓力大於此閥的調定壓力時，閥芯開啟，壓縮空氣從R口排放到大氣中，如圖10-17(b)所示。此後，當系統中的壓力降低到閥的調定值時，閥門關閉，並保持密封。

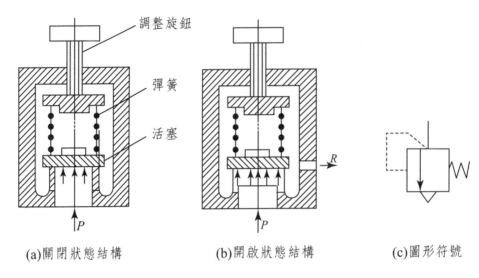

(a)關閉狀態結構　　　(b)開啟狀態結構　　　(c)圖形符號

圖10-17　安全閥的工作原理圖

⚡ 新知參考 15

　　電液伺服技術於上世紀50～60年代在軍事上快速發展，航空航天如雷達驅動、致導平台驅動及導彈發射架控制等。後來到導彈飛行控制、雷達天線定位、飛機飛行控制增強穩定、雷達磁控管腔動態調節、飛行器推力矢量控制及空間運載火箭導航與控制。非軍事應用也相對增加，如數控機床工作台定位，並已擴展到工業機器人控制、地質和採礦探測、燃氣和蒸汽渦輪控制及可移設備自動化等領域，它隨著集成電路及微處理機的發展而不斷推廣應用。現代飛機的操縱系統，如舵機、助力器、人感系統、發動機電源系統的恆速與恆頻調節、火力系統的雷達與砲塔跟蹤控制，飛行器的地面模擬設備，包括飛行模擬台、負載模擬器大功率模擬振動台、大功率材料實驗加載，大都採用了電液伺服控制。

　　電液伺服系統均為閉環，輸出為位置、速度、力等物理量，伺服閥控制零遮蓋、死區極小、滯環小、動態響應高、清淨度要求高，但控制精度高、反應快、適用於高性能場合。並向數字化發展，電液伺服控制與電子設備、控制策略、電液元件和系統的性能、軟體和材料等方面，會取得更大突破。下面為一般伺服迴路：

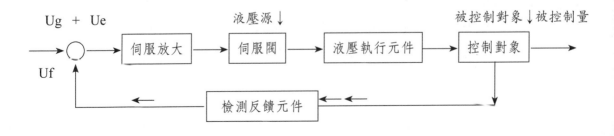

第 **11** 章

氣動執行元件

　　氣動系統的執行元件是能量轉換裝置，它將空壓機輸入的壓縮空氣的壓力能轉換為機械能，對負載作功。常用的執行元件為氣缸和氣動馬達，氣缸用於實現直線往復運行，輸出力和直線位移。氣動馬達用於實現連續迴轉運動，輸出力矩和角位移。

11-1 氣缸

11-1-1 氣缸的分類

　　氣缸是氣壓傳動系統中使用最多的一種執行元件。根據使用條件、場合的不同，其結構、形狀也有多種形式。要確切地對氣缸進行分類是比較困難的，常見的分類方法有按結構、缸徑、緩衝形式、驅動方式和潤滑方式等幾種方式進行分類。

11-1-1-1 按結構分類

　　按結構的不同，氣缸可分為多種形式。其中直線運動氣缸分為活塞式和模片式，而活塞式又分為有活塞桿和無活塞桿兩種類型；擺動式氣缸分為葉片式和齒輪齒條式兩種。

11-1-1-2 按缸徑分類

　　按缸徑的不同氣缸分為微型氣缸、小型氣缸、中型氣缸和大型氣缸。通常稱缸徑2.5～6 mm為微型氣缸，8～25 mm為小型氣缸，32～320 mm為中型氣缸，大於320 mm的為大型氣缸。

11-1-1-3 按安裝形式分類

　　可分為以下兩類：

1. 固定式氣缸
　　氣缸安裝在機體上固定不動。

2. 軸銷式氣缸
　　氣缸可圍繞一個固定軸做一定角度的擺動。

11-1-1-4 按驅動方式分類

　　按工作時驅動氣缸的壓縮空氣作用在活塞端面上的方向不同，可分為單作用氣缸和雙作用氣缸兩種。

11-1-1-5 按緩衝形式分類

　　當活塞在較大負載下以較高速度運行到行程終端時，活塞撞擊端蓋可能造成衝擊損害，因此在氣缸行程終端一般都設有緩衝裝置。緩衝氣缸有單側緩衝和雙側緩衝兩種形式；無緩衝裝置的氣缸適用於微型氣缸、小型單作用氣缸及短行程氣缸。小缸徑活塞通常在活塞兩側或者兩端缸蓋上設置橡膠墊以吸收動能，常用於缸徑小於25 mm的氣缸。利用活塞在行程終端前封閉的緩衝腔室所形成的氣墊制動力作用來吸收動能的緩衝裝置，則適用於大多數氣缸。

11-1-1-6 按潤滑方式分類

按潤滑方式的不同，可將氣缸分為給油氣缸和不給油氣缸兩種。給油氣缸是直接利用含油霧的壓縮空氣工作介質潤滑的；不給油氣缸所使用的壓縮空氣中不含油霧，是靠裝配前預先添加在密封圈內的潤滑脂潤滑氣缸運行部件。給油氣缸內相對運動部件潤滑性能好。不給油氣缸也可以通過給油當作給油氣缸使用，但一旦給油，以後必須一直當作給油氣缸使用，否則將引起密封件過快磨損；這是因為壓縮空氣中的油霧已將潤滑脂洗去，而使氣缸內部處於無油潤滑狀態。

11-1-2 普通氣缸

最常用的是普通氣缸，即在缸筒內只有一個活塞和一根活塞桿的氣缸。普通氣缸主要有單作用氣缸和雙作用氣缸兩種。它由缸筒、活塞桿、活塞、導向套、前缸與後缸蓋以及密封等部零部件組成。

11-1-2-1 單作用氣缸

單作用氣缸只在活塞一側可以通入壓縮空氣使其伸出或縮回，另一側則通過呼吸孔開放在大氣中。這種氣缸只能在一個方向上作功，活塞的反向動作靠一個復位彈簧或施加外力來實現。由於壓縮空氣只能在一個方向上控制氣缸活塞的運動，所以稱為單作用氣缸。根據復位彈簧位置的不同，還可將單作用氣缸分為預縮型氣缸和預伸型氣缸。當彈簧裝在有桿腔內時，由於彈簧的作用力而使氣缸活塞桿初始位置處於縮回位置的氣缸，稱為預縮型單作用氣缸。當彈簧裝在無桿腔內時，氣缸活塞桿初始位置為伸出位置的氣缸稱為預伸型氣缸。圖11-1所示為預縮型單作用氣缸，它的活塞桿側裝有復位彈簧，前缸蓋上開有呼吸用的氣口。

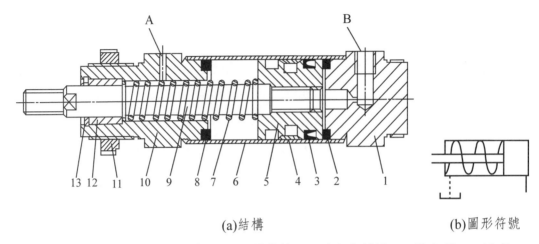

(a)結構　　　　　　　　　　　　　　(b)圖形符號

A 呼吸孔；B 進氣口；1-後缸蓋；2、8-彈簧墊；3-活塞密封圈；4-導向環；5-活塞；6-缸筒；7-彈簧；9-活塞桿；10-前缸蓋；11-螺母；12-導向套；13-卡環

圖11-1　預縮型單作用氣缸

單作用氣缸的特點如下：

1. 由於單側進氣，因此結構簡單，耗氣量小。

2. 缸內安裝了彈簧，增加了氣缸長度，縮短了氣缸的有效行程；因受內裝回程彈簧自由長度的影響，其行程長度一般在100 mm以內。

3. 藉助彈簧力復位，使壓縮空氣的能量有一部分用來克服彈簧張力，減小了活塞桿的輸出力，而且輸出力的大小和活塞桿的運動速度在整個行程中隨彈簧的變形而變化，因此單作用氣缸多用於行程較短，以及對活塞桿輸出力和運行速度要求不高的場合。

11-1-2-2 雙作用氣缸

雙作用氣缸被活塞分為兩個腔室：有桿腔和無桿腔，圖形符號如圖11-3所示，從無桿腔端的氣口輸入壓縮空氣時，若氣壓作用在活塞右端面上的力克服了運動摩擦力、負載等各種反作用力，則活塞桿伸出，有桿腔內的空氣則經該端氣口排出。同樣地，當有桿腔端氣口輸入壓縮空氣時，無桿腔內的空氣經無桿腔端氣口排出，活塞桿縮回至初始位置。通過無桿腔和有桿腔交替

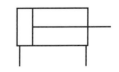

圖11-2　雙作用氣缸圖形符號

進氣和排氣，活塞桿伸出和縮回，氣缸實現往復直線運動。由於氣缸活塞的往返運動全部靠壓縮空氣來完成，所以稱爲雙作用氣缸。圖11-2爲普通雙作用氣缸圖形符號。與單作用氣缸不同，由於沒有復位彈簧，雙作用氣缸可以獲得更長的有效行程和穩定的輸出力。但要注意，雙作用氣缸利用壓縮空氣交替作用於活塞上實現伸縮運動，由於回縮時壓縮空氣的有效作用面積較小，所以產生的力要小於伸出時產生的推力。

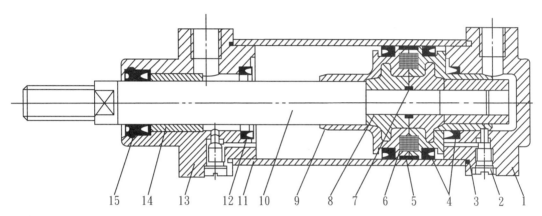

1-後缸蓋；2-緩衝節流針閥；3、7-密封圈；4-活塞密封圈；5-導向環；6-磁性環；8-活塞；9-緩衝柱塞；10-活塞桿；11-缸筒；12-緩衝密封圈；13-前缸蓋；14-導向套；15-防塵組合密封圈

圖11-3　雙作用氣缸

11-1-2-3 緩衝氣缸

圖11-3所示的雙作用氣缸就是一個緩衝氣缸。其活塞桿上設置了緩衝柱塞9，在活塞桿伸出接近終端時，排氣口被柱塞阻斷，只能通過緩衝節流針閥2排氣，調節節流閥的開度可以控制排氣量，從而控制活塞的緩衝速度，有效防止高速運動的活塞撞擊缸蓋。在圖中節流閥的開度可調，即緩衝作用大小可調，這種緩衝氣缸稱爲可調緩衝氣缸；如果節流閥開度不可調，則稱爲不可調緩衝氣缸。

11-1-3 標準氣缸

作爲標準化、系列化、通用化的產品，氣動生產廠商的製造氣缸尺寸系列基本上都符合國際標準，其功能和規格是用戶普遍採用，並可被用戶自由選擇的。這爲氣動

產品的使用與維護帶來了方便。需要注意的是，不同廠家生產的同一缸徑系列的標準氣缸不一定能直接互換，必須將連接件一起更換。

11-1-4 氣缸規格

11-1-4-1 缸徑

氣缸的缸筒內徑D和活塞行程L是氣缸的兩個重要參數，通常作為選擇氣缸的基本依據。氣缸的缸筒內徑尺寸請參見表11-1。

表11-1　氣缸缸徑尺寸系列　　　　　　　　　單位：mm

8	10	12	16	20	25	32	40	50	63	80	(90)	100
(110)	125	(140)	160	(180)	200	(220)	250	320	400	500	630	

註：括號內數據為非優先選項

11-1-4-2 氣缸活塞行程

氣缸活塞行程系列按照優先次序，分成三個等級順序選用，詳見表11-2、11-3、11-4。

表11-2　活塞行程第一優先系列　　　　　　　　單位：mm

25	50	80	120	125	160	200	250	320	400
500	630	800	1000	1250	1600	2000	2500	3200	4000

表11-3　活塞行程第二優先系列　　　　　　　　單位：mm

	40			63		90	110	140	180
220	280	360	450	550	700	900	1100	1400	1800
2200	2800	3600							

表11-4　活塞行程第三優先系列　　　　　　　　　　　　　單位：mm

240	260	300	340	380	420	480	530	600	650
750	850	950	1050	1200	1300	1500	1700	1900	2100
2400	2600	3000	3400	3800					

11-1-4-3 活塞桿外徑尺寸系列

該外徑尺寸系列請參見表11-5。

表11-5　氣缸活塞桿外徑尺寸系列　　　　　　　　　　　　單位：mm

4	5	6	8	10	12	14	16	18	20	22	25
28	32	36	40	45	50	56	63	70	80	90	100
110	125	140	160	180	200	220	250	280	320	360	400

11-1-5 普通氣缸設計的計算

11-1-5-1 氣缸的輸出力

普通雙作用氣缸無桿腔進氣、有桿腔排氣時的理論推力為

$$F = \frac{\pi}{4}D^2 p$$

F：氣缸無桿腔進氣、有桿腔排氣時的理論推力。

p：工作壓力，單位為pa。

D：缸徑，單位為m。

普通雙作用氣缸有桿腔進氣、無桿腔排氣時的理論拉力為

$$F = \frac{\pi(D^2 - d^2)}{4}p$$

d：活塞桿直徑，單位為m。

其餘同上式。

普通單作用氣缸（預縮型）的理論推力為

$$F = \frac{\pi}{4}D^2p - F_t$$

F_t：彈簧預壓量及氣缸行程所產生的彈簧力，單位為N；
其餘同前。

普通單作用氣缸（預伸型）的理論拉力為

$$F = \frac{\pi(D^2 - d^2)}{4}p - F_t$$

11-1-5-2 氣缸的負載率

從對氣缸運行特性的研究可知，要精確地確定氣缸的實際輸出力是困難的。於是在分析氣缸性能和確定氣缸的輸出力時，常用到負載率的概念。氣缸的負載率θ定義為：

$$\theta = \frac{氣缸的實際負載\ F_L}{氣缸的理論輸出力\ F} \times 100\%$$

氣缸的實際負載由實際工況所決定，若確定了氣缸的負載率θ，則由定義就能確定氣缸的理論輸出力，從而可以計算出氣缸的缸徑。氣缸負載率的選取與氣缸的負載性能、安裝工況及氣缸的運行速度有關。對於阻性負載，如氣缸用作氣動夾具，負載不產生慣性力，一般選取負載率為0.8；對於慣性負載，如氣缸用來推送工件，負載將產生慣性力，負載率的取值如下：

當氣缸低速運行：$\upsilon \leq 100$ mm/s時，$\theta \leq 0.65$。

當氣缸中速運動：$\upsilon = 100 \sim 500$ mm/s時，$\theta \leq 0.5$。

當氣缸高速運動：$\upsilon \geq 500$ mm/s時，$\theta \leq 0.35$。

11-1-5-3 缸徑計算

氣缸缸徑的設計計算需根據其負載大小、運行速度和系統工作壓力來決定。首先根據氣缸安裝及驅動負載的實際工況，分析計算出氣缸軸向實際負載F，再由氣缸平均運行速度來選定氣缸的負載率θ，初步選定氣缸工作壓力（一般為0.4～0.6 MPa），再由F/θ計算出氣缸理論輸出力F_t，最後計算出缸徑及活塞桿直徑，並按標準

圓整得到實際所需的缸徑和活塞桿直徑。

題目：有一氣缸推動工件在水平導軌上運行，已知工件和運動件的質量m = 240 kg，工件與導軌間的摩擦係數μ = 0.28，氣缸行程s為350 mm，動作時間為1.4s，工作壓力p = 0.45 MPa，試選定缸徑D。

題解：氣缸的軸向負載力 $F_t = \mu mg = 0.28 \times 240 \times 9.81N = 659.232\ N$

氣缸的平均運行速度 $\upsilon = s/t = 350/1.4\ mm/s = 250\ mm/s$

按速度選取負載率 $\theta = 0.5$

則氣缸的理論輸出力 $F = F_t/\theta = 659.232\ N/0.5 = 1318.464\ N$

氣缸缸徑 $\pi/4 \times D^2 p = F$

由此得氣缸缸徑 $D = [4F/(\pi \times p)]^{1/2} = [(4 \times 1318.464)/(3.14 \times 0.45)]^{1/2}\ mm$

$$= 61.093\ mm$$

查表缸徑可取63 mm。

11-1-5-4 氣缸耗氣量計算

　　氣缸的耗氣量是指氣缸往復運動時所消耗的壓縮空氣量。它與氣缸的性能無關，但它是選擇空壓機排量的重要參數。氣缸的耗氣量與氣缸的活塞直徑D、活塞桿直徑d、活塞行程L以及單位時間往復次數N有關。以圖11-2單桿雙作用活塞氣缸為例，活塞桿伸出和返回行程的耗氣量分別為

$$V_1 = \pi/4 \times D^2 L$$
$$V_2 = \frac{\pi(D^2 - d^2)}{4}L$$

所以活塞往復一次所消耗的壓縮空氣量為

$$V = V_1 + V_2 = \pi/4 \times L(2D^2 - d^2)$$

當活塞一個往返行程所用的時間為t，則單位時間內活塞運動的耗氣量為

$$V' = V/t$$

由上式計算出的是理論耗氣量，因為洩漏等因數影響，實際耗氣量要比此值為大。因此實際耗氣量為

$$V_S = V'/\eta_v$$

上兩式計算的是壓縮空氣的耗氣量，這是選擇氣源供氣量的重要依據。未經壓縮的自由空氣的消耗量要比該值大。當實際消耗的壓縮空氣量爲V_S時，其自由空氣的耗氣量V_{sz}可用下式計算：

$$V_{sz} = V_s \frac{p + 0.1013}{0.1013}$$

其中p：工作壓力，單位爲MPa。

11-1-6 無桿氣缸

　　這裡所談的無桿氣缸主要是指機械耦合式無桿氣缸。這種氣缸沒有活塞桿，它利用活塞直接或間接地驅動缸筒上的滑塊，實現往復運動。無桿氣缸占有的安裝空間也只有1.2L（L爲滑塊行程），大大的節省了空間，特別適用於小徑缸、長行程的場合，而且運行精度高，與其他氣缸組合方便，在自動化系統、氣動機器人中獲得了大量的應用。機械式無桿氣缸有較大的承載能力和抗力矩能力，活塞與滑塊不會脫開，但可能有輕微洩漏。圖11-4所示爲機械接觸式無桿氣缸。它有與普通氣缸一樣設置在兩端的緩衝裝置，不同的是在氣缸缸筒軸向還有一條槽。由於活塞架7穿過槽，把活塞5與滑塊6連成一體，活塞5可通過活塞架7帶動與負載相連的滑塊6一起沿缸筒外部的導軌滑行，此結構可防止扭轉。爲保證開槽處的密封，設有聚氨酯內密封帶和

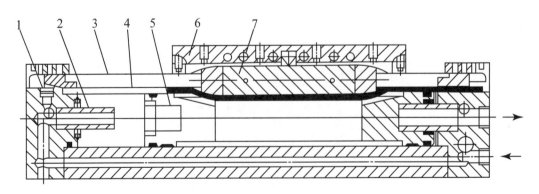

1-節流閥；2-緩衝柱塞；3-防塵不鏽鋼帶；4-密封帶；5-活塞；6-滑塊；7-活塞架

圖11-4　機械接觸式無桿氣缸

外防塵不鏽鋼帶。活塞架7將密封帶4和防塵不鏽鋼帶
3分開，三者之間由於缸筒機構的限制，在徑向是不能
運動和分離的。圖11-5所示爲機械接觸式無桿氣缸的
圖形符號。這種氣缸適用於缸徑8～80 mm的場合，其
最大行程在缸徑不小於40 mm時可達6 m，運行速度可
達2 m/s。

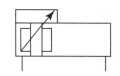

圖11-5　機械接觸式無桿氣
缸圖形符號

11-1-7　磁感應氣缸（磁性耦合無桿氣缸）

　　磁感應氣缸實質上也是一種無桿氣缸，故稱爲磁性耦合無桿氣缸。其氣缸重量
輕、結構簡單、占用空間小、無外洩漏、維護保養方便；但當速度快、負載大時，外
部限位器使負載停止時因慣性過大，內、外磁環不易吸住，活塞與外部滑塊有脫開的
可能，且磁性耦合的無桿氣缸中間不可能增加支承點，因此最大行程受到限制。圖
11-6爲磁性耦合無桿氣缸。

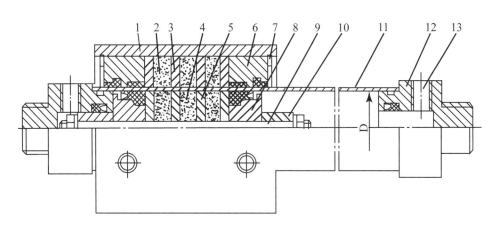

1-套筒；2-外磁環（永久磁鐵）；3-外磁導板；4-內磁環（永久磁鐵）；5-內磁導板；6-壓
蓋；7-卡環；8-活塞；9-活塞連接軸；10-緩衝柱塞；11-氣缸筒；12-端蓋；13-進、排氣孔

圖11-6　磁性耦合無桿氣缸

　　其工作原理是靠活塞8上的內磁環4和缸筒外滑塊上
的外磁環2，在高磁性的磁吸力作用下帶動滑塊運動。在
氣缸行程兩端設有緩衝裝置。實際使用中，一般對滑塊要
加導向裝置，以提高承受迴轉轉矩的能力。圖11-7爲這種

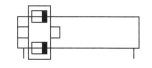

圖11-7　磁性耦合無桿氣
缸的圖形符號

氣缸的圖形符號。

11-1-8 帶磁性開關的氣缸

這種氣缸又稱開關氣缸。這是一種在氣缸活塞上裝有磁環（永久磁鐵），在氣缸的缸筒外側直接裝有磁性行程開關，利用此行程開關來檢測氣缸活塞位置的一種氣缸。除活塞上裝有一個永久性磁環外，氣缸其他結構原理和一般氣缸相同，但缸筒必須是導磁性弱、隔磁性強的材料，例如鋁合金、不鏽鋼、黃銅等。其特點是使位置檢測方便、結構緊湊、利於機電一體化。圖11-8所示，帶磁性開關的氣缸在壓縮空氣作用下移動，當磁環8靠近磁性開關時，舌簧開關2的兩根簧片被磁化，從而使觸點閉合產

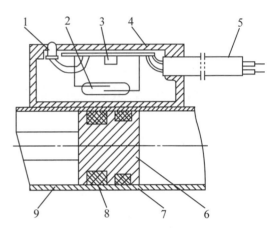

1-狀態指示燈；2-舌簧開關；3-保護電路；4-開關殼體；5-導線；6-活塞；7-密封圈；8-磁環；9-缸筒

圖11-8　帶磁性開關的氣缸示意

生電信號；當磁環8離開磁性開關後，簧片失磁，觸點斷開。這樣可以檢測到氣缸活塞的位置，發出相應的控制信號，控制電磁閥等產生相應的動作。帶磁性開關的氣缸用於發信的行程開關有三種：電子舌簧式行程開關、氣動舌簧式行程開關和非接觸式電感行程開關。無論何種行程開關，在使用時都必須了解它的開關性能。當行程開關所帶的感性負載如電磁閥、繼電器斷開時，在斷開的瞬間會產生一個脈衝電壓，這將損害行程開關的舌簧片電極而影響工作的可靠性，因此行程開關必須帶保護電路。

11-1-9 擺動氣缸

這是利用壓縮空氣驅動輸出軸做往復擺動的氣動執行元件。擺動氣缸擺角範圍小於360°，目前在工業上應用廣泛，多用於安裝位置受到限制或轉動角度小於360°的迴轉工作部件，比如物體的轉位、工件的翻轉、閥門的開閉等場合。常用的擺動氣缸最大擺動角度，分為90°、180°、270°三種規格。擺動氣缸按結構特點的不同，可分為

葉片式和齒輪齒條式兩大類。

11-1-9-1 葉片式擺動氣缸

　　這是利用壓縮空氣作用於裝在缸體內的葉片一側，從而帶動迴轉軸實現往復擺動的氣缸。改變氣流作用方向可以達成葉片的反向轉動。葉片式擺動氣缸具有結構緊湊、工作效率高的特點，常用於工件的分類、翻轉和夾緊。葉片式擺動氣缸可分爲單葉片和雙葉片兩式，單葉片式擺動氣缸輸出軸轉角大，可以實現小於360°的往復擺動，如圖11-9所示；雙葉片式擺動氣缸有兩個葉片，其輸出軸轉角小，只能實現小於180°的擺動。通過擋塊裝置可以對擺動氣缸的擺動角度進行調節。爲便於角度調節，擺動氣缸背面一般裝有標尺。

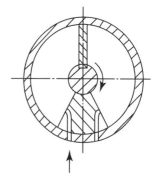

圖11-9　葉片式擺動氣缸

11-1-9-2 齒輪齒條式擺動氣缸

　　這是利用氣壓推動活塞帶動齒條作往復直線運行，齒條帶動與之嚙合的齒輪做相應的往復擺動，並由齒輪軸輸出轉矩。這種擺動氣缸的迴轉角度不受限制，可超過360°（實際使用一般不超過360°），但使用時擺角不宜太大，否則因齒條太長使氣缸尺寸過大，其工作原理與液壓齒輪齒條油壓缸的工作原理相同。

11-1-10 氣爪（手指氣缸）

　　這是一種變型氣缸，可以實現各種抓取功能，是氣動機械手（Manipulator, Robot）的重要部件。氣爪常用於搬運、傳送工件的機構中，用來抓取、拾放物體，從而將物體從一點搬到另一點。氣爪的主要類型有平行氣爪、擺動氣爪和旋轉氣爪。它能實現雙向抓取，可自動對中，重複精度高，並可在氣缸兩側安裝無接觸式位置檢測開關，其抓取力恆定，有多種安裝、連接方式。

11-1-10-1 平行氣爪

如圖11-10所示為平行氣爪（1-夾爪兩支、2-反向槓桿、3-帶磁體活塞，箭頭指向平行運動夾放），它通過兩個活塞工作，當一個活塞被輸入壓縮空氣時，另一個活塞處於排氣狀態，從而實現氣爪移動。兩個氣爪只能對心水平移動，每個氣爪不能單獨移動。這種氣爪能輸出很大的抓取力，可以用於內抓取，也可以用於外抓取。

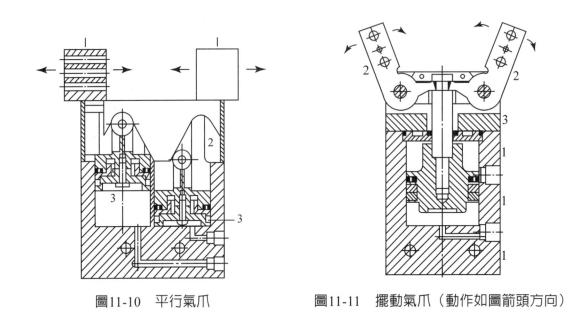

圖11-10　平行氣爪　　　　　　　圖11-11　擺動氣爪（動作如圖箭頭方向）

11-1-10-2 擺動氣爪

如圖11-11（1-主體：材質為加硬陰極氧化鋁、2-夾爪兩支：材質為鍍鎳鋼、3-端蓋：材質為聚醋酸酯，箭頭指向擺動運行夾放），擺動氣爪通過一個帶環形槽的活塞桿帶動氣爪運動。由於氣爪耳軸與環形槽相連，因而兩氣爪可以同時移動，且自動對中。氣爪的內、外抓取擺角範圍為40°，抓取力大。

11-1-10-3 旋轉氣爪

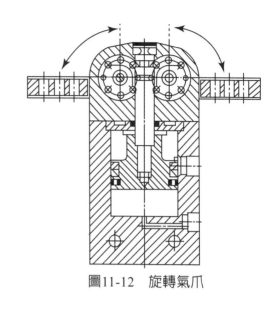

如圖11-12所示，旋轉氣爪通過齒輪齒條原理進行氣爪運動，活塞與一根可上下移動的軸固定在一起，軸的末端有三個環形槽，這些槽與兩個驅動輪的齒嚙合，因而兩個氣爪可同時移動並自動對中。

氣爪（Air gripper）或稱手指氣缸，型式有二爪式、三爪式及四爪式等。

圖11-12　旋轉氣爪

⚡ 新知參考 16

氣爪的工作原理簡述

氣爪的驅動是由氣缸驅動器來實現的，氣缸缸體內安裝了左右兩個獨立的活塞，每個活塞都與外部的氣爪相連，因此每個活塞的運行則表示單個氣爪的移動。

應用三組壓電閥對高靈敏度的比例氣爪進行控制，該壓電閥實質上是一個無洩漏、動態性能較佳的伺服比例閥。一組連接到氣缸氣腔的左端，另一組連接到氣缸氣腔的右端，第三組連接到左右兩個活塞的中間的氣缸。三個腔室內的壓力均由三個壓力傳感器來監測及控制，三組壓電閥控制各腔室內的壓力，通過調節活塞（氣爪）兩端氣缸腔室內的壓力，則實現氣爪夾緊力的調節。此外，通過安裝位置傳感器，對氣爪位置進行控制。各種型式的氣爪已廣泛應用於機械手自動施工。

11-1-11 氣液阻尼缸

這是一種由氣動缸和液壓缸構成的組合缸。氣液阻尼缸由氣缸產生驅動力，而用液壓缸的阻尼調節作用獲得平穩的運動。這種氣缸常用於切削加工機床的進給驅動裝置，克服了普通氣缸在負載變化較大時容易產生的「爬行」或「自移」現象，可滿足驅動刀具進行切削加工的要求。氣液阻尼缸有下列兩種結構：

11-1-11-1 串聯式氣液阻尼缸

　　如圖11-13所示,它是由一根活塞桿將氣缸活塞和液壓缸活塞串聯在一起,兩缸之間用中蓋隔開,防止空氣與液壓油互竄。在液壓缸的進、出口處連接了調速用的液壓單向節流閥。此機構通過調節液壓缸的排油量來調節活塞運動的速度。即當氣缸右腔供氣、左腔排氣時,液壓缸左腔排油經節流閥流向其右腔,由於節流閥對活塞桿的運動起到了阻尼作用,這樣使氣缸運動的平穩性更提高了。調節節流閥控制排油速度,便可調節阻尼效果。當氣缸活塞向右做退回運動時,液壓缸左腔進油、右腔排油,此時單向閥打開,使活塞快速退回。圖中上部油槽是克服液壓缸兩腔面積差和補充洩漏用的。

11-1-11-2 並聯式氣液阻尼閥

　　如圖11-14所示,它的液壓缸與氣動缸並聯,用剛性連接板相聯。其工作原理與11-1-11-1串聯式氣液阻尼缸相同,這種結構的特點是,缸體長度短、占空間位置小,消除了氣缸和液壓缸之間的竄氣現象;液壓缸能單獨製造,便於選用。但使用時應注意:液壓缸活塞桿與氣缸活塞桿軸線以及負載作用線應滿足平行度要求,否則運動時會產生附加力矩,引起運動速度不穩定等現象。

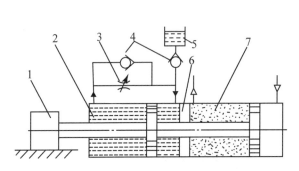

1-負載；2-液壓缸；3-節流閥；4-單向閥；5-油槽；6-中蓋；7-氣缸

圖11-13　串聯式氣液阻尼缸

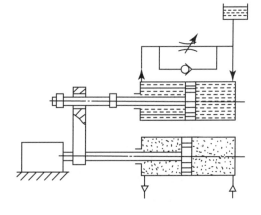

圖11-14　並聯式氣液阻尼缸

11-1-12 薄膜式氣缸

這是一種利用壓縮空氣通過薄膜片的變形來推動活塞桿做直線運動的氣缸。如圖
11-15所示，這種氣缸也有單作用式和雙作用式之分。它由缸體1、膜片2、膜盤3和活
塞桿4等主要零件組成。薄膜式氣缸的膜片可以做成盤形膜片和平膜片兩種形式。膜
片材料為夾織物橡膠、鋼片或磷青銅片，常用厚度為5～6 mm的夾織物橡膠，金屬膜
片僅用於行程較小的薄膜式氣缸中。

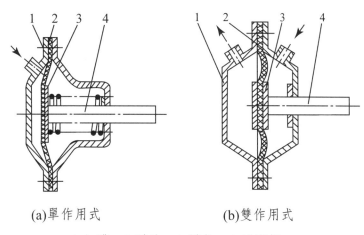

(a)單作用式　　　　(b)雙作用式

1-缸體；2-膜片；3-膜盤；4-活塞桿

圖11-15　薄膜式氣缸

11-1-13 氣缸的選擇與使用

選擇氣缸的主要依據是工作壓力範圍、負載要求、工作行程、工作介質溫度、環
境條件如溫度等、潤滑條件及安裝要求等。

11-1-13-1 氣缸的選擇

氣缸的品種繁多，各種類型及型號的氣缸性能和適用工況條件不盡相同，選擇氣
缸的過程和需要考慮的因數一般有以下幾個方面：

1. 根據對氣缸的工作要求

選定氣缸的規格（如缸徑和行程），確定工作壓力。在選擇中，應根據負載狀態、負載運動狀態來分別確定氣缸的軸向負載F、負載率θ、初選使用壓力p，並根據使用壓力應小於氣源壓力85%的原則，按氣源壓力確定使用壓力p。選擇氣缸規格時，單作用活塞缸按桿徑與缸徑比為0.5預選，雙作用活塞缸按桿徑與缸徑比為0.3～0.4預選，在根據相關公式求出缸徑D後，再對照標準選定缸徑和行程即可。根據氣缸及傳動機構的實際運行距離來預選氣缸的行程時，多數情況下不應採用滿行程，以免活塞與缸蓋相碰撞。有的場合（如用於夾緊機構等）為保證夾緊效果、便於安裝調試，對計算出的距離以加大10～20 mm為宜，但不能太長，以免增大耗氣量。為了避免氣缸容積過大，應儘量採用擴力機構，以減小氣缸的尺寸。

2. 根據使用條件

根據使用目的、安裝位置及工作環境條件確定氣缸的種類和安裝形式。如要求氣缸行程終端無衝擊，應選緩衝氣缸。具體問題可參考相關手冊或產品樣本。

3. 根據進、排氣口要求

氣缸活塞或缸筒的運動速度主要取決於於氣缸進、排氣口及導管內徑的大小。選取時以氣缸進、排氣口連接螺紋尺寸為基準，要求高速時，應選用較大的進、排氣口。普通氣缸的運動速度為0.5～1 m/s，高速氣缸應採用緩衝氣缸。

4. 驗算緩衝能力

每個氣缸所允許吸收的最大衝擊能量，可用緩衝特性曲線來表示，如圖11-16所示，如果氣缸的負載質量和最大速度的交點在選定氣缸規格對應的緩衝特性曲線之下，則表示負載運動的動能小於氣缸允許吸收的最大衝擊能量，所選氣缸的緩衝能力就是滿足要求的。反之，應增大缸徑規格之後再驗算，

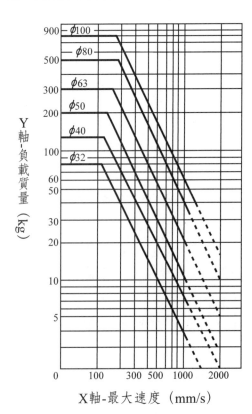

圖11-16　氣缸緩衝特性曲線

直到符合要求爲止。

5. 選擇氣缸安裝方式

以相關的安裝手冊所指示的內容爲根據。

6. 選擇磁性開關

依據選定氣缸所適用的磁性開關類型和安裝方式，再由電控系統相應的參數選定磁性開關的型號。當用於氣缸運動行程中間位置檢測時，磁性開關的最小動作範圍要滿足氣缸的速度要求。同時對於特殊工作環境，還要考慮磁性開關防塵、防水、耐高溫、耐強磁場、防焊接火花濺落等要求是否適應工作環境條件。

11-1-13-2 氣缸的使用要求

1. 氣缸的一般正常工作條件爲周圍環境及介質溫度在–35～80℃之範圍內（但要保證不凍結），工作壓力在0.4～0.6 MPa的範圍內。

2. 安裝前應在1.5倍的工作壓力下試壓，不應有洩漏。

3. 注意合理潤滑，除無油潤滑氣缸外，應正確設置和調整油霧器，否則將嚴重影響氣缸的運動性能，甚至不能工作。

4. 不使用滿行程工作（特別在活塞伸出時），以免撞擊、損壞零件。

5. 在整個工作行程中，負載變化較大時應使用有足夠輸出餘量的氣缸。

6. 氣缸使用時必須注意活塞桿強度及穩定性問題。安裝時活塞桿不允許承受徑向（即側向）載荷。

7. 在使用時應檢查負載的慣性力，設置負載停止的阻擋裝置和緩衝裝置，以消除由於衝擊作用而引起的活塞桿頭部損壞。

11-2 氣動馬達自習

11-2-1 概說

使用於液壓馬達的排量原理也同樣可使用於氣動馬達，包括齒輪、葉片、擺線及

活塞、柱塞等各式正排馬達。在本文的資料及線路主要爲3 HP以下的小型工業用氣動馬達，但通常也可應用大型活塞類馬達。氣動馬達較適合應用於工業及工廠的許多工作，由於其特性若與其他動力源相比，使其較適合於其他動力形式的許多工作。在較高馬力水平時，通常會轉換爲液壓傳動，因其具較易控制及較高效率，然而某些特殊的應用，較大動力的活塞式氣動馬達能夠應用，且可以本文所述較小型工業用氣動馬達相同的線路予以控制。對低馬力的應用，最慣常的是旋轉葉片式氣動馬達，或小型的活塞式，包括具有或不具有減速齒輪的型式，亦可購得。

11-2-1-1 旋轉葉片式氣動馬達

如圖11-17所示，其主要的工作部件包括泵本體（定子）及含葉片的轉子，轉子與本體圓心是偏心的，因此產生了一個淨面積可使氣壓對抗工作，空氣壓力對抗淨葉片面積產生了轉矩以驅動主軸。其結構在某些方面類似於旋轉葉片式真空泵以及空壓機，但是顯著的不同是，在氣動馬達中，葉片必須具預負荷對抗於轉子面，或沒有啟動轉矩可產生。預負荷可以在葉片槽溝中的底部裝設彈簧達成，或以數個梢子穿經軸達成。當一葉片被推入其槽溝時，這動作傳經梢子而推出相對的葉片。由於低的壓力及馬力，氣動馬達通常建爲不平衡結構，如圖示，若與高液壓傳動葉片泵或馬達的平衡結構相較，是有所歧異的。

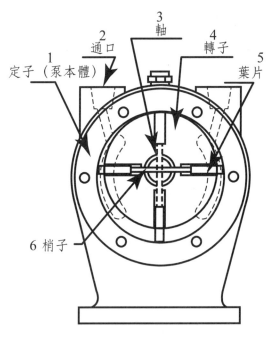

圖11-17　旋轉葉片式氣動馬達

11-2-2 氣動馬達重要的操作特性

11-2-2-1 可變速度

　　氣動馬達的速度可利用簡單的閥做廣範圍的調節，將在下面敘述。一氣動馬達的正確速度很難在事先預測出來，就像氣缸一樣，速度是進口壓力與負荷間平衡的函數，假若對平衡有任何改變，則馬達速度就向上或向下找出其新平衡。同時，與氣缸相同，最好的方式是去尋找氣動馬達的尺寸，就是對其負荷給予過量動力，而後使用一壓力調節器或一針閥去隨同負荷帶入新平衡。馬達的速度對軸負荷的改變做相反的變動，倘若負荷及進口psi維持恆常，則速度也維持恆常。因此迅速及容易地改變速度的能力，是對很多工作的一個重要考慮。葉片式氣動馬達體積小、重量輕、結構簡單，但耗氣量較大、轉速高，零部件磨損較快，需及時檢修、清洗或更換零部件，多用於中小容量、高轉速場合，其輸出功率為0.1～20 kW，轉速為500～25,000 rpm，在500 rpm以下使用時必須加用減速機構。該式馬達多用於礦山機械和氣動工具，如風鑽、風扳手、風砂輪、氣槌等。

11-2-2-2 停止

　　氣動馬達如同氣缸，可以不限定地停下來而無損壞；可以不限定地過負荷而不過熱；可以維持恆常的捲筒張力，或可用來支援其他的驅動器例如一（三相）電馬達，而可隨著主驅動設備自我調整速度；以及使用各種壓力調節的方式，以使它們可用來承受總負荷的任何比例；它們特別有用的是協助電力傳送至那些傾向於黏滯或停止，而可能燒損的電馬達。故有過載保護性能。

11-2-2-3 環境

　　氣動馬達可在不適合其他馬達的不良環境下操作，它可以忍受非常高或非常低的周遭溫度、極度熱、腐蝕、汙染或易爆的環境，它可完全地潛在液體中操作，假若在正常的潤滑方式注意下，它可以被結合於任何位置運轉。

11-2-2-4 容易控制

　　單轉向氣動馬達可用簡單的二通截止閥或針閥，置於進口空氣線上或置於馬達排出通口而予以控制；可反轉的氣動馬達，能夠以四通空氣閥控制。由於其低轉動動量，氣動馬達較電馬達可以更瞬時的反轉，如必要時它可以高頻繁地啟動、停止、反轉及無段變速操作，而不致過熱或損壞其他的設備。

11-2-3 單轉向氣動馬達的方向控制

　　僅期望運轉於一個方向包括啟動、停止的氣動馬達方向控制，可以下列方式之一完成，如圖11-18所示：

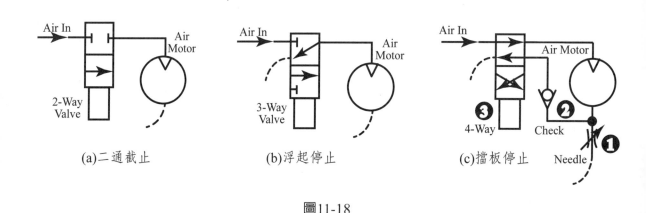

(a)二通截止　　　　　(b)浮起停止　　　　　(c)擋板停止

圖11-18

11-2-3-1 二通截止

　　最簡單的控制就是兩通球閥、閘閥、塞閥或針閥置於馬達進口，此閥也用做調節速度。當使用一馬達在停止時連續洩氣至大氣時，不可裝置於排出口。一個電磁二通閥可被使用為從遠程點啟動或停止馬達，為了調節速度，一個針閥可置於馬達進入或排出通口。

11-2-3-2 浮起停止

如圖11-8所示可以使用一個三通控制閥，在氣動馬達停止時，提供其自由浮起的狀況，由於兩個通口都排至大氣，它可以手動或機械式定位，而不必在任一通口裝設空氣塞。如使用一四通閥時，則在其一氣缸通口栓塞，也可用於此線路。

11-2-3-3 擋板停止

為了高動量負荷可在控制的速率下較快的停止下來，一個四通閥可利用於此線路。圖中閥3在運轉位置，馬達經由止回閥2及四通閥3排放空氣至大氣。當閥3切換至停止位置時，排放空氣突然被切斷，因為它必須對沖於在止回閥2對應側滿載空氣線的壓力，它經由閥1排放至大氣，利用一個針閥，可以調節至適當應用的排放率。當停止時，氣動馬達的兩個通口都排放至大氣。

11-2-4 可反轉氣動馬達的方向控制

雖然傳統的氣缸方向控制線路可使用於氣動馬達，但氣缸與氣動馬達兩者之間仍有一大差別，故對許多應用我們仍推薦使用不同的線路。對氣缸，最好的實行方式是應用二位置方向閥，能使氣缸在滿壓力時於衝程末端停止，在停止時可堅定地掌握住位置。而在氣動馬達方面，最好的控制方法則是使用具有中性位置的三位置閥，在任一通口長時間滿壓時，很難令氣動馬達停下來，這並不會引起損壞或過熱的危險，而是經由馬達內部滑漏的浪費空氣。葉片或活塞式通常在工作件的間隙間會有小量的旁通，但如經長期間則有大量的壓縮空氣被浪費掉。假若馬達被允許停止，通常在循環的短期間，然後控制閥移至中央，而移開來自馬達的線壓力。

1. 如圖11-19所示，中央關閉式閥芯(a)與中央浮動式閥芯(b)是使用於氣動馬達僅有的閥芯式方向控制，中央浮動式閥芯在馬達停止時，可解除馬達中的氣鎖，故如必要時可以手動定位。

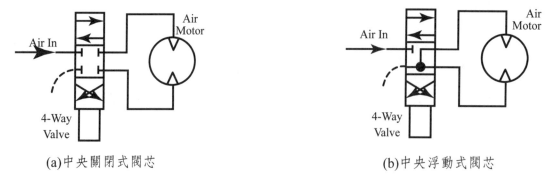

(a)中央關閉式閥芯　　　　　　　　　(b)中央浮動式閥芯

圖11-19　可反轉氣動馬達方向控制

11-2-5 不可反轉氣動馬達的速度控制

如前概述，氣動馬達的操作速度由其進入空氣壓力超過負荷的程度來決定。為了獲取高速度，馬達必須選用讓其動力遠超過負荷的阻力。當一氣動馬達運轉時，任何擾亂進口壓力與負荷阻力間平衡的事物也會改變馬達的速度，在此範圍的反應也同時可以氣缸來體驗。假若對氣缸一般速度給予超越動力的25%時，則發生約100%的高速度。由於此平衡狀況，馬達帶動一負荷時，是極困難預測精密的rpm轉速，最好的是擴大馬達尺寸，而後以流量控制或壓力調節法減除速度至期望值。當然增大尺寸會降低總效率，因此必須掌握住一個合理的數值。

11-2-5-1 針閥控制

如圖11-20所示，將一針閥置於排氣處較置於馬達進口處可獲取更穩定的速度，它以控制流率而降低馬達的速度，並因此使壓力間接通過馬達。有一重點應注意，當馬達在運轉時，轉矩如同速度一樣的降低了，但是當馬達停止時，經由針閥的壓力損失消失了，故馬達的轉矩因滿線壓而上升起來。

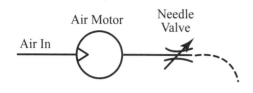

Needle Valve Control.

圖11-20　針閥控制

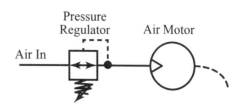

Air Regulator Contol.

圖11-21　空氣壓力調節器控制

11-2-5-2 壓力調節器控制

　　如圖11-21所示，速度也可以空氣壓力調節器控制，且通常是置於馬達進口，雖然某些線路也可能置於排氣線。這和針閥的效果不同，當馬達停止時，轉矩維持於調節器的設定值，並不像針閥控制那樣會上升，這可防止對精緻設備發生破壞性轉矩。假若速度或轉矩必須頻繁的調節時，一個具有手動調節柄的調節器可以使用，這被認知為「壓力緩和控制閥」。在某些應用上同時具備針閥及壓力調節控制，被認為是有利的，因為針閥是方便的速度調節，而壓力調節器則可限制最大轉矩。

11-2-5-3 速度的階梯式調節

　　如圖11-22所示，許多新穎的安排可以用來獲取幾種預定愼選的速度等級。顯示於圖的線路利用一個三位置中央封閉式電磁閥1，可以從遠程對一單轉向氣動馬達選擇兩個速度等級。針閥2預設於較低的速度；若移動至閥1上的方塊，則進入高速的位置；若移動十字交叉的方塊則進入提供減速的位置。

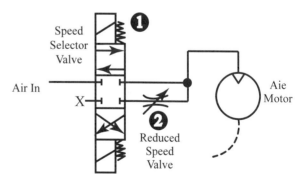

Step Control of Speed.

圖11-22　階梯式速度調節

11-2-6 可反轉氣動馬達的速度控制

如圖11-23所示，氣缸速度的控制方法通常也可採用於氣動馬達。流量控制閥1及2可裝置於靠近馬達通口處，具有出口測量之安排，每個閥控制一個旋轉方向的速度。一個可選擇性的針閥或壓力調節器4，假若一位操作員恆常地觀測其速度時，則可能足夠應用。如果希望壓力調節器以自由流返回旁通單向閥，也可取代流量控制，但必須連

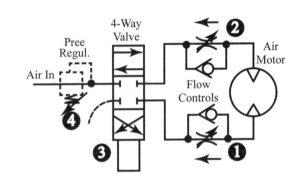

Flow Control valves.

圖11-23　流量控制閥

結至空氣計量以取代馬達出口，若方向閥3有良好的節流特性，則可以作為速度及方向之聯合控制。

11-2-7 氣動馬達正確尺寸的選擇

氣動馬達的精確選擇遠困難於氣缸內徑的選擇，它必須依賴性能資料，通常是由廠商供應的曲線圖，如圖11-24所示。該圖提供了一個小型氣動馬達的典型性能曲線，包括五種不同的空氣線壓，在此範圍的空壓線性能可以由內插法估算。圖中有陰影的部分是廠家文獻通常僅有的再製資料，該圖右邊（無陰影）僅供有興趣者了解氣動馬達的動作，但對氣動馬達的實際選擇並無實質價值。因為我們將利用此圖來解說幾個馬達挑選的實例，故必須採取密切關注以明其表示。首先，馬力（HP）值沿著圖左邊可以從馬達軸（輸出HP）擱置，並且不要代表從氣壓線被泵至馬達的馬力數量。此圖只是簡單的敘述某個特別模式氣動馬達的馬力、速度及轉矩（在圖中以psi所代表）之間的關係，它呈現了速度增加時HP也增加（在恆定的psi下）；或者，它呈現了假若速度維持恆定時，則HP正比例於psi的增加而增加。此圖意義在於下面提供的選擇舉例研讀以後就可以更加清楚了。圖中點線的部分表示當所有外部負荷從馬達軸移開時所發生的狀況，速度增加直到所有馬力從空壓線進入馬達後，在馬達中被過量進入的機械和流體摩擦所消耗，並且再也沒有能力成為一負荷。所有氣動馬達無

論是葉片式、活塞式或齒輪式，都具有一作業特性，類同圖11-24所示。

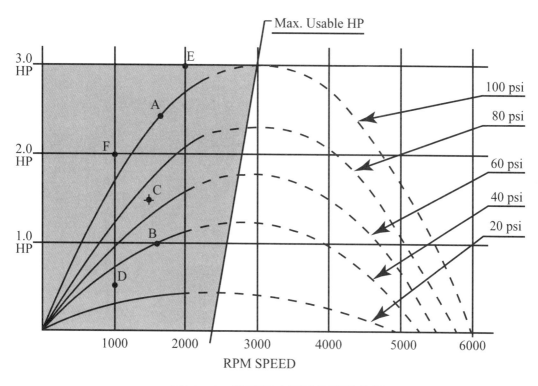

圖11-24 典型的小氣動馬達性能圖

11-2-7-1 馬達選擇之通用建議

在進入馬達選擇之規範舉例前，首先來溫習一些通用規則，這是選擇一適當的氣動馬達前所應考慮的事項：

1. 由於大部分的馬達製造商印行手冊時，其馬力均多於轉矩（扭矩）特性，故氣動馬達通常以馬力及速度為選擇基礎，但是某些工作（很多）的規範卻要求以轉矩為基礎，故必須以下列程式轉換為等值的馬力：

$$HP = \frac{負荷移動的距離（英尺）\times 負荷之力（磅）}{所需時間（分）移動該負荷運行該距離 \times 33,000}$$

$HP = \dfrac{轉矩（呎磅）\times 轉速（rpm）}{5,252}$ ；或本書圖表5-2A馬力、轉速與轉矩的關係。

單位換算供參：1 公尺（m）= 3.28083 英尺（feet），1 foot = 0.3048 m

$$1 \text{ 公斤（kg）} = 2.20462 \text{ 磅（lb）}，1 \text{ lb} = 0.453592 \text{ kg}$$

$$1 \text{ 千瓦（kw）} = 1.341 \text{ 馬力（HP）}，1 \text{ HP} = 745.7 \text{ 瓦（w）}$$

$$1 \text{ HP} = 550 \text{ 呎磅／秒（ftlb/s）}，\qquad = 0.7457 \text{ kw}$$

2. 如比較氣動馬達與電馬達的性能，或選擇一個氣動馬達以取代電馬達時，就跟比較液壓馬達與電馬達的規則相同。啟動一氣動馬達的轉矩約爲在普通速度運轉時轉矩的2/3，故一重負荷需啟動時，氣動馬達應有至少1/3的超越動力。

3. 馬達應挑選其操作在圖11-24上面的部分，請參圖在100 psi時最有效率的操作在1,500～2,500 rpm，或2.5～3.0 HP，並建議一個較低限制爲約在點「A」，或其操作在一個線壓力40 psi時，建議的較低限制爲約在點「B」之處。

4. 最後的選擇是由廠家提供的框架範圍所做出，挑選一個在圖中靠近陰影上面部分的期望操作狀況，這將在下面舉例中解說。

5. 不要嘗試去操作任何型式的氣動馬達在過低的速度，因其性能及效率將會變得甚差，且速度變得反常不規律。維持馬達運動於靠近圖中上面部分的有效率速度，然後應用機械減速度器以獲得期望之最後速度。某些氣動馬達規範地設計於操作在合理的低速，這些包括大型的活塞馬達，及包括葉片、齒輪或擺線式馬達，具有內建的速度降低器。

11-2-7-2 氣動馬達選擇舉例

下面舉例顯示出如何利用製造廠商提供的性能圖表，例如圖11-24。

問題1：在1,500 rpm轉速下產生1 1/2 HP的氣動馬達需多大？

解答1：在圖上註有+號的1,500 rpm及1 1/2 HP處，這是「C」點，所以圖所指示此特別的模式可產生需要的狀況，若提供的空氣壓力爲70 psi的話。

問題2：在1,000 rpm轉速下產生1/2 HP的氣動馬達需多大？

解答2：在圖上標出這兩個數值於「•」處，這是「D」點，由圖指出此工作可被完成，以此特殊模式操作於30 psi，但是由於壓力太低，此工作若以較小的模式操作於較高的壓力能被做得更好。檢驗廠商較小框架馬

達的型錄，在較高的壓力可取得此要求。

問題3：在2,000 rpm轉速下提供3 HP的氣動馬達需多大？

解答3：將數值標在圖上「•」處，這是點「E」，從圖顯示此特殊模式無法產生這麼大的HP及速度，除非使壓力可能在100 psi以上，最好是找製造商較大框架馬達的型錄。因為伴同閥及管路將有某一量的psi損失，如果空氣壓力線最少在125 psi才有機會達到，而這是一般廠房空壓線的上界限，且不留給過負荷的儲備量。

問題4：在1,000 rpm轉速下，產生10呎磅轉矩的馬達需求如何？

解答4：在使用本圖之前，將轉矩及速度轉換為馬力，應用本書11-2-7-1.1的公式，或圖表5-2A的數值（10 x 1,000/5,252 = 1.904），顯示這代表大約2 HP。下一步，使用圖將2 HP 及1,000 rpm標示上去「•」處，這是「F」點，由圖呈現此馬達應被操作在稍高於100 psi，故應考慮使用一個較大框架的馬達。

11-2-7-3 氣動馬達的其他要點

1. 超越動力

　　這是較好的，當決定一馬達尺寸時，選擇稍微超越動力的一個，然後將其節流回至正確速度。負荷精確馬力的需求鮮為人知，為了安全，選擇一模式可估計其在一般壓力下的動力，而後如必要，假若負荷必須大於預估值時，則線壓力可被提高。

2. 兩氣動馬達同步

　　維持兩氣動馬達同步運轉沒有容易的方法，除非以某些機械的方式將其共軛結合。利用助力式（Sero-type）設備可達成某一程度的同步，該設備可將轉速表信號回饋以測量空氣流量，而維持各馬達運轉於預先決定的速度，這方式要求昂貴的設備以及更複雜的線路。

3. 速度特性

　　一氣動馬達的操作轉速rpm是在馬達通口氣動壓力psi與軸負荷間的一個準確平衡，僅當此平衡能繼續維持時，馬達就維持恆定的轉速。假若負荷改變或線壓力改

變，則馬達速度就向上或向下變動，以尋找一個新的平衡狀況，在此方面其動作非常像氣缸的狀況。

4. 轉矩特性

葉片式氣動馬達的啟動轉矩可以預估為約普通速度運轉下轉矩的2/3～3/4。在普通速度下運轉，轉矩到達最高值，而後當空氣流（及速度）增加時，轉矩就開始降下來。這和造成液壓馬達轉矩損失的狀況相同；當經過馬達的流量增加時，需要較多的壓力消耗於「通口損失」，因此較少的壓力可供用於製造軸轉矩。

⚡ 新知參考 17

氣動馬達的發展狀況

從氣動馬達誕生開始，隨著日本的太陽鐵工（TAIYO）活塞式、美國嘉士達（GAST）葉片式、阿特拉斯（Atlas，臺灣曜揚）微型緊湊式、德斯威（DSV，臺灣技術）氣動馬達等大供應商進駐中國市場，掀起了氣動馬達熱潮。在一些特殊行業不可使用電機做驅動，氣動馬達作為替代的作用與用途凸顯，已有更多規格及更多參數的氣動馬達可供客戶選用。氣動工具甚至用起來比電動工具更方便，它具有小巧玲瓏、壽命長、安全性高、品種和規格齊全及節能省電的優點。比如風鎬（Air pick）、風批（Air driver）、氣動扳手、衝擊扳手、氣鑽、氣鋸、氣銼、氣槌、氣砂輪、氣吹塵槍及氣攪拌器等不一而足。氣動馬達具有下列特點及優點：

1. 採壓縮空氣為動力源，100%防爆，符合國際安全標準。在結構上有良好的防爆、防潮和耐水性，不受振動、高溫、電磁、輻射等影響，馬達整體密封式結構，可在高溫、潮溼、高粉塵等惡劣環境下使用。且可自我冷卻，適合高溫作業，不過熱起火花。

2. 有很寬的功率和速度調節範圍，其功率從幾百瓦到幾萬瓦，轉速從零到25,000 rpm或更高速，透過對流量的控制，即可方便地調節功率和速度。可無段式調整轉速，以控制閥操縱啟動、停止，並可瞬間正逆轉向。

3. 正、反轉實現方便，只要改變進、排氣的方向，就能達成正、反轉的切換。運動件轉動慣量小，使用空氣輕，靈敏度好，可以快速啟動和停止。因之結構簡單，體積及重量小，操縱容易，維修方便，用過的空氣不需處理，排至大氣無汙

染。

4. 具有過載保護性能，在過載時，氣動馬達只會降低速度或停止，當負載減小時即能恢復正常運轉，不會因過載而燒毀。

5. 能長期滿載工作，並且溫升小，由於壓縮空氣絕熱膨脹的冷卻作用，能降低滑動摩擦部分的發熱，溫升較小，適合高溫環境的工作。

6. 具有較高的啟動轉矩，可以直接帶負載啟動。高扭力、低耗氣，不會因超負荷而損壞。可選配手動控制閥、刹車、齒輪減速機、氣動控制器等。

由於這些特性，氣動馬達已廣泛使用於化學工業、電子工業、半導體、晶圓、生物生化科技、醫藥、石化、油漆及自動化機械。

⚡ 新知參考 18

氣動技術的發展趨勢

過去汽車、拖拉機等生產線上的氣動系統都由各廠自行研發，而現在氣動技術的應用從數千萬或億的冶金設備到僅百元的椅子、開關門或抽屜緩衝器，包括鐵道扳岔、機車輪軌潤滑、列車刹車、街道清掃、特種機房起吊設備及軍事指揮車等各行各業，日益擴大。它的發展情勢如下：

1. **小型化、集成化**：有限空間要求氣動元件尺寸儘量小、耗能儘量低，最小的氣缸內徑僅f2.5（焦距14 mm），並配置開關，電磁閥寬度僅10mm、有效截面積僅5mm^2、接口f4的減壓閥也已開發。小型化元件需求每五年增加一倍。國外已開發出有效截面僅0.2mm^{2}的超小電磁閥，且相同尺寸的閥流量已提高2～3.3倍，研發情勢驚人。

2. **組合化、智能化**：最簡單的元件組合是帶閥、帶開關的氣缸，在物料搬運中已使用了氣缸、擺動氣缸、氣動爪（Air grippers）和真空吸盤的組合體；還有一種是帶導向器的兩支氣缸分別按X和Y軸組合而成，且配有電磁閥、程控器，行程可調。氣閥集成化不僅將幾支閥合裝，另包含了傳感器（Sensor）、可編程控制器等功能。如日本精器（株）開發的智能閥帶有傳感器和邏輯迴路，是氣動和光電技術的結合，不需外部執行器，可直接讀取傳感器的信號，並由邏輯迴路判斷以決定智能閥和後繼執行元件的工作。通用化的模塊可以進行多種方案的組合，以實現各種需求與功能。

3. 精密化：為了使氣缸定位更精確，使用了傳感器、比例閥等以實現反饋控制，定位精度達0.01mm。為了提高精度，附帶制動機構和伺服系統的氣缸也愈普遍，即使供應壓力和載荷變化，仍有±0.1mm的定位精度。氣源處理過濾精度可達0.01mm，過濾效率則達99.9999%。靈敏度0.001MPa的減壓閥也已開發出來。

4. 高速化：提高生產率及自動化，高速化是必然趨勢。目前氣缸的活塞速度為50～750mm/s，五年後2～5m/s的氣缸需求將增加2.5倍，5m/s以上的氣缸需求將增加3倍。而閥的反應速度將更快，由現在的1/100s提高到1/1,000s。日本專家預測五年後大部分的氣缸工作速度將提高到1～2m/s，在結構上應配置油壓吸振器。電磁閥的響應時間需小於10ms，壽命需達5,000萬次以上，美國研發的閥芯懸浮於閥體內的間隙密封閥，壽命更高達2億次。

5. 多功能化、複合化：為適應市場需求，開發了由多支氣動元件組合並配有控制器的小型氣動系統。如移動小物品的組件，是將附帶有導向器的兩支氣缸分別按X軸和Z軸組成，可搬動3kg重物，配有電磁閥、程控器、行程可調。又如一種上、下料模塊，有七種功能不同的模塊型式提供組合，以達成各種精密上、下料作業。還有一種機械手是由外形小並能改變擺動角度的擺動氣缸與氣爪的組合件，有多種氣爪頭提供選用，以配合不同工作型態。

6. 無油、無味、無菌化：人類對環境的要求不斷提高，不僅無油潤滑氣動元件普及化，某些行業如食品、飲料、製藥、電子等對空氣的要求更嚴格，無油、無味、無菌的設備及過濾器仍推陳出新。

7. 高壽命、高可靠性和自診功能：5,000萬次壽命的氣閥和3,000公里的氣缸已商品化，在第4點中已提到由美國Numatics公司所研發的間隙密封及閥芯懸浮氣閥，形成無摩擦運動，可達壽命2億次。氣動元件多用於自動生產線上，生產線的故障或突然停止，將造成嚴重損失。因此配線系統的改進，及利用傳感器實現氣動元件和系統具故障預報與自我診斷的功能，亦在大力開發中。

8. 節能、低功耗：節能是企業的永久課題，早已建立於ISO 14000中，氣動元件改善功率不僅節能，更重要的是可與微電子技術結合。0.5W的電磁閥早已商品化，0.3W、0.4W的氣閥也已開發，可由PC直接控制。

9. 機電一體化：為了精確達到預先設定的控制目標（如開關、速度、輸出力、位置等），應採用閉路回饋控制方式，氣—電信號之間轉換，成為實現閉路控制的關鍵，比例控制閥可作為這種轉換的接口，在今後相當長的時間內，開發各種形式

的比例控制閥和電—氣比例／伺服系統，且性能好、工作可靠、價格低廉，是氣動技術的一大課題。與電子技術結合，大量使用傳感器，氣動元件智能化且配帶開關的氣缸早已普遍使用，開關體積將更小，性能更高，可嵌入氣缸缸體；有些還附帶雙色顯示，以呈現出位置誤差，使系統更可靠。用傳感器取代流量計、壓力表，能自動控制壓縮空氣的流量、壓力，可以節能並保證使用裝置正常運行。氣動伺服定位系統已進入市場。該系統採用三位五通氣動伺服閥，將預定的定位目標與位置傳感器的檢測數據進行比較，實施負回饋控制。氣缸最大速度達2m/s、行程300mm時，系統定位精度±0.1mm。日本試製成功一種新智能電磁閥，配帶有傳感器的邏輯迴路，是氣動元件與光電子技術的結合，能直接接受傳感器的信號，當信號滿足指定條件時，不必經由外部控制器，即可自行完成動作，以達控制目的。它已應用在物體的傳送帶上，能識別搬運物體的大小，使大件直接下送，小件分流。現在比例／伺服系統的應用已不少，如氣缸精確定位；用於車輛的懸掛系統以實現良好的減振性能；纜車轉彎時自動傾斜裝置；服侍病人的機器人等，如何更廣化、更實用、更經濟，還有待進一步改善。

10. **滿足某些行業的特殊要求**：在激烈的市場競爭中，為某些行業的特定要求開發專用的特定元件，是開拓市場的一個重要方向。例如鋁業的專用氣缸（耐高溫、自鎖）、鐵路專用氣缸（抗振、高可靠性）、鐵軌潤滑專用氣閥（抗低溫、自過濾能力）、環保型汽車燃氣系統（多介質、性能優良）等。

11. **應用新技術、新工藝、新材料**：型材壓擠、鑄件浸滲和模塊組合等技術已應用十多年；壓鑄新技術（液壓抽芯、真空壓鑄等）、去毛刺新工藝（爆炸法、電解法等）也逐步推展；壓電技術、總線技術、新型軟磁材料、透析濾膜等正在利用；超精加工、奈米技術也將成長及移植。以新材料、新技術相結合，國外開發了膜式乾燥器，利用高科技的反滲析薄膜濾除壓縮空氣中的水分，有節能、壽命長、可靠性高、體積小、重量輕等特點，適用於流量不大的場合。密封部件是氣動技術發展的新動向，正在發掘新材料及新結構中。

12. **標準化**：貫徹標準，尤其是ISO國際標準是企業必守的原則，其一是遵守與氣動有關的現行標準，如術語、技術參數、試驗方法、安裝尺寸和安全指標；其二是企業要建立標準規定的保證體系，包括：質量（ISO 9000）、環保（ISO 14000）和安全（ISO18000）。標準常有修訂和增添，也要與時俱進的更新。

13. **安全性**：從近期有關氣動的ISO國際標準可知，對氣動元件和系統的安全性

要求甚嚴，ISO 4414 氣動通則中將危險要素分成14類；主要是機械強度、電器、噪音、控制失靈等。ISO 18000要求企業建立安全保證體系，因此產品開發和系統設計應切實考慮安全指標。更高的安全性和可靠性，從近年的氣動國際標準可知，不僅有互換性要求，且強調其安全性。管接頭、氣源處理外殼等耐壓試驗的壓力提高到使用壓力的4～5倍，耐壓時間增加到5～15分鐘，還要在高、低溫度下進行試驗。如果貫徹這些國際標準，包括缸筒、端蓋、氣源處理鑄件和管接頭等都要達到標準。在結構上也有規定，如氣源處理的透明殼外部應加金屬護罩。氣動元件的許多使用場合，如軋鋼機、紡織流水線等，在工作時間內不能因氣動元件的質量問題而中斷，否則將造成巨大損失，因此其可靠性非常重要。在航海輪船上 使用的氣動元件不少，但能打進這個領域的氣動元件廠商不多，因其對氣動元件的可靠性要求特別高，必須通過相關國際機械的認證。

14. 節能環保：在工業生產中氣動系統占工廠總耗電量約10～20%，有些工廠甚至高達35%，因此氣動系統的節能無可迴避。許多企業對氣動系統的能耗認識尚不足，故應分析各企業對壓縮空氣使用的合理性，參考發達國家的經驗和數據，無論是生產的企業或氣動設備設計製造的廠商，都要制定有效的氣動技術節能環保措施。隨著工業發展，特別是機床、汽車、冶金、石化等工業裝備自動化大幅提高，以及食品、包裝、微電子、生物工程、醫藥、輕紡等行業大力發展，所需各種高效、多功能、自動化設備和自動生產線，都迫切需要配套這樣的氣電一體化產品。因此氣動智能及模塊化集成技術的開發和應用，是氣動發展的一大趨勢，應列為重點關鍵技術，不斷加大對其研究開發的力度。

⚡ 新知參考 19

位置傳感器

這是一種將位置信號轉換為電信號的裝置。電信號有便於傳輸、轉換、處理、顯示的特點。在氣動技術中，遇到最多的是位置檢測，常用的位置檢測傳感器（位置檢測元件）及其特點如下：

1. 行程開關（電子限位開關）：靠外部機械（撞塊、凸輪等）使開關的觸頭動作，發出電信號。

2. **氣動位置傳感器**：將位置的變化轉變為壓力的變化，再轉變為電量的變化。

3. **磁性開關**：這是流體傳動系統中所特有的，磁性開關可以直接安裝在氣缸缸體上，當帶有磁環的活塞移動到磁性開關所在位置時，磁性開關內的兩個金屬簧片在磁環磁場的作用下吸合，發出信號。當活塞移開時，舌環開關離開磁場，觸頭自動斷開，信號切斷。經由這種方式可以很方便地達成對氣缸活塞位置的檢測。

4. **光敏傳感器**：這是經由將光強度的變化轉換為電信號的變化以實現檢測，光敏傳感器（Photosensor）在一般情況下由發射器、接收器和檢測電路三部分構成，常用的可分為漫射式、反射式、對射式等。

5. **接近開關**：當工件接近開關時，根據開關的某種物理量（如電感、電容量、電頻率、磁感應電動勢、超音波參數等）變換進行開關。

參考資料8　機器人與人工智慧

機器人在從前的觀念裡，是用來描述從事那些對人類來說是相當困難、危險、費力而枯燥的製造工作。一部典型的機械臂由七個金屬部件構成，是由六個關節連接起來的，電腦將旋轉器與六個關節分別相連步進式馬達，以便控制機器人，大型機械臂則使用液壓或氣動系統，這與普通馬達不同。它可以增量方式精確移動，使機械臂不斷重複上述動作，機器人利用運動傳感器來確保自己完全按正確的量移動。

這種帶有六個關節的機器人與人類的手臂相似，具有相當於肩膀、肘和腕的部位。它的肩膀通常安裝在一個固定的基座結構（而不是可移動的身體）上。這類機器人有六個自由度，可向六個方向轉動。與之相比，人的手臂有七個自由度。機器人可以換裝各種特定應用場景的末端執行器，機器手有內置的壓力傳感器，當抓握某一特定物體時，可將力度通知電腦，以保護執行的動作，即使極小的晶片也可操作並組裝起來。

人類亟思製造有腿的機器人，常是利用液壓或氣動活塞的驅動而前後移動，各個活塞連接在不同的腿部部件上，就像不同骨骼上附著的肌肉，要使所有這些活塞都能以正確的方式協同工作，無疑是個難題。人的大腦必須弄清楚那些肌肉必須同時收縮才能直立行走不跌倒。同理設計師必須弄清楚與行走有關的活塞運動正確組合，並將此信息編入機器人的電腦中。許多移動型機器人都有一內置平衡系統（如一組陀螺儀），會通知電腦何時需要校正動作。

　　人工智慧則是高階的機器人及具有爭議的技術，終極的人工智慧是對人類思維過程的再現，包括學習知識、推理、語言等能力，乃至形成其自己的觀點及思考創建的能力。理論上人工智慧機器人或電腦會通過傳感器來蒐集關於某個情景的事實，電腦將此信息與已儲存的信息進行比較，而後預測那些效果是最好的。目前電腦只能解決它程序上允許的問題，例如象棋智慧機器人可擊敗象棋的高手。這種有限的學習思考能力，儲存已有的大量信息，下次遇到相同的情景時，會嘗試相應的動作。麻省理工大學製作的Kismet機器人，能夠識別人類的肢體語言及說話能力，並做出相對的反應，這是低層次的電腦控制。

　　人工智慧難題在理解自然智能的工作原理。開發人工智慧與製造人工心臟不同，因科學家手中沒有具體的模型可供參考。大腦中有上億個神經元，思考學習是通過在不同的神經元之間建立電子連接來完成的。大腦神經網絡複雜得尚不能清楚理解。故人工智慧現在仍是理論和假說，科學家對人類學習和思考的原理提出假說，然後用機器人來實驗其想法。許多機器人專家預言，機器人的進化最終將使人類成為半機器人，即由機器人融合的人類。未來的人類可能將其思想植入強健機器人體內而活上幾千年，它會和使用電腦一樣普及。

　　現在專家系統是人工智慧中最有成效的一種，已廣泛用於醫療診斷、地質探勘、石油化工、金融收付、軍事及文化教育各方面。它應用人工智慧技術模擬人類專家解決問題的思維過程，解決領域內的各種問題，以達到或接近專家的水平。

　　知識是智能的基礎，知識只有轉化為智能才可發揮作用，知識無限地累積，智能就會起愈大的作用。若人的智能、人工智慧以及人和智能機器相結合，則將有更高端的智能水平。

第 **12** 章

氣動系統迴路

12-1 氣動系統迴路導說

氣動系統由氣源、控制元件、執行元件和輔助元件等組成，並可完成規定的動作。任何複雜的氣壓傳動系統，都是由一些具有特定功能的氣動基本迴路組成。氣動系統程序控制迴路是根據生產過程中需要的位移、壓力、時間、液位、溫度等物理量的變化，加以研討及分析設計，使系統按照給定的程序，在各控制閥之間的信號按一定的規律連接起來，以實現執行元件的動作，達成生產或施工的要求。

12-1-1 氣動迴路的符號

氣動系統迴路圖是以氣動元件圖形符號組合而成的，故對元件的功能、特性及符號應予熟悉和了解。迴路圖可分為定位和不定位兩種，前者是以系統中元件實際的安裝位置繪製的，如圖12-1所示，可使工程技術人員很容易地看出元件的位置，以便維修保養。後者不是按元件實際位置著眼，而是根據信號流動方向，從下向上

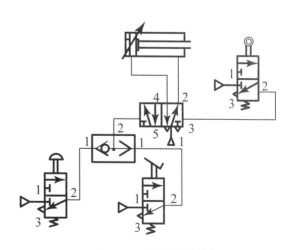

圖12-1　定位迴路圖

繪製的。各元件按其功能分類排列，順序依次爲氣源系統、信號輸入元件、信號處理元件、控制元件、執行元件，如圖12-2所示，在此主要以這種迴路作爲學習方法。爲分清氣動元件與氣動迴路的對應關係，圖12-3和圖12-4分別給出了全氣動系統和電—氣動系統的控制鏈中，信號流和元件之間的對應關係。

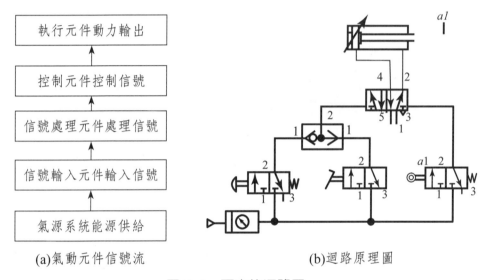

(a)氣動元件信號流　　　　　　　　(b)迴路原理圖

圖12-2　不定位迴路圖

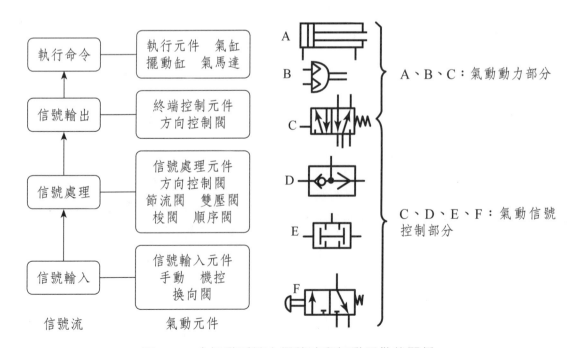

圖12-3　全氣動系統中信號流和氣動元件的關係

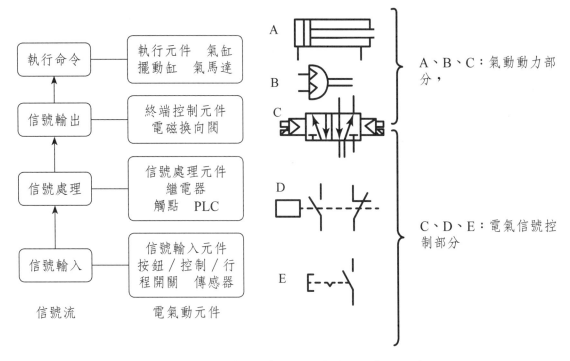

圖12-4　電－氣動系統中信號流和元件的關係

12-1-2 迴路圖內元件命名

氣動迴路圖內元件常以數字和英文兩種方法命名。

12-1-2-1 數字命名

在數字命名方法中，元件按造控制鏈分成幾個組，每一個執行元件連同相關的閥稱爲一個控制鏈。0組表示能源供給元件，1、2組代表獨立的控制鍵。如1A、2A等：代表執行元件；1V1、1V2等：代表控制元件；1S1、1S2等：代表輸入元件（手動和機控閥）；0Z1、0Z2等：代表能源供給（氣源系統）。

12-1-2-2 英文字母命名

英文字母命名法常用於氣動迴路圖的設計，並在迴路中代替數字命名使用。在英

文字母命名中，大寫字母表示執行元件，小寫字母表示信號元件。如A、B、C等：代表執行元件；a1、b1、c1等：代表執行元件在伸出位置時的行程開關；a0、b0、c0等：代表執行元件在縮回位置時的行程開關。

12-1-3 各種元件的表示方法

在迴路圖中，閥和氣缸應盡可能水平放置。迴路中的所有元件均以啟始位置表示，否則另加註釋。閥的位置定義如下。

12-1-3-1 正常位置

閥芯未操作時，閥的位置為正常位置。

12-1-3-2 啟始位置

閥已安裝在系統中並已通氣供壓時，閥芯所處的位置稱為啟始位置（應標明）。如圖12-5所示，滾輪槓桿閥（信號元件）的正常位置為為關閉閥位。當在系統中被活塞桿的凸輪板壓下時，其啟始位置變成通路，應按圖12-5(b)所示表示。對於單向滾輪槓桿閥，因其只能在單方向發出控制信號，所以在迴路圖中必須以箭頭表示出對元件發生作用的方向。逆向箭頭表示無作用，如圖12-6所示。

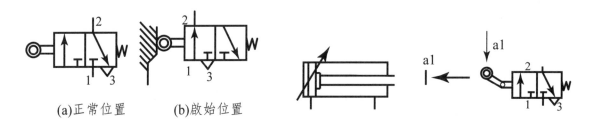

(a)正常位置　　　(b)啟始位置

圖12-5　啟始位置的表示　　　圖12-6　單向滾輪槓桿閥的表示

12-1-4 管路的表示

　　在氣動迴路中，元件和元件之間的配管符號是有規定的。通常工作管路用實線表示，控制管路用虛線表示。在複雜的氣動迴路中，爲保持圖面清晰，控制管路也可以用實線表示。管路應盡可能畫成直線，以避免交叉。圖12-7所示爲管路表示方法。

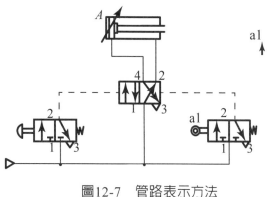

圖12-7　管路表示方法

12-1-5 氣動常用迴路

12-1-5-1 方向控制迴路

　　氣動方向控制迴路是經由控制進氣方向而改變活塞運動方向的迴路。

1. 換向迴路

　　圖12-8所示爲採用無記憶作用的單控換向閥之換向迴路。當加上控制信號後，氣缸活塞桿伸出；控制信號一旦消失，無論活塞桿運動到何處，活塞桿立即返回。圖12-9所示爲採用有記憶功能的雙控方向閥的換向迴路。迴路中的主控閥具有記憶功

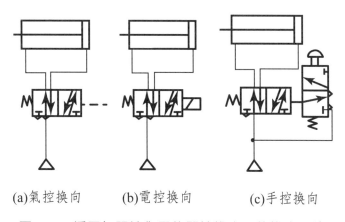

(a)氣控換向　　　(b)電控換向　　　(c)手控換向

圖12-8　採用無記憶作用的單控換向閥的換向迴路

能，故可以使用脈衝信號（其脈衝寬度應保證主控閥換向），只有加了相反的控制信號後，主控閥才會換向。圖12-10所示爲自鎖式換向迴路。其中主控閥4採用無記憶功能的單控換向閥。當按下手動閥1的按鈕後，主控閥4右位接入，氣缸3活塞桿向左伸出，這時即使手動閥1的按鈕鬆開，主控閥也不會換向。只有當手控閥2的按鈕壓下後，控制信號才消失，主控閥4換向復位，氣缸3活塞桿向右退回。這種迴路要求控制管路和手動閥不能有漏氣現象。

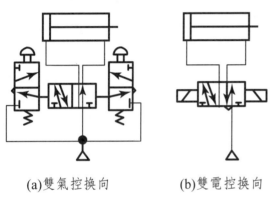

(a)雙氣控換向　　(b)雙電控換向

圖12-9　採用有記憶功能的雙控換向閥的換向
　　　　迴路

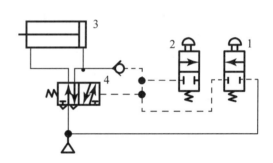

1、2-手動閥；3-氣缸；4-主控閥

圖12-10　自鎖式換向迴路

2. 往復換向（振盪）迴路

氣缸連續自動往復運動時，需要換向閥連續自動換向。換向指令信號一般通過行程閥或行程開關檢測。圖12-11所示爲氣缸自動往復換向（振盪）迴路。手動閥3切換，對換向閥供氣，控制壓力p_1使換向閥1換向，氣缸前進。節流閥和儲氣槽產生一定的時間延遲，控制壓力p_3使換向閥2換向，控制壓力p_2使換向閥1換向，氣缸後退。同樣地，節流閥和儲氣槽產生一定

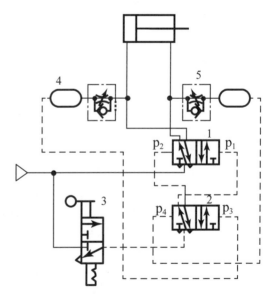

1、2-換向閥；3-手動閥；4-儲氣槽；5-單向節流閥

圖12-11　氣缸自動換向（振盪）迴路

的時間延遲，控制壓力p₄使換向閥2換向到初始狀態。這樣氣缸便可達成自動往復換向（振盪）。

12-1-5-2 壓力與力控制迴路

1. 壓力控制迴路

　　對系統壓力進行調節和控制的迴路，稱爲壓力控制迴路。如圖12-12所示，爲一次壓力控制迴路。該迴路常用外控型溢流閥保持供氣壓力基本恆定，或用電接點式壓力表來控制空氣壓縮機的轉、停，使儲氣槽內的壓力保持在規定的範圍內。圖12-13所示爲二次壓力控制迴路。該迴路一般由分水過濾器、

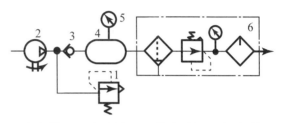

1-溢流閥；2-空壓機；3-單向閥；4-儲氣槽；
5-電接點壓力表；6-氣源調節裝置

圖12-12　一次壓力控制迴路

減壓閥和油霧器組成，通常稱爲氣動調節裝置（氣動三聯件）。二次壓力控制迴路的主要作用是控制氣動系統二次壓力。其中過濾器除去壓縮空氣中的灰塵、水分等雜質；減壓閥可使二次壓力穩定；油霧器使清潔的潤滑油霧化後注入空氣流中，對需要潤滑的氣動部件進行潤滑。圖12-14所示爲高低壓力切換迴路，該迴路利用換向閥達成高低壓切換，適用於兩種工況差別較大的場合。

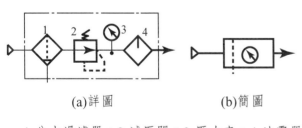

(a)詳圖　　　　　(b)簡圖

1-分水過濾器；2-減壓閥；3-壓力表；4-油霧器

圖12-13　二次壓力控制迴路

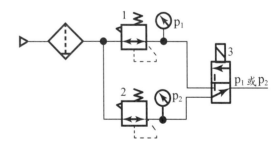

圖12-14　高低壓切換迴路

p_1
p_2
p_1 或 p_2

2. 增力控制迴路

利用改變壓力控制閥的調節壓力、執行元件的受壓面積，或直接利用氣液增壓器來實現對輸出力控制的迴路，稱為增力控制迴路。圖12-15(a)為利用壓力閥提供兩種不同壓力，改變氣缸活塞兩側壓力差，實現對輸出力的控制。圖示位置，氣缸無桿腔壓力p_A由減壓閥1提供，氣缸有桿腔壓力p_B由減壓閥5提供，且調節$p_A > p_B$，活塞桿伸出，輕夾工件。操縱手動換向閥4，使有桿腔內壓縮空氣排空，氣缸輸出力增加。圖12-15(b)所示為三活塞串聯氣缸的增力迴路。電磁換向閥8用於串聯氣缸的換向，電磁換向閥6、7用於串聯氣缸的增力控制。

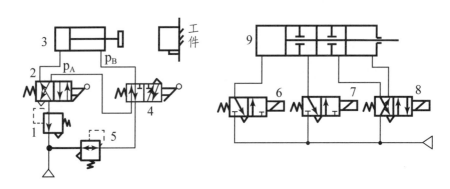

(a)用兩種壓力控制   (b)改變氣缸作用面積

1、5-減壓閥；2、4-手動換向閥；3-氣缸；6、7、8-電磁換向閥；9-三活塞串聯氣缸

圖12-15　增力控制迴路

圖12-16所示為氣液增壓器增力迴路，該迴路利用氣液增壓器1將壓力較低的氣壓轉變為壓力較高的液壓力，以提高氣液缸2的輸出力。

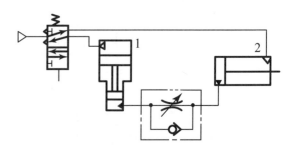

1-氣液增壓器；2-氣液缸

圖12-16　氣液增壓器增力迴路

12-1-5-3 速度控制迴路

一般採用調速閥等流量控制閥來改變氣缸進、排氣管路的阻力，以控制氣缸速度的迴路，稱為速度控制迴路。

1. 進、排氣節流迴路

　　圖12-17(a)所示爲雙作用氣缸的進氣節流調速迴路。在進氣節流時，氣缸排氣腔壓力很快降至大氣壓，而進氣腔壓力的升高比排氣腔壓力的降低緩慢。該迴路運動平穩性較差，一般多用於垂直安裝的氣缸支撐腔的供氣迴路。圖12-17(b)所示爲雙作用氣缸的排氣節流調速迴路。在排氣節流時，排氣腔內建立與負載相適應的背壓，在負載保持不變或微小變動的條件下，運動比較平穩。圖12-17(c)和12-17(d)所示分別爲採用一般節流閥和快速排氣閥構成的調速迴路。圖12-18所示爲單作用氣缸的速度控制迴路。其中圖12-18(a)所示爲利用兩個單向節流閥控制活塞桿伸出和返回速度；圖12-8(b)所示爲利用一個單向節流閥和一個快速排氣閥串聯來控制活塞桿的伸出速度和快速返回。下列兩圖說明之。

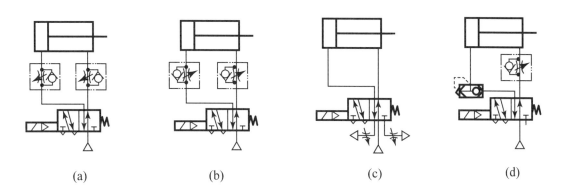

(a) (b) (c) (d)

圖12-17　雙作用氣缸的節流調速迴路

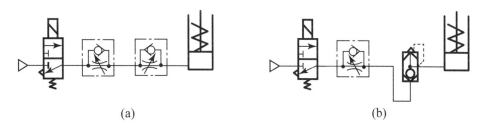

(a) (b)

圖12-18　單作用氣缸的速度控制迴路

2. 氣液轉換速度控制迴路

　　由於空氣的可壓縮性，在低速及傳動負載變化大的場合，可採用氣液轉換速度控制迴路。圖12-19(a)所示爲採用氣液轉換器A的速度控制迴路。它利用氣液轉換器

將氣壓轉變為液壓，利用液壓
油驅動液壓缸，調節節流閥開
度，可得到平穩且容易控制的
活塞運動速度。採用此迴路時
應注意，氣液轉換器A的容積
應大於液壓缸的容積，氣、液
間的密封性要好。圖12-19(b)所
示為採用氣液阻尼缸B的速度
控制迴路。此迴路採用兩缸並
聯形式，調節連接液壓缸兩腔
迴路中設置的可變節流閥即可
實現速度控制。調節螺母D，

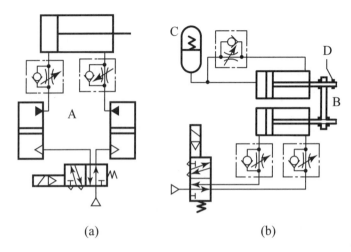

(a)　　　　　　　　　(b)

A氣液轉換器；B 氣液阻尼缸；C 蓄能器；D 螺母

圖12-19　氣液轉換速度控制迴路

可以改變氣缸由快進變為慢進的變速位置。該迴路的優點是比串聯形式結構緊湊，
氣、液不易相混。不足之處是，如果安裝時兩缸軸線不平行，會由於機械摩擦導致運
動速度不平穩。

12-1-5-4 位置控制迴路

此迴路的功用是使執行元件在預定或任意位置停留。

1.機械擋塊控制位置的控制迴路

如圖12-20所示，此迴路採用機械擋塊輔助定位的位置控制迴路，該迴路簡單可
靠，定位精度高，但有衝擊振動；其擋塊的剛性對定位精度有影響；適用於慣性負載
較小，運行速度不高的場合。

2.閥控多位置控制迴路

如圖12-21為多段氣缸的位置控制迴路。減壓閥調定氣缸的回程壓力。當三通
電磁閥通電後，A缸前進，同時推動B缸，B缸有桿腔內的壓縮空氣經快速排氣閥排
出，A缸前進全行程後停止。當五通電磁閥左端電磁鐵通電後，B缸繼續前進達到
其全行程。氣缸回程時，五通電磁閥右端電磁鐵通電且三通電磁閥斷電，B缸推動
A缸，活塞桿返回原位。利用換向閥的中位機能也可以控制氣缸活塞在任意位置停
留。圖12-22所示為使用中位封閉式三位閥的位置控制迴路。

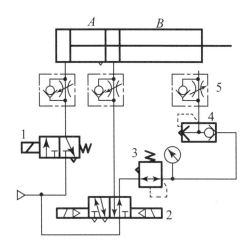

1-緩衝器；2-機械擋塊；3-減壓閥；4-快
速排氣閥；5-單向節流閥

圖12-20　採用機械擋塊輔助定位的位置
　　　　　控制迴路

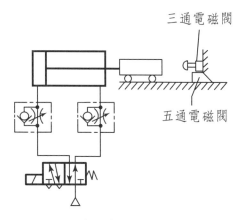

圖12-21　多段氣缸的位置控制迴路

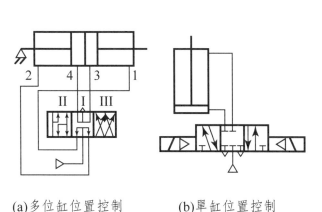

(a)多位缸位置控制　　　　(b)單缸位置控制

圖12-22　使用中位封閉式三位閥的位置控制迴路

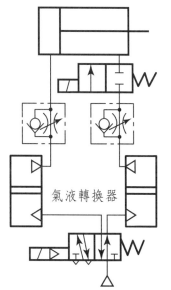

圖12-23　採用氣液轉換器的位置
　　　　　控制迴路

3. 氣液轉換器控制的位置控制迴路

　　如圖12-23所示，當五通電磁閥和二通電磁閥同時通電時，液壓缸活塞桿伸出。

液壓缸運動到指定位置時，控制信號使二通電磁閥斷電，液壓缸有桿腔的液體被封閉，液壓缸停止運動；反之亦然。採用氣液轉換方法的目的是為獲得高精度的位置控制。

12-1-5-5 往復及程序控制迴路

1. 往復動作迴路

　　圖12-24所示為單往復動作迴路，利用雙腔閥的記憶功能控制氣缸單往復動作。圖12-24(a)迴路的復位信號由機控閥發出；而圖12-24(b)迴路的復位信號由常斷式延時閥（延時接通）輸出；又圖12-24(c)迴路的復位信號由順序閥控制。因此，這三種單往復迴路分別稱為：位置控制式、時間控制式和壓力控制式單往復動作迴路。圖12-25所示為多往復動作迴路。其中圖12-25(a)迴路是由機控閥發信的位置控制式多往復動作迴路。操縱手動方向閥1使其處於右工位，單氣控閥4切換，氣缸活塞右行。當活塞右行到終點壓下行程閥3時，單氣控閥4的控制氣體經行程閥3排出，主閥復位，氣缸活塞返回。當活塞返回到行程終點時，單氣控閥4再次切換，重複上述循環動作。操縱手動換向閥1使其處於左工位，氣缸活塞回到原位置並停止。圖12-25(b)所示為用兩個延時閥發信的時間控制式多往復動作迴路。操縱手動換向閥5使其處於右工位，雙氣控閥9切換至右工位，氣缸活塞右行，由於單向節流閥8的延時充氣作用，經一段時間後，單氣控閥6切換至左工位，雙氣控閥9切換至左工位，氣缸活塞左行；由於單向節流閥10的延時充氣作用，經一段時間後，單氣控閥7切換至右工位，氣缸活塞再次右行，周而復始，往復運動。調節單向節流閥8、10，可以調節氣缸活塞往復運動一個行程所需時間。

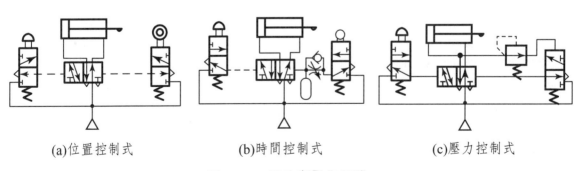

(a)位置控制式　　　　　　(b)時間控制式　　　　　　(c)壓力控制式

圖12-24　單往復動作迴路

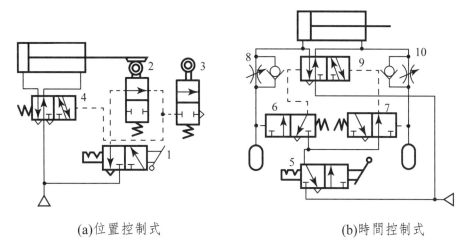

(a)位置控制式　　　　　　　　　(b)時間控制式

1、5-手動換向閥；2、3-行程閥；4、6、7-單氣控閥；8、10-單向節流閥；9-雙氣控閥

圖12-25　多往復動作迴路

2. 順序動作迴路

　　如圖12-26所示為雙缸順序動作迴路。缸A和缸B按$A_1 \rightarrow B_1 \rightarrow B_0 \rightarrow A_0$的順序動作。操縱手動換向閥1使其處於上工位，雙氣控制閥2切換至左工位，其輸出一方面使雙氣控制閥3切換至左工位，缸A完成A_1動作；另一方面作為行程閥5的氣源。當缸A的活

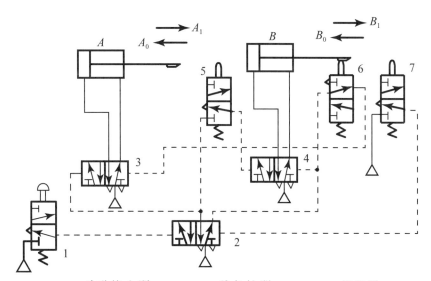

1-手動換向閥；2、3、4-雙氣控閥；5、6、7-行程閥

圖12-26　雙缸順序動作迴路

塞桿伸出壓下行程閥5時，其輸出使雙氣控閥4切換至左工位，缸B完成B_1動作。當缸B的活塞桿伸出壓下行程閥7時，其輸出使雙氣控閥2切換至右工位，雙氣控閥2的輸出一方面使雙氣控閥4切換至左右位，缸B完成B_0動作；另一方面作為行程閥6的氣源。當缸B完成B_0動作後，壓下行程閥6，雙氣控閥3切換至右工位，缸A完成A_0動作。

12-1-5-6 其他常用迴路

1. 手動和自動並用迴路

圖12-27(a)所示為採用五通電磁閥1和五通手動閥2組成的自動和手動並用迴路。五通電磁閥1不通電時，氣缸處於縮回位置。當五通手動閥2換向至左位時，則氣缸伸出。也就是說，經由改變手動閥的切換位置，可以改變原來由電磁閥控制的氣缸位置，從而保證系統在電磁閥發生故障時，可以臨時以手動閥進行操縱，以維持系統的正常運轉。圖12-27(b)所示為採用三通手動閥7、三通電磁閥8、梭閥6控制的自動和手動轉換迴路。當電磁閥通電時，氣缸的動作由電氣控制實現；當手動閥操縱時，氣

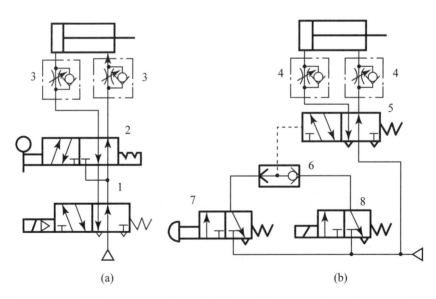

(a)　　　　　　　　　　　　　(b)

1-五通電磁閥；2-五通手動閥；3、4-單向節流閥；5-氣控換向閥；6-梭閥；7-三通手動閥；8-三通電磁閥

圖12-27　自動和手動並用迴路

缸的動作用手動實現。此迴路的主要用途是當停電或電磁閥發生故障時，氣動系統也可以經由手動操縱進行工作。

2. 安全迴路

圖12-28所示為過載保護迴路。操縱手動換向閥1使二位五通換向閥（主控閥2）處於左端工作位置時，活塞前進，當氣缸左腔壓力升高超過預定值時（如當氣缸遇到障礙或其他原因使其過載），順序閥3打開，控制氣體可經梭閥4將主控閥2切換至右位（圖示位置），使活塞縮回，氣缸左腔的壓力經主控閥2排掉，防止系統過載。圖12-29所示為

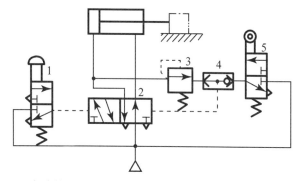

1-手動換向閥；2-主控閥；3-順序閥；4-梭閥；5-手動換向閥

圖12-28　過載保護迴路

互鎖迴路。該迴路主要是防止各缸的活塞同時動作，保證只有一個活塞動作。迴路主要是利用梭閥1、2、3及換向閥4、5、6進行互鎖。如換向閥7被切換，則換向閥4也換向，使A缸活塞伸出。於此同時，A缸的進氣管路的氣體使梭閥1、3動作，將換向閥5、6鎖住，則此時換向閥8、9即使有信號，B、C缸也不會動作。如要改變缸的動作，必須把前動作缸的氣控閥復位。

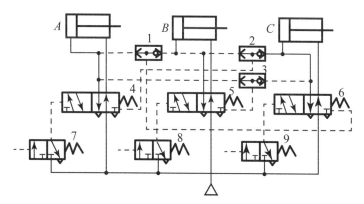

1、2、3-梭閥；4、5、6、7、8、9-換向閥

圖12-29　互鎖迴路

3. 計數迴路

圖12-30所示為二進制計數迴路。圖示狀態是S_0輸出狀態。當按下手動換向閥1後，單氣控閥2產生一個脈衝信號經閥3輸入給閥3、4右側，閥3、4均換向至右工位，S_1有輸出。脈衝信號消失，閥3、4兩側的壓縮空氣全部經閥2、1排出。當放開手動換向閥1時，單氣控閥2左腔壓縮空氣經單向閥迅速排出，單氣控閥2在彈簧作用下復位。當第二次按動手動換向閥1時，單氣控閥2又出現一次脈衝，閥3、4都換向至左位，S_0有輸出。手動換向閥1每按兩次，S_0（或S_1）就有一次輸出，故將此迴路稱為二進制計數迴路。

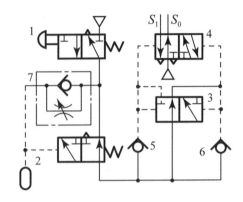

1-手動換向閥；2-單氣控閥；3-雙氣控閥；4-換向閥；5、6-單向閥；7-單向節流閥

圖12-30 二進制計數迴路

4. 延時迴路

圖12-31所示為延時接通迴路。延時元件在主控先導信號輸入一側形成進氣節流，輸入先導信號A後需延時一定時間t_1，待氣容C中的壓力達到一定值後，主控閥才有輸出F。延時時間可由節流閥調節。

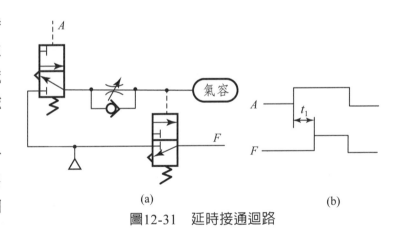

(a)　　　　　　　　　　　　(b)

圖12-31 延時接通迴路

圖12-32所示為延時切斷迴路。延時元件組成排氣節流迴路，輸入信號A後，主控閥迅速換向，立即有信號F輸出。當信號A切斷後，由於氣容C的壓力作用，需延遲一定時間t_2後，輸出F才被切斷。延時時間可由節流閥調節。

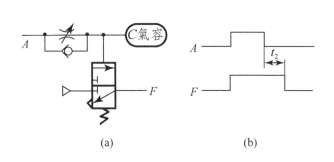

(a)　　　　　(b)

圖12-32　延時切斷迴路

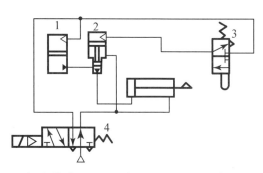

1-氣液轉換器；2-增壓器；3-三通高低
壓轉換閥；4-電磁換向閥

圖12-33　沖壓迴路

5. 沖壓與沖擊迴路

沖壓迴路主要用於薄板沖床、壓配壓力機等場合，如圖12-33所示。電磁換向閥4通電後，壓縮空氣進入氣液轉換器1，使工作缸動作。當活塞前進到某一位置，觸動三通高低壓轉換閥3時，使該閥動作，壓縮空氣供入增壓器2，使增壓器動作。由於增壓器活塞動作，氣液轉換器1到增壓器2的低壓液壓迴路被切斷（內部結構實現），高壓油作用於工作缸，進行衝壓作功。當電磁閥復位時，氣壓進入增壓器活塞及工

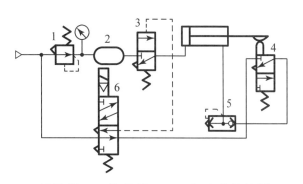

1-減壓閥；2-儲氣槽；3-二位三通氣控閥；
4-二位三通機動閥；5-快速排氣閥；6-二位
五通電磁閥

圖12-34　沖擊迴路

作缸的回程一側，使之分別回程。沖擊迴路是利用氣缸的高速運動給工件以沖擊的迴路，如鉚接機等，如圖12-34所示。此迴路由壓縮空氣的儲氣槽2、快速排氣閥5及操縱氣缸的換向閥組成。氣缸在初始狀態時，由於二位三通機動閥4處於壓下狀態，氣缸活塞桿一側氣體經快速排氣閥5通大氣。二位五通電磁閥6通電後，二位三通氣控閥3換向，儲氣槽2內的壓縮空氣快速流入沖擊氣缸，氣缸啟動，快速排氣閥快速排氣，活塞以極高的速度運動。該活塞具有的動能給出很大的沖擊力。使用該迴路時，應儘量縮短各元件與氣缸之間的距離。

12-2 綜合氣動系統控制迴路

　　各種自動化機械或自動生產線大都依靠程序控制來工作。根據程控方式的不同，程序控制可分為時間程序控制、行程程序控制和混合程序控制等三種。時間程序控制是指各執行元件的動作順序，按時間順序進行的一種自動控制方式。時間信號通過控制線路，按一定時間間隔分配給相應的執行元件，令其產生有順序的動作，是一種開環控制系統。圖12-35(a)所示為時間程序控制框圖。行程程序控制一般是一個閉環程序控制系統，如圖12-35(b)所示。它是前一個執行元件動作完成並發出信號後，才允許下一個動作進行的一種自動控制方式。行程程序控制系統包括行程發信裝置、執行元件、程序控制迴路和動力源等部分。行程發信裝置中用得最多的是行程閥。此外，各種氣動位置傳感器以及液位、溫度、壓力等傳感器可用作行程發信裝置。程序控制迴路可由各種氣動控制閥構成，也可由氣動邏輯元件構成。常用的氣動執行元件有氣缸、氣馬達、氣液缸、氣—電轉換器及氣動吸盤等。行程程序控制的優點是結構簡單、維護容易、動作穩定，特別是在程序運行中，當某節拍出現故障時，整個程序動作就停止，從而達成自動保護作用，因此，行程程序控制方式在氣動系統中被廣泛採用。混合程序控制通常在行程程序控制系統中包含了一些時間信號，實質上是將時間信號看作行程信號來處理的一種行程程序控制。以下討論行程程序控制迴路的設計。

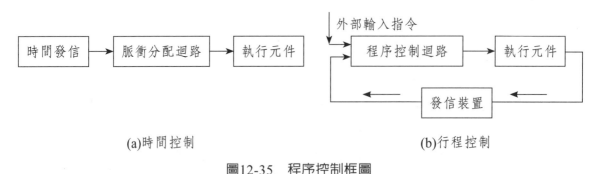

(a)時間控制　　　　　　　　　　　　(b)行程控制

圖12-35　程序控制框圖

12-2-1 動作順序及發信開關作用狀況的表示方法

　　對執行元件的運動順序及發信開關的作用狀況，必須清楚地將其表達出來；尤其

對複雜順序及狀況，必須借助於運動圖和控制圖來表示，這樣才能有助於氣動程序控制迴路的設計。

12-2-1-1 運動圖

運動圖是用來表示執行元件的動作順序和狀態。按其坐標的表示不同，可分為位移－步驟圖和位移－時間圖。

1. 位移－步驟圖

此種圖描繪了控制系統中執行元件的狀態隨控制步驟的變化規律。圖中的橫坐標（X軸）表示步驟，縱坐標（Y軸）表示位移（氣缸的動作）。如A、B兩個氣缸的動作順序為A＋B＋B－A－（註：A＋表示A氣缸伸出；B－表示B氣缸退回），如圖12-36所示為其位移－步驟圖。

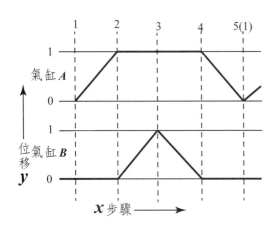

圖12-36　位移－步驟圖

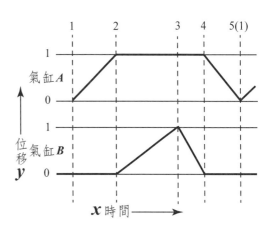

圖12-37　位移－時間圖

2. 位移－時間圖

位移－步驟圖僅能表示執行元件的動作順序，而執行元件的動作快慢，卻無法表現出來。位移－時間圖是描述控制系統中執行元件的狀態隨時間變化的規律，如圖12-37所示。圖中的X軸橫坐標表示動作時間，Y軸縱坐標表示位移（氣缸的動作），從該圖中可以清楚地看出執行元件動作的快慢。

12-2-1-2 控制圖

控制圖用於表示信號元件及控制元件在各步驟中的接轉狀態，接轉時間不計。如圖12-38所示，該控制圖（X軸步驟，Y軸位移）表示行程開關在步驟2開始，而在步驟4關閉。通常可在一個圖上同時表示出運動圖和

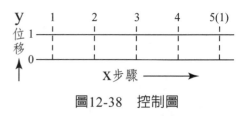

圖12-38　控制圖

控制圖，這種圖稱爲全功能圖，如圖12-39所示。借助於全功能圖，按照直覺法可以很容易地設計出氣動迴路圖，如圖12-40所示。

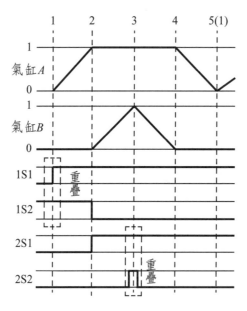

圖12-39　全功能圖

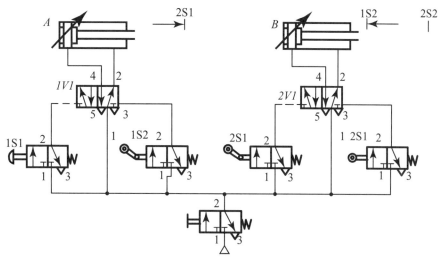

圖12-40　氣動迴路圖

12-2-2 障礙信號的消除方法

在圖12-41(a)所示的迴路中，閥1 S1、1 S2為信號元件。當行程閥1 S1被壓住時，主控方向閥1 V1左邊控制口有氣，使閥芯切換，氣缸1A伸出。當活塞桿壓下行程閥1 S2時，主控閥1 V1的左邊控制閥口還有氣，則雖然右邊控制閥口有氣，但閥芯1 V1無法切換，氣缸1A就無法後退。這裡1 V1左端控制口的信號是障礙信號。因此，在控制迴路的行程閥1 S1到主控閥1 V1的左端控制口之間加入延時閥1 V2，用以清除此障礙信號。如圖12-41(b)所示，即當閥1 S1被壓住時，其輸出信號在延時閥設定時間之後立即被切斷，這樣，當1 V1右端控制口有氣時，氣缸就能後退。用延時閥消除障礙信號是常用方法之一。在任何氣動迴路中，遇到主控閥兩端的控制口同時有信號時，先到的控制信號（障礙信號）必須在後來的控制信號到達前切斷。下面就常用障礙信號的消除方法做一說明。

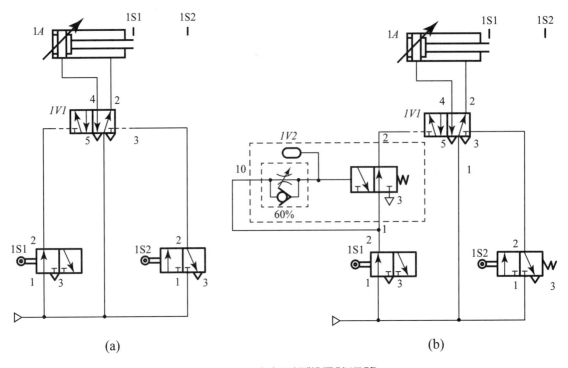

圖12-41　延時閥切斷信號迴路

12-2-2-1 採用單向滾輪槓桿閥

　　採用這種閥使得氣缸在一次往復動作中只發出一個脈衝信號，將存在障礙的長信號縮短為脈衝信號，如圖12-42所示，用這種方法排除障礙信號，其結構簡單，但靠它發信的定位精度較低，需要設置固定擋塊來定位，當氣缸行程較短時不宜採用。

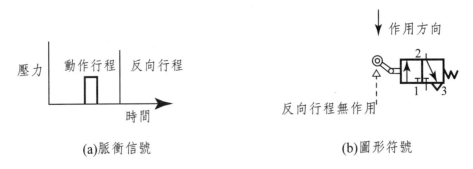

(a)脈衝信號　　　　　　　　　　　(b)圖形符號

圖12-42　採用單向滾輪槓桿閥

12-2-2-2 採用延時閥

　　圖12-41所示即爲利用常通型延時閥消除障礙信號的方法，在用直覺法設計氣動迴路時較常用。

12-2-2-3 採用中間記憶元件

　　圖12-43所示的記憶元件（脈衝閥）常用於串級法中消除障礙信號。這是一種有效的排障方法。

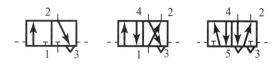

圖12-43　記憶元件

12-2-3 直覺法

　　直覺法就是通常所說的經驗法或傳統法，即迴路設計靠設計者的經驗和能力而完成。較簡單的動作順序用直覺法可以很快地完成，但複雜的控制，此方法不適用，因爲一方面容易設計錯誤，另一方面不宜診斷及維修。利用直覺法進行障礙信號的排除，一般採用單向滾輪槓桿閥。

問題1：某一氣動機械有A、B兩個缸，兩缸的動作順序是：A缸前進之後B缸再前進，然後A缸後退，B缸再後退。其位移—步驟圖如圖12-44所示，試設計其氣動控制迴路圖。

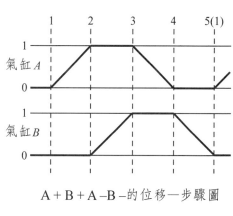

A＋B＋A－B－的位移—步驟圖

圖12-44　動作順序

設計步驟如下：

　　1. 繪出A、B兩個氣缸及相應的雙氣控二位五通換向閥（主控閥），如圖12-45。

　　2. 在主控閥1 V1和2 V1兩端控制口標註A＋、A－、B＋、B－，意指1 V1閥A＋處有信號，A缸前進，其餘相同（見圖12-45）。

3. 啟動按鈕1 S1接在A +控制線上，操作啟動按鈕，A缸前進（A +），壓到行程開關（行程閥）a1，發出信號使B缸前進（B +），故行程開關（行程閥）a1和B +控制線連接。

4. 缸前進壓到行程開關（行程閥）b1發出信號，目的是使A缸後退（A –），故行程開關（行程閥）b1和A –控制線連接。

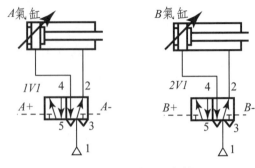

圖12-45　氣缸和主控閥

5. 缸後退壓到行程開關（行程閥）a0，發出信號，目的是使B缸後退（B –），故a0和B –控制線連接。以上的動作順序圖表示為

$$1\ S1 \rightarrow A + \rightarrow a1 \rightarrow B + \rightarrow b1 \rightarrow A - \rightarrow a0 \rightarrow B -$$

6. 按以上順序依次畫出迴路圖，以英文字母標出閥的名稱，並加上氣源，如圖12-46所示。

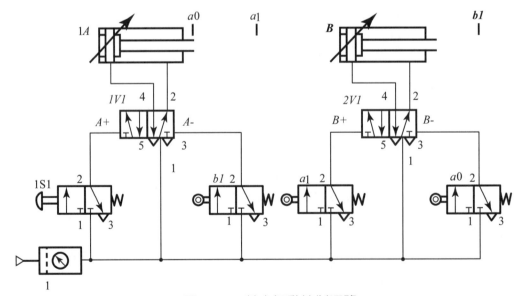

圖12-46　基本氣動控制迴路

7. 畫出全功能圖，以確定是否有障礙信號，如圖12-47所示。檢查障礙信號時，應注意主控閥1 V1和2 V1兩端控制口是否同時出現信號。由動作順序可知，A +處信

號由啟動按鈕1 S1給出點動信號。A –信號則
由b1給出，當b1發出信號時，A+ 處信號已經
消失，故主控閥1 V1兩邊不會同時有控制信
號。同理，主控閥1 V2兩邊也不會同時有信號
存在。由動作順序可知，本控制迴路的信號元
件b1、a1、a0用一般滾輪槓桿閥即可，無障礙
信號。從全功能圖中也可看出，啟動按鈕1 S1
和行程閥b1、a1、a0在一個循環內產生的信號
是沒有重疊的。完整的單一循環控制迴路如圖
12-48所示，圖中閥1 S為系統氣源開關。

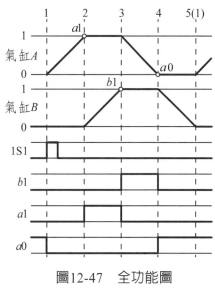

圖12-47　全功能圖

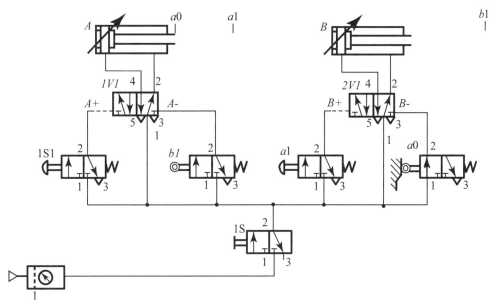

圖12-48　單一循環控制迴路

　　8. 根據控制需要，加入輔助狀況（如連續自動往復循環、緊急停止等操作）。
通常輔助狀況的加入均在單一循環迴路設計完成之後再考慮較為方便。如圖12-48所
示的單一循環控制迴路，若要改成自動往復循環，則只要在B缸原點位置加入一個行
程開關b0並和啟動開關1 S1串聯，這樣當B缸後退壓到b0時，A缸即可前進，產生另
一次循環，如圖12-49所示。

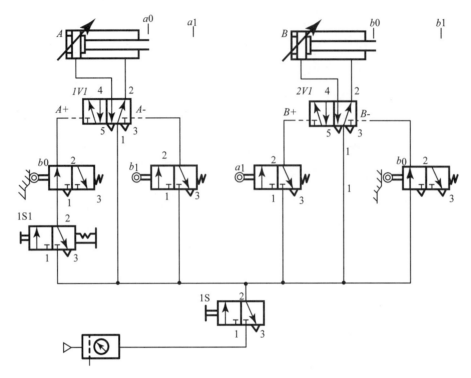

圖12-49　自動連續往復循環控制迴路

12-2-4 串級法

　　前述直覺法中的行程開關輸出的信號往往由於執行元件（氣缸）壓住而無法切斷，雖然可用單向滾輪槓桿閥或延時閥來消除障礙信號，但是對於較複雜的動作順序，使用該方法不經濟。下面介紹應用串級法設計氣動迴路。串級法是一種控制迴路的隔離法，主要是利用記憶元件作為信號的轉接作用，即利用4/2雙氣控閥或5/2雙氣控閥以階梯方式順序連接，從而保證在任一時間只有一個組輸出信號，其餘組為排氣狀態，使主控閥兩側的控制信號不同時出現，如圖12-50所示。

　　圖12-51說明了四級串級迴路中輸出信號的情形。仔細觀察圖12-51中的(a)、(b)、(c)、(d)圖，可發現每個圖只有一組輸出信號，其餘均為排氣狀態。採用此種排列消除障礙信號比較容易，且是建立在迴路圖的實際操作程序中，是一種有規則可循的氣動迴路設計法。但應注意，在控制操作開始前，壓縮空氣通過串級中的所有

閥。另外，當串級中的記憶元件切換時，由該閥自身排放空氣，因此，只要有一個閥動作不良，就會出現不良開關轉換作用。在設計迴路中，需要多少輸出管路和記憶元件，應按動作順序的分組（級）而定，如動作順序分為四組則要輸出4條管路，記憶元件的數量為組數減一。

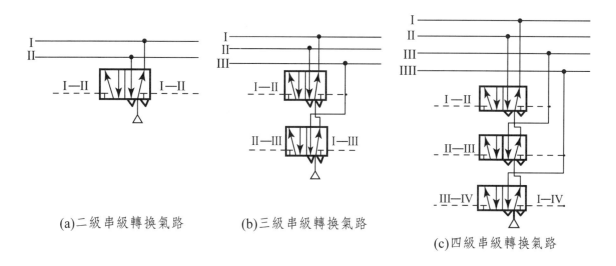

(a)二級串級轉換氣路　　(b)三級串級轉換氣路

(c)四級串級轉換氣路

圖12-50　各級串級轉換氣路

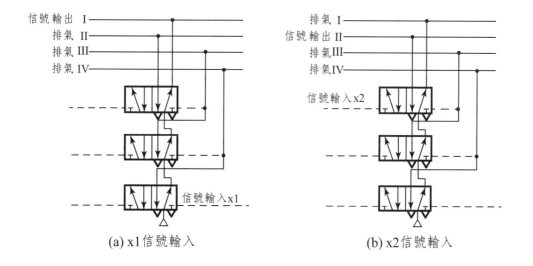

(a) x1信號輸入　　　　　　　(b) x2信號輸入

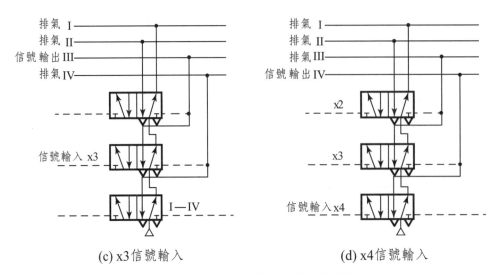

(c) x3信號輸入   (d) x4信號輸入

圖12-51　四級串級供氣原理圖

問題2：圖12-52所示為打標機示意圖。工件在料倉裡靠重力落下，由A缸推向定位塊並夾緊，接著B缸打印標誌，然後由C缸將打印完的工件推出。其動作順序為A＋B＋B－A－C＋C－，其位移－步驟圖如圖12-53。所需補助狀況如下：

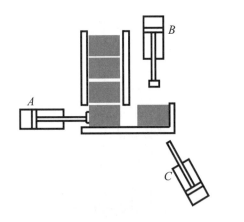

A夾緊；B打標；C退料

圖12-52　打標機示意圖

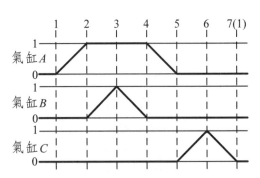

圖12-53　位移－步驟圖

1. 各動作必須自動進行，並可選擇單一循環、連續循環，啟動信號由啟動按鈕輸入。

2. 料倉有一個限位開關監測，如倉內無工件，則系統必須停在啟始位置，並互鎖以防止再啟動。

3. 操作緊急停止按鈕後，所有氣缸無論在什麼位置，均立即回到啟始位置，只有互鎖去除後才可再操作。

設計步驟如下：

將順序動作分組為： A＋B＋／B－A－C＋／C－

　　　　　　　　　　　I　　　　II　　　　I

動作順序分為兩組，整個迴路的控制順序為：

按照問題1的設計步驟，可以將單一循環的氣動控制迴路設計出來，如圖12-54所示。就分級而言，控制迴路的第一個動作是C－，但實際上第一個動作應該是A＋，因此由圖12-54可知，必須將啟動按鈕q裝在第I條輸出管路及主閥1 V1之間，且為獲得啟動並在連續循環中達到互鎖，必須串聯行程開關c0。有關各種輔助狀況，必須在單一循環控制迴路設計完成之後再一一加入。圖12-55所示為有輔助狀況的控制迴路。圖中閥1 S1、1 S2和1 V2是滿足輔助條件所必需的，閥1 V3是滿足輔助條件2所必需的。當料倉沒有工件時，閥1 V3復位，系統恢復到啟始位置，並切斷啟動信號。關於急停迴路的設計，通常當按下緊急按鈕時，必須想辦法將供氣迴路信號送到主控閥的後退控制口；同時保證另一控制口沒有信號，且必須使記憶元件復位，以利於急停消除後的重新啟動。由圖12-55可知，EM為急停按鈕。按下EM，氣源信號經梭閥1 V0、2V0、3V0使主控閥右端有控制信號，同時左端沒有控制信號，且氣源也經梭閥V0使記憶元件V復位，三個氣缸同時後退。

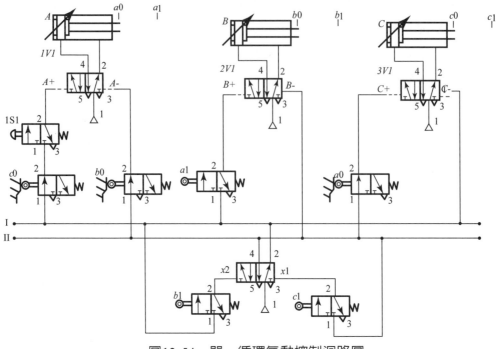

圖12-54　單一循環氣動控制迴路圖

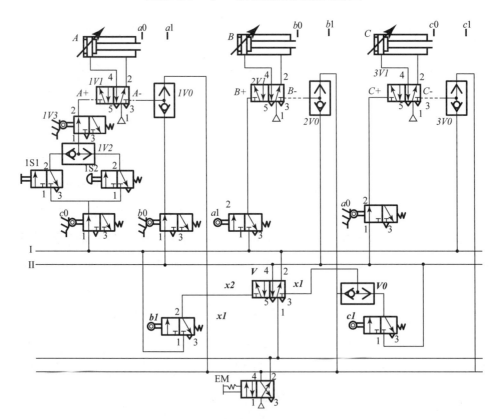

圖12-55　有輔助狀況的控制迴路圖

　　圖12-55中的閥1 S1與電氣迴路上所用的帶自鎖開關和選擇開關相似，這類閥操作不便。目前在控制上一般採用以彈簧復位的按鈕開關作爲信號元件。因此對於氣動控制系統而言，應按照實際需要在迴路上加入輔助狀況。現將輔助狀況編成一個標準迴路，然後作爲相關迴路的單元加入。圖12-56所示爲這種可能的迴路，且信號輸入採用彈簧復位的手動按鈕（3/2閥）。有關急停迴路也可以歸納成如圖12-57所示的迴路。在圖12-56的輔助狀況和圖12-57所示的急停迴路基礎上，可將圖12-56所示的氣動控制迴路修改成圖12-58所示的氣控迴路圖。在圖12-58中，可以看出以下幾個輔助狀況：

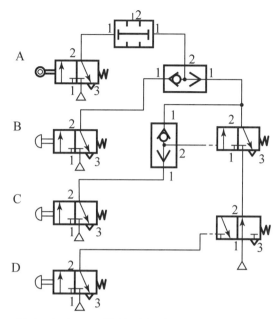

A-料倉監測；B-單循環啟動；C-連續循環；
D-停止按鈕

圖12-56　一種可能的輔助迴路

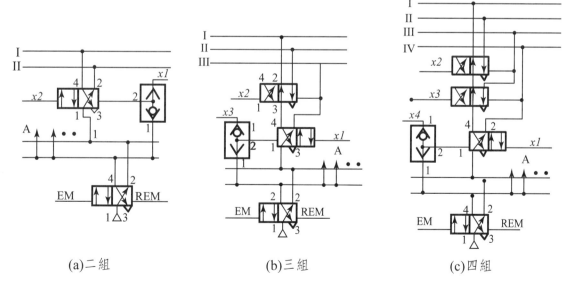

(a)二組　　　　　　　　(b)三組　　　　　　　　(c)四組

EM：急停；　　REM：急停解除；　　A：接主控閥

圖12-57　急停迴路

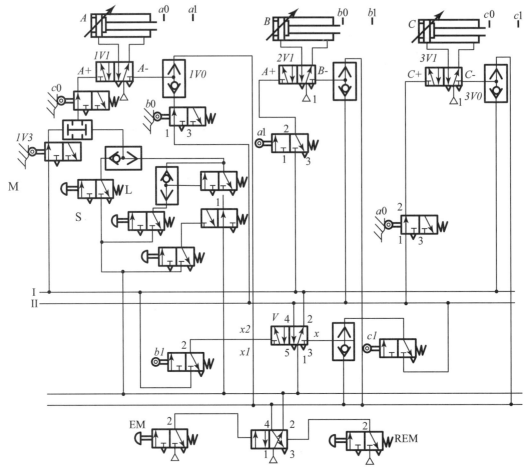

M：料倉監測；S：單循環啟動；L：連續循環

圖12-58　氣動控制迴路

1. 按下單循環啟動按鈕時，系統完成一個工作循環，然後停在啟始位置。

2. 按下連續循環按鈕時，系統做自動連續操作，直到按下停止按鈕才切斷循環。

3. 當料倉中沒有工件時，料倉監測行程開關1 V3復位，切斷啟動信號，無法使氣缸啟動或再次產生順序動作。

4. 按下急停按鈕EM，所有缸均立即退回啟始位置。按下急停解除按鈕REM，整個系統才可以重新啟動。

在前述串級法中介紹的氣缸動作程序設計舉例中，每個氣缸在一個循環內只動作一次，氣缸的動作可用設置在氣缸端點的行程開關來完成，且行程開關的供氣口均靠

串級管路供給。但如在一個循環中，同一個氣缸的動作有重複現象時，則傳遞信號的行程開關的供氣口不再來自串級管路中的任何一組，必須另給一個不受管路分組影響的獨立氣源，再配合雙壓閥與串級管路搭配，以得到所需的控制信號。

12-2-5　氣動綜合系統迴路

12-2-5-1　工件夾緊氣壓傳動系統

　　圖12-59所示為機械加工自動線、組合機床常用的工件夾緊氣動系統原理圖。當工件運行到指定位置後，定位缸A的活塞桿首先向下伸出將工件定位，隨後氣缸B和C的活塞桿同時伸出，對工件進行兩側夾緊，然後進行機械加工，加工完成後各缸退回，工件鬆開。工作原理如下：用腳踏下閥1，壓縮空氣進入缸A上腔，活塞下移使工件定位。工件定位後壓下行程閥2，壓縮空氣經單向節流閥6進入二位三通氣控換向閥4的右側，使閥4換向（調節節流閥開口可以控制閥4的延時接通時間）。壓縮空氣

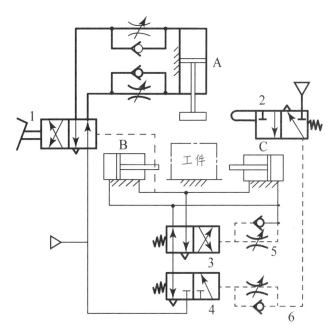

1-腳踏換向閥；2-行程閥；3、4-換向閥；5、6-單向節流閥；A-定位缸；B-C-氣缸

圖12-59　工件夾緊氣動系統原理

經由主控閥3進入氣缸B和C的無桿腔，活塞桿伸出夾緊工件，開始機械加工。

　　同時一分支氣流通過單向節流閥5進入主控閥3的右端，經過一段時間（由節流閥控制）後，機械加工完成，主控閥3右位接通，兩側氣缸後退到原來位置。另外一分支氣流作為信號進入閥1的右端，使閥1右位接通，壓縮空氣進入缸A的下腔，定位缸A退回原位。定位缸A上升的同時使行程閥2復位，氣控換向閥4也復位。氣缸B、C的無桿腔通大氣，主控閥3自動回到左位，完成一個工作循環。

12-2-5-2 數控加工中心氣動換刀系統

圖12-60所示為某數控中心氣動換刀系統原理圖，該系統在換刀過程中實現主軸定位、主軸鬆刀、拔刀、向主軸錐孔吹氣和插刀動作。動作過程如下：當數控系統發出換刀指令時，主軸停止旋轉，同時4YA通電，壓縮空氣經氣動三聯件1、換向閥4、單向節流閥5進入主軸定位缸A的右腔，氣缸A的活塞左移，使主軸自動定位。定位後壓下無觸頭開關，使6YA通電，壓縮空氣經換向閥6、梭閥8進入氣液增壓缸B的上腔，增壓腔的高壓油使活塞伸出，實現主軸鬆刀，同時使8YA通電，壓縮空氣經換向閥9、單向節流閥11進入氣缸C的上腔，氣缸C下腔排氣，活塞下移實現拔刀。由迴轉刀庫交換刀具，同時1YA通電，壓縮空氣經換向閥2、單向節流閥3向主軸錐孔吹氣。稍後1YA斷電、2YA通電，停止吹氣，8YA斷電、7YA通電，壓縮空氣經換向閥9、單向節流閥10進入氣缸C的下腔，活塞上移，實現插刀動作。6YA斷電、5YA通電，壓縮空氣經換向閥6進入氣液增壓缸B的下腔，使活塞退回，主軸的機械機構使刀具夾緊。4YA斷電、3YA通電，氣缸A的活塞在彈簧力的作用下復位，恢復到開始狀態，換刀自動工序完成。

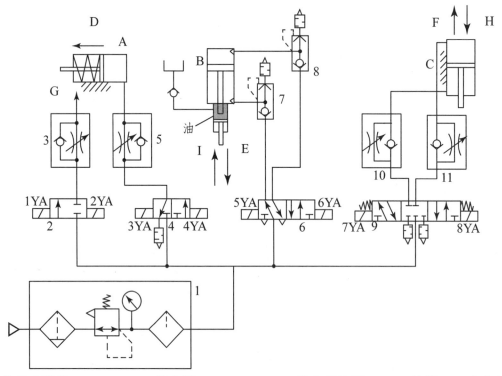

1-氣動三聯件；2、4、6、9-換向閥；3、5、10、11-單向節流閥；7、8-梭閥；A-定位缸；B-氣液增壓缸；C-氣缸；D：定位；E：鬆刀；F：拔刀；G：吹氣；H：插刀；I：夾緊

圖12-60　數控加工中心氣動換刀系統原理

⚡新知參考 20

帶有自動換刀具裝置的FMS（柔性製造系統）

自從自動化機床誕生以來，就向著高速度、高精度、自動化、複合化、智能化、柔性化和網路化方向不斷地發展。機床的自動化主要朝向兩個方面前進，一方面在機械結構上發展，另一方面是在控制系統上發展。

就機械結構而言，數控車床上增加了能夠自動換刀的刀塔，在數控銑床上增加了自動換刀的刀庫，為了進一步提高效率。縮短輔助時間，在刀庫的基礎上又增加了機械手，使得換刀的時間大為縮短。

如今刀塔和刀庫機械手已經成為數控車床和加工中心的標準配備，數控車床的刀塔功能也發生了變化，不但可以裝夾車刀，還可以配置動力刀頭，實現鑽孔和銑削的功能。加工中心的刀庫正朝著庫容量更大、換刀速度更快的方向進展。

有了自動換刀裝置的數控機床，就可以對複雜一些的零件進行連續自動加工，這是機床朝著自動化推進的重要一步。

機床也向少人化、無人化的方向推進，以更縮短加工的準備時間，提高其利用率，機床增加了托盤自動交換裝置。為了進一步提高機床自動化的水平和無人化的工作時間，於是又出現了FMS（Flexible Manufacturing System，柔性製造系統）。

為實現更長時間的無人化加工，有些FMS還配備了中央刀具庫，有專用的刀具搬運小車負責進行機床刀庫和中央刀具庫之間的刀具交換調配。

隨著機器人技術的發展，帶視覺系統機器人的出現，機床的無人化水平更是發展到了一個新的高度，如山崎馬札克公司（Yamasaki Mazak China，在中國寧夏及遼寧設有生產工廠，在全球設有十處工廠，包括日本、美國、英國、新加坡及中國）裝置了機器人的FMS生產系統，可以達成720小時無人化加工。

對於內置專家系統採用人機對話式編程方式做出的數控系統來說，只需告訴系統要加工的材質和使用刀具的材質，系統就會根據內置的專家庫自動給出主軸轉速、進給速度等切削參數，當然也可以對切削參數進行修改，並且還可以將用戶的工作經驗納入專家庫。

柔性和生產率以前是互相矛盾的，眾所周知一般視品種單一、批量大、設備專用、工藝穩定、效率高才能構成經濟效益；反之，多品種、小批量、設備多樣化、專用性低，在加工形式相似的情況下，高頻率地調整施工夾具與材料，則工藝穩定

難度大增，生產效率必受影響。

　　為了同時提高製造工業的柔性和生產效率，使之在保證產品質量的前提下，縮短生產週期、降低成本，最終使中小批量生產能與大批量生產相抗衡，則柔性自動化系統便應運而生。柔性製造是由統一的訊息控制系統、物料儲運系統和一組數字加工設備組成能適應加工對象的自動化機電製造系統。其工藝基礎是成組的系統，按照成組的加工對象確定工藝過程，選擇相適應的數控加工設備和工件、工具等物料儲運系統，並由電腦進行控制，故能自動調整及實現一定範圍內多種工件的成批高效生產，並及時改變產品以滿足市場需求，且其範圍不斷擴大，已包括了毛胚製造、機械加工、設備裝配及質量檢驗。它是一種技術複雜、高度自動化的系統，將微電子學、電腦、液氣電技術和系統工程等有機地結合起來。其發展趨勢一方面與電腦輔助設計和電腦輔助製造系統相接合，利用原有產品系列的典型工藝資料，組合設計不同模塊，構成各種不同形式的具有物料流和信息流的模塊化柔性系統。將來會進一步電腦集成製造，及與人工智慧搭配，朝更高端的前程邁進。

　　其發展趨勢的另一方面，將進入生產決策、產品設計、生產到銷售的整個過程自動化，特別是管理層次自動化的電腦集成製造系統，在這系統中，柔性製造只是其組成的一個環節而已。

　　迄今在FMS中所採用的人工智慧多指基於規則的專家系統，這是利用專家知識和推理規則進行推理以求解問題（如解釋、預測、診斷、查找故障、設計、計畫、監視、修復、命令及控制等）。由於專家系統可以方便地將各種事實及經驗證實過的理論與通過經驗獲得的知識相結合。展望未來，以知識密集為特徵，以知識處理為手段的人工智慧，也對智能型的柔性製造業起關鍵作用，智能型製造技術（IMT）被認為是未來21世紀的重中之重，可在外界及內部的激勵之下自動地調節其作業參數，以達到最佳工作狀況，及自組織能力，例如智能感測技術，伴隨電腦應用技術和人工智慧而產生，將有內在的「決策」功能。

第 13 章

電氣控制系統迴路

13-1 電氣控制的基本知識

電氣氣動控制系統主要在控制電磁閥的換向，其特點是響應快、動作準確，廣泛應用於自動化工業設備中。電氣氣動控制迴路包括氣動迴路和電氣迴路兩部分。氣動迴路一般指動力部分，電氣迴路指控制部分。在設計電氣氣動控制迴路時，先要設計出氣動迴路，按照動力系統的要求，選擇採用何種形式的電磁閥來控制氣動執行元件的運動，從而設計電氣迴路；並且氣動迴路圖和電氣迴路圖必須分開繪製，氣動迴路圖按習慣放置於電氣迴路圖的上方或左側。電氣控制系統是利用光敏開關、接近開關等檢測工件的位置及液壓缸或氣缸活塞的活動狀況，以控制執行元件的動作。電氣控制迴路主要是由按鈕開關、行程開關、繼電器及其觸點、電磁線圈等組成。經由按鈕或行程開關使電磁鐵通電或斷電，來控制觸點接通或斷開被控制的主迴路，這種迴路稱為繼電器控制迴路。電路中的觸點有動合觸點及動斷觸點兩種。控制繼電器是一種當輸入量變化到一定值時，電磁鐵線圈通電勵磁，經由吸合或斷開觸點來接通或切斷交、直流小容量控制電路的自動化電器。控制繼電器廣泛使用於電力拖動、程序控制、自動調節與自動檢測系統中。控制繼電器的種類繁多，常用的有電壓繼電器、電流繼電器、中間繼電器、時間繼電器、熱繼電器、溫度繼電器等。在電氣氣動控制系統中常用的有中間繼電器和時間繼電器。

13-1-1 中間繼電器

中間繼電器由線圈1、鐵心2、銜鐵3、復位彈簧4、觸點5及端子6組成，如圖13-1所示。當繼電器線圈流過電流時，銜鐵在電磁力的作用下克服彈簧壓力，帶動常閉觸點斷開，常開觸點閉合；當繼電器線圈無電流時，電磁力消失，銜鐵在復位彈簧的作用下復位，帶動動斷觸點閉合，動合觸點斷開。其線圈及觸點的圖形符號如圖13-2所示。繼電器線圈通過很小的電流即可使電磁鐵勵磁，而其控制的觸點可通過相當大的電壓電流，這就是繼電器觸點的容量放大作用。

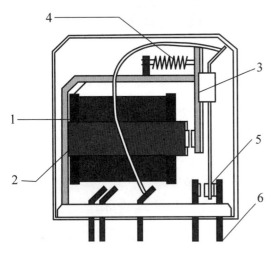

1-線圈；2-鐵心；3-銜鐵；4-復位彈簧；5-觸點；6-端子

圖13-1　中間繼電器原理圖

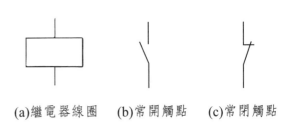

(a)繼電器線圈　　(b)常開觸點　　(c)常閉觸點

圖13-2　繼電器線圈及觸點圖形符號

13-1-2 時間繼電器

時間繼電器目前在電氣控制迴路中的應用非常廣泛。它與中間繼電器的相同之處是，都由線圈和觸點構成；而不同的是在時間繼電器中，當輸入信號時，電路中的觸點經過一定時間後才行斷開或閉合。按照其輸出觸點的動作形式分為兩種如圖13-3(a)、(b)所示。

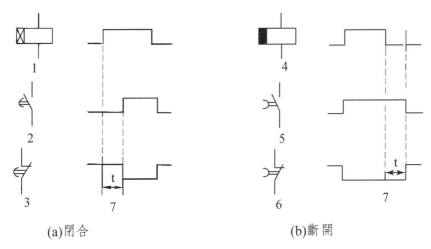

1-延時閉合繼電器；2-延時閉合常開觸點；3-延時斷開常閉觸點；4-延時斷開繼電器；5-延時斷開觸點；6-延時閉合觸點；7-時序圖

圖13-3　延時繼電器線圈及其觸點圖形符號和時序圖

13-1-2-1 延時閉合繼電器

當繼電器線圈流過電流時，經過預置時間延時，繼電器觸點閉合；當繼電器線圈無電流時，繼電器觸點斷開。

13-1-2-2 延時斷開繼電器

當繼電器線圈流過電流時，繼電器觸點閉合；當繼電器線圈無電流時，經過預置時間延時，繼電器觸點斷開。

13-1-3 控制按鈕

控制按鈕一般由按鈕、復位彈簧、觸頭和外殼等部分組成。如圖13-4(a)為控制按鈕的原理和外形，(b)為其圖形及文字符號。

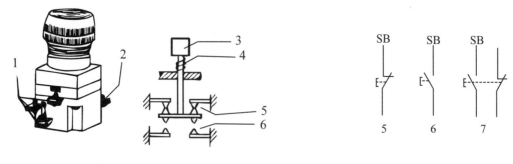

(a)原理和外形　　　　　　　　　　　(b)圖形和文字符號

1、2-觸頭接線柱；3-按鈕帽；4-復位彈簧；5-常閉觸頭；6-常開觸頭；7-複合觸頭

圖13-4　控制按鈕的外形、原理及圖形與文字符號

13-1-4 行程開關

　　依據生產機械的行程發出命令，以控制其運動方向和行程長短的主令電器稱為行程開關。若將行程開關安裝於生產機械行程的終點處，用以限制其行程，則稱為限位開關。機械接觸式行程開關分為直動式、滾動式和微動式三種。工程上也常使用電氣結構的非接觸式接近開關，接近開關不是靠擋塊碰壓開關發出信號，而是在移動部件上裝置一金屬片，在移動部件需要改變工作情況的位置裝設接近開關的感應頭，其感應面正對金屬片。當移動部位的金屬片移動到感應頭上面（不需接觸）時，接近開關就輸出一個信號，使控制電路改變工作情況，請參閱圖13-5。

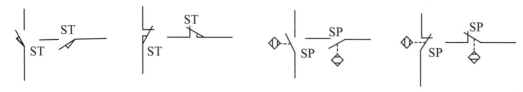

(a)行程開關常開觸頭　(b)行程開關常閉觸頭　(c)接近開關常開觸頭　(d)接近開關常閉觸頭

圖13-5　行程開關和接近開關的圖形及文字符號

13-1-5 電氣迴路圖繪製

電氣迴路圖通常採用水平梯形圖或垂直梯形圖以表示其電氣控制原理。水平梯形圖類似於鐵軌的外形，常以英文「railway」表示；而垂直繪製的梯形圖類似於梯子，所以以英文「ladder」表示，這兩種方法各有特點。請參圖13-6。某一個推料機構的梯形圖設計如圖13-7所示，圖中左、右兩平行線代表控制電路圖的電源線，稱為母線。

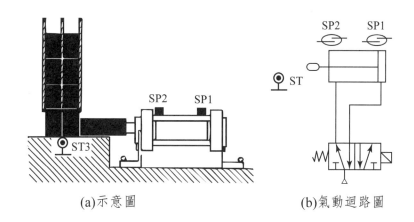

(a)示意圖　　　　　　　　　(b)氣動迴路圖

圖13-6　某推料機結構示意圖

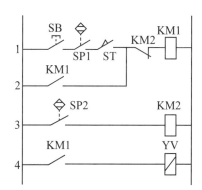

圖13-7　推料機構的梯形圖設計（垂直繪製）

1. 梯形圖的繪製原則

(1) 水平繪圖時，如電源為交流電，則圖中上母線為相線，下母線為零線；如電源為直流電，則圖中上相線為「+」極，下母線為「−」極。垂直繪製時，如電源為

交流電，則圖中左母線爲母線，右母線爲零線；如電源爲直流電，則圖中左母線爲「＋」極，右母線爲「－」極。

(2) 連接線與實際的元件配置無關，電路圖的構成是由左到右或由上向下進行的。爲便於讀圖，接線上要加上線號。控制元件的連接線接於電源母線之間，且盡可能用直線。連接線所連接的元件均以電氣符號表示，且均爲未操作時之狀態。

(3) 在連接線上，所有的開關、繼電器等的觸頭位置由垂直電路左母線，或水平電路的上母線開始連接。

(4) 一個梯形圖網路由多個梯級組成，每個輸出元素（如繼電器線圈等）可構成一個梯級。在連接線上，各種負載（如繼電器、電磁線圈、指示燈等）的位置通常是輸出元素，要放在垂直電路的左側，或水平電路的下側。

(5) 在電路圖中，要在各元件的電氣符號旁註明文字符號。

13-2 基本電氣迴路

13-2-1 是門電路

這是一種簡單的通、斷電路。如圖13-8(a)所示，按下按鈕PB，電路1導通，繼電器線圈K勵磁，其常開觸點閉合，電路2導通，指示燈亮。若鬆開按鈕，則指示燈熄滅。

13-2-2 或門電路

圖13-8(b)所示爲或門電路，也稱爲並聯電路。只要按下三個手動按鈕中的任何一個開關，就能使繼電器線圈K通電。例如：自動生產線上的多個地點的操作。或門電路的邏輯方程爲：

$$S = a + b + c$$

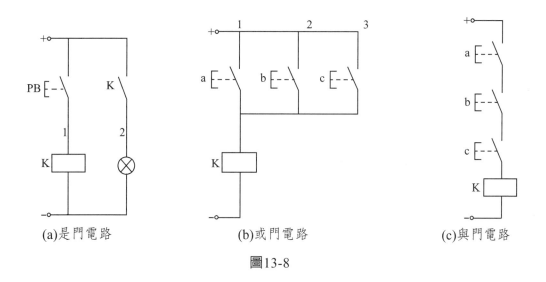

(a)是門電路　　　(b)或門電路　　　(c)與門電路

圖13-8

13-2-3 與門電路

此電路示於13-8(c)，也稱為串聯電路。只有將按鈕a、b、c同時按下，電流才通過繼電器線圈K。例如一台設備為防止錯誤操作，保證安全生產，安裝了兩個啟動按鈕，只有操作者將兩個啟動按鈕都同時按下時，設備才能運行，與門電路之邏輯方程為：

$$S = a \cdot b \cdot c$$

13-2-4 記憶電路

此電路又稱為自保持電路。它在各種液、氣壓裝置的控制電路中很常用，尤其是使用單電控電磁換向閥控制液、氣壓缸的運動時，需要自保持迴路。圖13-9列出了兩種記憶電路，在(a)圖中，按下按鈕PB1，繼電器線圈K得電，在其第2條線上的常開觸點K閉合。這時即使鬆開按鈕PB1，繼電器K也將通過常開觸點K繼續保持得電狀態，使繼電器K獲得記憶。圖中的PB2是用來解除自保持的按鈕。當同時按下PB1和PB2時，由於PB2切斷了電路，PB1按下是無效的，因此這種電路也稱為停止優先自保持電路。在(b)圖所示，為另一種自保持電路，當同時按下PB1和PB2時，PB1使繼

電器線圈K得電，PB2無效。這種電路也稱為啟動優先自保持電路。上述兩種電路略有差異，可根據要求恰當使用。

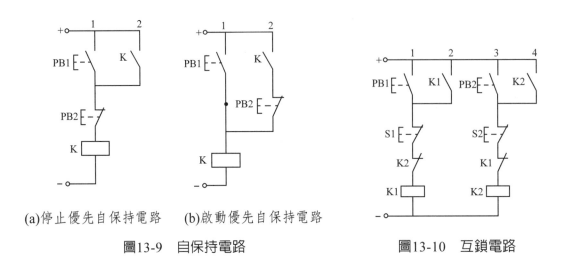

(a)停止優先自保持電路　　(b)啟動優先自保持電路

圖13-9　自保持電路　　　　　　　　　圖13-10　互鎖電路

13-2-5 互鎖電路

此電路用於防止錯誤動作的發生，以保護設備、人員的安全，如電馬達的正轉與反轉，氣缸的伸出與縮回。為避免同時輸入相互矛盾的動作信號，造成電路短路或線圈燒燬，控制電路應具互鎖功能。如圖13-10所示，按下按鈕PB1，繼電器線圈K1得電，第2條線上的觸點閉合，繼電器K1形成自保，第3條線上K1的動斷觸點斷開。此時若再按下按鈕PB2，繼電器線圈K2也不會得電。同理，若先按下按鈕PB2，則繼電器線圈K2得電，繼電器線圈K1就不會得電。

13-2-6 延時電路

隨著自動化設備的功能和工序愈來愈複雜，各工序之間需按一定的時間緊密、巧妙地配合，要求各工序時間可在一定時間內調節，這需要利用延時電路來實現。延時控制概分為兩種，即延時閉合和延時斷開。圖13-11(a)所示為延時閉合電路，當按下開關PB後，延時繼電器T開始計時，經過設定的時間後，時間繼電器觸點閉合，電燈亮。放開PB後，延時繼電器T立刻斷開，電燈熄滅。同圖(b)所示為延時斷開電路，

當按下開關PB後，時間繼電器T的觸點也同時接通，電燈亮。放開PB後，延時斷開繼電器開始計時，到規定時間後，時間繼電器的觸點T才斷開，電燈熄滅。

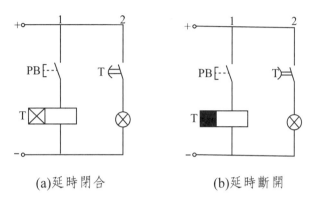

(a)延時閉合　　　　　(b)延時斷開

圖13-11　延時電路

13-3 液壓迴路的電控設計

在現代自動化設備中，許多動作是按一定順序自動完成的，而順序動作通常經由電氣控制來完成，從事液壓與氣動工作的現代技術人員，經常需要根據液壓迴路來設計電氣控制電路。故在此重點介紹液壓順序動作迴路電氣控制的有關設計。在電氣控制的液壓迴路中，液壓缸的位置通常是由行程開關來控制，方向控制閥則一律採用電磁閥，電氣控制液壓迴路的一般設計步驟如下：

1. 畫出位移—步驟圖；2. 設計液壓迴路；3. 根據液壓迴路設計電氣控制電路。

問題13-1：有一液壓缸A，其動作為伸出→退回，試設計液壓迴路及其電氣控制電路。設計步驟如下：

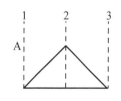

圖13-12　位移—步驟圖

　　1.根據動作順序畫出位移─步驟圖，如圖13-12所示。

　　2.設計液壓迴路，採用三位四通電磁換向閥設計的液壓迴路，如圖13-13所示（通電後使缸A前進的線圖稱為YA1，通電後按缸A後退的線圈稱為YA0）。

　　3.電氣控制電路設計步驟如下：

　　(1) 根據液壓迴路圖初步擬定圖13-14所示的電路圖。按下前進（後退）按鈕，液壓缸前進（後退），放開按鈕，液壓缸立即停止，動作方式屬於點動控制。

　　(2) 為了實現連續的前進和後退動作，這就需要K1和 K2分別作YA1、YA0線圈的自保持繼電器，如圖13-15所示。當前進、後退按鈕同時按下時，YA1、YA0線圈會同時通電，致使電磁閥無法控制，所以特別在電路中加入中間繼電器K1、K2的常閉觸頭，以防止這種現象的發生。

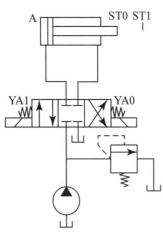

圖13-13　液壓迴路設計圖

圖13-14　電氣電路設計圖（一）

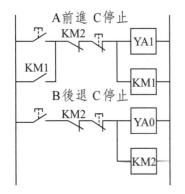

圖13-15　電氣電路設計圖（二）

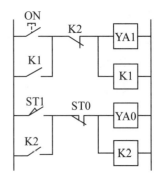

圖13-16　電氣電路設計圖（三）

(3) 如果要使按鈕按下後液壓缸能自動前進、後退一次，此時就需要行程開關ST1、ST0來發出信號，依此設計出的電路控制圖如圖13-16所示。因為在電路設計中，當所有的動作完成時，需將電全部切斷，所以需要用行程開關ST0來切斷YA0所在的電路。

問題13-2：兩個液壓缸的動作順序為A＋B＋A－B－（如前述「＋」表伸出，「－」表縮回），設計其液壓及電氣控制電路。

設計步驟如下：

1. 畫出兩個液壓缸的位移—步驟圖如圖13-17所示。
2. 設計液壓迴路，如圖13-18所示。
3. 設計電氣控制電路，步驟如下：

(1) 由位移—步驟圖和液壓迴路圖決定各電磁線圈應在何時通電、斷電。

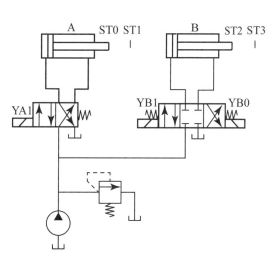

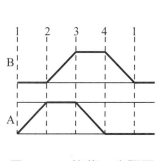

圖13-17　位移—步驟圖　　　　　圖13-18　液壓迴路設計圖

(2) 繪製電氣電路設計圖如下：

①繪製線圈通電圖，如圖13-19(a)所示。

②繪製線圈自保持電路圖，如圖13-19(b)所示。

③加上斷電的階段，繪製出完整的電路圖，如圖13-19(c)所示。

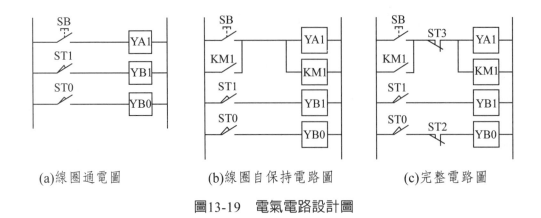

(a)線圈通電圖　　　　(b)線圈自保持電路圖　　　　(c)完整電路圖

圖13-19　電氣電路設計圖

⚡ 新知參考 21

電腦繪製液壓、氣動迴路圖與電氣電路圖 (一)

　　FluidSIM軟體由德國Festo公司和Paderborn大學聯合開發，是專門用於液壓與氣動技術的軟體。FluidSIM軟體可以設計與液壓迴路相配套的電氣控制電路圖。經由電氣控制液壓迴路，能充分展現各種開關和閥的動作過程。FluidSIM軟體將CAD功能和仿眞（Simulation）功能緊密聯繫在一起。虛擬現實就是利用電腦的軟、硬體來產生一種境界的模擬，例如模擬一個學習場所，或一次驚險的行爲等。並且利用這個階段發現可能存在的失敗或錯誤，去做相應的設計或參數修改。這是設計輔助、設計支援程序中，簡潔而不可少的模擬技術。

　　在該軟體的主介面，窗口左邊顯示出FluidSIM軟體的整個元件庫，其包括新建迴路圖所需的流體與電氣元件；窗口頂部的選單欄列出了仿眞和創建迴路圖所需的功能；工具欄給出了常用選單功能；狀態欄位於窗口底部，用來顯示操作FluidSIM軟體期間的當前計算和活動信息，在編輯模式中，FluidSIM軟體可以顯示由游標指針所選定的元件。液壓迴路繪製方法如下：

　　1. 新建文件：在「文件」選單下，執行「新建」命令，新建空白繪圖區域，打開一個新窗口，並將所有液壓元件「拖放」在繪圖區域上，同時設置液壓控制閥的結構等訊息。

　　2. 液壓迴路的繪製與仿眞：將「拖放」到繪圖區域上的液壓元件利用「油管」

連接起來，軟體會自動布置線路。在「執行」選單下，執行「啟動」命令，進行液壓迴路的仿眞運行，以檢查液壓迴路是否正確。

3. 氣動迴路、電氣控制電路繪製方法與液壓迴路基本相似。

電腦繪製液壓、氣動迴路圖與電氣電路圖 (二)

Microsoft Office Visio是微軟公司辦公程序中的流程圖繪製軟體，Visio以可視方式打開模板，將形狀「拖放」到繪圖區域中。現在，Office Visio中的新增功能和增強功能使得創建的Visio圖表更爲簡單，令人印象深刻。

1. 「文件」選單下，執行「新建→機械工程→流體動力」命令，新建空白的液壓、氣動繪圖文件可檢視出來。

2. 將所用的液壓、氣動元件「拖放」在繪圖區域上，右鍵單擊元件，設置液壓、氣動元件的參數和信息。部分液壓、氣動元件可能需要調整、修改，並且組合或重新繪製。**注意：**建議將常用的液壓、氣動元件單獨建立一個文件檔，保存爲液壓、氣動元件庫，以後繪製迴路圖時可以隨時運用。

3. 重新調整「拖放」到繪圖區域中液壓、氣動元件的位置，然後將液壓、氣動元件用「連接線」連接起來，構成液壓、氣動迴路圖。

4. 同樣的方法可以繪製電氣控制電路圖。

13-4 氣動迴路的電控設計

在設計電氣氣動程序控制系統時，應將電氣控制迴路和氣動動力迴路圖分開畫，兩個圖上的文字符號應一致，以便對照。電氣控制電路圖的設計方法有多種，僅介紹直覺法和串級法。

13-4-1 直覺法（經驗法）設計電控迴路圖

這是應用氣動的基本控制方法和自身的經驗來設計。用此方法設計控制電路的優點是適用於較簡單的迴路設計，可憑藉設計者本身累積的經驗，快速地設計出電控迴路。但其缺點是設計方法較主觀，對於較複雜的控制迴路不宜採用。在設計電氣電路圖之前，必須首先設計好氣動傳動迴路，確定好與電氣迴路圖有關的主要技術參

數。在氣動自動化系統中，常用的主控閥有單電控二位三通換向閥、單電控二位五通換向閥、雙電控二位五通換向閥、雙電控三位五通換向閥等四種。以直覺法設計電控電路時，必須從以下幾方面考慮：

13-4-1-1 分清電磁換向閥的結構差異

在控制電路的設計中，按電磁閥結構的不同將其分為脈衝控制和保持控制。雙電控二位五通換向閥和雙電控三位五通換向閥是利用脈衝控制的。單電控二位三通換向閥和單電控二位五通換向閥是利用保持控制的。在該類型中，電流是否持續保持，是電磁閥換向的關鍵。利用脈衝控制的電磁閥，因其具有記憶功能，無需自保，所以此類電磁閥沒有彈簧。為避免因誤動作造成電磁閥兩邊線圈同時通電而燒毀線圈，在設計控制電路時必須考慮互鎖保護。利用保持電路控制的電磁閥，必須考慮使用繼電器實現中間記憶。此類電磁閥通常具有彈簧復位或彈簧中位，這種電磁閥比較常用。

13-4-1-2 注意動作模式

如氣缸的動作是單個循環，用按鈕開關操作前進，利用行程開關或按鈕開關控制回程。若氣缸動作為連續循環，則利用按鈕開關控制電源的通、斷電，在控制電路上比單個循環多加一個信號傳送元件（如行程開關），使氣缸完成一次循環後能再次動作。

13-4-1-3 對行程開關（或按鈕開關）是動合觸點還是動斷觸點的判別

用二位五通或二位三通單電控電磁換向閥控制氣缸運動，欲使氣缸前進，控制電路上的行程開關（或按鈕開關）以動合觸點接線；只有這樣，當行程開關（或按鈕開關）動作時，才能將信號傳送給使氣缸前進的電磁線圈。反之，若要氣缸後退，必須使通電的電磁線圈斷電，電磁閥復位，氣缸才能後退，控制電路上的行程開關（或按鈕開關）在控制電路上必須以動斷觸點形式接線；這樣，當行程開關（或按鈕開關）動作時，電磁閥復位，氣缸後退。

13-4-1-4 用二位五通單電控電磁換向閥控制單氣缸運動

問題13-3：設計用二位五通單電控電磁換向閥控制的單氣缸自動單往復迴路。

　　利用手動按鈕控制單電控二位五通電磁閥來操作單氣缸實現單個循環，氣動迴路如圖13-20(a)所示，動作流程圖如圖13-20(b)所示，依照設計步驟完成13-20(c)所示的電氣迴路圖。

提示：

　　氣動自動化控制技術是利用壓縮空氣作爲傳遞動力或信號的介質，通過各類氣動元件，與機械、液壓、電氣、PLC和微機（Microcomputer）等綜合構成氣動系統，使氣動執行元件自動按設定的程序運行。例如工業自動化生產線的氣動機械手（Pneumatic manipulators），用氣動自動化控制技術達成生產過程自動化，是現代工業自動化的一種重要技術手段。

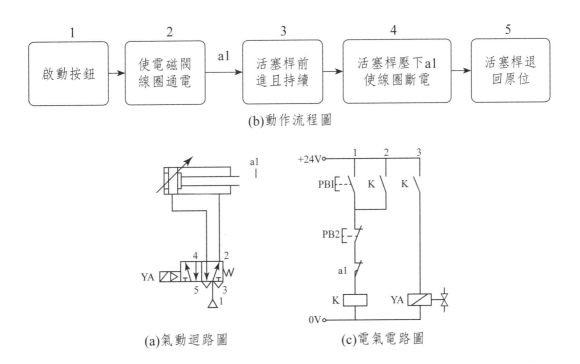

(b)動作流程圖

(a)氣動迴路圖　　　　(c)電氣電路圖

圖13-20　單氣缸自動往復迴路

設計步驟如下：

1. 將啟動按鈕PB1及繼電器K置於1號線上，繼電器的動合觸點K及電磁閥線圈YA置於3號線上，這樣，當PB1被按下時，電磁閥線圈YA通電，電磁閥換向，活塞前進，完成圖13-20(b)中方框1、2的要求，如圖13-20(c)所示的1號線和3號線。

2. 由於PB1是點動按鈕，手一放開，電磁閥線圈YA就會斷電，活塞後退。為使活塞保持前進狀態，必須將繼電器K所控制的動合觸點接於2號線上，形成自保電路，完成13-20(b)中方框3的要求，如圖13-20(c)所示的2號線。

3. 將行程開關a1的常閉觸點接於1號線上，當活塞桿壓下a1時，切斷自保電路，電磁閥線圈YA斷電，電磁閥復位，活塞退回，完成圖13-20(b)中方框5的要求。圖13-20(c)中的PB2為停止按鈕。

動作說明如下：

1. 將啟動按鈕PB1按下，繼電器線圈K通電，控制2號和3號線上所控制的動合觸點閉合，繼電器K自保。同時，3號線接通，電磁閥線圈YA通電，活塞持續前進。

2. 活塞桿壓下行程開關a1，切斷自保電路，1號和2號線斷路，繼電器線圈K斷電，K所控制的觸點恢復原位。同時，3號線斷開，電磁閥線圈YA斷電，電磁閥復位，活塞後退。

問題13-4：設計用二位五通單電控電磁換向閥控制的單氣缸自動連續往復迴路。

氣動迴路如圖13-21(a)所示，動作流程圖如圖13-21(b)所示。依照設計步驟完成13-21(c)所示的電氣迴路圖。

設計步驟如下：

1. 將啟動按鈕PB1及繼電器K1置於1號線上，繼電器的動合觸點K1置於2號線上，並與PB1並聯，和1號線形成自保電路。在相線上加一繼電器K1的動合觸點，這樣，當PB1被按下時，繼電器K1線圈所控制的動合觸點K1閉合，3、4、5號線上才接通電源。

2. 為得到下一次循環，必須多加一個行程開關，使活塞桿退回壓到a0後再次使電磁閥通電，為達到此一功能，a0以動合觸點形式接於3號線上，系統在未啟動之前活塞桿壓在a0上，故a0的啟始位置是接通的。

3. 將圖13-20(c)稍加修改，即可得到電氣電路圖，如圖12-21(c)所示。

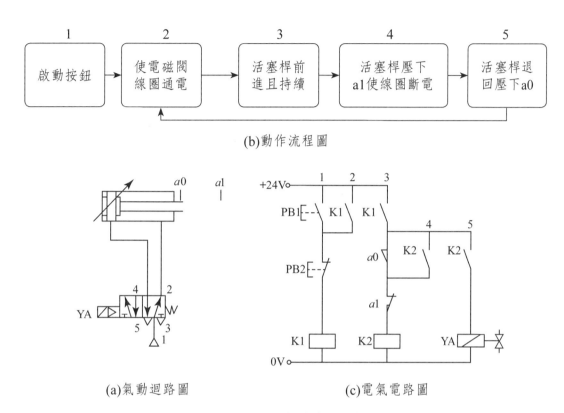

(b)動作流程圖

(a)氣動迴路圖　　　　　　　(c)電氣電路圖

圖13-21　單氣缸自動連續往復迴路

動作說明如下：

1. 將啟動按鈕PB1按下，繼電器線圈K1通電，2號線和相線上的K1所控制的動合觸點閉合，繼電器K1形成自保。

2. 3號線接通，繼電器K2通電，4號線和5號線上的繼電器K2的動合觸點閉合，繼電器K2形成自保。

3. 5號線接通，電磁閥線圈YA通電，活塞前進。

4. 當活塞桿壓下a1時，繼電器線圈K2斷電，K2所控制的動合觸點恢復原位，繼電器K2的自保電路斷開，4號和5號線斷路，電磁閥線圈YA斷電，活塞後退。

5. 活塞退回壓下a0時，繼電器線圈K2又通電，電路動作由圖13-21(b)中方框2開始。

6. 若按下PB2，則繼電器線圈K1和K2斷電，活塞後退。PB2為急停或後退按鈕。

問題13-5 ：設計用二位五通單電控電磁換向閥控制的單氣缸延時單往復運動
迴路。氣動迴路如圖13-22(a)所示，位移一步驟圖如圖13-22(b)所
示，動作流程如圖13-22(c)所示，依照設計步驟完成13-22(d)所示
的電氣電路圖。

設計步驟如下：

1. 將啟動按鈕PB1及繼電器K置於1號線上，繼電器的動合觸點K及電磁閥線圈
YA置於4號線上，這樣，當PB1被按下時，電磁閥線圈通電，完成圖13-22(c)中方框1
和2的要求。

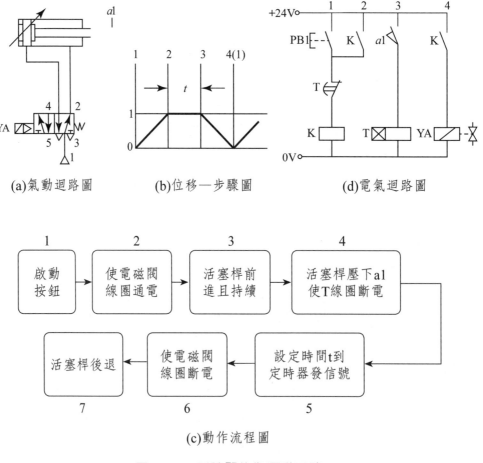

(a)氣動迴路圖   (b)位移一步驟圖   (d)電氣迴路圖

(c)動作流程圖

圖13-22   延時單往復運動迴路

2. 當PB1被鬆開時，電磁閥線圈YA斷電，活塞後退。為使活塞保持前進，必須將繼電器K的動合觸點接於2號線上，且和PB1並聯，和1號線構成自保回路，從而完成圖13-22(c)中方框3的要求。

3. 將行程開關a1的動合觸點和定時器線圈T連接於3號線上，當活塞桿前進壓下a1時，定時器動作，計時開始，於是完成圖13-22(c)中方框4的要求。

4. 定時器T的動斷觸點接於1號線上。當定時器動作時，計時終止，定時器的觸點T斷開，電磁閥線圈YA斷電，活塞後退，從而完成方框5、6、7的要求，如圖13-22(d)所示。

動作說明如下：

1. 按下按鈕PB1，繼電器線圈K通電，2號和4號線上K所控制的動合觸點閉合，繼電器K形成自保，且4號通路，電磁閥線圈YA通電，活塞前進。

2. 活塞桿壓下a1，定時器動作，經過設定時間t，定時器所控制的動斷觸點斷開，繼電器K斷電，繼電器所控制的觸點復位。

3. 4號線開路，電磁鐵線圈YA斷電，活塞後退。

4. 活塞桿一離開a1，定時器線圈T斷電，其所控制的動斷觸點復位。

13-4-1-5 用二位五通雙電控電磁換向閥控制單氣缸運動

由上述可知，使用單電控電磁閥控制氣缸運動，由於電磁閥的特性，控制電路上必須有自保電路。而二位五通雙電控電磁閥有記憶功能，且閥芯的切換只要一個脈衝信號即可，控制電路上不必考慮自保，電氣迴路的設計簡單。

問題13-6：設計用二位五通雙電控電磁換向閥控制的單氣缸自動單往復迴路。利用手動按鈕使氣缸前進，直至到達預定位置，其自動後退。氣動迴路如圖13-23(a)所示，動作流程如圖13-23(b)所示，依據設計步驟完成13-23(c)所示的電氣迴路圖。

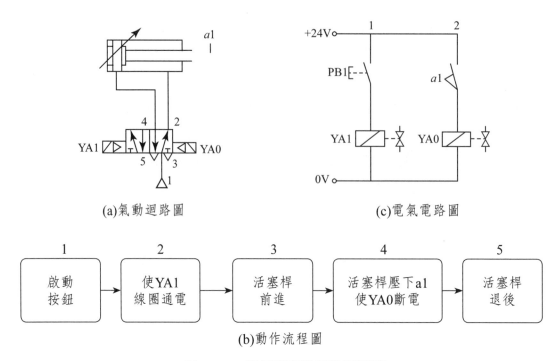

(a)氣動迴路圖

(c)電氣電路圖

1	2	3	4	5
啟動 按鈕	使YA1 線圈通電	活塞桿 前進	活塞桿壓下a1 使YA0斷電	活塞桿 退後

(b)動作流程圖

圖13-23　單氣缸自動單往復迴路

設計步驟如下：

1. 將啟動按鈕PB1和電磁線圈YA1置於1號線上，當按下PB1後立即放開時，線圈YA1通電，電磁閥換向，活塞前進，達到圖13-23(b)中方框1、2、3的要求。

2. 將行程開關a1以動合觸點的形式和線圈YA0置於2號線上。當活塞前進時，壓下a1，YA0通電，電磁閥復位，活塞後退，完成圖13-23(b)中方框4、5的要求。其電路如圖13-23(c)所示。

問題13-7：設計用二位五通雙電控電磁換向閥控制的單氣缸自動連續往復迴路。其氣動迴路如圖13-24(a)所示，動作流程如圖13-24(b)所示，依據設計步驟完成如圖13-24(c)所示的電氣迴路圖。

設計步驟如下：

1. 將啟動按鈕PB1和繼電器線圈K置於1號線上，K所控制的動合觸點接於2號線上。當按下PB1後立即放開時，2號線上K的動合觸點閉合，繼電器K自保，則3號和4號線有電。

2. 電磁鐵線圈YA1置於3號線上，當按下PB1時，線圈YA1通電，電磁閥換向，活塞前進，完成圖13-24(b)所示方框1、2、3的要求。

3. 行程開關a1以動合觸點的形式和電磁鐵線圈YA0接於4號線上。當活塞桿前進壓下a1時，線圈YA0通電，電磁閥復位，氣缸活塞後退，完成圖13-24(b)所示方框4的要求。

4. 為得到下一次循環，必須在電路上加一個起始行程開關a0，使活塞後退，壓下a0時，將信號傳給線圈YA1，使YA1再次通電。為完成此項工作，a0以動合觸點的形式接於3號線上。系統在未啟動之前，活塞在啟始點位置，a0被活塞桿壓住，故其啟始時為接通狀態。PB2為停止按鈕。電路如圖13-24(c)所示。

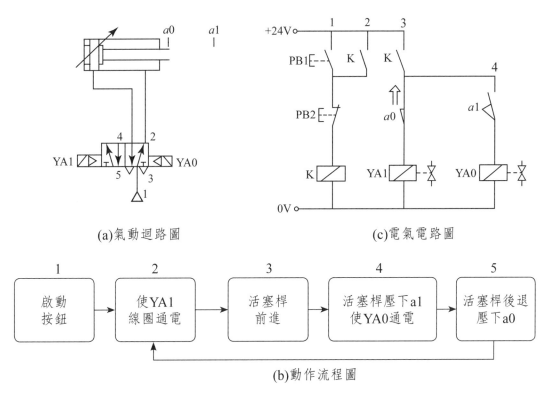

(a)氣動迴路圖　　　　　　　(c)電氣電路圖

(b)動作流程圖

圖13-24　單氣缸自動連續往復迴路

動作說明如下：

1. 按下PB1，繼電器線圈K通電，2號線上的繼電器動合觸點閉合，繼電器K形成自保，且3號線接通，電磁鐵線圈YA1通電，活塞前進。

2. 當活塞桿離開a0時，電磁鐵線圈YA1斷電。

3.當活塞桿前進壓下a1時，4號線接通，電磁鐵線圈YA0通電，活塞退回。當活塞桿退後壓下a0時，3號線又接通，電磁鐵線圈YA1再次通電，第二個循環開始。圖13-24(c)所示電路圖的缺點是：當活塞前進時，按下停止按鈕PB2，活塞桿繼續前進，且壓在行程開關a1上，活塞無法退回到啟始位置。按下停止按鈕PB2，無論活塞處於前進還是後退狀態，均能使活塞馬上退回到啟始位置。將按鈕開關PB2換成按鈕轉換開關，其電路圖如圖13-25所示。

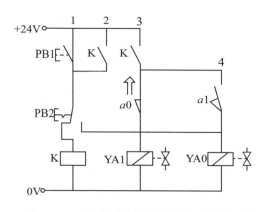

圖13-25　在任意位置可復位的單氣缸自動連續往復電氣迴路

13-4-2 用串級法設計電氣迴路圖

對於複雜的電氣迴路用上述經驗法設計容易出錯。下面介紹串級法設計電氣迴路，其原則與前述設計純氣動控制迴路相似。此法設計電氣迴路並不能保證使用最少的繼電器，但卻能提供一種方便而有規則可循的方法。根據此法設計的迴路易懂，可不必藉助位移—步驟圖來分析其動作，減少了對設計技巧和經驗的依賴。串級法既適用於雙電控電磁閥控制的電氣迴路，也適用於單電控電磁閥控制的電氣迴路，其設計的基本步驟如下：

1. 畫出氣動動力迴路圖，按照程序要求確定行程開關位置，並確定使用雙電控電磁閥或單電控電磁閥。
2. 按照氣缸動作的順序分組。
3. 根據各氣缸動作的位置，決定其行程開關。
4. 根據步驟3畫出電氣迴路圖。
5. 加入各種控制繼電器和開關等輔助元件。

13-4-2-1 使用雙電控電磁閥的電氣迴路圖設計

在上述的用串級法設計氣路中，氣缸的動作順序經分組後，在任意時刻只有其中

某一組在動作狀態中，如此可避免雙電控電磁閥因誤動作而導致通電，其詳細設計步驟如下：

1. 寫出氣缸的動作順序並分組。分組的原則是，每個氣缸的動作在每組中只出現一次，即同一組中氣缸的英文字母代號不得重複出現。

2. 每一組用一個繼電器控制動作，且在任意時間僅其中一組繼電器處於動作狀態。

3. 第1組繼電器由啟動開關串聯最後一個動作所觸動的行程開關動合觸點控制，並形成自保。

4. 各組的輸出動作按照各氣缸的運動位置及所觸動的行程開關來確定，並按順序設計迴路。

5. 第2組和後繼各組繼電器由前一組氣缸最後觸動的行程開關之動合觸點，串聯前一組繼電器的動合觸點控制，並形成自保。由此可避免行程開關被觸動一次以上而產生錯誤的順序動作，或是不按正常順序觸動行程開關而造成不良影響。

6. 每一組繼電器的自保迴路由下一組繼電器的動斷觸點切斷，但最後一組繼電器除外。最後一組繼電器的自保迴路由最後一個動作完成時所觸動的行程開關之動斷觸點切斷。

7. 如果在電路中有兩次動作以上的電磁鐵線圈，那麼必須在其動作迴路上串聯該動作所屬組別的繼電器之動合觸點，以免逆向電流造成不正確的繼電器或電磁線圈被勵磁。

8. 如果將動作順序分成兩組，則通常只需用一個繼電器（一組用繼電器動合觸點，一組用繼電器動斷觸點）；如果將動作順序分成3組以上，則通常每一組用一個繼電器控制；但在任意時刻，只有一個繼電器通電。

問題13-8：A、B兩缸的動作順序為 A＋B＋B－A－，兩缸的位移—步驟圖如圖13-26(a)所示，其氣動迴路圖如圖13-26(b)所示，試設計其電氣電路圖。

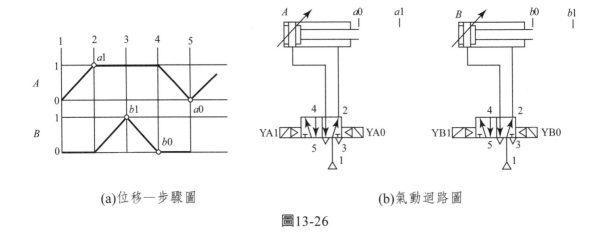

(a)位移─步驟圖　　　　　　　　(b)氣動迴路圖

圖13-26

設計步驟如下：

1. 將兩缸的動作按順序分組，如13-27(a)所示。

2. 由於動作順序只分為兩組，因此只用1個繼電器控制即可，第1組由繼電器動合觸點控制，第2組由繼電器動斷觸點控制。

3. 建立啟動迴路：將啟動按鈕PB1和繼電器線圈K1置於1號線上，繼電器K1的動合觸點置於2號線上且和啟動按鈕並聯。這樣，當按下啟動按鈕PB1時，繼電器線圈K1通電並自保。

4. 第1組的第一個動作為A缸伸出，故將K1的動合觸點和電磁線圈YA1串聯於3號線上。這樣，當K1通電時，A缸即伸出，電路如圖13-27(b)所示。

5. 當A缸前進壓下行程開關a1時，發出信號使B缸伸出，故將a1的動合觸點和電磁線圈YB1串聯於4號線上，且和電磁線圈YA1並聯，電路如圖13-27(c)所示。

6. 當B缸伸出壓下行程開關b1時，產生換組動作（由1組換到2組），即線圈K1斷電，故必須將b1的動斷觸點接於1號線上。

7. 第2組的第一個動作為B－，故將K1的動斷觸點和電磁線圈YB0串聯於5號線上，如圖13-27(d)所示。

8. 當B缸縮回壓下行程開關b0時，A缸縮回，故將b0的動合觸點和電磁線圈YA0串聯且和電磁線圈YB0並聯。

9. 將行程開關a0的動合觸點接於5號線上，以防止在未按下啟動按鈕PB1之前，電磁線圈YA0和YB0通電。

10. 完成電路，如圖13-27(e)所示。

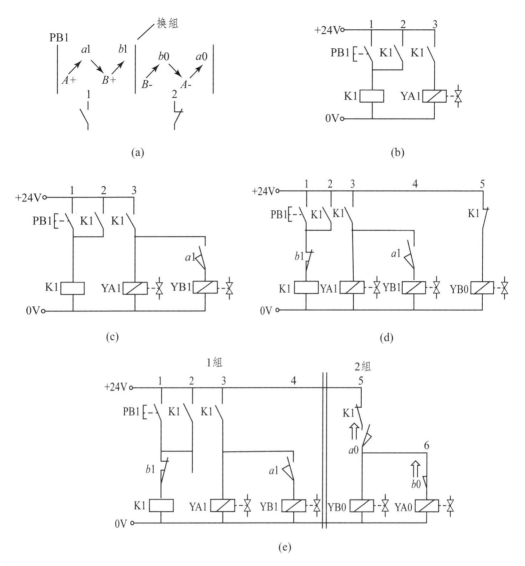

圖13-27　設計步驟圖

動作說明如下：

1. 按下啟動按鈕，繼電器K1通電，2號和3號線上K1所控制的動合觸點閉合，5號線上的動斷觸點斷開，繼電器K1形成自保。

2. 3號線通路，5號線斷路，電磁線圈YA1通電，A缸前進。A缸伸出壓下行程開關a1，a1閉合，4號線通路，電磁閥線圈YB1通電，B缸前進。

3. B缸前進壓下行程開關b1，b1斷開，電磁線圈K1斷電，K1控制的觸點復位，繼電器K1的自保消失，3號線斷路，5號線通路。此時電磁線圈YB0通電，B缸縮回。

4. B缸縮回壓下行程開關b0，b0閉合，6號線通路，電磁線圈YA0通電，A缸縮回。

5. A缸後退壓下a0，a0斷開。

由以上動作可知，採用串級法設計控制電路可防止電磁線圈YA1和YA0 及YB1和YB0同時通電。

問題13-9：A、B兩缸的位移－步驟圖如圖13-28(a)所示，其氣動迴路圖如圖13-28(b)所示，試設計其電氣迴路圖。

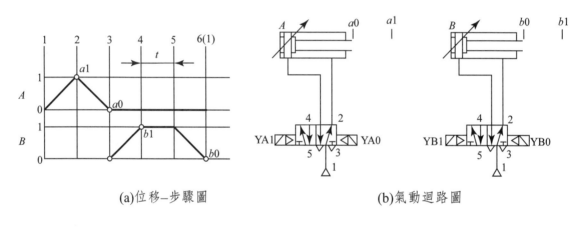

(a)位移－步驟圖　　　　　　　　　(b)氣動迴路圖

圖13-28

設計步驟如下：

1. 將兩缸的動作按順序分組，如圖13-29(a)所示。

2. 由圖13-29(a)可見，動作順序分為3組：第1組由繼電器K1控制，第2組由繼電器K2控制，第3組由繼電器K3控制。

3. 首先建立啟動迴路。將啟動按鈕PB1、行程開關b0的動合觸點和繼電器線圈K1置於1號線上，K1的動合觸點置於2號線上，且與PB1及b0並聯。

4. 將K1的動合觸點及電磁線圈YA1串聯於3號線上。這樣當啟動按鈕PB1按下時，繼電器K1自保，A缸伸出，電路如圖13-29(b)所示。

5. 當A缸伸出壓下行程開關a1時，要產生換組動作（由1組換到2組），亦即使繼電器線圈K2通電，同時使繼電器線圈K1斷電。要完成此功能，須將K1的動合觸點、

行程開關a1和繼電器線圈K2串聯於4號線上。繼電器K2的動合觸點接於5號線上，且和繼電器K1的動合觸點及a1並聯，同時將K2的動斷觸點串聯到2號線上。這樣當A缸伸出壓下行程開關a1時，繼電器線圈K2通電，形成自保。2號線上K2的動斷觸點斷開，繼電器線圈K1斷電。其電路如圖13-29(c)所示。

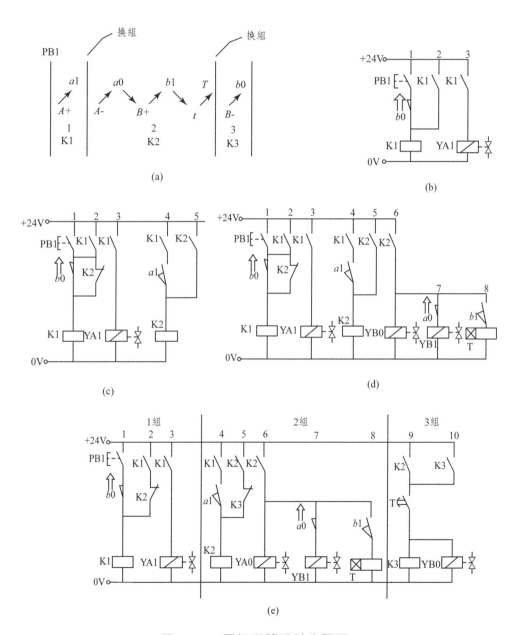

圖13-29　電氣迴路設計步驟圖

6. 繼電器K2的動合觸點及電磁線圈YB0串聯於6號線上，當K2通電時，A缸縮回。

7. 當A缸縮回壓下行程開關a0時，B缸伸出，故將a0的動合觸點及電磁線圈YB1置於7號線上。

8. 當B缸伸出壓下行程開關b1時，定時器動作，產生時延，故將b1的動合觸點和定時器線圈T置於8號線上，其電路如圖13-29(d)所示。

9. 當定時器設定時間到達時，產生換組動作（由2組換到3組），使繼電器線圈K3通電，同時使繼電器線圈K2斷電。要完成此項功能，需將繼電器K2的動合觸點、定時器T的動合觸點及繼電器K3線圈置於9號線上，同時將繼電器K3的動斷觸點串聯在5號線上。這樣當定時器時間到達時，定時器的動合觸點閉合，繼電器線圈K3通電，5號線上K3的動斷觸點分離，繼電器線圈K2斷電。

10. 將電磁鐵線圈YB0置於10號線上，使其與繼電器K3並聯。當K3通電時，電磁線圈YB0勵磁，氣缸B縮回。

11. 完成電氣迴路，如圖13-29(e)所示，共分3組及10個號線。

動作說明如下：

1. 按下啟動按鈕，1號線通電，繼電器線圈K1通電，2號、3號和4號線上K1所控制的動合觸點閉合，繼電器K1自保。

2. 由於此時3號線通路，因此電磁線圈YA1通電，A缸伸出。

3. A缸伸出壓下行程開關a1，4號線通路，繼電器線圈K2通電，則5號、6號和9號線上所控制的動合觸點閉合，2號線上繼電器K2的動斷觸點分離，並使1號和2號線上所形成的自保電路消失，線圈K1斷電，動作由第1組換到第2組。

4. 6號線通路，電磁線圈YA0通電，A缸縮回。

5. A缸縮回，壓下行程開關a0，電磁線圈YB1通電，B缸伸出。

6. B缸伸出壓下b1時，定時器線圈T通電，開始計時。

7. 設定時間到達時，定時器線圈所控制的動合觸點閉合，9號線通路，繼電器線圈K3通電，5號線上K1的動斷觸點分離，4號和5號線上所形成的自保電路消失，繼電器線圈K2斷電，動作由第2組換到第3組。

8. 繼電器線圈K3通電，同時電磁閥線圈YB0通電，B缸縮回。

由以上動作說明可知，在任一時刻只有一個繼電器線圈通電，則電磁線圈YA1和YA0、YB1、YB0不會出現同時通電的情況。

如果設計要求的控制條件如下：

1. 單循環、連續循環二者選一；2. 按下急停按鈕，A、B兩缸退回原始位置。

則電氣迴路圖改為如圖13-30所示。

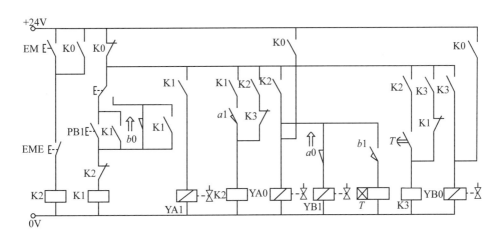

圖13-30 單循環、連續循環及緊急復位電路

13-4-2-2 使用單電控電磁閥的電氣迴路圖設計

這設計的思路是讓電磁線圈通電而使方向控制閥換向，從而使氣缸活塞桿伸出；讓電磁閥斷電，使電磁閥復位，即氣缸縮回。如前所述，在串級法中，當新的一組動作開始時，前一組的所有主閥斷電。因此對於輸出動作延續到後繼各組的動作，必須在後繼各組中再次被勵磁。其在設計步驟上與雙電控電磁閥的控制迴路相同，但通常將控制繼電器線圈集中在迴路左方，而控制輸出電磁閥線圈放在迴路右方。

問題13-10：A、B兩缸的位移－步驟圖如圖13-31(a)所示，其氣動迴路圖如圖13-31(b)所示，試設計其電氣迴路圖。

設計步驟如下：

1. 寫出氣缸的順序動作，並按串級法分組，確定每個動作所觸動的行程開關。為了表示電磁線圈的動作延續到後繼各組中，用動作順序下方畫出水平箭頭來說明線

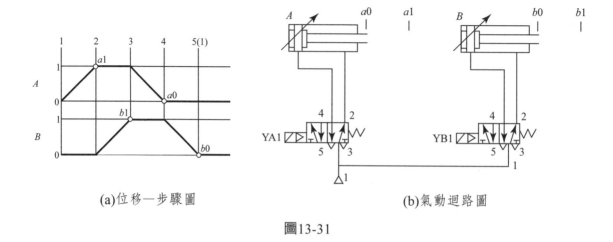

(a)位移—步驟圖　　　　　　　　　　(b)氣動迴路圖

圖13-31

圈的輸出動作必須維持至該點。如圖13-32(a)所示，電磁線圈YB1通電必須維持到A缸後退行程完成，當A缸後退壓下a0時，線圈YB1斷電，B缸自動後退。

　　2. 動作分為兩組，並由兩個繼電器分別掌管。將啟動按鈕PB1、行程開關b0及繼電器線圈K1置於1號線上，K1的動合觸點置於2號線上且和PB1及b0並聯，K1的動合觸點和電磁線圈YA1串聯於5號線上。這樣當按下PB1時，電磁線圈YA1通電，繼電器K1形成自保。電路如圖13-32(b)所示。

　　3. A缸伸出壓下行程開關a1，導致B缸伸出。因此將繼電器K1的動合觸點、行程開關a1和電磁線圈YB1串聯於6號線上。這樣當A缸伸出壓下a1時，電磁線圈YB1通電，B缸伸出。電路如圖13-32(c)所示。

　　4. B缸伸出壓下行程開關b1，產生換組動作（由1組換到2組）。將繼電器K1的動合觸點、行程開關b1及繼電器線圈K2串聯於3號線上，繼電器線圈K2的動合觸點接於4號線上，且和動合觸點K1及行程開關b1並聯。這樣當B缸伸出壓下行程開關b1時，繼電器線圈K2通電，且形成自保，同時1號線上的繼電器線圈K2的動斷觸點分離，繼電器線圈K1斷電，順序動作進入第2組。電路如圖13-32(d)所示。

　　5. 由於繼電器K1斷電，因此5號線斷路，A缸縮回。為防止動作進入第2組時B缸與A缸同時縮回，必須在7號線上加上繼電器K2的動合觸點，以延續電磁線圈YB1通電。

　　6. A缸縮回壓下行程開關a0，導致B缸縮回，因此將行程開關a0的動斷觸點串聯於3號線上。這樣當A缸退回壓下a0時，繼電器線圈K2斷電，B缸縮回。

　　7. 完成電氣電路圖如圖13-32(e)所示。

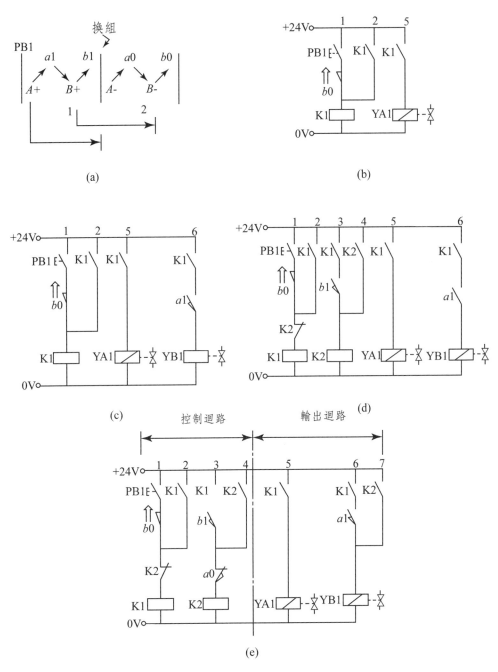

(a)

(b)

(c)

控制迴路　輸出迴路

(d)

(e)

圖13-32　設計步驟圖

動作說明如下：

1. 按下啟動按鈕PB1，1號線通路，繼電器線圈K1通電，1號、2號、3號、5號及6號線上所控制的動合觸點閉合，繼電器線圈K1形成自保。

2. 5號線通路，電磁線圈YA1通電，A缸伸出。

3. A缸伸出壓下a1，6號線通路，電磁線圈YB1通電，B缸前進。

4. B缸前進壓下b1，3號線通路，繼電器線圈K2通電，4號和7號線上K2的動合觸點閉合，1號線上K2的動斷觸點分離，動作進入第2組。

5. 因為繼電器線圈K1斷電，K1所控制的觸點復位，所以5號線斷電，電磁線圈YA1斷電，A缸縮回。

6. 當A缸縮回壓下a0時，切斷3號和4號線所形成的自保電路。此時繼電器線圈K2斷電，K2所控制的觸點復位；7號線斷路，電磁線圈YB1斷電，B缸縮回。

⚡ 新知參考 22

PLC控制的氣動系統設計舉例

可編程序控制器（PLC）控制是目前液壓氣動設備最常見的一種控制方式。PLC能處理相當複雜的邏輯關係，可以對各種類型、各種複雜程度的液壓氣動系統進行控制。此外，由於PLC控制系統採用軟體編程方法實現控制邏輯，因此通過改變程序就可以改變液壓氣動系統的邏輯功能，從而使系統的柔性增加，可靠性增加。

PLC作為一種專門用於工業現場控制的電腦系統，與電腦控制系統的組成十分相似，也包括軟體和硬體兩大部分。在硬體組織結構方面也與電腦基本相同，亦具有中央處理機（CPU）、儲存器、輸入／輸出（I/O）接口、電源等，如圖13-33所示。

PLC控制系統的設計步驟如下：

1. 編定整個系統的輸入／輸出設備的數量，從而確定PLC的I/O點數。

2. 選擇PLC機型。

3. 建立I/O地址分配表。

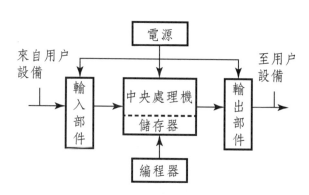

圖13-33　可編程序控制器基本組成

4. 編寫PLC梯形圖程序。

5. 繪製PLC控制系統的輸入／輸出硬體接線圖。

PLC控制的氣動系統設計步驟舉例：

問題13-11：A、B、C三個氣缸的氣動控制迴路如圖13-34所示，位移—步驟
如圖13-35所示，假設三個氣缸均採用單電控電磁閥控制，試利用
PLC控制其動作。

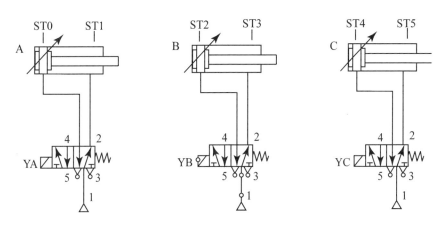

圖13-34　氣動控制迴路圖

系統設計步驟如下：

1. 列出輸入／輸出元件和輔助繼電器。

輸入元件：三個缸的非接觸式行程開關
ST0、ST1、ST2、ST3、ST4、ST5。

主令元件：啟動按鈕SB1，停止按鈕
SB2。

輸出元件：控制氣缸的電磁閥YA、
YB、YC。

輔助繼電器：M0、M1。

定時器：T0。

本系統共有8個輸入點和3個輸出點。

2. 選用可編程序控制器。

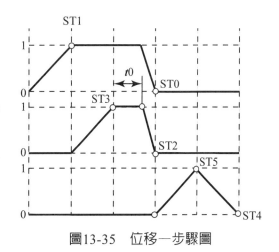

圖13-35　位移—步驟圖

　　根據本系統的I/O點數要求，選用FX$_{2N}$-16M微型可編程序控制器。其輸入點數為8，輸出點數為8。

　　3. 列出I/O地址分配表。建立I/O地址分配表，見表13-1。

表13-1　I/O地址分配表

I/O地址	符號	說明	I/O地址	符號	說明
X000	ST0	氣缸A退回位置	Y000	YA	控制氣缸A伸出
X001	ST1	氣缸A伸出位置	Y001	YB	控制氣缸B伸出
X002	ST2	氣缸B退回位置	Y002	YC	控制氣缸C伸出
X003	ST3	氣缸B伸出位置			
X004	ST4	氣缸C退回位置			
X005	ST5	氣缸C伸出位置			
X006	SB1	啟動開關			
X007	SB2	停止開關			

　　4. 編寫PLC梯形圖程序，如圖13-36所示。

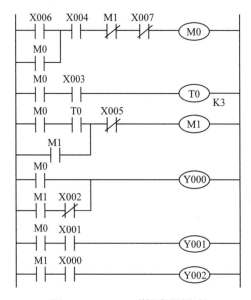

圖13-36　PLC梯形圖程序

5. 繪製出PLC硬體接線圖，如圖13-37所示。

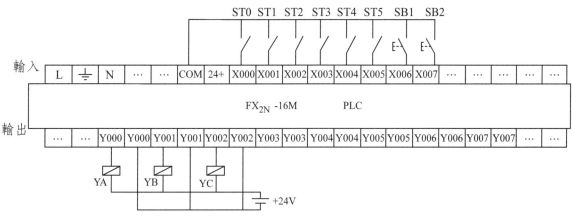

圖13-37 PLC硬體接線圖

液壓系統的調試與運行：無論是新製造的液壓設備還是經過大修後的液壓設備，都要進行工作性能和各項技術指標的調試，在調試過程中排除障礙，從而使設備達到正常、穩定、可靠地工作狀態，同時調適中累積的第一手資料應及時整理納入技術檔案，將有助於此後的維護和故障診斷及排除。對液壓設備正確使用及合理運轉，可以使設備經常維持在良好狀況，並足以延長使用壽命。

1. 設備的操作者必須熟悉系統原理與結構，掌握動作程序及各元件的調節方法。

2. 在開動設備前，應檢查所有運行機構及電磁閥是否處於原始狀態，油槽液位若不足，不准啟動液壓泵。

3. 一般油溫應控制在35～55℃範圍內，冬季若油槽內溫度未達25℃時，不准開始執行元件的順序動作，應先以加熱器加溫，或啟動油泵使其空運轉。夏季若油溫高於60℃時，應採冷卻措施，密切注意系統工作狀況，一旦有問題要及時停泵。

4. 停機超過4小時的液壓設備，如再開始運轉前，應使泵空轉5～10分鐘，一切正常時，然後才能帶壓工作。

參考資料 9

　　液壓氣動設計模擬系統（維美公司、位於新北市淡水區，Tel 02-8809-8037）Hy-Pneu為流體傳動（油、氣壓）領域中之元件設計及系統分析的動態模擬軟體。其將液壓、氣壓、機械、電子、控制等元件整合在同一系統內，進行液、氣壓及伺服控制系統之設計、分析、診斷等工作。

　　其應用領域及範例如下：

汽車工業：動力方向盤、剎車系統、ABS剎車系統、避振及懸吊系統。

航太工業：飛機起落架、機翼控制、緊急彈跳等系統。

國防工業：戰車油壓系統、飛彈發射架系統、陣地油壓系統、砲控系統、艦上火砲平台、儀器平台穩定系統、潛艦靜音、雷達追蹤系統。

精密機械：機械臂、模擬平台、塑膠射出成型機、實驗台、壓模機、測試台。

工程車輛：起重機、挖土機。

元件設計：伺服閥動態、兩階段釋壓閥、電腦控制泵、壓力補償泵。

性能分析：性能改善、水錘效應、故障排除、系統分析、頻率分析、穩態操作條件分析、熱力分析。

液壓元件：管流計算、孔口流、數據繪圖、單位換算、雷諾數計算、泵效能分析、流孔面積計算、油壓缸結構分析、流體黏度計算、液壓油資料庫、液壓馬達效能分析、整體模數計算。

連結模擬：HyPneu與Simulink、HyPneu Website USA、HyPneu與RecurDyn Hy-Pneu DEMO Online。

　　模組HyPneu VII液壓氣動設計模擬系統：提供500種以上的元件模式，進行液氣壓系統或元件之設計、分析及診斷，使用者可整合HyPneu以進行元件、系統分析設計工作。

頻率分析模擬：可提供液氣壓系統之波氏圖（Bode），使用PSO技術，進行系統穩定度分析。

熱傳分析模擬：可提供液氣壓系統之熱分析、計算每一元件溫度動態、探討過熱問題。

介面程式：提供連結其他軟體，如MATLAB/Simulink、RecurDyn、ADAMS……等同時模擬計算之功能。

　　維美公司之電子信箱爲vmc@vmc.com.tw

第 14 章

真空吸附

14-1 概說

在低於大氣壓力下工作的元件稱為真空元件，由真空元件所組成的系統稱為真空系統或稱為負壓系統。以真空吸附為動力源，作為實現自動化的一種方法，已在許多領域得到廣泛地應用。如真空包裝機械中，包裝用紙的吸附、送標、貼標、包裝袋的開啟；電視機的顯像管、電子槍的加工、運輸、裝配及電視機的組裝；印刷機械中的雙張、折面的檢測、印刷紙張的運輸；玻璃的搬運和裝箱；機器人抓起重物、搬運和裝配；真空成型、真空卡盤等。總之，對任何具有較光滑表面的物體、特別對於非鐵、非金屬且不適合夾緊的物體，如薄的、柔軟的紙張、塑料膜、鋁箔、易碎的玻璃及其製品、集成電路等微型精密零件，都可應用真空吸附，完成各種作業。

真空系統的真空是依靠真空發生裝置產生。真空發生裝置有真空泵和真空發生器兩類。真空泵是一種吸入口形成負壓，排氣口直接通大氣，兩端壓力比很大的抽除氣體的機械。主要用於連續大流量、集中使用且不宜頻繁啟、停的場合。真空發生器是利用壓縮空氣的流動而形成一定真空度的氣動元件，適合流量不大的間歇工作和表面光滑的工件。

14-2 眞空發生器

14-2-1 工作原理

　　眞空發生器結構簡單、體積小、無可動機械部件；使用壽命長、安裝、使用方便，眞空度可達88 kPa；儘管產生的負壓力（眞空度）不大，流量也不大，但可控、可調、穩定可靠、瞬時開關特性好、無殘餘負壓，同一輸出口可正、負壓交替使用。典型的眞空發生器結構如圖14-1所示。它由先收縮後擴張的拉瓦爾噴管（Laval nozzle）、負壓腔和接收管等組成，有供氣口、排氣口和眞空口。當供氣口的供氣壓力高於一定值後，噴管射出超音速射流，射流能捲吸走負壓腔內的氣體，使該腔形成很低的眞空度。在眞空口處接上眞空吸盤，靠眞空壓力和吸盤吸附面積可吸取物體。

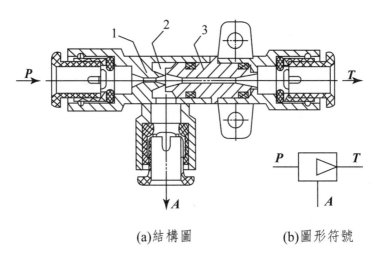

(a)結構圖　　　　　　(b)圖形符號

1-拉瓦爾噴管；2-負壓腔；3-接收管

圖14-1　典型的真空發生器結構

14-2-2 主要性能

14-2-2-1 耗氣量

　　眞空發生器的耗氣量由工作噴嘴直徑決定，同時也與工作壓力有關。同一噴嘴直徑，其耗氣量隨工作的壓力的增加而增加。噴嘴直徑是選擇眞空發生器的主要依據。噴嘴直徑愈大，抽吸流量和耗氣量也愈大，眞空度愈低；噴嘴直徑愈小，抽吸流量和耗氣量也愈小，眞空度則愈高。

14-2-2-2 眞空度

　　眞空度存在最大值，當超過最大值時，即使增加工作壓力，眞空度非但沒有增加反而會下降。眞空發生器產生的眞空度最大可達88 kPa（＝ 0.088 MPa = 0.897336 kg/cm^2。1標準大氣壓 = 1 atm = 0.1013 MPa = 101.3 kPa = 1.033 kgf/cm^2）。眞空度是相對壓力 = 絕對壓力 − 大氣壓力，例如：當絕對壓力爲13.3 kPa而大氣壓力爲101.3kPa時，眞空度即爲 −88kPa（其絕對值即88 kPa）。實際使用時，建議眞空度可選在70 kPa（負值），工作壓力在0.5 MPa左右。

14-2-2-3 抽吸時間

　　抽吸時間表示了眞空發生器的動態指標，即在工作壓力爲0.6 MPa（600 kPa）時，抽吸1L容積空氣所需的時間。

14-2-2-4 特點

　　用眞空發生器產生眞空有以下幾個特點：
　　(1) 結構簡單、體積小，使用壽命長。
　　(2) 產生的眞空度（負壓力）可達88 kPa，吸入流量不大，但可控、可調、穩定、可靠。
　　(3) 瞬時開關特性好，無殘餘負壓。

14-3 真空吸盤

真空吸盤（Vacuum pads, Vacuum suckers）是直接吸吊物體的元件，是真空系統中的執行元件。吸盤通常由橡膠材料和金屬骨架壓製而成。製造吸盤的材料通常有丁晴橡膠、聚氨脂橡膠和矽橡膠等，其中矽橡膠吸盤適用於食品行業。根據吸取對象的不同，除要求吸盤材料的性能要適應外，吸盤的形狀和安裝方式也要與吸取對象的工作要求相適應。圖14-2所示為常見真空吸盤的形狀和結構。

圖14-2　常見真空吸盤的形狀和結構

除材料、形狀和安裝形式外，真空吸盤的一個重要使用性能指標就是吸力。在使用中，真空吸盤相當於正壓系統的氣缸。真空吸盤的外徑稱為公稱直徑，其吸持工件被抽空的直徑稱為有效直徑。如圖14-3所示，在水平安裝提升物體時，n為4；在垂直安裝提升物體時，n為8。如果吸盤吸取物體後要高速運行和迴轉，則必須計算要克服的慣性力和離心力，甚至風阻力，加大安全係數，增加吸盤數量或吸盤尺寸。對大型物件宜採用多個吸盤同時吸取，以保平穩及安全。

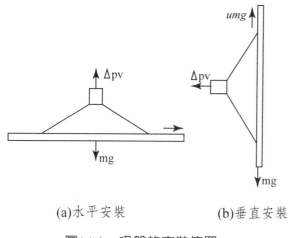

(a)水平安裝　　　　(b)垂直安裝

圖14-3　吸盤的安裝位置

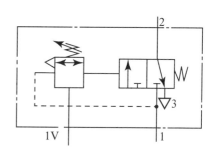

圖14-4　真空順序閥的圖形符號

14-4 真空控制元件

14-4-1 真空順序閥

　　如要變化真空信號，可使用真空順序閥（或稱真空控制閥）。其結構原理與壓力順序閥的相同，只是用於負壓控制。圖11-4所示為其圖形符號。圖中當真空順序閥控制口上的真空達到設定值時，二位三通換向閥就換向。

14-4-2 真空壓力開關

　　真空壓力開關是用於檢測真空壓力的開關。當真空壓力未達到設定值時，開關處於斷開狀態。當真空壓力達到設定值時，開關處於接通狀態，發出電信號，指揮真空吸附機構動作。當真空系統存在洩漏、吸盤破損或氣源壓力變動等原因而影響真空壓力大小時，裝上真空壓力開關，便可保證真空系統安全可靠地工作。真空壓力開關按功能分類，有通用型和小孔口吸著確認型；按電觸點的形式分類，有無觸點式（電子式）和有觸點式（磁性舌簧開關式等）。一般使用的壓力開關，主要用於確認設定壓力，但真空壓力開關確認設定壓力的工作頻率高，故真空壓力開關應具有較高的開關頻率，即響應速度要快。

小孔口吸著確認型眞空壓力開關的工作原理是氣橋原理，如圖14-5所示。圖中S_4是吸著孔口的有效截面積，S_2是可調針閥的有效截面積，S_1和S_3是吸著確認型開關內部的孔徑（$S_1 = S_3$）。工件未吸著時，S_4值較大。調節針閥（即改變S_2值大小），

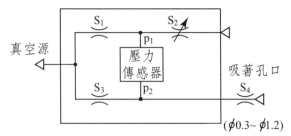

圖14-5　小孔口吸著確認型眞空壓力開關的工作原理

使壓力傳感器兩端的壓力平衡（即$p_1 = p_2$）。當工件被吸著時，$S_4 = 0$，出現壓差$p_1 - p_2$，被壓力傳感器檢測出。

14-5 眞空吸附迴路

眞空吸附迴路是利用眞空泵或眞空發生器（vacuum generator）產生眞空以吸附物體，從而達到吊運物體、組裝產品的目的。

14-5-1 真空泵真空吸附迴路

如圖14-6所示，眞空泵產生眞空度，當電磁閥通電後，產生的眞空度達到規定值時，吸盤將工件吸起；當電磁閥斷電時，眞空消失，工件依靠自重與吸盤脫離。

14-5-2 真空發生器真空吸附迴路

眞空發生器是利用壓縮空氣通過噴嘴時的高速流動，在噴口處產生眞空。圖14-7所示爲採用三位三通閥的眞空迴路。當三位三通換向閥4的A端電磁鐵通電時，眞空發生器與眞空吸盤7接通，眞空開關6檢測眞空度，並發出信號給控制器，吸盤7將工件吸起。當三位三通電磁閥不通電時，眞空吸附狀態能夠被保持。當三位三通換向閥4的B端電磁鐵通電時，壓縮空氣進入眞空吸盤，眞空被破壞，吹力使吸盤與工件脫離。吹力的大小由減壓閥2設定，流量由節流閥3設定。採用此迴路時應注意配管的

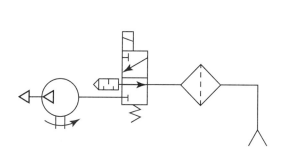

圖14-6　真空泵真空吸附迴路

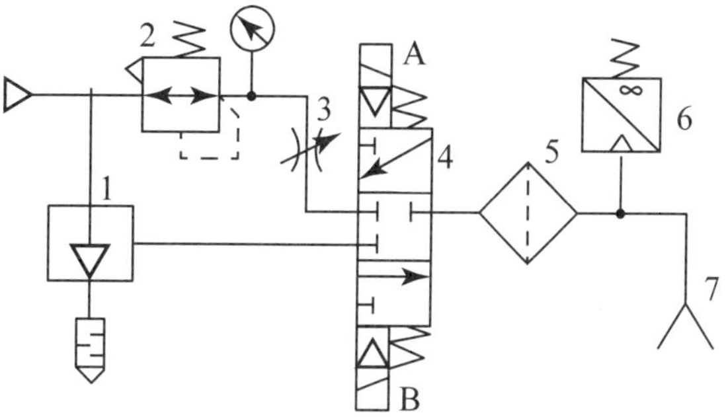

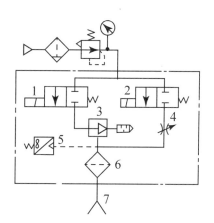

1-真空發生器；2-減壓閥；3-節流閥；4-換向閥；5-過濾器；6-真空開關；7-吸盤

圖14-7　採用三位三通閥的真空迴路

洩漏和工件吸附面處的洩漏。

　　圖14-8所示為採用真空發生器組件的迴路。當電磁閥1通電後，壓縮空氣通過真空發生器3，由於氣流的高速運動產生真空，真空開關5檢測真空度，發出信號給控制器，吸盤7將工件吸起。當電磁閥1斷電、電磁閥2通電時，真空發生器停止工作，真空消失，壓縮空氣進入真空吸盤，將工件與吸盤吹開。此迴路中，過濾器6的作用是防止在抽吸過程中將異物和粉塵吸入真空發生器。

1～6方框為真空發生器組件，1、2-電磁閥；3-真空發生器；4-節流閥；5-真空開關；6-過濾器；7-吸盤

圖14-8　採用真空發生器組件的迴路

　　故在精密與潔淨要求高的工序中，如電子、晶片、半導體晶圓的真空機械手臂自動操作，除了在無塵室中進行外，為了防治汙染、增加良率及提升產能，利用Bernoulli效用，開發正面吸附式擷取技術，成為自動化的一個重要環節，此技術對機械手臂及晶圓定位的精密度可達較高的要求。

⚡ 新知參考 23

一、真空吸盤的直徑計算

$$D \geqq \left(\frac{4mgt}{n\pi p}\right)^{\frac{1}{2}} \qquad （式1）$$

式中D為吸盤的理論直徑mm；m為需吊工件的質量kg；t為安全係數（水平吊t≧4，垂直吊t≧8）；n為吸盤數量；p為吸盤內真空度MPa。如工件重100N，水平吊運t取4，真空度p取0.06MPa。考慮工件的形狀尺寸，吸盤尺寸應儘量小，故增加吸盤數n＝16，代入式1中得D≧23.04mm，按吸盤直徑規格取D＝25mm。按式1得〔D＝(4×10.2×9.81×4)／(16×3.14×0.06)〕$^{1/2}$≧23.04

二、真空吸盤提升力計算

$$W = \frac{p}{760}St \times 1.033 \qquad （式2）$$

式中W為吸盤提升力N；S為吸盤面積cm^2；t為安全係數取10；各規格直徑吸盤的水平提升力N分別在－400、－500及－600mmHg真空度下的提升力按式2得如下表：

D（mm）	10	16	20	25	32	40	50
吸盤面積cm^2	0.785	2.01	3.14	4.91	8.04	12.6	19.6
水平提升力N（－400mmHg）	4.27	10.9	17.1	26.7	43.7	68.3	107
水平提升力N（－500mmHg）	5.34	13.7	21.3	33.4	54.7	85.4	133
水平提升力N（－600mmHg）	6.41	16.4	25.6	40.0	65.6	102	160.1

註：1000g力＝9.8N；
或1N＝102.041g
＝0.10204kg；
1標準大氣壓＝760mmHg，
＝10.336m水柱
或
400mmHg＝0.0532MPa；
1mmHg＝0.133kPa

$$W = \frac{400}{760} \times 4.91 \times 10 \times 1.033 = 26.7N$$

實際使用時[W]＝WT（式3）為許用提升力，根據經驗，安全係數T取2.5，D如上述取25mm，在真空較低（－400mmHg）狀況下，將26.7N代入式3中可得[W]為10.68N，因機械手具有16個吸盤，故總許用提升力為170.88N＞質量100N，可安心使用，按式3得（26.7÷2.5×16＝170.88）。

第 15 章

附　錄

15-1 常用液壓氣動圖形符號

15-1-1 基本符號、管路及連接

名稱	圖形符號	名稱	圖形符號
1.工作管路		8.管口在液面以下油槽	
2.控制管路		9.管線接於油槽底部	
3.連接管路		10.密閉式油槽	
4.交叉管路		11.直接排氣	
5.柔性管路		12.帶連接排氣	
6.組合元件線		13.帶單向閥快換接頭	
7.管口在液面以上油槽		14.不帶單向閥快換接頭	

名稱	圖形符號	名稱	圖形符號
15.單通路旋轉接頭		16.三通路旋轉接頭	

15-1-2 控制機構和控制方法

名稱	圖形符號	名稱	圖形符號
17.按鈕式人力控制		26.電—液先導控制	
18.手柄式人力控制		27.加壓或洩壓控制	
19.彈簧控制		28.單作用電磁控制	
20.單向滾輪式機械控制		29.雙作用電磁控制	
21.頂桿式機械控制		30.電馬達旋轉控制	
22.液壓先導控制		31.踏板式人力控制	
23.液壓二級先導控制		32.滾輪式機械控制	
24.氣—液先導控制		33.外部壓力控制	
25.內部壓力控制		34.氣壓先導控制	

名稱	圖形符號	名稱	圖形符號
35.電－氣先導控制		37.電反饋控制	
36.液壓先導洩壓控制		38.差動控制	

15-1-3 泵、馬達和缸

名稱	圖形符號	名稱	圖形符號
39.單向定量液壓泵		46.雙作用雙活塞桿缸	
40.雙向定量液壓泵		47.單作用伸縮缸	
41.單向變量液壓泵		48.單向變量馬達	
42.液壓整體式傳動裝置		49.單作用彈簧復位缸	
43.擺動馬達		50.雙向變量液壓泵	
44.變量液壓泵－馬達		51.單向定量馬達	
45.雙作用單活塞桿缸		52.雙向定量馬達	

名稱	圖形符號	名稱	圖形符號
53.定量液壓泵-馬達		56.雙向緩衝缸	
54.雙向變量馬達		57.雙作用伸縮缸	
55.單向緩衝缸		58.增壓器	

15-1-4 控制元件

名稱	圖形符號	名稱	圖形符號
59.直動型溢流閥		63.雙向溢流閥	
60.先導型溢流閥		64.直動型減壓閥	
61.先導型比例電磁溢流閥		65.直動型順序閥	
62.卸荷溢流閥		66.先導型順序閥	

名稱	圖形符號	名稱	圖形符號
67.單向順序閥（平衡閥）		77.旁通型調速閥	
68.集流閥		78.三位四通換向閥	
69.制動閥		79.二位五通換向閥	
70.不可調節流閥		80.先導型減壓閥	
71.可調節流閥		81.直動型卸荷閥	
72.可調單向節流閥		82.溢流減壓閥	
73.減速閥		83.先導型比例電磁式溢流閥	
74.帶消音器節流閥		84.定比減壓閥	
75.調速閥		85.定差減壓閥	
76.溫度補償調速閥		86.分流集液閥	

名稱	圖形符號	名稱	圖形符號
87.單向閥		94.二位三通換向閥	
88.液控單向閥		95.單向調速閥	
89.液壓鎖		96.分流閥	
90.或門型梭閥		97.三位四通換向閥	
91.與門型梭閥		98.三位五通換向閥	
92.快速排氣閥		99.四通電液伺服閥	
93.二位二通換向閥			

15-1-5 輔助元件

名稱	圖形符號	名稱	圖形符號
100.過濾器		102.汙染指示過濾器	
101.磁芯過濾器		103.氣槽	

名稱	圖形符號	名稱	圖形符號
104.壓力計		114.蓄能器	
105.液面計		115.溫度計	
106.分水排水器		116.流量計	
107.空氣過濾器		117.壓力繼電器	
108.除油器		118.消音器	
109.空氣乾燥器		119.液壓源	
110.油霧器		120.氣壓源	
111.氣源調節裝置		121.電馬達	
112.冷卻器		122.原動機	
113.加熱器		123.氣─液轉換器	

15-2 常用電氣圖形符號

名稱	圖形符號	英文代號	名稱	圖形符號	英文代號
1.電阻器		R	15.晶體管(PNP)		VT
2.電位器		RP	16.熔斷器		FU
3.熱敏電阻器		R_T	17.接地		GND
4.極性電容器		C	18.燈		HL, EL
5.無極性電容器		C	19.常開按鈕		SB
6.可調電容器		C	20.行程開關常開觸頭		ST
7.電感線圈		L	21.直流發電機		G
8.耳機		B	22.直流電馬達		M
9.傳聲器		B	23.交流發電機		G
10.半導體二極管		VD	24.交流電馬達		M
11.穩壓二極管		VS	25.三相交流電馬達		M
12.光敏二極管		VD	26.插座和插頭		XS
13.發光二極管		VL	27.三級單投刀開關符號		QS
14.晶體管(NPN)		VT	28.複合按鈕		SB

名稱	圖形符號	英文代號	名稱	圖形符號	英文代號
29.通電延時型 時間繼電器	線圈 KT　通電延時觸頭 KT　KT	KT	41.常開觸頭		相應繼電器符號
			42.常閉觸頭		
30.電流表	(A)		43.三相籠型異步電馬達	(M 3~)	M
31.電壓表	(V)				
32.功率表	(W)		44.變壓器		T
33.電阻表	(Ω)		45.常閉按鈕	SB	SB
34.電池		E	46.行程開關常閉觸頭		ST
35.揚聲器		SP			
36.開關		S	47.熱繼電器	熱元件　FR　FR　觸頭	FR
37.天線		W			
38.磁棒線圈		L	48.交流接觸器	線圈 KM　KM　主觸頭　輔助觸頭	KM
39.接機殼或底板		E			
40.中間繼電器線圈		KA			

名稱	圖形符號	英文代號	名稱	圖形符號	英文代號
49.斷電延時型 時間繼電器	線圈 ■ KT ↗KT ↘KT 斷電延時觸頭	KT			

參考文獻

1. 實用油壓及氣動機械學，胡僑華，徐氏基金會。

2. 工業液壓大全，胡僑華，徐氏基金會。

3. Industrial Fluid Power, Text Volume 3, Womack Educational Publications.

4. 未來的潛艇液壓系統，陳亮譯，張京佛校，國外艦船工程，2001年第8期。

5. 船舶常用液壓系統，道客巴巴，2013年2月。

6. 航向、航跡自動操舵儀船舵控制系統的研製，周永余、陳永冰、周崗、李文魁，海軍工程大學，中國慣性技術學報，2005年6月。

7. 液壓與氣動技術，崔培雪主編，機械工業出版社，2009年4月出版，2016年1月再版。

8. 空客A 320液壓系統研究，張建波、朴學奎、上海飛機設計研究院，民用飛機設計與研究 2010年第2期。

9. A 380的液壓與作動系統，路多，國際航空雜誌，2006年4月。

10. Fluid Power in Plant and Field, Womack Educational Publication.

11. 液壓機現場總線技術的特點與應用，根通機械，2012年11月。

12. 液力傳動，趙靜一、王巍，機械工業出版社，2007年4月，互動百科。

13. 液壓與氣動，馬廉潔主編，機械工業出版社 2016年。

14. 壓力補償器在液壓系統中的應用，楊殿寶，油威力液壓工業有限責任公司，2012年1月。

15. 液壓傳動技術發展現狀和前景展望，張鵬，豆丁網，2012年12月。

16. 液壓傳動的現狀及發展趨勢，百度文庫 2012年5月。

17. 淺析我國戰鬥機液壓系統的發展方向，楊飛，瀋陽飛機設計研究所。

18. 金屬帶式無級變速器液控系統設計，李泉，湖南大學，豆丁網。

19. 壓力補償器液壓測控系統的研究，上海大學碩士論文，豆丁網，2011年10月。

20. 氣動技術發展趨勢，道客巴巴，2012年10月。

21. 新型晶圓擷取技術應用於CVD機台之研究，王偉正、陳獻忠、游欽宏，中山科學研究院，2007年11月。

22. 電液比例控制技術，河北工程大學機電工程學院畢業設計（論文），豆丁網，2007年6月。

23. 電液伺服控制系統，豆丁網，2014年2月。

24. 智慧化精密機械傳動系統技術趨勢與發展策略，金屬中心智慧技術組，陳仲宜，2016年11月。

國家圖書館出版品預行編目資料

液壓與氣動／胡僑華著. -- 初版. -- 臺北市
：五南, 2018.05
　　面；　公分
ISBN 978-957-11-9691-6 (平裝)

1.氣壓控制 2.液壓控制

448.919　　　　　　　107005312

5T34

液壓與氣動

作　　者 ― 胡僑華（169.6）

發 行 人 ― 楊榮川

總 經 理 ― 楊士清

主　　編 ― 王正華

責任編輯 ― 金明芬

封面設計 ― 鄭云淨

出 版 者 ― 五南圖書出版股份有限公司

地　　址：106台北市大安區和平東路二段339號4樓

電　　話：(02)2705-5066　　傳　　真：(02)2706-6100

網　　址：http://www.wunan.com.tw

電子郵件：wunan@wunan.com.tw

劃撥帳號：01068953

戶　　名：五南圖書出版股份有限公司

法律顧問　林勝安律師事務所　林勝安律師

出版日期　2018年5月初版一刷

定　　價　新臺幣600元